21世纪物理规划教材

基础课系列

U0392873

2nd edition

在解题中学习近代物理
（第二版）

Modern
Physics in
Exercises

王正行 编著

北京大学出版社
PEKING UNIVERSITY PRESS

图书在版编目(CIP)数据

在解题中学习近代物理/ 王正行编著. –2版. –北京 :北京大学出版社，2021.12

21世纪物理规划教材. 基础课系列

ISBN 978–7–301–31742–6

Ⅰ. ①在… Ⅱ. ①王… Ⅲ. ①物理学 Ⅳ. ①O4

中国版本图书馆 CIP 数据核字(2020)第 192803 号

书 名	在解题中学习近代物理（第二版）	
	ZAI JIETI ZHONG XUEXI JINDAIWULI（DI-ER BAN）	
著作责任者	王正行 编著	
责 任 编 辑	顾卫宇	
标 准 书 号	ISBN 978–7–301–31742–6	
出 版 发 行	北京大学出版社	
地 址	北京市海淀区成府路 205 号 100871	
网 址	http://www.pup.cn 新浪微博：@北京大学出版社	
电 子 信 箱	zpup@pup.cn	
电 话	邮购部 010–62752015 发行部 010–62750672	
	编辑部 010–62752021	
印 刷 者	北京中科印刷有限公司	
经 销 者	新华书店	
	890 毫米×1240 毫米 A5 开本 11.125 印张 323 千字	
	2004 年 5 月第 1 版	
	2021 年 12 月第 2 版 2024 年 1 月第 3 次印刷	
定 价	30.00 元	

第二版自序

2016 年岁末出版社告诉我本书要重印，我想正好趁此机会作些必要的修改. 等我把修改版发去，才知十多年过去，他们的编辑软件几经更新，对原版不易改动，只能原样重印. 不过告诉我可以出新版，并且这次接受我自己排，于是就有了现在这个第二版.

本书是与作者的《近代物理学》配套的姐妹篇，主要是题解.《近代物理学》虽然已经是第二版，但习题没有变. 所以现在这个解题的第二版，只是更新了物理常数和相应的计算，以及一些重要实验和进展的叙述. 在文字叙述上，也作了一些改进.

书名《在解题中学习近代物理》，表明本书并不局限于解题，还辅以一定的讲解、评论和延伸. 这就像是上习题课. 与正课的讲解不同，习题课的话题可以很广泛，也很随意，甚至是一些即兴的话语. 所以本书穿插在题解之间，和在每章章末，还零散地附有一些专题短文. 这次再版，对这些短文也多有增删和修改，并在书末为之编了一个索引. 此外，由于像是在上习题课，所以在行文上也不是十分刻板，常常带着一些口语的简化与省略.

各种物理常数，国际上每年都在作具体的调整和更新，每过几年都有一次全面和系统的发布. 不过这是为了研究的需要，一般并不影响习题的计算. 本版给出的物理常数，是 CODATA (Committee on Data for Science and Technology, 国际科学与技术数据委员会) 2018 年的推荐值，取自美国 NIST (National Institute of Standards and Technology, 国家标准与技术研究院) 的网站 http://physics.nist.gov /constants.

最后，感谢审阅者提出的具体而宝贵的建议. 希望读过本书的朋友能把意见和发现的问题告诉我，以便将来有机会时进行修改. 对本书的第一版，关洪教授曾写过一篇评论，发表于《物理》杂志 2005 年的第 8 期. 其中提到，在第 6 章推导卢瑟福散射公式时，对所用的库仑相互作用应先作光滑截断, 最后再对截断参数取极限. 这是计算这类积分的一个重要技巧, 作者 2010 年在《近代物理学》的第二版已经做了修改, 这次在本书中也相应地进行了修改. 他的评论提到的另外几个问题, 也都有相应的考虑. 可惜关洪兄已经在 2007 年深秋仙逝, 不能看到这些修改和再次给我以指点了.

    人生有限, 学海无边. 错误或不妥之处, 望识者不吝指正.

2020 年初秋作者于京北寓所

第一版自序（删节）

我写完《近代物理学》书稿并付梓至今，已经快十年了．在它出版的当时，我正在给北大技术物理系的学生讲近代物理，教材使用了一届．没有想到，世事沧桑，造化弄人．那一届讲完以后，我在国外的一位朋友叫我去给他帮忙，与他们合作研究核物质．这一走就是七年．虽然中间回来过短短的一段时间，但是心思已经不在这本书上．直到再回来，见到这本书的责编，她问我想不想再写一本题解，我告以稍后再说，其实是在推托．半年前我突然接到一个陌生的长途电话，是沈阳石油学院的王老师．他问我有没有题解，语气之恳切，实在让人难以推诿．恰巧那时还接到陈难先兄的电话，告诉我他夏天在瑞典遇到我过去的一位学生，说起至今仍从我当年的讲课获益．想想我的点滴心得体会对别人也许还有帮助，可以用来助人．于是又有了现在这本《在解题中学习近代物理》．

其实，十多年前在物理学会的一次大会上，我在介绍自己讲近代物理的想法以后，山东师范大学的张怿慈教授就给我提过类似的建议．那次会上东南大学校长恽英教授要去了我的一张透明片，那也就是后来在《近代物理学》书中的第一张图．怿慈兄则建议我到各地办讲习班，介绍我的讲法和解题．我不敢有此奢望．一方面是当时担任一些行政上的职务，有太多杂事要做．更主要的，还是因为我所做的是一种改革的尝试，听听还可以，却未必能有多少人会跟着来做．

我们的大学教育受苏联的影响太深．专业分得太细太窄，是职业教育而不是素质教育，不适应改革开放后人才培养的需要．系里要把力热电光原这五门课合并成一门普通物理课，我受命改革．因为是改革，道理虽然简单明白，做起来却不易．学校当然全力支持，主持教务的校长王义遒教授亲自带着人来教室听我的课，教务部派来了年轻有为的卢晓东帮我辅导．系里也完全给我松绑，我想讲什么就可以讲什么. 我当然还没有那么大胆, 在近代物理部分把原来原子物理课的基本内容全都保留下来. 但是这毕竟与上面的参考大纲不完全一致. 我一离开, 这个改革也就终止, 又回到原来的力热电光原五门课, 近代物理部分又回到原来的原子物理课. 我回来以后也金盆洗手, 不想再炒冷饭, 当然更不想又回过头去教原子物理这门课.

虽然是为《近代物理学》写的辅助参考教材, 但是本书是自给自足的, 能够当作一本独立的教材来使用. 在每一章的开头, 对本章内容都有一个简单扼要的提要, 列出了基本的概念和公式, 并且给出公式的推导. 在解题当中, 还进一步穿插给出对一些重要问题的讲解、分析和讨论. 而在每一章的结尾, 还给出一些重要问题的进一步的讨论. 所以, 本书不是一本单纯的题解. 说得比较确切一点, 本书是在解题中讲解近代物理.

本书解答的习题, 也就是我在《近代物理学》书末给出的习题, 它们多数都是实际发生的物理问题. 解答这些问题, 不仅仅是为了加深学生对基本概念和公式的理解和把握, 和训练学生的解题技能. 在事实上, 知道、熟悉和理解这些问题所涉及的物理现象及其特点, 这本身就是学习近代物理的一个不可缺少的部分. 我们常说, 在一个新的物理现象中, 一定包含了新的物理. 物理学家的直觉思维, 就是在这种过程中逐渐养成的. 而这种在具体物理问题中来学习的方式, 在一定意义上也就是杨振宁先生多次强调的渗透式的学习.

虽然本书是与本人的《近代物理学》互相独立的另外一本教学用书, 不过本书在内容的选择、问题的深度、体系的安排、题目的选择和符号的使用上, 都与《近代物理学》保持一致, 采取一致的章名和内容划分, 使用同样的定义和符号. 这样做, 便于这两本书互相参考, 使本书在能够尽量适合更多读者与用者需要的同时, 还能方便地把本书与《近代物理学》配合起来使用. 我将那本《近代物理学》称为主教材, 本书中提到的《近代物理学》均指那本主教材.

2004 年初夏作者自序于北京大学物理学院

目　　录

1 引　言

　　物理学是我们对物理世界的一种理性的了解和认识. 我们要通过观测和实验，才能了解物理世界；我们也要通过观测和实验，才能检验和修正我们对物理世界的认识. 所以说，物理学是以实验为基础的实验科学.

　　我们通过观测和实验，获得了对物理现象的了解，就产生了物理的 现象学. 通过对物理现象的综合、分析、比较和联想，我们可以建立一定的模型，解释定量的关系，这就是物理的 唯象理论. 在唯象理论的基础上，我们可以进一步建立以一些基本原理为基础的理论的逻辑体系，或者称为理论的形式体系，这就是通常说的 基本理论. 物理理论的形式体系都采用一定的数学语言来表述，具有一定的数学结构. 所以，我们可以画出如下的关系：

实验 ⟺ 唯象理论 ⟺ 基本理论 ⟺ 数学

　　在上述关系中，前两部分是 实验物理，中间两部分是 理论物理，后两部分则是 数学物理. 唯象理论是实验与理论物理的相交部分，它反映了我们对物理世界初步的理解和认识；而基本理论则是理论物理与数学的相交部分，它反映了我们对物理世界深入的理解和认识. 所以，我们对物理的学习，包括实验、理论和数学三个部分，既要学习实验物理，也要学习理论物理，还要学习有关的数学. 物理学的这三个部分是相辅相成不可或缺的.

　　近代物理学的基础是我们对微观物理世界的一种理性的了解和认识. 学习近代物理，同样也包括近代物理实验、近代物理理论和近代物理中所要用到的数学这三个部分. 近代物理实验教我们如何用实验的方法观察微观物理现象，测量微观物理量，具体和定量地研究微观物理世界. 近代物理理论则帮助我们在头脑中形成一幅关于微观物理世界的具体清晰的物理图像，以及用来描述这幅物理图像的物理概念, 把握相关物理量的定量关系, 并且用它们来分析和预测微观物理现象. 近代物理中所用的数学, 则不仅是我们在用近代物理理论来分析和预测微观物理现象时必需的手段和工具, 它本身就能使我们对微观物理世界有更深入的理解, 能引导和推动近代物理理论进一步的发展.

举例来说, 迈克耳孙 - 莫雷实验所表明的光速不变性 (不依赖于惯性参考系的选择), 属于微观高速领域的光波传播的现象学. 菲茨杰拉德提出的物体在运动方向的收缩 (洛伦兹收缩), 以及洛伦兹找到的变换公式, 则属于这方面的唯象理论. 爱因斯坦在相对性原理和光速不变性原理的基础上, 仔细和严格分析了同时的概念, 从时空性质的角度赋予洛伦兹变换以深刻的物理含义. 这样建立的狭义相对论, 则是关于时空性质的基本理论, 它是近代物理中一切理论的基础和出发点.

引力质量与惯性质量相等, 这是牛顿早已在单摆实验中就发现的现象, 它与开普勒的行星运动三定律, 都属于万有引力的现象学. 牛顿发现的万有引力定律解释了开普勒行星运动三定律, 可以说是万有引力的一种唯象理论. 爱因斯坦把引力质量与惯性质量相等作为一个基本原理, 这样建立起来的广义相对论, 则是关于万有引力的一种基本理论, 它把万有引力归结为时空弯曲的几何效应, 把我们对引力的认识提到了一个崭新的高度.

在实验室中对氢原子光谱进行实际的观测, 我们可以看到氢原子光谱的线状特征, 而这些谱线可以分成几个线系, 并且能够用一个简单的里德伯公式来表示, 这就是氢原子光谱的现象学. 玻尔用卢瑟福的原子模型和三条假设对此给出了定量的解释, 这是一个唯象的理论. 后来建立的量子力学则是关于微观物理世界的基本理论, 它的系统表述和应用要用到数学中的希尔伯特空间和群表示论.

狭义相对论、广义相对论和量子力学为我们提供了关于微观物理世界的一幅全新的物理图像, 以及用来描述这幅物理图像的物理概念和相关物理量的定量关系, 构成了我们理性地了解和认识微观物理世界的基础, 是近代物理的基本理论. 近代物理学就是在相对论和量子力学的基础上, 研究微观粒子运动的基本规律和粒子间的基本相互作用，以及在这些基本规律和相互作用支配下物质结构各个层次的性质、特点和规律的物理学.

作为一门基础课的近代物理学，主要是讲述近代物理各个部分的实验现象，以及相关的唯象理论，并在此基础上讲述相对论和量子力学的初步知识和概念. 对于主修物理的学生来说，另外有专门的课程来系统和深入地讲述相对论和量子力学，学好近代物理学就为后续课程打好了基础. 对于非主修物理的学生来说，近代物理学则构成了自己知识结构中很重要的一部分，既是为后续主修课程做准备，也是将来拓宽人生追求进入新领域的一个恰当基础.

学习近代物理学，就要了解和熟悉近代物理各个部分的现象学特点和规律，理解和掌握各个主要的唯象理论，并且初步地学会用相对论和量子力学的基本图像和概念来理解和分析一些简单的微观物理现象. 为了这个目的，我们需要做近代物理实验，和上近代物理学的课程. 而在近代物理学课程中，还要做许多习题. 因为我们对微观物理现象的特点和规律了解和熟悉的程度，对有关唯象理论理解和掌握的好坏，以及运用近代物理学基本图像、概念和理论来分析一些简单问题的能力，都可以通过一些习题来检验和锻炼. 所以，解题是学习近代物理学的一个重要方法，也是学习近代物理学的一个重要环节.

本书选择了一些近代物理学的基本和典型的习题，逐一给出解答和讨论. 假设读者已经学过或正在学习近代物理学，所以不再在这里系统地讲述，只是在每一章习题的开头列出有关的基本概念和公式、仪器和实验、重要的实例和现象以及基本公式的推导，并且有选择地在一些题目中作适当的讲解和讨论. 在每一章的最后，则给出一个简短的小结. 本书尽量在内容上自给自足，在理论上自成体系. 读者在这方面如果有什么问题，请参阅本书作者的《近代物理学》.

这里选择的题目，绝大多数都需要算出数值的结果. 也许有的读者会觉得没有必要，认为学物理重在理解，把物理图像和基本概念弄清楚就行了. 学物理重在理解，要把物理图像和基本概念弄清楚，这当然是对的. 不过，学物理与学数学不同. 前面说了，物理学是以实验为基础的实验科学，为了与实验进行比较，理论必须给出数值的结果．费曼曾经说过："物理学的整个目的就是找出带小数点的数，否则你就什么也没有做."费曼是二十世纪的大物理学家，他对近代物理学有许多奠基性的贡献．他是量子力学的第三种形式—— 路径积分形式 —— 的创始人；他早期研究过超流现象，是费曼涡旋的提出者；因为在量子电动力学中的开创性工作，特别是对重正化理论的贡献，他获得过诺贝尔物理学奖；他发明的费曼图大大简化了量子场论的计算程序，并且成为一种物理和直观的分析工具．在第二次世界大战期间他参与了美国研制原子弹的工作，后来又是美国第一次失事爆炸的航天飞机故障的发现者．费曼是美国人心中的民族英雄，他 1988 年去世时，美国人自发地排起了为他送葬的长长的队列．他上面的这句话，是他切身的体会和经验之谈．

　　理论的分析需要算出数值的结果，这还不仅仅是为了与实验测量进行比较．我曾经在美国劳伦斯伯克利国家实验室跟比尔·迈尔斯研究超高密度物质和致密星体．一天他拿来一份与我们的研究有关的论文预印本给我看，我在看过以后告诉他这篇文章是错的．这是美国某名校一位权威指导的博士论文，我看了以后就按照它给出的方法做数值计算．可是，我发现怎么算也得不到这篇文章给出的结果．我只是在自己的计算中找不出错以后，才去找这篇文章的错．所以，数值计算也是核对和检验理论的一个重要方法．这篇文章在求极值时，用了一些独立的约束条件，而这些条件在实际上并不互相独立．

　　物理学是精确和定量的科学，有关数量的一些直观和定量的概念是物理学中非常重要和不可缺少的一部分．我们做近代物理学的习题，不仅仅是为了训练解题的本领和技巧，也是为了获得近代物理学中有关物理量的直观和定量的概念．而且，本书选择的习题大多数都是关于实际发生的微观物理现象的，做这些习题，同时也就了解和熟悉了这些物理的现象学．这是学好近代物理学的基础．

　　以下是近代物理中最基本的物理常数的 CODATA (Committee on Data for Science and Technology, 国际科学与技术数据委员会)

2018 年推荐值, 见美国国家标准与技术研究院 (National Institute of Standards and Technology) 网站 http://physics.nist.gov/constants:

真空光速 $c = 2.997\,924\,58 \times 10^8$ m/s,

普朗克常数 $h = 6.626\,070\,15 \times 10^{-34}$ J $\cdot$ s,

玻尔兹曼常数 $k_\mathrm{B} = 1.380\,649 \times 10^{-23}$ J/K,

阿伏伽德罗常数 $N_\mathrm{A} = 6.022\,140\,76 \times 10^{23}/$ mol,

基本电荷 $e = 1.602\,176\,634 \times 10^{-19}$ C,

万有引力常数 $G = 6.674\,30\,(15) \times 10^{-11}$ m^3/(kg $\cdot$ s^2),

括号中的数, 是最后两位数的标准偏差. 而在实际计算中, 经常用到和需要记住的是下列组合常数:

$\hbar c = 197.326\,980\,4 \cdots$ eV$\cdot$nm ≈ 197.3 eV$\cdot$nm $= 197.3$ MeV$\cdot$fm,

$\alpha = e^2/4\pi\varepsilon_0\hbar c \approx 1/137.035\,999 \approx 1/137.0$,

$e^2/4\pi\varepsilon_0 \approx 1.440$ eV$\cdot$nm $= 1.440$ MeV$\cdot$fm,

$Gm_\mathrm{p}^2/\hbar c \approx 5.906 \times 10^{-39}$,

以及

u $= 931.494\,102\,42(28)$ MeV$/c^2 \approx 931.5$ MeV$/c^2$,

$k_\mathrm{B} = 8.617\,333\,262 \cdots \times 10^{-5}$ eV/K $\approx 8.617 \times 10^{-5}$ eV/K,

$m_\mathrm{e} = 0.510\,998\,950\,00(15)$ MeV$/c^2 \approx 0.5110$ MeV$/c^2$,

$m_\mathrm{p} = 938.272\,088\,16(29)$ MeV$/c^2 \approx 938.3$ MeV$/c^2$,

其中 α 是精细结构常数, ε_0 是真空介电常数, u 是原子质量单位, m_e 是电子质量, m_p 是质子质量.

习题 1.1 ①用单位 J$\cdot$m 表示 Gm_p^2 的值. ②用单位 MeV$\cdot$m^2 表示 $\hbar^2/m_\mathrm{p}$ 的值. ③结合上面两个结果给出用单位 m 表示的 $\hbar^2/Gm_\mathrm{p}^3$ 的值. ④结合①与②的结果给出用 MeV 作单位的 $G^2m_\mathrm{p}^5/\hbar^2$ 的值.

解 ①用组合常数 $Gm_\mathrm{p}^2/\hbar c$ 和 $\hbar c$, 都取 4 位有效数字, 有

$$Gm_\mathrm{p}^2 = \frac{Gm_\mathrm{p}^2}{\hbar c} \cdot \hbar c = 5.906 \times 10^{-39} \times 197.3 \text{ MeV·fm}$$
$$= 1.165 \times 10^{-36} \text{ MeV·fm},$$

再代入 $1\mathrm{MeV} = 1.602 \times 10^{-13}$ J 和 $1\mathrm{fm} = 10^{-15}$ m, 就得

$Gm_\mathrm{p}^2 = 1.165 \times 10^{-36} \times 1.602 \times 10^{-13}$J $\times 10^{-15}$ m $= 1.866 \times 10^{-64}$ J$\cdot$m.

②在分子和分母都乘以 c^2, 用组合常数 $\hbar c$ 和 $m_{\mathrm{p}}c^2$, 取 4 位有效数字, 并代入 $1\mathrm{fm} = 10^{-15}\,\mathrm{m}$, 就可得到

$$\frac{\hbar^2}{m_{\mathrm{p}}} = \frac{(197.3\,\mathrm{MeV\cdot fm})^2}{938.3\,\mathrm{MeV}} = 4.149 \times 10^{-29}\,\mathrm{MeV\cdot m^2}.$$

③用组合常数改写, 并代入 $1\mathrm{fm} = 10^{-15}\,\mathrm{m}$, 就可得到

$$\frac{\hbar^2}{Gm_{\mathrm{p}}^3} = \frac{\hbar c}{Gm_{\mathrm{p}}^2}\frac{\hbar c}{m_{\mathrm{p}}c^2} = \frac{1}{5.906} \times 10^{39} \times \frac{197.3\,\mathrm{MeV\cdot fm}}{938.3\,\mathrm{MeV}}$$

$$= 3.560 \times 10^{22}\,\mathrm{m}.$$

④结合①与②的结果, 再代入 $1\mathrm{J} = \mathrm{MeV}/(1.602 \times 10^{-13})$, 有

$$\frac{G^2 m_{\mathrm{p}}^5}{\hbar^2} = (Gm_{\mathrm{p}}^2)^2 \cdot \frac{m_{\mathrm{p}}}{\hbar^2} = \frac{(1.866 \times 10^{-64}\,\mathrm{J\cdot m})^2}{4.149 \times 10^{-29}\,\mathrm{MeV\cdot m^2}}$$

$$= 3.270 \times 10^{-74}\,\mathrm{MeV}.$$

若用组合常数改写, 可得到

$$\frac{G^2 m_{\mathrm{p}}^5}{\hbar^2} = \left(\frac{Gm_{\mathrm{p}}^2}{\hbar c}\right)^2 \cdot m_{\mathrm{p}}c^2 = (5.906 \times 10^{-39})^2 \times 938.3\,\mathrm{MeV}$$

$$= 3.273 \times 10^{-74}\,\mathrm{MeV}.$$

它与前面的结果在第 4 位数有差别, 这是由于计算只取 4 位有效数字, 两种算法在这一位的误差不同.

我们上述的算法与通常的算法不同. 通常的算法, 是把每个物理量的数值代进去做计算, 数值计算量大, 而且还要换算单位. 现在运用组合常数, 既减少了数值计算的次数, 还省去了不必要的单位换算, 大大提高了工作效率, 也减少了出错的机会. 此外, 我们知道, 误差在数值计算中是传递的. 减少计算的次数, 也就减少了误差累计的次数. 上述④的两种算法, 后一种采用组合常数, 累计误差就比前一种小. 还有, 用组合常数, 也可以减少记忆物理常数的数量. 比如, 我们记住了组合常数 $e^2/4\pi\varepsilon_0$ 就可以应付绝大多数实际计算的需要, 而不必分别记住基本电荷 e 和真空介电常数 ε_0.

每一个行当都有它自己的一些诀窍. 可以说, 使用组合常数做计算, 以及我们在这里所列出的几个组合常数, 就是在前沿做实际工作的近代物理学家们在他们的研究工作中逐渐积累的经验的结晶. 我是在美国每天与比尔交流讨论的计算中, 在他的写字台上看到和

跟他学会用这些组合常数的.

　　在科学和技术中使用的物理常数和数据, 影响到测量和计算结果的精度, 从而对实际问题甚至对基本理论都会产生影响. 大家知道, 牛顿自己在晚年的回忆录中说, 他在 1665~1666 年因为逃避瘟疫而回乡的期间, 通过将把月球保持在其轨道上的引力和物体在地球表面上所受的重力进行比较, 而发现了万有引力定律. 但是在事实上, 牛顿的《自然哲学的数学原理》在 1687 年才出版. 牛顿为什么把他的发现推迟了二十多年才发表? 有一种解释说, 牛顿早年得到的地球半径的数据不够精确, 算出的重力加速度误差较大. 后来他得到了较精确的数值, 算出地表重力加速度与月球绕地球转动的向心加速度之间确实满足与到地心距离的平方成反比的关系, 才拿出来发表. 尽管对这件事现在有不同的看法, 但是这个说法表明物理常数和数据之重要, 并不亚于基本理论本身.

　　物理学发展到了今天, 对于物理常数和数据的测量、分析、评价和推荐已经成为近代物理中一个极端重要和庞大的部分, 成为许多科学家终身的职业, 成为国际间科学团体和政府部门相互协调和配合的一个领域. 在美国纽约的布鲁克海文国家实验室设有美国国家核数据中心, 定期发布他们的推荐值. 在北京的中国原子能科学研究院也设有中国国家核数据中心, 提供他们测量、分析、评价和推荐的数值. 美国《物理学评论》每隔一两年会在当年的七月份发布一本详尽的《粒子性质评论》, 其中包括各种基本物理常数和数据, 而国际科学与技术数据委员会 CODATA 从 1998 年以来每 4 年发布一次新的推荐值. 当然, 对于一般的目的来说, 只取几位有效数字, 新发布的数值不会有什么重大差别. 但是作为教师和作者, 就应当尽量提供最新的结果. 对于想知道历次和当前最新推荐值的读者, 可以到国际互联网上查询. 比如访问 http://physics.nist.gov/constants 和相关的网址, 可以查到 CODATA 的各次推荐值.

2 狭义相对论时空性质

重要的仪器和实验

● 迈克耳孙干涉仪：用半透明反射镜把一束光分成相干的两束，使它们分别沿互相垂直的两臂走过一段距离后又反射回来再重新汇合发生干涉的装置.

● 迈克耳孙 - 莫雷实验：用迈克耳孙干涉仪来测量地球相对于以太的速度的实验. 可参考习题 2.1 和 2.2.

● 爱因斯坦光子钟：使光束垂直投射到一个反射镜上再反射回来，从而根据光速和光走过的路程来确定时间的计时装置.

重要实例的现象学

● 地面上的 μ 子流：在地面上测到的由宇宙射线在大气上层产生的 μ 子流. μ 子的固有寿命是 2.2×10^{-6} s, 在此期间它以光速飞行也只能飞过 660 m, 而地球大气层的厚度是 100 km. 这说明飞行中的 μ 子寿命延长了. 可参考本章小结一开头的讨论.

● π 介子的寿命：参考习题 2.3 以及习题 2.4 后面的讨论.

● 双胞胎效应：两台对准的原子钟，一台拿到飞机上绕地球飞行一圈后，比地面上静止的另一台慢了约 10^{-7} s.

● X 射线脉冲星的蚀：在一个双星体系中，有一颗星是发射 X 射线的脉冲星，它被另一颗星遮住就发生蚀. 如果它发出的 X 射线速率 (光速) 与它的运动速度有关，就会观测到蚀开始和结束的快慢不同. 但是没有观测到这种不同.

● π 介子的 γ 衰变：以接近光速飞行的 π 介子，在飞行中衰变，它向前方发出的 γ 射线 (波长极短的光) 相对于 π 介子的速度是光速，而相对于地面的速度测到也是 c.

● 高能直线加速器中的电子：参考习题 2.5 和 2.6.

熟悉和记住这些现象及其特征，有助于我们理解相对论的时空性质和形成正确的物理图像. 以上实验和现象可以参考《近代物理学》或别的教材.

基本概念和公式

• 异地对钟: 对准两个在不同地点的钟, 特别是对准两个在有相对运动的不同惯性参考系的钟, 是相对论物理的核心, 也是从物理上理解相对论的关键. 在这种对钟的操作中, 光速不变性又是关键中的关键.

• 同时的相对性: 在静止 (运动) 参考系中不同地点对准了的两个钟, 从运动 (静止) 参考系来看并没有对准, 这就是同时的相对性.

• 爱因斯坦膨胀: 从静止参考系看来, 运动参考系中, 时间膨胀, 过程延缓, 运动的时钟变慢了, 飞行的钟走过的时间 T_0, 静止的观测者测到的是 T,

$$T = T_0/\sqrt{1 - v^2/c^2}.$$

• 长度的相对性: 测量一段距离的长度, 要在同一时刻记录这段距离两端的坐标. 由于同时是相对的, 在一个参考系是同时的, 在另一参考系并不同时, 这就是长度相对性的物理根源.

• 洛伦兹收缩: 从静止参考系看, 运动参考系中沿运动方向的尺子缩短, 在运动参考系中的距离 L_0, 静止的观测者测到的是 L,

$$L = L_0\sqrt{1 - v^2/c^2}.$$

• 洛伦兹变换: 同一个事件在两个有相对速度 v 的不同惯性参考系 S 与 S' 中时空坐标的变换关系. 当相对速度沿 x 轴时有

$$x' = \frac{x - vt}{\sqrt{1 - v^2/c^2}}, \quad y' = y, \quad z' = z, \quad t' = \frac{t - vx/c^2}{\sqrt{1 - v^2/c^2}}.$$

• 闵可夫斯基空间: 由三维实空间坐标 (x, y, z) 和一维虚时坐标 ict 构成的四维赝欧几里得空间.

• 四维不变量, 类空与类时间隔, 因果性条件:

$$s^2 = (x_2 - x_1)^2 + (y_2 - y_1)^2 + (z_2 - z_1)^2 - c^2(t_2 - t_1)^2.$$

上述公式定义的四维间隔 s 不依赖于惯性参考系的选择, 称为 四维不变量 或 不变长度. $s^2 > 0$ 的间隔称为类空间隔, $s^2 < 0$ 的间隔

称为类时间隔，$s^2 = 0$ 的间隔称为类光间隔. 由于间隔是四维不变量，它的属性不会因为洛伦兹变换而改变. 但是，属于类空间隔的两件事，它的时间先后次序可以通过适当的洛伦兹变换而颠倒过来. 所以，有因果关系的两个事件，要用类时或类光间隔分开，这就是因果性条件. 对于用类空间隔分开的两个事件，它们的因果关系问题需要作进一步的分析，参阅下一章习题 3.17 之后的讨论.

　　以上各个公式需要记住，也可以从闵可夫斯基空间中坐标轴的转动直接写出来，见下面的推导. 速度叠加公式可以同样地推出，也可以从洛伦兹变换公式推出，不必记.

　　公式的推导　相对论基本公式的推导，主要有物理、解析和几何三种方法. 物理的推导运用物理思维，或者说直观思维和形象思维，这有助于读者在头脑中形成一幅直观和形象的图像，有助于直觉思维的养成，可以参阅《近代物理学》. 解析的推导运用解析方法和逻辑推理，这有助于训练读者逻辑思维的能力，养成严谨的作风，读者可以在一般的电动力学教科书或关于相对论的书中找到. 我们在这里给出几何的推导，这种推导运用闵可夫斯基空间中的几何方法，有助于读者在头脑中形成一幅直观和形象的几何图像，同时又训练了逻辑推理的能力.

　　设开始时坐标系 S' 的原点与 S 的原点重合，S' 相对于 S 有恒速 v. 这时从原点发出的光，t 时刻到达 (x, y, z)，这称为一个 事件 $P(x, y, z, t)$. 从光速不变性，有 P 点在 S' 系与 S 系的时空坐标之间的关系

$$x'^2 + y'^2 + z'^2 - c^2 t'^2 = x^2 + y^2 + z^2 - c^2 t^2 = s^2.$$

对于光，$s = 0$. 如果这个关系不只限于光，而是普遍成立的，P 是任何一个事件的时空点，这就意味着时空坐标 $(x, y, z, \mathrm{i}ct)$ 构成一个四维空间 —— 闵可夫斯基空间，上式则表示 P 点与原点之间的四维间隔 s 的不变性. 事件 P 在时空中的发展和演化，相应于这个四维空间中的一条曲线，称为这个事件的 世界线.

　　①洛伦兹变换. 当 S' 与 S 的相对运动沿 x 轴时，我们可以只考虑空间坐标 x 和时间坐标 $w = \mathrm{i}ct$，这就成为在 w-x 平面上的平面

几何问题. 由于时空间隔具有不变性, $x'^2 + w'^2 = x^2 + w^2$, 在 w-x 平面上的矢量长度不变, 不依赖于坐标系的选择, 从 S 到 S' 的变换相应于坐标轴绕原点的转动, 有

$$\begin{cases} x' = x \cos\phi + w \sin\phi, \\ w' = -x \sin\phi + w \cos\phi, \end{cases} \tag{1}$$

其中 ϕ 是坐标轴转过的角度, 也就是 x' 轴与 x 轴的夹角. 考虑 S' 系中 $x' = 0$ 的 w' 轴上一点 P, 也就是在 S' 系中静止的一点. 这时上面第一式给出

$$\tan\phi = -\frac{x}{w} = \mathrm{i}\frac{v}{c} = \mathrm{i}\beta,$$

这里 $\beta = v/c$, 而 $v = x/t$ 就是在 S 系中看到的这点 P 的速度, 也就是 S' 相对于 S 的速度. 可以写出

$$\cos\phi = \frac{1}{\sqrt{1-\beta^2}}, \qquad \sin\phi = \frac{\mathrm{i}\beta}{\sqrt{1-\beta^2}}. \tag{2}$$

把 (2) 式代入 (1) 式, 就得到洛伦兹变换式. 换句话说, 洛伦兹变换相应于闵可夫斯基空间的坐标轴转动. 坐标轴的转角 ϕ 由关系 $\tan\phi = \mathrm{i}v/c$ 联系于坐标系的相对速度 v/c. 注意下列关系:

$$\sin\phi = \frac{\mathrm{e}^{\mathrm{i}\phi} - \mathrm{e}^{-\mathrm{i}\phi}}{2\mathrm{i}}, \qquad \cos\phi = \frac{\mathrm{e}^{\mathrm{i}\phi} + \mathrm{e}^{-\mathrm{i}\phi}}{2},$$

$$\tan\phi = \frac{\sin\phi}{\cos\phi} = -\mathrm{i}\frac{\mathrm{e}^{\mathrm{i}\phi} - \mathrm{e}^{-\mathrm{i}\phi}}{\mathrm{e}^{\mathrm{i}\phi} + \mathrm{e}^{-\mathrm{i}\phi}}.$$

②时间的相对性和爱因斯坦膨胀. 在 S' 系中静止的钟, 它走时的世界线是一条与 x' 轴垂直的直线, 如图 2.1 所示 (图中的坐标系省略了箭头和原点标示等, 使得图面简洁要点突出, 这是在物理学中常用的做法). 它所走过的一段时间 T_0, 相应于这条直线上的一条线段, 它投影在

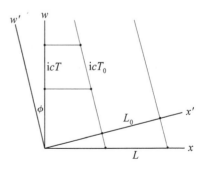

图 2.1 爱因斯坦膨胀和洛伦兹收缩的几何

时间轴 w' 上的长度为 $\mathrm{i}cT_0$. 在 S 系上看, 这段时间相应于这条线段在 w 轴上的投影. 由于 w' 轴相对于 w 轴转过了角度 ϕ, 这条线段在

w 轴上的投影是

$$icT = icT_0 \cos \phi, \qquad (3)$$

T 与 T_0 的数值不同, 表明这两个参考系中时钟的快慢不同, 这就是时间的相对性. 把 (2) 式的第一式代入 (3) 式, 就给出

$$T = T_0/\sqrt{1 - v^2/c^2},$$

$T > T_0$, 表明从 S 系来看运动的时钟变慢了.

③长度的相对性和洛伦兹收缩公式. 设有在 S' 系中静止的一把尺子, 长度为 L_0. 这把尺子两个端点的世界线是与 x' 轴垂直的两条直线. 这两条直线在 x' 轴上截出的一条线段, 就是在 S' 系中这把尺子的长度 L_0; 它们在 x 轴上截出的一条线段, 则是在 S 系中这把尺子的长度 L. 由于 x' 轴相对于 x 轴转过了角度 ϕ, 而这两条直线与 x' 轴垂直, 所以我们有

$$L = L_0/\cos \phi = L_0\sqrt{1 - v^2/c^2},$$

L 与 L_0 的数值不同, 表明这两个参考系中尺子的长短不同, 这就是长度的相对性. $L < L_0$, 表明运动的尺子缩短了. 注意这里推导洛伦兹收缩的情形与前面推导爱因斯坦膨胀的不同. 前面考虑同一时钟两个不同时刻的差, 只涉及时钟本身的一条世界线. 这里考虑一把尺子两端间的距离, 这两端之间没有因果关系, 分别属于两条不同的世界线.

④纵向速度叠加公式. 设 P 点沿 x 轴运动, 相对于 S' 系的速度为 u'; 而 S' 系也沿 x 轴运动, 相对于 S 系的速度为 v. 我们来求 P 点相对于 S 系的速度 u. 考虑一个随着 P 点运动的坐标系, 称为 P 系, 则从 S' 系到 P 系坐标轴转过的角度 φ 满足

$$\tan \varphi = i\frac{u'}{c},$$

而从 S 系到 S' 系坐标轴转过的角度 ϕ 满足 $\tan \phi = iv/c$. 于是, 从 S 系到 P 系坐标轴转过的总角度 $\phi + \varphi$ 满足

$$\tan(\phi + \varphi) = i\frac{u}{c}.$$

由公式

$$\tan(\phi + \varphi) = \frac{\tan \phi + \tan \varphi}{1 - \tan \phi \cdot \tan \varphi}$$

就可以得到

$$u = \frac{v + u'}{1 + vu'/c^2},$$

这就是相对论的纵向速度叠加公式.

⑤横向速度变换公式. 我们用解析的方法来推导. 设 P 点相对于 S' 系的速度为 (u'_x, u'_y, u'_z); S' 系沿 x 轴运动, 相对于 S 系的速度为 v. 我们下面求 P 点相对于 S 系的速度 (u_x, u_y, u_z). P 点在 S' 和 S 系的时空坐标分别是 (x', y', z', t') 和 (x, y, z, t), 用洛伦兹变换公式就有

$$u_x = \frac{\mathrm{d}x}{\mathrm{d}t} = \frac{\mathrm{d}x' + v\mathrm{d}t'}{\mathrm{d}t' + v\mathrm{d}x'/c^2} = \frac{v + u'_x}{1 + vu'_x/c^2},$$

$$u_y = \frac{\mathrm{d}y}{\mathrm{d}t} = \frac{\mathrm{d}y'}{(\mathrm{d}t' + v\mathrm{d}x'/c^2)/\sqrt{1 - v^2/c^2}} = \frac{u'_y\sqrt{1 - v^2/c^2}}{1 + vu'_x/c^2},$$

$$u_z = \frac{\mathrm{d}z}{\mathrm{d}t} = \frac{\mathrm{d}z'}{(\mathrm{d}t' + v\mathrm{d}x'/c^2)/\sqrt{1 - v^2/c^2}} = \frac{u'_z\sqrt{1 - v^2/c^2}}{1 + vu'_x/c^2},$$

其中

$$u'_x = \frac{\mathrm{d}x'}{\mathrm{d}t'}, \quad u'_y = \frac{\mathrm{d}y'}{\mathrm{d}t'}, \quad u'_z = \frac{\mathrm{d}z'}{\mathrm{d}t'}.$$

可以看出, u_x 的公式就是前面用几何方法推出的纵向速度叠加公式. 同样, 爱因斯坦膨胀和洛伦兹收缩的公式也可以用解析方法从洛伦兹变换的公式推出.

习题 2.1　迈克耳孙干涉仪两臂长都是 $10\,\mathrm{m}$. 假设其中一条正好在地球穿过以太运动的方向上, 地球穿行速度 $v = 0.0001\,c$. 试计算光沿两臂行进的时间差.

解　对这个问题的回答, 取决于我们采用什么时空观. 迈克耳孙当初设计这个仪器的依据是牛顿的绝对时空观, 而他与莫雷用这个仪器做的实验则彻底推翻了牛顿的绝对时空观. 我们先来看按照牛顿绝对时空观应该是什么结果.

迈克耳孙采用当时被广泛接受的观点, 认为光是一种特殊实体的振动, 并且把这种实体称为 "以太". 既然有这么一种无处不在的实体, 我们就可以把它选作绝对参考系, 从而具体实现牛顿的绝对空间观念. 按照牛顿的观念, 时间和长度的度量都是绝对的, 与参考系的选择无关; 而相对于绝对空间的运动, 则是绝对的运动. 测量

光沿迈克耳孙干涉仪两臂行进的时间差, 是为了测出地球相对于以太的速度, 也就是测量地球的绝对运动. 测出了地球的绝对运动, 就测到了以太, 也就测到了绝对参考系和绝对空间.

按照牛顿的绝对时空观, 从地球参考系和从假想的以太参考系来看, 测量时间和长度的结果都一样, 我们可以随便选用地球参考系或以太参考系. 在地球参考系很容易看出, 在沿地球运动方向上的一臂, 光来回所用的时间是

$$\frac{d}{c-v} + \frac{d}{c+v},$$

这里 d 是干涉仪的臂长. 另一方面, 在以太参考系来看, 沿着与地球运动方向垂直的一臂, 光线来回走的是一个等腰三角形的两腰, 这个三角形的腰与底边之比是 $c : 2v$, 高则是干涉仪的臂长 d. 于是我们可以写出光沿这一臂来回所用的时间为

$$\frac{2d}{\sqrt{c^2 - v^2}},$$

从而, 题目所求的时间差为

$$\left(\frac{d}{c-v} + \frac{d}{c+v}\right) - \frac{2d}{\sqrt{c^2 - v^2}} \approx \frac{d}{c}\frac{v^2}{c^2} = 3.3 \times 10^{-16} \,\text{s}.$$

按照爱因斯坦相对论的时空观, 光速在地球参考系也是 c, 从地球参考系立即可以看出光沿两臂行进的时间差为 0.

$3.3 \times 10^{-16}\,\text{s}$ 的时间, 从宏观角度来看是一个非常小的量, 是用任何机械计时器都无法测量的. 在迈克耳孙的时代 (十九世纪末和二十世纪初), 还没有电子计时器, 从技术上看, 这个测量是不可能的. 他不是直接测量这个时间差, 而是测量光程差. 这是 $0.1\,\mu\text{m}$ 的数量级, 仍然是一个很小的量. 所以, 他利用光的干涉, 也就是选择了一把很短的尺子 —— 光波的波长, 这是 μm 的数量级 —— 来测量这段距离. 为了使这个实验能够实现, 他又想办法尽量增长光程, 用反射镜使光线来回反射多次, 增加了有效臂长. 由此可以看出, 为了完成一个出色的实验, 实验物理学家的精力和智慧绝大部分不是用在解决物理问题, 而是用在解决许多一般人预想不到的技术问题上.

习题 2.2　在迈克耳孙 - 莫雷实验中, 干涉仪臂长 11 m, 用波长

589.3 nm 的 Na 黄光. 该仪器能测出小至 0.005 个条纹的移动, 而实验未观测到任何条纹移动. 试问地球穿过以太的速度最大只能是多少?

解 当迈克耳孙干涉仪的一臂沿地球穿过以太运动的方向时, 光沿两臂行进的时间差最大. 这个时间差乘以光速 c, 就是相应的光程差, 再除以波长 λ, 就得到与此光程差对应的波长数, 也就是移过的条纹数. 利用上题的结果, 并且注意在实验过程中要把仪器在水平面内转过 90°, 光程差加倍, 于是我们可以写出

$$2\frac{d}{\lambda}\frac{v^2}{c^2} = 0.005,$$

其中 d 是干涉仪臂长. 由此即可解出

$$v = c\sqrt{0.005\lambda/2d} = 1.2 \times 10^{-5}\, c.$$

前面我们说了, 为了使这个实验能够实现, 并且尽量提高测量的精度, 加大光程是关键. 为此他们采用了所有能用的办法. 特别是, 这个实验给出的是零结果 —— 测量不到时间差. 类似的给出零结果的实验, 还有测量光子质量的实验, 测量质子衰变的实验等. 再精确的实验测量, 给出的零结果也不会是准确的 0, 而是一个测量的上限. 在这种情况下, 提高测量精度就特别重要. 在迈克耳孙 - 莫雷实验的情况, 精度越高, 给出的时间差的上限就越小, 爱因斯坦光速不变性原理就越可信. 所以, 提高零实验结果的测量精度, 往往具有重要的理论意义.

迈克耳孙 - 莫雷实验给出了预想不到的零结果, 说明假想的以太并不存在. 有许多作者解释说, 以太并不存在, 存在的只是作为一种特殊物质的电磁场, 光波是电磁场这种特殊物质的振动, 真空中电磁场振动传播的速度在不同惯性参考系中都一样. 这是一种十分牵强的说辞. 如果光波是某种实体的振动, 那么把这种实体叫做以太或者电磁场并不重要, 这只不过是换了一个名称而已. 按照这种解释的逻辑, 迈克耳孙完全可以说, 以太还是存在的, 只不过它的性质很特别, 它的振动传播的速度在不同惯性参考系中都一样. 在实际上, 迈克耳孙真是这么想的, 他相信以太还是存在的, 只是他的实验未能测出来. 物理学家们心中的这个巨大困扰, 绝不是一

个轻松的语义学的问题.

解决这个疑难的关键,不是给传播光波的载体换一个称呼,而是要给传播光波的载体赋予一种全新的诠释:光波不是一种实体,而只是用来描述测量结果出现概率的数学上的波,我们不能按照实体的模式来直观地想象它. 我们在测量中找到光子的概率,是关于我们测量结果的预测,这只是一种信息. 而作为客观的规律,描述这种信息的波对于不同惯性参考系中的观测者应该是一样的. 落到地面上的硬币正面朝上的概率是多少,在地面上的观测者和在飞机上的观测者应该给出同样的预测. 关于光波的性质,在第 4 章的末尾还有进一步的讨论.

习题 2.3 静止 π^- 介子的平均寿命为 2.6×10^{-8} s. 一束 π^- 介子离开加速器后平均飞行 10.5 m 衰变为 μ^- 和 ν_μ,试问 π^- 介子的速率是多少?

解 从实验室参考系来看,飞行中的 π^- 介子寿命 $\tau = l/v$, l 是飞过的距离, v 是飞行的速度. 代入爱因斯坦膨胀公式,有

$$\frac{l}{v} = \frac{\tau_0}{\sqrt{1 - v^2/c^2}},$$

其中 τ_0 是 π^- 介子的固有寿命. 由此解出

$$v = \frac{c}{\sqrt{1 + c^2\tau_0^2/l^2}} = 0.80\,c.$$

由这个结果可以立即算出飞行 π^- 介子的寿命 $\tau = l/v = 4.4 \times 10^{-8}$ s,它比静止 π^- 介子的寿命增加了 70%. 如果飞行 π^- 介子的寿命仍然是 2.6×10^{-8} s,它飞行的速度就是 $v = l/\tau_0 = 4.0 \times 10^8$ m/s,比光速还大三分之一. 我们至今还没有发现比光速飞行得更快的 快子 (tachyon,又译为"超光子"),所以,这个题目所说的现象非常直接和明白地表明:飞行 π^- 介子的寿命确实比静止 π^- 介子的长. 这个结论并不依赖于爱因斯坦的相对论. 实际上,这纯粹是实验的结果,不直接依赖于任何理论. 读者一定要记住这个实验现象,这是微观高速领域非常重要的现象,任何关于微观高速领域的物理理论都必须考虑这个现象的特点,都必须符合这个现象的要求.

习题 2.4 太阳系是一近似惯性系,其中观测者 S 测到距他 $3\times$

10^9 l.y. (光年) 处有一星云正以恒速 $0.60\,c$ 离去. 设这时在此星云中诞生一星体 S', 其固有寿命为 10×10^9 a (年). 试问相对于 S 来说, ①星体 S' 的寿命多长? ② S' 死亡时离 S 多远? ③ S 接收来自 S' 的光, 会持续多久?

解 ①对于 S 来说, 星体 S' 随着星云以恒速 $v = 0.60\,c$ 离去, 所以 S 看到 S' 的寿命 τ 要比其固有寿命 τ_0 长. 用爱因斯坦膨胀公式,

$$\tau = \frac{\tau_0}{\sqrt{1 - v^2/c^2}} = \frac{10^{10}\,\text{a}}{\sqrt{1 - 0.60^2}} = 1.25 \times 10^{10}\,\text{a}.$$

②对于 S 来说, S' 死亡时到 S 的距离 d, 等于 S' 诞生时的距离 d_0 加上在 τ 时间内飞过的距离 $v\tau$,

$$d = d_0 + v\tau = 3 \times 10^9 + 0.60 \times 1.25 \times 10^{10} = 1.05 \times 10^{10}\,(\text{l.y.}).$$

③对于 S 来说, 因为 S' 在飞行, 他接收来自 S' 的光持续的时间, 就不仅仅是 S' 的寿命 τ, 还要再加上光穿过在这段时间内 S' 飞过的距离所用的时间 $v\tau/c$, 所以是

$$\tau + \frac{v\tau}{c} = 1.60\tau = 2.00 \times 10^{10}\,\text{a}.$$

这也是关于飞行物体时间延缓的题, 与上一题类似. π 介子的寿命, 或者星体 S' 的寿命, 可以用作它们各自的参考系中的时钟, 所以这两题所讨论的现象, 都表明从静止的观测者来看, 运动的时钟变慢了. 记住这些现象, 在头脑中保存这些图像, 从而形成一种直觉, 这将有助于我们在分析类似的问题时能够直接和直观地作出判断, 而不必借助于理论的分析和公式的推演. 物理学家的直觉思维, 就是这样逐渐养成的. 对于物理问题的研究来说, 直觉思维与逻辑思维同样重要, 有时甚至更加重要. 这就像化学家需要记住许多重要化学元素的性质一样. 学习物理不能只注重理解, 还要强调必要的记忆. 把你的头脑比喻作一台电脑, 你的思维能力就像是中央处理器 (CPU) 的运算速度, 你的理解就像是装入的程序软件, 而你的记忆能力则相当于内存与硬盘的容量, 这三方面是相辅相成的, 不可偏废, 缺一不可.

注意上面我们做数值运算时对待物理量单位的两种做法. 任何一个物理量, 例如 d 和 τ, 都包括数值和单位两部分. 在公式中代入

具体数值进行运算时，原则上应该把单位也代进去，例如上面的①与③. 这是正规和减少出错的保险的做法. 但有时为了简洁可以在运算过程中省去单位不明写出来，只是在最后结果中再把单位写上，例如上面的②. 对于这种情况，中间过程的数值运算不带单位，最后结果的单位就用括号括起来，以保持等号两边平衡. 当然，能够省去单位不写的情况，是有条件的. 这通常是要求选用统一的单位制，在公式中的每一项都使用这个单位制中的单位，则所得结果的单位也是这个单位制中的单位. 使用国际单位制的基本单位就可以保证这一点. ②的情况很简单，公式中相加的两项单位都是 l.y.，结果也就是 l.y.

在国际单位制中用 a 作为 "年" 这个单位的符号，是取拉丁文 "年" 字 anno 的第一个字母.

习题 2.5　在高能直线加速器内，电子被加速到 $(1 - 2.45 \times 10^{-9})\,c$，并以此速度在加速器内飞行 100 m. 试问电子看到的这段加速器管长是多少？

解　在电子参考系来看，加速器管沿着管长的方向高速飞去，所以管长有洛伦兹收缩，电子看到的这段加速器管长是

$$L_0\sqrt{1-v^2/c^2} = 100\,\mathrm{m} \times \sqrt{1-(1-2.45 \times 10^{-9})^2}$$
$$\approx 100\,\mathrm{m} \times \sqrt{2 \times 2.45 \times 10^{-9}} = 7.00\,\mathrm{mm}.$$

上面第二个等式是近似的，我们在展开根号中的二项式时略去了二次项，这是在手边没有计算器而又急需知道结果时常用的近似算法. 输入的数值 100 和 2.45 都只有 3 位有效数字，所以一般地说，结果的有效数字也只有 3 位，而可靠的只是前 2 位. 精确到 3 位有效数字的结果是 7.07.

现在在高能加速器中加速的电子和质子等带电粒子的速度都非常接近光速，所以本题讨论的也是实际的现象. 虽然我们不能跟着电子高速飞过加速器管道，不能亲身体验电子所看到的加速器管道缩短的现象，不过仍然可以记住这个现象，以帮助我们去直觉地分析和理解其他类似的现象. 实际上，如果被加速的是有结构的粒子，例如质子或原子核，则当它静止时可以简单地看成是球形，而当它

以接近光速飞行时就成为在飞行方向被压扁了的椭球, 甚至成为一个扁扁的圆盘. 用洛伦兹收缩公式, 我们可以根据飞行的速度算出它变扁的程度. 这是在分析它与靶粒子的碰撞过程时必须考虑的一个重要因素.

习题 2.6 在斯坦福直线加速器中心 (SLAC) 的正负电子对撞实验中, 电子与正电子的速率都是 $v = (1 - 10^{-8})c$. 从正电子看来, 电子的速率与光速相差百分之多少?

解 SLAC 是"斯坦福直线加速器中心"的英文缩写, 就像 BEPC 是"北京正负电子对撞机"的英文缩写一样. 在正负电子对撞的实验中, 电子与正电子沿一条直线相对运动, 题目给出的 v 是它们相对于静止的实验室系的速率. 变换到正电子参考系, 电子的速度就是电子相对于实验室系的速度与实验室系相对于正电子参考系的速度 (二者方向相同) 的叠加. 用相对论的纵向速度叠加公式, 就有

$$\frac{v + v}{1 + v \cdot v / c^2} = \frac{2v}{1 + v^2/c^2},$$

光速与它的差是

$$c - \frac{2v}{1 + v^2/c^2} = \frac{(1 - v/c)^2}{1 + v^2/c^2} c \approx 5 \times 10^{-17} c,$$

这也就是光速的 $5 \times 10^{-15}\%$.

如果运动参考系 S' 相对于静止参考系 S 的速度是 v, 物体相对于 S' 的速度是 u', 并且与 v 的方向相同, 则相对论的纵向速度叠加公式给出物体相对于静止参考系 S 的速度 u 在同样方向, 是

$$u = \frac{v + u'}{1 + vu'/c^2},$$

由此可以解出 u' 和 v,

$$u' = \frac{-v + u}{1 - vu/c^2}, \qquad v = \frac{-u' + u}{1 - u'u/c^2}.$$

这两个式子同样也是纵向速度叠加公式, 读者可以自己尝试解释其中每一个量的含义, 从而进一步熟悉和熟练对速度叠加公式的运用.

我们还可以用几何方法来解这道题. 正负电子相对于实验室系的速度, 相应于坐标轴沿正反两个方向转过相同的角度 ϕ. 于是, 正

负电子之间的相对速度 V 相应于这两个角度的大小相加, 有

$$i\frac{V}{c} = \tan(\phi+\phi) = \frac{\tan\phi+\tan\phi}{1-\tan\phi\cdot\tan\phi} = i\frac{1}{c}\frac{v+v}{1+v\cdot v/c^2},$$

这正是我们在本题一开始写出的公式.

习题 2.7　静止 K^0 介子衰变成一个 π^+ 介子和一个 π^- 介子, π^+ 和 π^- 的速率都是 $0.827\,c$. 若 K^0 在以 $0.60\,c$ 的速率飞行中衰变, 其中一个 π 介子可能有的最大速率是多少?

解　当 π 介子沿 K^0 的飞行方向飞出时, 它的速度最大. 这个速度 u 等于它相对于 K^0 介子的速度 $u' = 0.827\,c$ 与 K^0 介子相对于实验室的速度 $v = 0.60\,c$ 的叠加,

$$u = \frac{v+u'}{1+vu'/c^2} = \frac{0.60\,c+0.827\,c}{1+0.60\times0.827} = 0.95\,c.$$

习题 2.8　以 $v = 0.60\,c$ 的速度沿 x 轴飞行的原子核发出一个与 x 轴成 $\theta' = 60°$ 角的光子, 在静止系中此光子飞行方向与 x 轴成的角度 θ 是多少?

解　这时飞行光子的速度在 x 轴和 y 轴两个方向都有投影. 用纵向速度叠加和横向速度变换, 先求出光子速度在这两个方向的投影, 就可以求出光子飞行方向与 x 轴所成的角度. 设在原子核参考系中飞行光子速度在纵向与横向的投影分别是 u'_x 与 u'_y, 则在静止参考系中它们分别是

$$u_x = \frac{v+u'_x}{1+vu'_x/c^2}, \qquad u_y = \frac{u'_y\sqrt{1-v^2/c^2}}{1+vu'_x/c^2},$$

于是

$$\tan\theta = \frac{u_y}{u_x} = \frac{u'_y\sqrt{1-v^2/c^2}}{v+u'_x}.$$

代入 $u'_x = c\cos\theta' = c/2$ 和 $u'_y = c\sin\theta = \sqrt{3}\,c/2$, 就得到

$$\tan\theta = \frac{\sqrt{3}\sqrt{1-0.60^2}}{2(0.60+0.50)} = 0.6298,$$

得

$$\theta = 32.2°.$$

光子以光速飞行, 根据光速不变性原理, 它在飞行的原子核参

考系和静止的实验室系都是 c. 读者可以自己验证这时有

$$u_x^2 + u_y^2 = u_x'^2 + u_y'^2 = c^2.$$

习题 2.9　观测者 S 测得两个事件的空间和时间间隔分别为 $600\,\mathrm{m}$ 和 $8.0 \times 10^{-7}\,\mathrm{s}$, 而观测者 S' 测到这两个事件同时发生. 试求 S' 相对于 S 的速度, 和 S' 测得的这两个事件的空间距离.

解　由于观测者 S' 测到这两个事件同时发生, $\Delta t' = 0$, 代入洛伦兹变换中关于时间 t' 的公式, 有

$$\Delta t' = \frac{\Delta t - v\Delta x/c^2}{\sqrt{1 - v^2/c^2}} = 0,$$

其中 $\Delta x = 600\,\mathrm{m}$, $\Delta t = 8.0 \times 10^{-7}\,\mathrm{s}$. 由此可以解出 S' 相对于 S 的速度

$$v = \frac{c\Delta t}{\Delta x}c = \frac{3.0 \times 80}{600}c = 0.40\,c.$$

再把此结果代入洛伦兹变换中关于 x' 的公式, 就有 S' 测得的这两个事件的空间距离

$$\Delta x' = \frac{\Delta x - v\Delta t}{\sqrt{1 - v^2/c^2}} = \sqrt{1 - v^2/c^2}\,\Delta x = \sqrt{1 - 0.40^2}\,\Delta x = 550\,\mathrm{m}.$$

我们再给出另一种解法. 根据题设, 观测者 S 测到的这两个事件的四维间隔的二次方是

$$s^2 = (\Delta x)^2 - c^2(\Delta t)^2.$$

由于四维间隔是不变量, 观测者 S' 测到的这两个事件的四维间隔也是 s. 又由于观测者 S' 测到这两个事件同时发生, $\Delta t' = 0$, 所以这个四维间隔也就是 S' 测到的这两个事件的空间距离 $\Delta x'$,

$$\Delta x' = \sqrt{(\Delta x)^2 - c^2(\Delta t)^2} = \sqrt{600^2 - (3.00 \times 80.0)^2} = 550\,(\mathrm{m}).$$

把它代入洛伦兹变换中关于 x' 的公式,

$$\Delta x' = \frac{\Delta x - v\Delta t}{\sqrt{1 - v^2/c^2}},$$

与 $(\Delta x')^2 = (\Delta x)^2 - c^2(\Delta t)^2$ 联立, 就可以解出 $v = c^2\Delta t/\Delta x$.

习题 2.10　观测者 S 测得两个事件同时发生于相距 $600\,\mathrm{m}$ 的两处, 而观测者 S' 测得它们的距离是 $1200\,\mathrm{m}$, 试问 S' 测得这两个事件的时间间隔是多少?

解 这一题与上题类似, 可以用四维间隔不变性很容易地算出. 由于 S 测得两个事件是同时的, 时间间隔为零, $\Delta t = 0$, 所以他测得的空间距离也就是这两个事件的四维间隔, $s = 600\,\mathrm{m}$. S' 测得它们的距离是 $1200\,\mathrm{m}$, 还需要从中扣除了时间间隔的贡献, 才是这两个事件的四维间隔,

$$(600\,\mathrm{m})^2 = (1200\,\mathrm{m})^2 - (3.00 \times 10^8\,\mathrm{m/s})^2 (\Delta t')^2,$$

从而可以解出

$$\Delta t' = \frac{\sqrt{1200^2 - 600^2}}{3.00 \times 10^8} = 3.46 \times 10^{-6}(\,\mathrm{s}).$$

由上述两题可以看出, 闵可夫斯基空间的四维间隔不变性, 是一个在几何上非常直观而又有用的概念, 运用它常常可以使我们的分析和计算大为简化. 而在物理观念上, 它表明了时间与空间的对称和统一, 这是我们在观念上的一大革命性进展.

在我们原来的生活观念里, 空间是我们生活的范围和场所, 时间是我们生命的进程和延续; 在我们的文明里空间是地域, 时间是历史, 这两者是各自独立互不相关的. 现在, 在相对论的观念里, 时间与空间是对称和统一的, 被四维间隔不变性联系在一起. 换一个生活的系统就可以改变生命, 在新的参考系里生活, 就可以改变我们生活的进程, 延长我们的生命! 这种崭新的时空观念, 不仅仅是给我们带来心灵的震撼, 也带来了对人类未来的美好憧憬, 和带来了文明发展的新的契机. 近代物理学已经不仅只是物理学家的事业, 而是成了人类文明发展的一种推动力量.

本章小结

狭义相对论的时空性质, 是微观高速领域的物理, 是我们在微观高速领域的物理经验升华的结果. 即使爱因斯坦没有建立相对论, 这种经验也会启发别的人来建立相对论.

在地面上静止的 μ^- 子, 由它衰变成电子和中微子的实验, 测出它的固有寿命是 $2.2\,\mu\mathrm{s}$. 而以接近光速的高速飞行穿过大气层撒向地面的 μ^- 子, 它的平均寿命可以达到 $0.3\,\mathrm{ms}$, 增长了一百五十倍. 这是不直接依赖于任何理论的实验事实. 高速飞行中的 π 介子, 它的寿命也成倍地增长 (参见习题 2.3). 此外还有本章开头列举的其他一

些重要实例的现象学, 所有这些实验事实为我们积累的物理经验, 是我们正确认识狭义相对论时空性质的基础.

实际上, 在 19 世纪末, 菲茨杰拉德已经从运动物体中光速的测量结果意识到物体在运动方向的收缩 (洛伦兹收缩), 洛伦兹又从他对电磁理论的研究中发现了后来以他的名字命名的变换公式. 在爱因斯坦之前, 相对论时空性质方面的这些唯象理论已经提出来了. 爱因斯坦的天才, 在于他意识到这是一场时空观念上的革命, 并且把握了建立新时空观念的关键 —— 光速不变性, 从而给洛伦兹变换赋予了全新而深刻的含意 (参见习题 2.4~2.8). 迈克耳孙 - 莫雷实验, 则为光速不变性提供了最直接的实验证据 (参见习题 2.1 和 2.2).

进一步看出和把握了爱因斯坦相对论的深刻含意和物理实质的, 是数学家闵可夫斯基. 闵可夫斯基在因为阑尾炎手术后的感染而过早逝世的前一年, 指出了相对论的光速不变性和洛伦兹变换意味着空间时间四维间隔的不变性 (参见习题 2.9 和 2.10), 从而表明我们生活的空间与时间属于一个四维赝欧几里得空间 —— 现在称为闵可夫斯基空间, 在物理观念上实现了空间与时间的统一.

本章习题的计算都很简单, 公式的运用也都直截了当, 困难是在物理概念和物理图像方面. 这是学习近代物理学最困难的方面. 这些习题, 都是为了帮助读者建立正确的物理图像和形成准确的物理概念. 反之, 有了正确的物理图像和准确的物理概念, 做这些习题都是很容易的. 读者可以按照下面给出的思路和逻辑关系来复习和重新组织本章的内容, 从而获得更深入的理解和把握.

光速不变性

⇓

时空四维间隔不变性

⇓

闵可夫斯基空间

⇓

洛伦兹变换

⇓

同时的相对性, 爱因斯坦膨胀, 长度的相对性, 洛伦兹收缩

3 狭义相对论质点力学

重要的实验

• 布谢勒实验 (1909 年): 对放射性 β 衰变发出的电子, 用滤速器测量其速度, 用磁场测量其质量, 从而测量和验证了相对论关于电子的惯性随速度变化的关系.

基本概念和公式

• 快度 Y: 为洛伦兹变换中坐标轴转角 ϕ 的实数值, 这是在高能物理中用来描述粒子运动快慢的量,

$$Y = \frac{\phi}{\mathrm{i}}, \quad \tanh Y = \beta = \frac{v}{c}, \quad Y = \frac{1}{2}\ln\frac{1+\beta}{1-\beta}.$$

• 粒子的质量 m: 是粒子动量能量四维矢量 $(p_x, p_y, p_z, \mathrm{i}p_0 = \mathrm{i}E/c)$ 不变长度的度量,

$$\boldsymbol{p}^2 - p_0^2 = p_x^2 + p_y^2 + p_z^2 - p_0^2 = -m^2c^2.$$

• 动质能三角形: 即 pc, mc^2, E 分别对应于直角三角形的两个直角边和斜边,

$$E^2 = (pc)^2 + (mc^2)^2.$$

• 爱因斯坦质能关系:

$$E = \gamma mc^2 = \frac{mc^2}{\sqrt{1 - v^2/c^2}}, \quad E_0 = mc^2.$$

• 动能和牛顿近似:

$$E_k = E - E_0 = (\gamma - 1)mc^2 = \frac{1}{2}mv^2\left(1 + \frac{3}{4}\frac{v^2}{c^2} + \cdots\right).$$

• 体系的不变质量 m: 为粒子体系总动量能量四维矢量 $(\boldsymbol{p}, \mathrm{i}p_0)$ 不变长度的度量,

$$\boldsymbol{p}^2 - p_0^2 = (\boldsymbol{p}_1 + \boldsymbol{p}_2)^2 - (p_{10} + p_{20})^2 = -m^2c^2.$$

- Q 值：为粒子反应或衰变过程前后总动能之差：

$$Q = E_{kf} - E_{ki}.$$

- 放热过程和吸热过程： $Q > 0$ 的过程称为放热过程， $Q < 0$ 的过程称为吸热过程.

- 动心系：动量中心系，是使粒子系总动量为零的参考系，

$$\boldsymbol{p} = \boldsymbol{p}_1 + \boldsymbol{p}_2 = 0.$$

- 反应有效能：为粒子系在动心系的总能量，它能全部转化为反应生成物的静质能.

- 反应阈能：为在吸热反应中能够引起反应的最低入射粒子能量.

动量和能量公式的推导　我们可以用一个四维矢量 $(p_x, p_y, p_z, \mathrm{i}p_0)$ 来描述质点的力学性质，要求它的空间分量 $\boldsymbol{p} = (p_x, p_y, p_z)$ 在低速下还原为经典力学的动量. 引入常数 m，把这个四维矢量的不变长度写成

$$\boldsymbol{p}^2 - p_0^2 = p_x^2 + p_y^2 + p_z^2 - p_0^2 = -m^2 c^2.$$

选择随粒子运动的参考系 S'，则有

$$p_x' = p_y' = p_z' = 0, \quad p_0' = mc.$$

写出从 S' 系到 S 系的洛伦兹变换，

$$
\begin{pmatrix} p_x \\ p_y \\ p_z \\ p_0 \end{pmatrix} = \begin{pmatrix} \gamma & 0 & 0 & \gamma\beta \\ 0 & 1 & 0 & 0 \\ 0 & 0 & 1 & 0 \\ \gamma\beta & 0 & 0 & \gamma \end{pmatrix} \begin{pmatrix} 0 \\ 0 \\ 0 \\ mc \end{pmatrix} = \begin{pmatrix} \gamma m v \\ 0 \\ 0 \\ \gamma m c \end{pmatrix},
$$

即

$$\boldsymbol{p} = \gamma m \boldsymbol{v}, \quad p_0 = \gamma m c.$$

在低速近似下， $\gamma \longrightarrow 1$, $\boldsymbol{p} \longrightarrow m\boldsymbol{v}$, 所以上面引入的常数 m 就是粒子的质量. 此外，在低速近似下，有

$$p_0 c = \gamma m c^2 = \left(1 + \frac{1}{2}\beta^2 + \cdots\right) m c^2 \approx m c^2 + \frac{1}{2} m v^2.$$

上式右边第一项是一个相加常数，第二项是经典力学的粒子动能，

于是 p_0c 应是粒子总能量 E, 即

$$E = p_0 c = \gamma m c^2.$$

质点的运动学与动力学 质点力学包括质点的运动学与动力学两部分. 狭义相对论的质点运动学, 主要是关于质点的速度及其在不同惯性系中的变换, 与相对论的时空观念紧密相关, 实际上在第 2 章已经讨论到了. 本章新增加的内容, 主要是快度的概念和相关的问题. 相对论的质点动力学, 主要讨论质点与质点系的动量能量关系. 在相对论的质点动力学中, 基本的概念是动量和能量, 及其四维不变量的度量 —— 质量. 在相对论的质点动力学中, 力和加速度已经不再是基本概念, 相应地, 惯性也不再是基本概念. 有的书仍然把这个概念当作基本概念来用, 把爱因斯坦的相对论纳入牛顿力学的概念框架之中, 因而把 $m/\sqrt{1 - v^2/c^2}$ 称为 "相对论质量", 简称 "质量", 讨论它随速度的变化, 从而又进一步引入 "静质量" 的概念, 这反而把本来简单清晰的概念弄复杂了. 请注意: 本书使用的质量概念, 就是他们说的静质量, 不是他们说的质量; 本书不使用相对论质量的概念. 对质量的概念和下述质量的物理有兴趣的读者, 可以参阅《物理教学》杂志 2007 年第 8 期《质量概念的演变》一文.

质量的物理 相对论中质量的定义和爱因斯坦质能关系向我们提出了一个基本的问题: 粒子的质量真的只是描述粒子特性的一个简单参数, 而在它的背后并不包含某种更深层的物理吗?

对于同一个名词术语, 在不同的学术或社会圈子里, 或者在不同的理论中, 用法和含意往往不同. 这取决于这个名词术语在有关人群或理论中的定义和用法. 质量在哲学和一般社会用语里, 是品质 (quality) 的意思; 在化学里, 就是物质的多少; 而在经典物理学里, 则是物体惯性和引力的量度.

经典物理学的质量概念, 基于牛顿力学. 在牛顿力学里, 质量是在牛顿第二定律里定义的描述物体惯性的参数, 被看成是物体最基本的特征, 是一切物理学分析的基础和出发点, 而不能再对它进行分析, 不包含任何更深层的物理. 关于质量的这种经典观念, 在

将近三百年的时间里, 支配着物理学家们的思考. 只是到了爱因斯坦的狭义相对论里, 这种观念才开始受到冲击.

在狭义相对论里, 质量的基本涵义已经不再是描述物体惯性的参数, 而是物体能量动量四维矢量的不变长度的量度, 是联系物体能量与动量的物理量. 特别是, 当物体静止时, 质量正比于物体的能量, 这表明质量是物体静质能的量度. 而我们知道, 能量总是某种动力学效应的表现. 所以, 这就意味着, 作为物体静质能的量度, 质量很可能也是某种动力学效应的表现, 包含着更深层的物理. 这就是关于质量的物理的问题.

在狭义相对论提出了半个多世纪之后, 于 1967 年提出的温伯格 - 萨拉姆 (Weinberg- Salam) 理论在统一弱相互作用与电磁相互作用的同时, 也为质量的物理这个问题给出了一个理论的回答. 温伯格 - 萨拉姆理论的模型所具有的对称性, 要求作为理论出发点的粒子是无质量的, 包括中微子和电子等轻子. 在这个理论中, 原本没有质量的电子之所以获得了质量, 是由于它与某种特殊的场的耦合. 这种特殊的场被称为希格斯 (Higgs) 场, 它的作用使得理论的这种对称性发生破缺. 温伯格 - 萨拉姆理论所取得的成功, 自然地掀起了一股寻找希格斯粒子的实验热潮, 粒子物理学家们把这种实验恰当地称之为寻找质量的起源. 这种希格斯粒子已经于 2012 年找到, 而人们开始认真地寻找希格斯粒子这件事本身, 则意味着质量的物理这个爱因斯坦相对论提出的问题, 早就开始成为物理学家们研究的一个重要问题.

习题 3.1 一相对于实验室以 $0.50\,c$ 的速度运动的放射性原子核, 衰变时沿其运动方向发射一电子, 此电子相对于原子核的速度为 $0.90\,c$. 试求原子核相对于实验室的快度, 电子相对于原子核的快度, 以及电子相对于实验室的快度.

解 原子核相对于实验室的快度为

$$Y_N = \frac{1}{2} \ln \frac{1+\beta_N}{1-\beta_N}$$
$$= \frac{1}{2} \ln \frac{1+0.50}{1-0.50} = 0.55,$$

电子相对于原子核的快度为

$$Y_{\text{e}}' = \frac{1}{2}\ln\frac{1+\beta_{\text{e}}'}{1-\beta_{\text{e}}'} = \frac{1}{2}\ln\frac{1+0.90}{1-0.90} = 1.47.$$

因为快度相当于洛伦兹变换中坐标轴转过的角度，电子相对于实验室的快度就相当于从实验室系转到电子系的转角，而这个转角等于从实验室系转到原子核系的转角与从原子核系转到电子系的转角之和. 所以，电子相对于实验室的快度就等于电子相对于原子核的快度与原子核相对于实验室的快度之和

$$Y_{\text{e}} = Y_{\text{e}}' + Y_{\text{N}} = 2.02.$$

我们也可以先用纵向速度叠加算出电子相对于实验室的速度 v_{e}，再换算成相应的快度 Y_{e}：

$$v_{\text{e}} = \frac{v_{\text{N}} + v_{\text{e}}'}{1 + v_{\text{N}}v_{\text{e}}'/c^2} = \frac{0.50 + 0.90}{1 + 0.50\times0.90}\,c = 0.9655\,c,$$

$$Y_{\text{e}} = \frac{1}{2}\ln\frac{1+v_{\text{e}}}{1-v_{\text{e}}} = \frac{1}{2}\ln\frac{1+0.9655}{1-0.9655} = 2.02.$$

可以看出，由于具有可加性，快度是比速度更简便的概念.

习题 3.2 动能为 800 GeV 的质子与动能为 200 GeV 的质子相比，其速度快多少？其快度大多少？

解 由动能的定义式 $E_{\text{k}} = E - mc^2$ 和 $E = \gamma mc^2$，可以解出

$$\gamma = 1 + \frac{E_{\text{k}}}{mc^2},$$

从而有

$$v = \sqrt{1-1/\gamma^2}\,c = \frac{\sqrt{E_{\text{k}}(E_{\text{k}}+2mc^2)}}{E_{\text{k}}+mc^2}\,c = \frac{\sqrt{1+2mc^2/E_{\text{k}}}}{1+mc^2/E_{\text{k}}}\,c.$$

将 $mc^2 = 0.938$ GeV，以及 $E_{\text{k}} = 800, 200$ GeV 代入上式，有

$$v_{800} = 0.999\,999\,314\,c, \quad v_{200} = 0.999\,989\,104\,c,$$

$$v_{800} - v_{200} = 0.000\,010\,2\,c = 1.02\times10^{-5}\,c.$$

由上述速度 v_{800} 和 v_{200}，可以求出相应的快度及其差为

$$Y_{800} = \frac{1}{2}\ln\frac{1+v_{800}/c}{1-v_{800}/c} = 7.44, \quad Y_{200} = \frac{1}{2}\ln\frac{1+v_{200}/c}{1-v_{200}/c} = 6.06,$$

$$Y_{800} - Y_{200} = 7.44 - 6.06 = 1.38.$$

上述计算表明，动能为 200 GeV 和 800 GeV 的质子，它们的速度都已经非常接近光速，虽然它们的动能相差很大，速度差别却很

小. 对这种请形, 用速度来描述它们的运动并不方便和合适. 另一方面, 它们的快度差别很明显, 所以快度更适于用来描述它们的运动.

上面两题, 分别显示了在高能物理中快度概念比速度概念更方便适用的两个优点, 这也就是在高能物理中物理学家们使用快度而不是速度概念的原因. 在传统的相对论课本和较早的粒子物理课本中找不到快度这个概念, 可以说, 用快度的物理学, 是在研究前沿勤奋工作的高能物理学家们正在实际使用的活的物理学. 除了快度以外, 他们还引进和使用 赝快度 的概念, 我们就不在这里作进一步的介绍.

高能物理 是物理学家特别是实验粒子物理学家们常用的一个术语, 它泛指粒子能量很高的现象中的物理. 说得稍微确切一点, 高能的意思, 是指粒子的动能高过了粒子的静质能, 从而会有新的粒子产生. 因此, 高能物理有时就是指粒子物理. 多数粒子的静质能都是 GeV 的数量级, 所以又可以说, 高能物理就是指粒子动能超过几个 GeV 以上的物理. 在高能物理中, 相对论效应显著, 高能物理是相对论应用的主要领域.

由于 $\gamma = 1/\sqrt{1 - v^2/c^2}$, 从上面得到的关系 $\gamma = 1 + E_k/mc^2$ 可以看出, 当粒子动能 E_k 比静质能 mc^2 小得多时, γ 接近于 1, 相对论效应很小, 属于非相对论情形. 当粒子动能 E_k 与静质能 mc^2 可以相比时, γ 与 1 的差别不小, 相对论效应明显, 属于相对论情形. 而当粒子动能 E_k 比静质能 mc^2 大得多时, γ 比 1 大得多, 相对论效应非常显著, 这就是极端相对论情形. 质子的静质能大约是 $1\,\mathrm{GeV}$, 一个动能为几百 GeV 的质子, 它的总能量几乎全部是动能, 静质能可以忽略. 所以, 在极端相对论的情形, 粒子可以近似看成没有质量, 就像光子一样.

习题 3.3 已知质子运动的快度为 2.30, 试求其速度、动量、动能和总能量.

解 由快度与速度的关系, 或者从快度的公式反解出速度, 都

有

$$\beta = \frac{v}{c} = \tanh Y = \frac{\mathrm{e}^{2Y} - 1}{\mathrm{e}^{2Y} + 1},$$

代入 $Y = 2.30$, 就得

$$v = \frac{\mathrm{e}^{2Y} - 1}{\mathrm{e}^{2Y} + 1}\, c = \frac{\mathrm{e}^{4.60} - 1}{\mathrm{e}^{4.60} + 1}\, c = 0.980\, c.$$

动量大小为

$$p = \gamma m v = mc\, \frac{\beta}{\sqrt{1 - \beta^2}} = mc\, \frac{\mathrm{e}^Y - \mathrm{e}^{-Y}}{2} = 4.63\,\mathrm{GeV}/c,$$

其中代入了 $Y = 2.30$ 和 $mc = 0.938\,\mathrm{GeV}/c$. 总能量 E 和动能 E_k 分别为

$$E = \gamma mc^2 = \frac{mc^2}{\sqrt{1 - \beta^2}} = mc^2 \frac{\mathrm{e}^Y + \mathrm{e}^{-Y}}{2} = 4.73\,\mathrm{GeV},$$

$$E_\mathrm{k} = E - mc^2 = (4.73 - 0.94)\,\mathrm{GeV} = 3.79\,\mathrm{GeV}.$$

习题 3.4 电子动能为 $4.5\,\mathrm{MeV}$ 时, 其速度和动量各是多少?

解 由 3.2 题推出的公式

$$\gamma = 1 + \frac{E_\mathrm{k}}{mc^2}, \qquad v = \sqrt{1 - 1/\gamma^2}\, c = \frac{\sqrt{1 + 2mc^2/E_\mathrm{k}}}{1 + mc^2/E_\mathrm{k}}\, c,$$

代入 $mc^2 = 0.511\,\mathrm{MeV}$ 和 $E_\mathrm{k} = 4.5\,\mathrm{MeV}$, 就可算出

$$v = \frac{\sqrt{1 + 2 \times 0.511/4.5}}{1 + 0.511/4.5}\, c = 0.995\, c,$$

$$p = \gamma m v = \sqrt{1 + 2mc^2/E_\mathrm{k}}\, E_\mathrm{k}/c$$

$$= \sqrt{1 + 2 \times 0.511/4.5} \times 4.5\,\mathrm{MeV}/c = 4.98\,\mathrm{MeV}/c.$$

习题 3.5 一个以 $0.60\,c$ 的速度运动的原子核, 在飞行中发生 β 衰变, 发出一个以速度 $0.50\,c$ 相对于它运动的电子. 试求在实验室中电子的最大动能和最小动能.

解 先用纵向速度叠加公式, 分别算出在实验室中电子的最大速度和最小速度为

$$v_\mathrm{max} = \frac{v + v_\mathrm{e}'}{1 + vv_\mathrm{e}'/c^2} = \frac{0.60 + 0.50}{1 + 0.60 \times 0.50}\, c = 0.846\, c,$$

$$v_\mathrm{min} = \frac{v - v_\mathrm{e}'}{1 - vv_\mathrm{e}'/c^2} = \frac{0.60 - 0.50}{1 - 0.60 \times 0.50}\, c = 0.143\, c.$$

于是相应的电子动能为

$$E_{\text{kmax}} = \left(\frac{1}{\sqrt{1-v_{\text{max}}^2/c^2}} - 1\right)mc^2$$

$$= \left(\frac{1}{\sqrt{1-0.846^2}} - 1\right) \times 0.511\,\text{MeV} = 0.45\,\text{MeV},$$

$$E_{\text{kmin}} = \left(\frac{1}{\sqrt{1-v_{\text{min}}^2/c^2}} - 1\right)mc^2$$

$$= \left(\frac{1}{\sqrt{1-0.143^2}} - 1\right) \times 0.511\,\text{MeV} = 5.3\,\text{keV}.$$

习题 3.6 在海拔 $100\,\text{km}$ 高的地球大气层中产生了一个能量为 $150\,\text{GeV}$ 的 π^+ 介子, 竖直向下运动. π^+ 介子质量为 $140\,\text{MeV}/c^2$, 平均寿命为 $2.6 \times 10^{-8}\,\text{s}$. 试求它发生衰变的平均高度.

解 先求 π^+ 介子的速度和爱因斯坦膨胀因子. 用 3.2 题推出的公式,

$$v = \frac{\sqrt{1+2mc^2/E_{\text{k}}}}{1+mc^2/E_{\text{k}}}\,c, \qquad \gamma = 1 + \frac{E_{\text{k}}}{mc^2},$$

代入 $mc^2 = 140\,\text{MeV}$ 和 $E_{\text{k}} = 150\,\text{GeV}$, 可算出

$$v = \frac{\sqrt{1+2\times0.140/150}}{1+0.140/150}\,c = 0.999\,999\,565\,c,$$

$$\gamma = 1 + 150/0.140 = 1072.$$

由此就可算出在地面上看来它的平均寿命 τ 和飞过的平均距离 h,

$$\tau = \gamma\tau_0 = 1072 \times 2.6 \times 10^{-8}\,\text{s} = 2.8 \times 10^{-5}\,\text{s},$$

$$h = v\tau = 3.0 \times 10^8\,\text{km/s} \times 2.8 \times 10^{-5}\,\text{s} = 8.4\,\text{km}.$$

于是它发生衰变的平均高度为 $(100-8)\,\text{km} = 92\,\text{km}$.

关于荷电 π 介子的寿命, 还可以参阅习题 2.3.

习题 3.7 束流强度为 $10^6/\text{s}$, 速度为 $v/c = 1/\sqrt{2}$ 的 K_L^0 介子通过 Pb 砖后变成 K_S^0 介子. Pb 砖内部状态没有变化, 入射 K_L^0 和出射 K_S^0 的运动方向相同. 这称为相干产生. 若已知 K_L^0 的质量为 $500\,\text{MeV}/c^2$, K_L^0 与 K_S^0 的质量差为 $3.5 \times 10^{-6}\,\text{eV}/c^2$, 试求此过程中 Pb 砖受力的大小和方向.

解 题设 K^0 介子通过之后 Pb 砖内部状态没有变化, 所以入射

K_L^0 介子与出射 K_S^0 介子能量相同，$E_L = E_S$，于是我们有

$$\gamma_L m_L = \gamma_S m_S,$$

其中 $\gamma_L = 1/\sqrt{1-\beta_L^2} = 1/\sqrt{1-1/2} = \sqrt{2}$，$m_L = 500\,\text{MeV}/c^2$，$m_S = m_L - \Delta m$，而 $\Delta m = m_L - m_S = 3.5 \times 10^{-6}\,\text{eV}/c^2$. 所以由上式可以解出

$$\gamma_S = \gamma_L \frac{m_L}{m_S} = \frac{\gamma_L}{1 - \Delta m/m_L} = \frac{\sqrt{2}}{1 - 0.7 \times 10^{-14}},$$

$$\beta_S = \sqrt{1 - 1/\gamma_S^2} = \left[1 - \frac{(1 - \Delta m/m_L)^2}{\gamma_L^2}\right]^{1/2}$$

$$= \frac{1}{\sqrt{2}}\left[1 + \frac{2\Delta m}{m_L} - \left(\frac{\Delta m}{m_L}\right)^2\right]^{1/2}$$

$$= \frac{1}{\sqrt{2}}\left[1 + 1.4 \times 10^{-14} - 0.49 \times 10^{-28}\right]^{1/2}$$

$$\approx \frac{1}{\sqrt{2}}(1 + 0.7 \times 10^{-14}).$$

在通过 Pb 砖的过程中，K^0 介子与 Pb 砖之间有动量交换，入射 K_L^0 介子与出射 K_S^0 介子的动量差，表现为 K^0 介子对 Pb 砖的作用力. 一个介子所贡献的动量差为

$$\Delta p = p_L - p_S = \gamma_L m_L \beta_L c - \gamma_S m_S \beta_S c = \gamma_L m_L c(\beta_L - \beta_S).$$

单位时间里的总动量差，也就是 K^0 介子束对 Pb 砖的作用力 F，等于上式乘以单位时间内注入的 K_L^0 介子数 $f = 10^6/\text{s}$，

$$F = f\Delta p = f\gamma_L m_L c(\beta_L - \beta_S)$$

$$\approx 10^6\text{s}^{-1} \times \sqrt{2} \times 500(\text{MeV}/c^2)\,c \times \left[\frac{1}{\sqrt{2}} - \frac{1}{\sqrt{2}}(1 + 0.7 \times 10^{-14})\right]$$

$$= -\frac{10^6 \times 500 \times 0.7 \times 10^{-14}}{3.00 \times 10^8}\,\text{MeV/m}$$

$$= -1.2 \times 10^{-14}\text{MeV/m} = -1.9 \times 10^{-27}\,\text{N},$$

负号表示力 F 的方向与入射束流的方向相反.

注意，在上面如果不直接代入 β_S 的数值表达式，而是代入

$$\beta_S = \frac{1}{\sqrt{2}}\left[1 + \frac{2\Delta m}{m_L} - \left(\frac{\Delta m}{m_L}\right)^2\right]^{1/2} \approx \frac{1}{\sqrt{2}}\left(1 + \frac{\Delta m}{m_L}\right),$$

则有

$$F = f\gamma_\mathrm{L} m_\mathrm{L} c(\beta_\mathrm{L} - \beta_\mathrm{S})$$
$$\approx f\gamma_\mathrm{L} m_\mathrm{L} c\left[\frac{1}{\sqrt{2}} - \frac{1}{\sqrt{2}}\Big(1 + \frac{\Delta m}{m_\mathrm{L}}\Big)\right] = -\frac{1}{\sqrt{2}} f\gamma_\mathrm{L} \Delta m c$$
$$= -\frac{1}{\sqrt{2}} \times 10^6 \mathrm{s}^{-1} \times \sqrt{2} \times 3.5 \times 10^{-6}\,\mathrm{eV}/c$$
$$= -1.2 \times 10^{-8} \mathrm{eV/m} = -1.9 \times 10^{-27}\,\mathrm{N},$$

与前面的结果一样, 只是在后一个计算中用不着 m_L. 所以, 在解题中要尽量推迟代入具体数值, 先把推导做完, 把公式尽量化简以后, 再代入具体数值算出结果. 这是做含有数值计算的习题的一般原则. 这样做, 除了简化计算过程以外, 还可以减少数值计算量, 减少出错和降低累计的计算误差.

此外, 这个题目是计算两个大数的差, 而这个差是一个小量. 对于这种情况, 取近似时一定要非常小心, 并且尽量把近似推迟到非做不可的时候, 而且记住是在什么地方取的近似. 因为你在近似中略去的量, 也许正是计算所求的量. 当你算不出结果时, 在查错时特别需要注意这些地方.

习题 3.8 假设核子在靶核中穿过时所受核物质的摩擦力与核子动量 p 成正比, $F = -kpc$, 其中 k 是阻尼系数. 试求以快度 Y_0 入射的核子在靶核中穿过距离 L 时的快度 Y 和能量 E. 核子质量为 m.

解 这是一道推导公式的题. 因为在力的表达式 $F = -kpc$ 中包含动量 p, 按照通常解动力学题目的做法, 会想到用动量 p 作为自变量, 求出结果以后再换算成快度 Y. 不过我们可以看到, 直接用快度作为自变量, 推导会更简单.

入射核子在核物质摩擦阻尼力的作用下走过一段距离 $\mathrm{d}x$, 它的能量会获得一个增量

$$\mathrm{d}E = F\mathrm{d}x = -kpc\mathrm{d}x,$$

代入用快度来表示的动量和能量, $p = mc\,\mathrm{sh}\,Y, E = mc^2\,\mathrm{ch}\,Y$, 就有

$$mc^2\mathrm{dch}\,Y = -kmc^2\,\mathrm{sh}\,Y\mathrm{d}x,$$

$$\mathrm{d}Y = -k\mathrm{d}x,$$
$$Y = Y_0 - kL,$$
$$E = mc^2 \,\mathrm{ch}\,(Y_0 - kL).$$

这一道题, 是在分析相对论性和极端相对论性重离子碰撞过程时使用的一个唯象模型. 一个重原子失去一部分或全部电子以后, 剩下的原子核和可能有的少数电子所组成的体系, 称为重离子. 用这种重离子去轰击另一个重原子核的过程, 就是重离子核反应. 如果入射重离子束的每个核子 (质子和中子) 都被加速到核子静质能 ($\sim 1\,\mathrm{GeV}$) 的数量级, 这个过程就是相对论性的, 而如果加速到了几百个 GeV 的数量级, 则这个过程就是极端相对论性的. 世界上最先建成的一座大型重离子加速器, 是 1999 年在美国纽约长岛布鲁克海文国家实验室建成和投入使用的相对论性重离子对撞机 (RHIC). 它使用的重离子是剥去全部电子的 ^{197}Au 或 ^{238}U 核, 把它们加速到每个核子 200 GeV, 让两束这样的高能重离子对头碰撞, 记录和测量反应的产物, 从而分析和研究其中的物理. 这是李政道等著名物理学家倡导和建议的实验, 希望以此能够探测到真空结构的改变和寻找形成新物质形态的信息.

这种高能核子轰击和穿过一个 ^{238}U 核, 会与数以百计的核子发生相互作用. 一步一步地跟踪和计算这些相互作用过程, 只能用超大型超高速的计算机来进行. 而想从物理上对这整个过程有一个简单清晰的了解, 就需要引进一些简化的模型. 本题把入射核子与靶中大量核子相互作用的平均效果简化为一种连续的摩擦阻尼作用, 用核物质的摩擦阻尼来近似地模拟和描写高能核子轰击和穿过一个重核的过程, 就是一个极为简化但是仍然有用的模型.

为了做这种高能物理实验, 需要筹措巨额资金, 专门建造特殊和专用的大型仪器, 例如上述占地面积很大的相对论性重离子对撞机和一些大型探测仪以及许多电子设备, 还有专用的超大型超高速电子计算机. 这是一种巨大的跨国工程, 需要许多国家的政府出资合作, 由数以千计的工程技术人员设计建造, 让各国科学家们来进行合作的实验研究. 这种物理学的实验研究已经成为一种价格是天文数字的庞大事业, 大家称之为 "大物理".

领头做这种大物理的科学家, 不仅要求他是科学上的专家, 还要求他有能力善于组织和领导一个庞大复杂的研究集体, 有能力善于处理好各种错综复杂的关系. 特别是, 他们还必须学会与政治家周旋, 取得政府的资助和支持, 赢得社会公众的赞成和理解. 而参与这种大物理研究的一般科学家, 也不仅要求他们是科学上的专家, 还要求他们有善于与人合作的团队精神, 特别是要求他们有甘当助手和配角的牺牲精神. 而大科学的参与者特别是带头人, 都要具有全局性的眼光和视角, 不能只看到和强调自己工作的重要和意义, 因为使用的是全社会的资源和经费. 美国的 SSC (超级超导对撞机) 虽然已经有巨大的前期投入, 仍然不得不最后停建撤销, 以及英国在二次大战后决定不做高能物理, 集中力量研究固体凝聚态, 都是立足于国家层面的考虑. 总之, 出现大物理, 这是二十世纪物理学的一大特点, 也是我们人类文明由地域性文明向全球性文明的过渡已臻于完成的一个标志.

人类文明由地域性文明向全球性文明的这个过渡, 从哥伦布到达美洲大陆开始, 至今已过半个千载 (Millenium, 又译为千禧年). 而素有当代爱因斯坦之称的斯蒂芬·霍金则在本世纪刚刚开始就预言, 人类将在这个世纪实现向其他星球的移民. 也就是说, 人类文明在完成了从地域性向全球性的过渡之后, 紧接着就要开始从地球文明向星际文明的过渡. 人类文明从地球文明向星际文明的过渡, 所需要的关键技术是受控热核能源以及宇宙飞行导航. 这两项技术的理论基础相对论和量子力学, 则已经在二十世纪奠定了. 当今应用广泛的卫星定位, 既是开展深空探测的一个关键, 也是进行星际航行迈向星际文明的恰当基础. 关于相对论在卫星定位中的重要作用, 有兴趣的读者可以参阅 2011 年第 1 期《物理教学》中《卫星定位中的相对论》一文.

习题 3.9 能量为 E 的反质子与静止质子相互作用, 产生两个质量都是 M 的粒子. 在与入射束垂直的方向探测到其中一个粒子, 试求此粒子的能量.

解法一 给定了入射反质子的能量 E, 就可以从质子和反质子

的质量 m 算出这个反应的有效能 E', 也就是在动心系的总能量. 在动心系, 产生的两个粒子质量相等, 从而它们的动量大小相等方向相反. 给定了动心系总能量和两个粒子的质量 M, 就可以确定这两个粒子的动量大小 p'. 再换回实验室系, 就可以从粒子的运动方向算出其动量和能量来. 我们按照这个思路来解本题.

变换到动心系, 对反质子有

$$\begin{pmatrix} \gamma & 0 & 0 & -\gamma\beta \\ 0 & 1 & 0 & 0 \\ 0 & 0 & 1 & 0 \\ -\gamma\beta & 0 & 0 & \gamma \end{pmatrix} \begin{pmatrix} p \\ 0 \\ 0 \\ E/c \end{pmatrix} = \begin{pmatrix} \gamma p - \gamma\beta E/c \\ 0 \\ 0 \\ -\gamma\beta p + \gamma E/c \end{pmatrix},$$

其中 p 为入射反质子的动量, $pc = \sqrt{E^2 - m^2 c^4}$. 类似地, 对静止质子有

$$\begin{pmatrix} \gamma & 0 & 0 & -\gamma\beta \\ 0 & 1 & 0 & 0 \\ 0 & 0 & 1 & 0 \\ -\gamma\beta & 0 & 0 & \gamma \end{pmatrix} \begin{pmatrix} 0 \\ 0 \\ 0 \\ mc \end{pmatrix} = \begin{pmatrix} -\gamma\beta mc \\ 0 \\ 0 \\ \gamma mc \end{pmatrix}.$$

由动心系条件

$$\gamma p - \gamma\beta E/c - \gamma\beta mc = 0,$$

可以解出

$$\beta = \frac{pc}{E + mc^2} = \sqrt{\frac{E - mc^2}{E + mc^2}}, \quad \gamma = \sqrt{\frac{E + mc^2}{2mc^2}}.$$

动心系的总能量 E' 是

$$E' = (-\gamma\beta p + \gamma E/c + \gamma mc)c = \gamma\Big(E - \frac{pc}{E + mc^2}\, pc\Big) + \gamma mc^2$$

$$= 2\gamma mc^2.$$

这个能量应等于动心系两个质量为 M 的粒子的能量之和,

$$2\gamma mc^2 = 2\sqrt{p'^2 c^2 + M^2 c^4},$$

由它可以解出动心系 M 粒子的动量 p',

$$p' = \sqrt{\gamma^2 m^2 c^2 - M^2 c^2}.$$

设其中一个粒子在动心系与入射束的夹角为 θ', 则把这个粒子的动

量换回实验室系就是

$$
\begin{pmatrix} \gamma & 0 & 0 & \gamma\beta \\ 0 & 1 & 0 & 0 \\ 0 & 0 & 1 & 0 \\ \gamma\beta & 0 & 0 & \gamma \end{pmatrix} \begin{pmatrix} p'\cos\theta' \\ p'\sin\theta' \\ 0 \\ E'/2c \end{pmatrix} = \begin{pmatrix} \gamma p'\cos\theta' + \gamma\beta E'/2c \\ p'\sin\theta' \\ 0 \\ \gamma\beta p'\cos\theta' + \gamma E'/2c \end{pmatrix},
$$

其中 $E'/2 = \gamma mc^2$ 是这个粒子在动心系的能量. 当这个粒子在实验室系与入射束方向垂直时, 它的动量沿入射束方向的投影为零, $\gamma\beta p'\cos\theta' + \gamma\beta E'/2c = 0$. 于是, 这个粒子在实验室系的能量为

$$
E_1 = c(\gamma\beta p'\cos\theta' + \gamma E'/2c) = c\gamma[\beta(-\beta E'/2c) + E'/2c] = mc^2.
$$

解法二 这个问题只是求其中一个出射粒子在与入射束垂直方向的特殊情形, 直接在实验室系求解更容易. 我们分别用下标 1 和 2 来标记出射的两个粒子, 并设在与入射束垂直的方向出射的为粒子 1. 根据动量守恒, 粒子 2 的动量在入射束方向的分量等于入射反质子的动量 p, 在与入射束垂直方向的分量与粒子 1 的动量 p_1 大小相等方向相反, 可以写出

$$
p_2^2 = p^2 + p_1^2.
$$

再根据能量守恒, 运用上式就有

$$
\begin{aligned}
E + mc^2 = E_1 + E_2 &= E_1 + \sqrt{(p_1^2 + p^2)c^2 + M^2c^4} \\
&= E_1 + \sqrt{E_1^2 + E^2 - m^2c^4},
\end{aligned}
$$

其中 m 是质子或反质子的质量. 由此式也可解出 $E_1 = mc^2$.

从第一种解法我们可以看出, 一般来说, 出射粒子的能量与它的质量 M 和入射粒子能量 E 都有关系. 而在其中一个出射粒子的方向与入射束垂直的特殊情形, 这个粒子的能量则与 E 和 M 无关.

习题 3.10 一个质量为 m、动量为 p 的粒子与另一个质量为 $3m$ 的静止粒子相碰, 并形成一个新粒子. 求新粒子的质量和速度.

解 这个过程的动量和能量都守恒. 根据动量守恒, 新粒子的动量为 p. 根据能量守恒, 新粒子的能量为

$$
E = \sqrt{p^2c^2 + m^2c^4} + 3mc^2.
$$

利用动质能关系, 可以求出新粒子的质量为

$$M = \frac{1}{c^2}\sqrt{E^2 - p^2 c^2} = m\left(10 + 6\sqrt{1 + p^2/m^2 c^2}\right).$$

由动量与速度的关系 $p = \gamma\beta M c$ 和爱因斯坦质能关系 $E = \gamma M c^2$, 可以解出新粒子的速度为

$$v = \frac{pc}{E/c} = \frac{pc}{3mc + \sqrt{p^2 + m^2 c^2}}.$$

习题 3.11 动量为 $5m_\pi c$ 的 π 介子与静止质子弹性碰撞. 近似取 $m_p \approx 7m_\pi$, 试求①动心系速度, ②动心系总能量, ③ π 介子在动心系的动量.

解 ①动心系速度. 先用爱因斯坦关系算出 π 介子的能量

$$\sqrt{(5m_\pi c)^2 c^2 + m_\pi^2 c^4} = \sqrt{26}m_\pi c^2.$$

于是, 变换到新的参考系, π 介子的四维动量能量矢量为

$$\begin{pmatrix} \gamma & 0 & 0 & -\gamma\beta \\ 0 & 1 & 0 & 0 \\ 0 & 0 & 1 & 0 \\ -\gamma\beta & 0 & 0 & \gamma \end{pmatrix} \begin{pmatrix} 5m_\pi c \\ 0 \\ 0 \\ \sqrt{26}m_\pi c \end{pmatrix} = \begin{pmatrix} (5 - \sqrt{26}\beta)\gamma m_\pi c \\ 0 \\ 0 \\ (-5\beta + \sqrt{26})\gamma m_\pi c \end{pmatrix}.$$

类似地, 对质子有

$$\begin{pmatrix} \gamma & 0 & 0 & -\gamma\beta \\ 0 & 1 & 0 & 0 \\ 0 & 0 & 1 & 0 \\ -\gamma\beta & 0 & 0 & \gamma \end{pmatrix} \begin{pmatrix} 0 \\ 0 \\ 0 \\ m_p c \end{pmatrix} = \begin{pmatrix} -\gamma\beta m_p c \\ 0 \\ 0 \\ \gamma m_p c \end{pmatrix}.$$

根据动心系的定义,

$$(5 - \sqrt{26}\beta)\gamma m_\pi c - \gamma\beta m_p c = 0,$$

可以解出动心系速度为

$$v = \frac{5m_\pi}{m_p + \sqrt{26}m_\pi} c \approx \frac{5}{7 + \sqrt{26}} c = 0.41c.$$

②动心系总能量. 由上面的结果可以直接写出

$$E = (-5\beta + \sqrt{26})\gamma m_\pi c^2 + \gamma m_p c^2 = \frac{(-5\beta + \sqrt{26})m_\pi c^2 + m_p c^2}{\sqrt{1 - \beta^2}},$$

代入上面解出的 β, 就有

$$E = \sqrt{m_p^2 + 2\sqrt{26}m_p m_\pi + m_\pi^2}\, c^2 \approx \sqrt{50 + 14\sqrt{26}}\, m_\pi c^2 = 11 m_\pi c^2.$$

③ π 介子在动心系的动量. 由上面①的结果有

$$\frac{5 - \sqrt{26}\beta}{\sqrt{1-\beta^2}}\, m_\pi c = \frac{5m_p}{\sqrt{m_p^2 + 2\sqrt{26}m_p m_\pi + m_\pi^2}}\, m_\pi c$$

$$\approx \frac{35}{\sqrt{50 + 14\sqrt{26}}}\, m_\pi c = 3.2\, m_\pi c.$$

有些习题所要用到的公式, 可以在教科书中找到, 例如习题 3.9 的第一种解法和本题所用的粒子在动心系的动量和能量表达式. 遇到这种题目, 最便捷的做法, 当然是直接代公式. 如果你对所要用的公式已经相当熟悉, 那么这确实是一个恰当的选择. 而如果你对所要用的公式并不熟悉, 还要现去查书, 查到以后还要先弄清楚每一个量的意义才能运用, 那就建议你最好不要选择代公式的做法, 而是像习题 3.9 的第一种解法和本题的解法那样, 针对题目的需要, 自己用洛伦兹变换把所要用的公式重新推导出来. 这样你就不仅仅是做了一道习题, 而且还通过做题复习和加深了对基本公式 —— 在习题 3.9 和本题是洛伦兹变换公式 —— 的了解和掌握. 后面习题 3.15 的情形也是这样.

著名理论物理学家维格纳说过一句广为人知的话. 他说: "一个公式你要是不懂的话, 抄上十遍你就懂了." 我想类似地, 一个公式你要是不熟悉的话, 推它几遍你就熟了. 维格纳出生在匈牙利, 他父亲是皮革厂老板, 希望他学化工, 将来好继承家业. 可是他却选择了当时在匈牙利很难就业的物理. 维格纳因为最早把群论用到量子力学而获诺贝尔物理学奖. 他的这种学习方法, 倒是与中国古代私塾先生教学生的方法不谋而合. 拗口难念更难懂的四书五经, 你把它反复背诵念熟了, 慢慢就能悟出其中的道理.

学物理不能只注重理解, 必须有一定的记忆; 如果头脑中没有清楚地记住, 你又如何能去理解呢? 我们的头脑就像一台电脑, 如果内存和硬盘容量不足, 那么尽管运算速度再快, 软件再好, 还是不能很好地工作. 已经弄懂了的东西当然比较容易记住. 而没有弄懂的东西, 先把它记住了, 慢慢也是可以懂的. 当然, 一般的公式就没有必要都去记住, 只要知道在什么地方可以查到就行, 必要时可以自己推出来.

习题 3.12　一个粒子在静止时衰变为一个质子 p 和一个 π^- 介子. p 与 π^- 在 0.25 T 的均匀磁场中, 速度与磁场垂直, 径迹曲率半径都是 1.32 m. 求此粒子的质量.

解　由于是在静止中衰变, 所以质子 p 和 π^- 介子的动量大小相等方向相反, 设其大小为 p. 在磁场中, 有洛伦兹力

$$\boldsymbol{F} = q\boldsymbol{v} \times \boldsymbol{B}.$$

做圆周运动时, 力的大小为

$$F = \frac{mv^2}{r} = \frac{pv}{r},$$

于是从上述二式可以解出

$$p = qBr.$$

代入数值 $q = 1.60 \times 10^{-19}$ C, $B = 0.25$ T 和 $r = 1.32$ m, 算出的动量单位是 kg·m/s. 为了换算成 MeV/c, 还应除以 $1.60 \times 10^{-13}/(3.0 \times 10^8)$. 这样算出的动量是

$$p = \frac{1.60 \times 10^{-19} \times 0.25 \times 1.32}{1.60 \times 10^{-13}/(3.0 \times 10^8)} \,\text{MeV}/c = 99\,\text{MeV}/c.$$

最后, 从衰变前后能量守恒就可以求出这个粒子的质量 m,

$$mc^2 = \sqrt{p^2c^2 + m_p^2c^4} + \sqrt{p^2c^2 + m_\pi^2 c^4} = 1115\,\text{MeV},$$

其中质子和 π^- 介子的动量 $p = 99\,\text{MeV}/c$, 质子的质量 $m_p = 938.3$ MeV/c^2, π^- 介子的质量 $m_\pi = 139.6$ MeV/c^2. 查基本粒子表可知, 这个质量为 1115 MeV/c^2 的粒子是 Λ^0 超子, $\Lambda^0 \longrightarrow \text{p} + \pi^-$.

习题 3.13　一动量为 1.4 GeV/c 的 K_S^0 介子在飞行中衰变为 $\pi^+\pi^-$, 求实验室系中 π 介子最大动量和最小动量.

解　本题与习题 2.7 一样, 都是关于中性 K 介子的 π 衰变. 当衰变的 $\pi^+\pi^-$ 介子飞行方向在 K_S^0 介子飞行的直线上时, 实验室系中两个 π 介子分别具有最大动量 $p_{\max}$ 和最小动量 $p_{\min}$. 由动量守恒和能量守恒可以给出两个方程, 由它们联立可解出 $p_{\max}$ 和 $p_{\min}$.

不过, 由于能量守恒的方程包含三个根号, 求解相当繁. 我们在这里给出更方便和常用的解法. 我们先换到动心系, 在动心系解出以后, 再换回到实验室系.

动心系也就是 K_S^0 介子的静止系. 由 K_S^0 介子的动量 $p = 1.4\,\mathrm{GeV}/c$, 可以算出动心系相对于实验室系的速度 β 和 γ 分别为

$$\beta = \frac{p}{E/c} = \frac{p}{\sqrt{p^2 + m^2c^2}} = 0.9422,$$

$$\gamma = \frac{E}{mc^2} = \sqrt{1 + p^2/m^2c^2} = 2.985,$$

其中 $m = 497.7\,\mathrm{MeV}/c^2$ 是 K_S^0 介子的质量. K_S^0 介子静止衰变成 $\pi^+\pi^-$ 介子, 这两个 π 介子的动量大小相等方向相反, 把其大小记成 p_π, 就有

$$mc^2 = 2\sqrt{p_\pi^2 c^2 + m_\pi^2 c^4},$$

由此可以解出

$$p_\pi = \sqrt{m^2c^2/4 - m_\pi^2 c^2} = 206.0\,\mathrm{MeV}/c,$$

荷电 π 介子的质量 $m_\pi = 139.6\,\mathrm{MeV}/c^2$. 如果这两个 π 介子一个与 K_S^0 介子同向, 另一个与 K_S^0 介子反向, 则在实验室系中, 与 K_S^0 介子同向的具有最大动量 $p_{\max}$, 与 K_S^0 介子反向的具有最小动量 $p_{\min}$. 换回实验室系, 即有

$$\begin{pmatrix} \gamma & 0 & 0 & \gamma\beta \\ 0 & 1 & 0 & 0 \\ 0 & 0 & 1 & 0 \\ \gamma\beta & 0 & 0 & \gamma \end{pmatrix} \begin{pmatrix} p_\pi \\ 0 \\ 0 \\ E_\pi/c \end{pmatrix} = \begin{pmatrix} \gamma p_\pi + \gamma\beta E_\pi/c \\ 0 \\ 0 \\ \gamma\beta p_\pi + \gamma E_\pi/c \end{pmatrix},$$

其中 $E_\pi = mc^2/2$. 从而我们得到

$$p_{\max} = \gamma p_\pi + \gamma\beta E_\pi/c = 1.3\,\mathrm{GeV}/c,$$

类似地有,

$$p_{\min} = -\gamma p_\pi + \gamma\beta E_\pi/c = 85\,\mathrm{MeV}/c.$$

在上面的计算中, 我们并没有把 β, γ, p_π 的表达式代入上述公式, 化简后再代入已知数值进行计算, 而是把这三个量的数值作为中间结果先算出来. 在这种情形, 为了保证最后结果的精确度, 中间结果的有效数字要比最后结果的多取一到两位. 已知数值的有效

数字最低的 $p = 1.4\,\mathrm{GeV}/c$ 只有两位, 最后结果 $p_{\max}$ 和 $p_{\min}$ 的有效数字也就只有两位, 所以中间结果我们取四位.

习题 3.14 在高能碰撞中, 动量为 $100\,\mathrm{GeV}/c$ 的质子与静止质子发生碰撞, 产生质子与另一 X 粒子. 求 X 粒子的最大质量.

解 解这个题也是在动心系更方便. 在动心系中, 质子与 X 粒子静止时 X 粒子的质量最大. 变换到动心系, 对动量为 $p = 100\,\mathrm{GeV}/c$ 的质子有

$$\begin{pmatrix} \gamma & 0 & 0 & -\gamma\beta \\ 0 & 1 & 0 & 0 \\ 0 & 0 & 1 & 0 \\ -\gamma\beta & 0 & 0 & \gamma \end{pmatrix} \begin{pmatrix} p \\ 0 \\ 0 \\ E_\mathrm{p}/c \end{pmatrix} = \begin{pmatrix} \gamma p - \gamma\beta E_\mathrm{p}/c \\ 0 \\ 0 \\ -\gamma\beta p + \gamma E_\mathrm{p}/c \end{pmatrix},$$

其中 $E_\mathrm{p} = \sqrt{p^2c^2 + m^2c^4} = 100.00\,\mathrm{GeV}$, 质子质量 $m = 938.3\,\mathrm{MeV}/c^2$. 类似地, 对静止质子有

$$\begin{pmatrix} \gamma & 0 & 0 & -\gamma\beta \\ 0 & 1 & 0 & 0 \\ 0 & 0 & 1 & 0 \\ -\gamma\beta & 0 & 0 & \gamma \end{pmatrix} \begin{pmatrix} 0 \\ 0 \\ 0 \\ mc \end{pmatrix} = \begin{pmatrix} -\gamma\beta mc \\ 0 \\ 0 \\ \gamma mc \end{pmatrix}.$$

由动心系条件

$$\gamma p - \gamma\beta E_\mathrm{p}/c - \gamma\beta mc = 0$$

可以解出

$$\beta = \frac{pc}{E_\mathrm{p} + mc^2}, \quad \gamma = \sqrt{\frac{E_\mathrm{p} + mc^2}{2mc^2}} = 7.334.$$

动心系的总能量 E 是

$$E = (-\gamma\beta p + \gamma E_\mathrm{p}/c + \gamma mc)c = -\gamma\beta pc + \gamma E_\mathrm{p} + \gamma mc^2 = 2\gamma mc^2,$$

这个能量应等于质子静质能与 X 粒子静质能之和,

$$E = mc^2 + Mc^2,$$

其中 M 是 X 粒子的最大质量. 于是有

$$M = \frac{E - mc^2}{c^2} = (2\gamma - 1)m = 12.8\,\mathrm{GeV}/c^2.$$

习题 3.15 在反应 $\pi^- + \mathrm{p} \longrightarrow \mathrm{X}^- + \mathrm{p}$ 中, 入射 π 介子的动量

为 $12\,\text{GeV}/c$, 玻色子共振态 X^- 的质量为 $2.4\,\text{GeV}/c^2$, 试求散射质子与入射束间最大夹角及这时的质子动量.

解 出射两个粒子的动量在同一平面内, 本题若在实验室系来做, 有四个未知的分量, 而能用的动量和能量守恒只有三个条件, 求解相当繁. 若在动心系, 可以把两个粒子动量的大小先求出来. 再换回实验室系, 就只需求粒子动量的方向, 在数学上简单得多.

换到动心系, 对入射动量为 $p = 12\,\text{GeV}/c$ 的 π 介子, 有

$$\begin{pmatrix} \gamma & 0 & 0 & -\gamma\beta \\ 0 & 1 & 0 & 0 \\ 0 & 0 & 1 & 0 \\ -\gamma\beta & 0 & 0 & \gamma \end{pmatrix} \begin{pmatrix} p \\ 0 \\ 0 \\ E_\pi/c \end{pmatrix} = \begin{pmatrix} \gamma p - \gamma\beta E_\pi/c \\ 0 \\ 0 \\ -\gamma\beta p + \gamma E_\pi/c \end{pmatrix},$$

其中 $E_\pi = \sqrt{p^2 c^2 + m_\pi^2 c^4} = 12.00\,\text{GeV}$, π 介子质量 $m_\pi = 139.6$ MeV/c^2. 类似地, 对静止质子有

$$\begin{pmatrix} \gamma & 0 & 0 & -\gamma\beta \\ 0 & 1 & 0 & 0 \\ 0 & 0 & 1 & 0 \\ -\gamma\beta & 0 & 0 & \gamma \end{pmatrix} \begin{pmatrix} 0 \\ 0 \\ 0 \\ mc \end{pmatrix} = \begin{pmatrix} -\gamma\beta mc \\ 0 \\ 0 \\ \gamma mc \end{pmatrix},$$

其中 $m = 938.3\,\text{MeV}/c^2$ 为质子质量. 由动心系条件

$$\gamma p - \gamma\beta E_\pi/c - \gamma\beta mc = 0$$

可以解出

$$\beta = \frac{pc}{E_\pi + mc^2} = 0.9275, \qquad \gamma = \frac{1}{\sqrt{1-\beta^2}} = 2.675.$$

动心系的总能量是

$$E = (-\gamma\beta p + \gamma E_\pi/c + \gamma mc)c = \gamma(E_\pi + mc^2 - \beta pc) = 4.837\,\text{GeV}.$$

在动心系中, 质子和 X 粒子动量大小相等方向相反, 设其大小为 p_c, 就有

$$E = E_\text{p} + E_\text{X} = \sqrt{p_\text{c}^2 c^2 + m^2 c^4} + \sqrt{p_\text{c}^2 c^2 + m_\text{X}^2 c^4},$$

由此可以解出

$$p_\text{c} c = \frac{1}{2E}\{[E^2 + (m_\text{X}^2 - m^2)c^4]^2 - 4E^2 m_\text{X}^2 c^4\}^{1/2} = 1.668\,\text{GeV}.$$

设质子动量在入射束方向的投影为 $p_\text{c}\cos\theta'$, 在入射束垂直方向的投

影为 $p_c \sin\theta'$. 换回实验室系, 就是

$$
\begin{pmatrix} \gamma & 0 & 0 & \gamma\beta \\ 0 & 1 & 0 & 0 \\ 0 & 0 & 1 & 0 \\ \gamma\beta & 0 & 0 & \gamma \end{pmatrix} \begin{pmatrix} p_c\cos\theta' \\ p_c\sin\theta' \\ 0 \\ E_p/c \end{pmatrix} = \begin{pmatrix} \gamma p_c\cos\theta' + \gamma\beta E_p/c \\ p_c\sin\theta' \\ 0 \\ \gamma\beta p_c\cos\theta' + \gamma E_p/c \end{pmatrix},
$$

其中 E_p 是动心系质子能量, $E_p = \sqrt{p_c^2 c^2 + m^2 c^4} = 1.914\,\text{GeV}$. 于是, 设出射质子动量在实验室系与入射束方向的夹角为 θ, 有

$$
\tan\theta = \frac{p_c\sin\theta'}{\gamma(p_c\cos\theta' + \beta E_p/c)}.
$$

使上式取极大值的条件是

$$
\cos\theta' = -\frac{p_c\, c}{\beta E_p} = -0.9396,
$$

它给出 $\theta' = 160°$, 从而给出 $\theta_{\max} = 46°$. 这时质子的动量大小为

$$
p' = [(p_c\sin\theta')^2 + \gamma^2(p_c\cos\theta' + \beta E_p/c)^2]^{1/2} = 0.80\,\text{GeV}.
$$

习题 3.16　一个以速度 v 飞离地球的星体, 向地球发射一束固有频率为 ν 的光, 在地球上接收到的频率是多少? 设 $v = 0.1\,c$.

解法一　我们先用一种物理上直观的方法来做.

设这束光的固有周期为 T, 则在地球上测到的这段时间 T' 有爱因斯坦膨胀, $T' = T/\sqrt{1 - v^2/c^2}$. 另一方面, 由于光源以速度 v 离地球而去, 在地球上测到光在这段时间走过的距离, 也就是地球上测到的波长

$$
\lambda' = (c+v)T' = \frac{(c+v)T}{\sqrt{1 - v^2/c^2}} = \sqrt{\frac{1 + v/c}{1 - v/c}}\, cT.
$$

由于在地球上测到的光速也是 c, 所以在地球上测到的频率为

$$
\nu' = \frac{c}{\lambda'} = \sqrt{\frac{1 - v/c}{1 + v/c}}\, \frac{1}{T} = \sqrt{\frac{1 - v/c}{1 + v/c}}\, \nu = 0.9\,\nu.
$$

解法二　我们再用解析的方法来做. 光波传播的相位可以写成

$$
\phi = \boldsymbol{k}\cdot\boldsymbol{r} - \omega t,
$$

其中 $\boldsymbol{k}$ 是波矢量, 它的方向就是光波等相位面传播的方向, 它的大小是单位长度内传过的波数乘以 2π, $k = 2\pi/\lambda$, 这里 λ 是光的波长.

在相位的表达式中，ω 是光波的角频率，即频率的 2π 倍，$\omega = 2\pi\nu$.
光速不变性，即在不同惯性参考系中光速相同，意味着光波的相位
在不同惯性参考系相同，有

$$\boldsymbol{k}' \cdot \boldsymbol{r}' - \omega't' = \boldsymbol{k} \cdot \boldsymbol{r} - \omega t.$$

由于 $(\boldsymbol{r}, \mathrm{i}ct)$ 是闵可夫斯基空间的四维矢量，上式表示 $(\boldsymbol{k}, \mathrm{i}\omega/c)$ 也是
闵可夫斯基空间的四维矢量，从而使得上式是两个四维矢量的不变
的标量积. 既然 $(\boldsymbol{k}, \mathrm{i}\omega/c)$ 是闵可夫斯基空间的四维矢量，我们就有
洛伦兹变换

$$\begin{pmatrix} \gamma & 0 & 0 & \gamma\beta \\ 0 & 1 & 0 & 0 \\ 0 & 0 & 1 & 0 \\ \gamma\beta & 0 & 0 & \gamma \end{pmatrix} \begin{pmatrix} -k \\ 0 \\ 0 \\ \omega/c \end{pmatrix} = \begin{pmatrix} -\gamma k + \gamma\beta\omega/c \\ 0 \\ 0 \\ -\gamma\beta k + \gamma\omega/c \end{pmatrix},$$

这里我们已经假设光波沿 $-x$ 轴传播，波矢只在 x 轴有投影 $-k$. 上
式右方分别给出在地球上测到的波矢 $-k'$ 和角频率 ω'，

$$-k' = -\gamma k + \gamma\beta\omega/c, \quad \omega'/c = -\gamma\beta k + \gamma\omega/c,$$

也就是

$$\lambda' = \frac{2\pi}{k'} = \lambda\sqrt{\frac{1 + v/c}{1 - v/c}}, \quad \nu' = \frac{\omega'}{2\pi} = \nu\sqrt{\frac{1 - v/c}{1 + v/c}}.$$

习题 3.17　在地球上接收到来自一遥远星体的光，发现其 H 光
谱蓝线 $\lambda_0 = 0.434\,\mu\mathrm{m}$ 射到地球时变成了红色，$\lambda = 0.600\,\mu\mathrm{m}$. 设此
红移是由于该星体相对于地球的退行而造成的，试求其退行速度 v.

解　来自星体的光线，其谱线波长变长，向光谱红端移动的现
象，称为"红移". 使用本题的符号，上题最后给出的波长公式可以
改写成

$$\lambda = \lambda_0\sqrt{\frac{1 + v/c}{1 - v/c}},$$

从它可以解出

$$v = \frac{\lambda^2 - \lambda_0^2}{\lambda^2 + \lambda_0^2}\,c = 0.31c.$$

3.16 和 3.17 两题的内容，都是光的多普勒效应. 它们涉及相对

论时空性质，看起来似乎放在上一章更合适. 我们之所以把它们放在这一章，是考虑到它们是光的传播问题，可以说是光子运动学，所以也是相对论力学的一部分.

　　从近代物理来看，光有波动性，但也有粒子性. 这就像电子和质子等粒子一样，它们有粒子性，却也有波动性. 在下两章我们将看到，对于自由粒子来说，描述它的波是一个平面波，在表征其粒子性的动量能量四维矢量 $(\boldsymbol{p}, \mathrm{i}E/c)$ 与表征其波动性的波矢和角频率四维矢量 $(\boldsymbol{k}, \mathrm{i}\omega/c)$ 之间，存在比例关系，

$$\boldsymbol{p} = \hbar\boldsymbol{k}, \quad E = \hbar\omega.$$

所以，求光波的波长 λ, 也就是求光子的动量 $p = \hbar k = 2\pi\hbar/\lambda$; 求光波的角频率 ω, 也就是求光子的能量 $E = \hbar\omega$. 上述两题所涉及的，也就是光子的动量能量在不同惯性系中的变换. 在习题 3.16 的第二种解法中给出的洛伦兹变换，可以用上述比例关系改写成光子动量能量的洛伦兹变换.

　　光子区别于电子和质子等其他粒子的主要之点，除了光子是玻色子外，就是光子没有质量，是零质量粒子. 以后我们将会看到，还有其他一些零质量粒子. 从闵可夫斯基空间的性质可以看出，由于零质量粒子两个时空点之间的不变间隔为零，零质量粒子总是以光速运动. 对于零质量粒子来说，质量项为零，动质能关系简化为动量与能量的比例关系，

$$E = pc.$$

由于没有质量，零质量粒子不可能有内部结构，是真正的基本粒子. 在这个意义上，光子在粒子物理学中才具有了更基本的重要性.

　　这些年超光速成了一个研究的热点，不断有实验组做实验，还有相应的分析和讨论. 从物理上看，这类实验不宜在介质中进行，因为这就涉及光与物质的相互作用，而不单纯是光子自身的性质. 相对论所涉及的光速，是光在真空中传播的速度. 光速不变，是指光在真空中传播的相速度在不同惯性系都是 c.

　　可以进一步指出的是，即使在实验上发现了在真空中超过光速的现象，或者发现了超光速粒子，也不会因此就动摇了狭义相对论的基础. 事实上，早在 1967 年就已经有人在理论上做过认真仔细的

分析,指出超光速粒子的存在是与洛伦兹变换相容的,狭义相对论本身并没有拒绝和排除超光速的可能性.

简单地说,事件 $P(x, y, z, t)$ 与 $O(0, 0, 0, 0)$ 的四维间隔 s 可以写成

$$x^2 + y^2 + z^2 - c^2 t^2 = s^2.$$

若从 O 到 P 是一条粒子沿直线匀速运动的世界线,则当粒子速度 $v = c$ 时上述间隔是类光的, $s = 0$;当 $v < c$ 时是类时的, $s^2 < 0$;而当 $v > c$ 时是类空的, $s^2 > 0$. 相应地,若把粒子动量能量四维矢量的间隔写成

$$p_x^2 + p_y^2 + p_z^2 - E^2/c^2 = -m^2 c^2,$$

则当粒子速度 $v = c$ 时上述间隔是类光的, $m^2 = 0$;当 $v < c$ 时是类时的, $m^2 > 0$;而当 $v > c$ 时是类空的, $m^2 < 0$. 换句话说,速度为光速的粒子质量为零,速度小于光速的粒子质量是实数,而速度大于光速的粒子质量是虚数. 也就是说,闵可夫斯基空间和四维间隔不变性在理论上已经包含了超光速的情形. 在超光速的情形,除了质量是虚数以外,还有因果性等许多基本问题必须面对和讨论,我们就不在这里进一步细说.

仔细回想一下,我们是从光速不变性出发,写出了下列关系

$$x'^2 + y'^2 + z'^2 - c^2 t'^2 = x^2 + y^2 + z^2 - c^2 t^2 = s^2.$$

这就是说,对于光的情形,我们知道上式成立. 而对于更一般的情形,我们还不知道上式是否成立. 在第 2 章的公式的推导中我们说了一句话:"如果这个关系不只限于光,而是普遍成立的, $P(x, y, z, t)$ 是任何一个事件的时空点,这就意味着时空坐标 $(x, y, z, \mathrm{i}ct)$ 构成一个四维空间 —— 闵可夫斯基空间,上式则表示 P 点与原点之间的四维间隔 s 的不变性." 这就是说,从光速不变性到闵可夫斯基空间和四维间隔不变性,是认识上的一种推广,是从一个具体实例发现和认识了一条普遍的性质和原理. 它们之间不是一对一的逻辑关系.

爱因斯坦的狭义相对论,从光速不变性出发,发现和认识了闵可夫斯基空间和四维间隔不变性. 这就是我们在第 1 章中所说的物理学从基本理论进入到了数学. 这不是一个简单和必然的逻辑过程,而是我们对于物理世界认识的深化和发展. 从实验到唯象理论,再

从唯象理论到基本理论，我们对物理世界的了解和认识，还都是立足于实验的基础之上．而一旦我们走过了从基本理论到数学的这一步，在数学上为理论找到了一个简单和基本的结构，也就是具有数学美的结构，我们就把理论植根于数学这一人类理性思维的最深刻的基础之上．找到了这种深刻和美的数学基础的物理理论，我们对它的信心就不仅仅停留于经验的验证，而是有了我们自身理性思维的基础．闵可夫斯基空间和四维间隔不变性就是这样一种简单和基本的具有数学美的结构，我们对它的信心超越了一般的经验，不会轻易发生动摇．爱因斯坦说过，经验不能成为相信的依据，没有理论支持的经验是不可信的．信心必须建立在理论的基础之上．闵可夫斯基空间和四维间隔不变性所包含的数学的美，就是我们可以信赖的理论基础．

　　理解和看重理论的作用，是从培根和伽利略开始的近代科学的基本精神．可以毫不夸张地说，科学精神就是理性思维的精神．而这种理性思维正是在我们自己的传统思维中所欠缺和不足的．在我们的传统思维中，常常更看重的是经验和结果．相信经验，满足于经验的印证，这大概是我们中国传统思维的特点．说得难听一点，这叫做不求有理，但求有效．我们学习近代物理学，就是要学习和把握理性思维的近代科学基本精神．学习和解答这些近代物理学的习题，正是对这种理性思维精神的一个具体的培养和熏陶过程．

本章小结

　　本章和上一章的内容合起来，实际上就是粒子物理学的一部分，通常称为高速粒子运动学．而这高速粒子运动学，也正是狭义相对论实际运用的基本和主要领域．由于这个原因，我们为这两章选择的习题大都涉及粒子物理现象．所以，在复习和总结这两章的内容，特别是本章的内容时，既要注意总结狭义相对论的有关内容，也要注意总结粒子物理方面的内容．这样，我们在学习狭义相对论的同时，也就学习了粒子物理的高速粒子运动学．

　　相对论质点力学包括运动学描述和动力学关系两部分．我们选择一个随粒子运动的参考系，用这个参考系的运动来描述粒子的运动，从而把粒子运动学描述的问题转化为一个洛伦兹变换．这是在相对论中描述粒子运动的一个特有和方便的方法. 与此相应, 我们可以用在闵可夫斯基空间坐标轴转过的角度, 而不是用坐标系运动的速度来描述粒子的运动, 引进了快度的概念. 此外, 为了描述粒子的运动, 比如粒子运动的方向, 也可以通过对粒子动量能量的计算来求, 而且往往这是更简单和方便的做法. 属于粒子运动学的, 还有对于光子的运动学描述和相应的洛伦兹变换.

粒子的动力学关系, 包括一个粒子的动力学变量和多粒子体系的动力学关系两部分. 一个粒子的动力学变量, 就是它的动量能量四维矢量. 它包括如下几点:

- 动量能量四维矢量的不变长度定义了粒子的质量;
- 粒子能量与质量之间有爱因斯坦质能关系;
- 动能的定义和牛顿近似;
- 动质能三角形关系;
- 光子和零质量粒子的动量能量关系.

对于多粒子体系的问题, 我们在这里不涉及粒子之间的具体相互作用, 所以这里所说的多粒子体系的动力学关系, 主要就是体系的动量守恒和能量守恒, 以及体系的不变质量. 与经典力学不同的是, 相对论的动力学过程要涉及能量与质量之间的转换, 所以引入了反应有效能的概念. 同样, 为了计算质量与能量之间的转换, 变换到动心系更清楚和方便.

粒子物理的高速粒子运动学, 主要就是讨论不同粒子物理过程中各个粒子的动量和能量, 以及相应的粒子运动速度. 这是粒子物理实验中进行测量的主要力学量. 我们在这一章的习题中涉及的粒子物理过程, 有原子核 β 衰变发射电子的过程, 宇宙射线中产生的 π 介子, 中性 K 介子的 $K_L^0 \leftrightarrow K_S^0$ 转变, 粒子在静止或飞行中的衰变, 两体弹性散射, 两体反应, 以及相对论性和极端相对论性重离子碰撞. 这些都是实际发生的粒子物理过程, 了解和熟悉这些过程, 有助于我们对粒子物理现象获得一些具体和感性的知识.

4 辐射的量子性

基本概念和公式

电磁辐射具有波动性，平面波可以用波矢量 k 和角频率 ω 来描写；同时，电磁辐射还具有与其波动性相应的粒子性，平面波表示自由粒子，具有动量 p 和能量 E. 这就是电磁辐射的 波粒二象性, 也就是电磁辐射的 量子性. 自由粒子平面波的动量 p 正比于波矢量 k，能量 E 正比于角频率 ω，比例常数是约化普朗克常数 $\hbar$，有波粒二象性关系

$$p = \hbar k, \quad E = \hbar \omega,$$
$$k = \frac{2\pi}{\lambda}, \quad \omega = 2\pi\nu, \quad c = \lambda\nu,$$

这里 λ 和 ν 分别是波的波长和频率. 波长越短频率越高的电磁辐射，其粒子性越强，从可见光开始，依次是可见光，紫外线，X 射线，γ 射线. 由于辐射的这种粒子性，它照射在电子和质子等粒子上发生的散射，是粒子之间的碰撞，有动量和能量的守恒关系.

必须强调的是，对于光来说，由于存在波长与频率的关系 $\lambda\nu = c$，光子的能量与动量的大小成正比，$E = pc$，光子质量为零，这使得关于光子的计算大为简化. 对于光子来说，上述 $p = \hbar k$ 和 $E = \hbar \omega$ 两式等价，不是互相独立的两个关系. 后者就是 普朗克关系 $E = h\nu$.

重要的仪器和实验

• 光电效应: 用波长比较短的光线 (紫外光) 照射在金属表面上，会有电子从金属表面跑出来. 这个现象的发生与光的波长有关，只有波长短于某个特定值时才能发生，而这个波长的极限值只与金属及其表面的性质有关. 这个效应表明光具有粒子性，参阅习题 4.1 和 4.2 的分析和讨论. 光电管就是根据这个效应制成的.

• 光电管：这是在抽成真空的玻璃管中密封一对阴极和阳极而成的装置. 在玻璃管上有一透光窗口可以让光线照射到阴极上，阴

极是用经过表面处理的某些金属制成. 把电极接到外电路上, 则当有一定波长的光照射到阴极上时, 电路中就会有电流流过.

• X 射线管: 这是一种由密封在高真空管中的阴极和阳极构成的装置. 阴极用一低压灯丝加热, 而在阳极与阴极之间加上几万到几十万 V 的工作电压. 加压工作时, 从阳极发出的 X 射线会穿过管壁而射出.

• X 射线在晶体上的衍射: X 射线是金属阳极被动能为几十到几百 keV 的高速电子轰击而发出的一种电磁辐射. 这种射线照射到晶体上, 会产生衍射现象, 就像光线照射到光栅上产生的衍射现象一样. 晶体的晶格间距数量级为 $0.1\,\mathrm{nm}$, 所以 X 射线是波长为这个量级甚至更短的波. 用连续谱 X 射线在单晶上的衍射称为劳厄法, 用单色 X 射线在单晶上的衍射称为布拉格法, 用单色 X 射线在多晶或晶粉上的衍射称为德拜 - 谢勒法.

• X 射线轫致辐射谱: X 射线是高速运动的电子受到原子核的阻力而产生的. 这种带电粒子在运动中受到阻力而产生的辐射, 称为轫致辐射. X 射线管产生的轫致辐射谱是连续谱, 有一最短波长 λ_0. 最短波长与加速电压 V 成反比, 比例常数与靶的材料无关, 具有普适性, $\lambda_0 V =$ 普适常数. 这个性质表明 X 射线具有粒子性, 参阅习题 4.3 和 4.4.

• 康普顿效应: X 射线被物质散射后波长变长, 波长的增量与散射角度有关, 而与散射物质无关, 这个效应称为康普顿效应. 这个性质表明 X 射线具有粒子性, 参阅习题 4.5 和 4.6. 类似的还有高能 γ 光子与核子的散射, 参考习题 4.7.

• 电子偶的产生和湮没: 高能光子经过原子核附近时会产生正负电子偶, 而正负电子相遇会湮灭成光子. 这种现象表明高能光子具有粒子性. 这种能量的高能光子属于 γ 射线. 参阅习题 4.8 和 4.9.

习题 4.1 用 Ca 阴极光电管做光电效应实验, 用不同波长 λ 的单色光照射, 测出相应光电流的反向截止电压 V_0, 得到下列数据:

照射波长 λ/nm	253.6	313.2	365.0	404.7
截止电压 V_0/V	1.95	0.98	0.50	0.14

试从这些数据定出普朗克常数 h.

解 金属中的电子, 有一部分是准自由的, 它并不束缚在某一金属离子附近, 而可以在金属内自由移动, 称为 **金属自由电子**. 金属自由电子被全体金属离子和其他电子的库仑力所产生的平均场束缚在金属内, 具有一个比外面低的平均势能. 金属自由电子从金属内飞出金属表面, 需要克服这个束缚力, 做一定的功 A, 称为 **脱出功**.

照射到阴极上的光子, 其能量 $h\omega = h\nu$ 被阴极中的金属自由电子吸收后, 转变为电子的动能. 如果这个动能超过了电子逸出金属表面所必需的脱出功 A, 电子就会飞出金属表面, 成为真正的自由电子. 根据能量守恒, 我们可以写出

$$h\nu = E_k + A,$$

其中 E_k 是飞出金属后电子所剩的动能, 也就是自由电子的动能. 上式表明, 光的频率有一下限 ν_0, 即光的波长有一上限 $\lambda_0 = c/\nu_0$, 这时自由电子动能为零, $E_k = 0$. 过了这个极限, 光电效应就不会发生. 脱出功的数值, 等于这个极限光子的能量, $A = h\nu_0$. 于是, 我们可以把上式改写成

$$h\nu = E_k + h\nu_0,$$

这就是光电效应的爱因斯坦方程.

光的上述极限频率就是光电效应的 **截止频率** 或 **红限**, 它与阴极材料有关, 与光的强度无关. 频率高于红限的光照射到阴极上, 就会有电子逸出. 这时, 如果在阳极与阴极之间加上一个电压, 电子就会从阴极飞到阳极, 在外电路中形成电流. 反之, 如果在阳极与阴极之间加上一个反向电压, 则飞向阳极的电子将在这个反向电压的作用下被减速. 当这个反向电压达到一个确定值 V_0, 使得 eV_0 与自由电子动能 E_k 相等时,

$$E_k = eV_0,$$

电子动能减少到零, 电流就被中止. 这个反向电压 V_0 则被称为 **反向截止电压**. 把上式代入前面的爱因斯坦方程, 我们就有

$$eV_0 = h(\nu - \nu_0),$$

它表明, 反向截止电压 V_0 与照射光的频率 ν 成线性关系, 直线斜率

等于 h/e. 我们只要测得了这条直线, 就证明了上述理论, 并且可从直线的斜率定出 h/e. 再用其他方法测出基本电荷 e, 我们就可以定出普朗克常数 h.

把题目所给的波长 λ 换算成频率 ν, 可得下表,

照射频率 $\nu/10^{15}\mathrm{s}^{-1}$	0.741	0.822	0.958	1.183
截止电压 V_0/V	0.14	0.50	0.98	1.95

在坐标纸上画出实验点, 就如图 4.1 所示. 可以看出, 四个实验点基本上在一条直线上, 这就证明了上述理论和爱因斯坦方程. 下面我们来画出这条直线, 定出它的斜率, 从而定出普朗克常数 h.

这四个实验点并不严格在一条直线上. 它们偏离直线的原因, 我们相信是由于测量的误差. 这种实验的误差使得每次测量都存在一定的偏差, 而每次的偏差不同, 它们围绕直线的位置有一种统计的分布. 如果误差是完全无规的, 直线的位置就应该使得这种偏差的平均值最小. 根据这个原则, 我们就可以采用不同的方法把这条直线画出来.

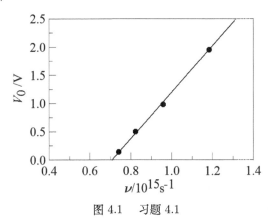

图 4.1 习题 4.1

最简单的方法就是目测法 (guide by eye). 根据眼力的判断, 我们可以画出一条直线, 使得这四个点比较均匀地分布在直线的两侧, 如上图中的直线所示. 再从坐标读出相距尽量远的两个点的数据, 就可以算出斜率. 比如从直线与横轴的交点读出 $(0.71, 0.00)$, 从直线

与上横边线的交点读出 $(1.32, 2.50)$, 就有

$$\frac{h}{e} = \frac{(2.50 - 0.00)\mathrm{V}}{(1.32 - 0.71) \times 10^{15}\mathrm{s}^{-1}} = 4.098 \times 10^{-15}\mathrm{V \cdot s},$$

于是我们得到

$$h = 4.098 \times 10^{-15}\mathrm{eV \cdot s} = 4.098 \times 10^{-15} \times 1.602 \times 10^{-19}\mathrm{J \cdot s}$$

$$= 6.6 \times 10^{-34}\mathrm{J \cdot s}.$$

目测法虽然简单方便, 也还有一定的精度, 但是容易引起争论. 各人的眼力和判断不同, 画出的直线会有差别, 从坐标读出的数值也会有分歧. 为了避免和消除这种主观的因素, 我们可以想出一些别的方法. 例如, 如果我们把实验测得的反向截止电压用 V_0' 来表示, 它与理论值 V_0 的方差就是 $(V_0 - V_0')^2$. 用下标 i 区分不同的测量点, 总的方差就是

$$S = \sum_i (V_{0i} - V_{0i}')^2.$$

代入 $V_{0i} = k\nu_i' + a$, 这里 $k = h/e$, $a = -h\nu_0/e$, 就可以看出, S 是直线斜率 k 与截距 a 的函数. 画不同的直线, 相当于取不同的斜率 k 与截距 a. 我们可以调整这两个参数 k 与 a, 使得 S 取极小. 分别求 S 对 k 与 a 的偏微商, 并令它们等于零, 就可以得到下列两个方程,

$$\begin{cases} k \sum_i \nu_i' + a \sum_i 1 = \sum_i V_{0i}', \\ k \sum_i \nu_i'^2 + a \sum_i \nu_i' = \sum_i V_{0i}'\nu_i', \end{cases}$$

其中的求和遍及所有实验点, 在本题就是 $i = 1, 2, 3, 4$ 的四个点. 代入实验测量值完成这些求和, 上式就是

$$\begin{cases} (3.704 \times 10^{15}\mathrm{s}^{-1}) k + 4a = 3.57\,\mathrm{V}, \\ (3.542 \times 10^{15}\mathrm{s}^{-1}) k + 3.704a = 3.76\,\mathrm{V}, \end{cases}$$

从而可以解出

$$\frac{h}{e} = k = 4.052 \times 10^{-15}\,\mathrm{V \cdot s},$$

$$h = 4.052 \times 10^{-15}\,\mathrm{eV \cdot s} = 6.5 \times 10^{-34}\,\mathrm{J \cdot s}.$$

这个方法是求总方差最小的解, 所以称为 最小二乘法.

最小二乘法完全利用实验点的测量值作计算, 看起来避免了目

测法因人而异的主观性. 其实不然. 我们上面的总方差, 是把每项方差等权地加起来. 但是, 不同实验点的误差不同, 可信度不同, 应该对每一实验点给以不同的可信度权重. 这样把方差按权重相加的最小二乘法, 称为加权最小二乘法. 权重如何选取, 又有不同的讲究. 这样看来, 如何加权又是因人而异的. 当然, 在加权中的主观性, 比目测中的主观性, 又朝着接近自然的方向前进了一步, 是在新的水准上的主观性.

自然科学处理人和自然的关系, 我们希望尽量排除人的因素, 达到完全客观的极限. 我们在日常生活中需要面对太多人际关系, 受到太多人为因素的干扰, 所以希望在自然科学中找到一方净土. 这是社会公众和科学家的共同愿望. 不过做研究的科学家却知道, 这只是一种极限和理想. 在实际的研究中, 无论是理论还是实验, 都无法把人为和主观的因素完全排除. 所以, 在科学的圈子里, 自然地形成了一种看法, 认为某某实验室的结果可信度较高, 某某人的理论值得认真对待, 如此等等. 这是基于对他们进行研究工作的素质、修养、风格、水准、传统和记录的一种信赖. 这不同于我们在日常生活和社会交往中所说的诚信, 后者的基础只是人际间的诚实和守信. 相同的是, 与个人和单位在社会圈子里的信誉一样, 科学家个人和研究机构在他们的科学圈子里同样也有信誉问题, 而这种信誉同样需要在长期的工作中积累和形成.

习题 4.2 一光电管阴极红限波长为 600 nm, 设某入射单色光的光电流反向截止电压为 2.5 V, 试求这束光的波长.

解 由上题中推出的公式

$$eV_0 = h(\nu - \nu_0)$$

可以解出

$$\nu = \nu_0 + eV_0/h,$$

代入 $V_0 = 2.5\,\mathrm{V}$ 和

$$\nu_0 = \frac{c}{\lambda_0} = \frac{3.00 \times 10^8\,\mathrm{m/s}}{600 \times 10^{-9}\,\mathrm{m}} = 0.50 \times 10^{15}\,\mathrm{s^{-1}},$$

就有

$$\nu = \nu_0 + \frac{eV_0 c}{2\pi\hbar c} = 0.50 \times 10^{15}\,\text{s}^{-1} + \frac{2.5\,\text{eV} \times 3.0 \times 10^8\,\text{m/s}}{2\pi \times 197.3\,\text{eV}\cdot\text{nm}}$$

$$= 1.105 \times 10^{15}\,\text{s}^{-1},$$

$$\lambda = \frac{c}{\nu} = \frac{3.00 \times 10^8\,\text{m/s}}{1.105 \times 10^{15}\,\text{s}^{-1}} = 2.715 \times 10^{-7}\,\text{m} = 271.5\,\text{nm},$$

其中用到组合常数 $\hbar c = 197.3\,\text{eV}\cdot\text{nm}$. 在原子分子层次, 用单位 eV·nm 比较方便.

在 4.1 和 4.2 两题我们看到, 题设和要求的是波长 λ, 而在计算中用频率 ν 更方便. 这反映了实验与理论的不同. 在实验上用干涉仪等光学仪器, 直接测出的往往是波长而不是频率. 而在理论上, 频率正比于能量, 是更基本和重要的概念. 在本章开头的 **基本概念和公式** 中, 作为基本概念, 我们列出的是波矢量 k 和角频率 ω, 而不是波长 λ 和频率 ν, 也是基于同样的考虑. 将来我们会看到, 在量子力学基本方程中出现的是约化普朗克常数 $\hbar$, 而不是普朗克常数 h.

一般人也许会认为, 在理论上使用什么概念和物理量, 应该取决于实验. 其实不然. 海森伯在 1925 年写出创立量子力学的第一篇论文时, 他提出的思想, 是在理论中摒弃在实验上不能直接观测的量, 而以可以直接观测的量为基础来建立新的理论. 他所取得的成功, 使得他的这个思想被许多人当作一条基本原则 (即马赫的 "思维经济原理"), 影响了几代人. 但是在理论上, 他的这个哲学在 1926 年就受到了爱因斯坦的批评. 在一次对量子力学的讨论中, 海森伯向爱因斯坦表示, 一个完善的理论必须以直接可观测量作依据. 爱因斯坦则向他指出, "在原则上, 试图单靠可观测量去建立理论那是完全错误的. 实际上正好相反, 是理论决定我们能够观测到什么东西." 在实践上, 海森伯的这个哲学也受到了玻恩的批评. 玻恩在他的自传性回忆录中谈到海森伯的这个哲学时, "把原理表述得这么普遍和笼统, 就一点用也没有, 甚至还会招来误解. 哪些量是多余的, 这只有像海森伯这样的天才的直觉才能判断." 而在实际上, 海森伯也正是在爱因斯坦批评的启发下, 才发现了他的测不准原理. 他仿照爱因斯坦建立相对论时对同时性的操作定义方法, 从量子力学的基本原理上，表明了坐标与动量在原则上就不能同时测准，而存在一个测量精度的下限．所以，量子力学并不是像他最初设想的那样必须放弃坐标和轨道的概念，而是要对它们进行修正，只能在一定的精度范围下使用.

习题 4.3 经过电压 V 加速的电子轰击重金属制成的阳极，所产生的 X 射线轫致辐射谱有一最短波长 λ_0，试计算 $V = 40\,\text{kV}$ 时的 λ_0. 若考虑到该金属有 4 eV 的脱出功，结果应如何修正？

解 产生 X 射线的物理机制，是电子与阳极中原子核的非弹性碰撞过程，

$$e^- + 核 \longrightarrow e^- + 核 + h\nu,$$

电子在原子核库仑场的作用下偏转减速而发出光子 $h\nu$. 原子核的质量比电子大得多，在碰撞中原子核的动能改变可以忽略，电子被电压 V 加速获得的动能 eV 等于碰撞后的电子剩余动能 E_k 与光子能量 $h\nu$ 之和，

$$eV = E_\text{k} + h\nu.$$

由于电子动能 E_k 从零到 eV 分布，光子能量 $h\nu$ 分布在从 eV 到零之间，形成 X 射线轫致辐射谱．光子最大能量为

$$h\nu_0 = eV,$$

相应的最短波长是

$$\lambda_0 = \frac{c}{\nu_0} = \frac{hc}{eV} = \frac{2\pi \times 197.3\,\text{eV} \cdot \text{nm}}{40 \times 10^3\,\text{eV}} = 0.031\,\text{nm}.$$

考虑到该阳极重金属有 $A = 4$ eV 的脱出功，在上述计算中应扣除这个能量 A，

$$\lambda_0 = \frac{2\pi\hbar c}{eV - A} = \frac{2\pi \times 197.3\,\text{eV} \cdot \text{nm}}{(40\,000 - 4)\,\text{eV}} = 0.031\,\text{nm},$$

这是万分之一的修正，在最后结果中就看不出来了.

4 eV 的脱出功，在光电效应中是一个重要和关键的因素，而在 X 射线轫致辐射谱中则完全可以略而不计．原因在于，引起光电效应的紫外光，其光子能量正是这个 eV 的数量级，而产生 X 射线轫致辐射谱的电子能量，则比此高出四五个数量级．我们学习物理，

了解和考虑各种物理现象和效应, 对相关物理量数量级的了解和掌握是非常重要和关键的.

习题 4.4 一电视显像管的工作电压是 20 kV, 试求它产生的 X 射线最短波长是多少?

解 与上题类似地, 有

$$\lambda_0 = \frac{2\pi\hbar c}{eV} = \frac{2\pi \times 197.3\,\text{eV·nm}}{20 \times 10^3\,\text{eV}} = 0.062\,\text{nm}.$$

这个题目提醒我们, 在电视机旁有相当数量的 X 射线辐射. 高速电子照射在靶上发光的物理机制和产生的光谱分布, 不仅与电子的能量有关, 还与靶的物质构成有关. 对于重金属靶, 当电子能量高到几十 keV 时, 会产生 X 射线轫致辐射. 用钨做阳极的 X 射线管产生的轫致辐射 X 射线谱, 当加速电压是 20 kV 时, 强度分布峰值约在波长 0.07 nm 附近, 可参阅《近代物理学》第 4 章图 4.11.

习题 4.5 一束能量为 0.500 MeV 的 X 射线在电子上散射, 设电子原来静止, 散射后获得动能 0.100 MeV, 试求散射 X 射线的波长, 以及散射 X 射线与入射 X 射线的夹角.

解 X 射线在自由电子上的弹性散射称为康普顿散射, 我们先来推导有关的公式. 前面讨论的光电效应和 X 射线轫致辐射谱, 都只涉及光子的能量. 在康普顿散射中, 实验测量了散射光子的方向和波长, 也就是测量了散射光子的动量和能量. 所以, 在康普顿散射中要同时考虑能量与动量守恒. 另外, 由于所用的 X 射线能量可以与电子静质能相比, 要用相对论计算.

与 X 射线的能量相比, 电子在晶体中的束缚能和动能都可忽略, 而当成静止的自由电子. 设沿 x 轴入射的光子动量为 p_0, 散射后的动量为 p; 散射后电子的动量为 p_e. 由于角动量守恒, 散射过程发生在一平面内, 取为 xy 平面. 写出 x 和 y 轴方向的动量守恒, 以及能量守恒, 有

$$p_0 = p_x + p_{ex}, \qquad p_y + p_{ey} = 0,$$

$$p_0 c + mc^2 = p c + \sqrt{p_e^2 c^2 + m^2 c^4},$$

其中 m 是电子质量. 利用动量守恒关系, 有

$$p_e^2 = p_{ex}^2 + p_{ey}^2 = (p_0 - p_x)^2 + p_y^2 = p_0^2 + p^2 - 2p_0p\cos\theta,$$

其中 $p_x = p\cos\theta$, θ 是散射光子动量与入射光子动量的夹角. 把上式代入能量守恒关系, 就可以解出

$$\Delta\lambda = \lambda - \lambda_0 = \frac{h}{mc}(1 - \cos\theta) = \lambda_e(1 - \cos\theta),$$

这就是康普顿方程, 其中 $\lambda_e = h/mc$ 称为电子的 康普顿波长, 在下一章我们将会看到, 它是电子以动量 mc 运动时的德布罗意波长. 这个方程表明, 在康普顿效应中, X 射线光子波长的改变, 是电子康普顿波长的量级. 电子康普顿波长为

$$\lambda_e = \frac{h}{mc} = \frac{2\pi\hbar c}{mc^2} = \frac{2\pi \times 197.3\,\mathrm{MeV \cdot fm}}{0.511\,\mathrm{MeV}} = 0.002\,426\,\mathrm{nm}.$$

散射后电子动能为

$$E_k = \sqrt{p_e^2 c^2 + m^2 c^4} - mc^2 = (p_0 - p)c,$$

从而散射光子动能为

$$pc = p_0 c - E_k,$$

散射光子波长为

$$\lambda = \frac{h}{p} = \frac{2\pi\hbar c}{p_0 c - E_k} = \frac{2\pi \times 197.3\,\mathrm{MeV \cdot fm}}{(0.500 - 0.100)\,\mathrm{MeV}} = 3099\,\mathrm{fm} = 0.0031\,\mathrm{nm}.$$

类似地, 入射光子波长为 $\lambda_0 = h/p_0 = 0.002\,5\,\mathrm{nm}$. 这两个数值与电子康普顿波长 $0.002\,426\,\mathrm{nm}$ 是同一量级, 在这种情形, 观测到的效应最明显. 请与习题 4.6 和 4.7 比较.

为了求散射 X 射线与入射 X 射线的夹角 θ, 我们用康普顿方程,

$$\cos\theta = 1 - \frac{\lambda - \lambda_0}{\lambda_e} = 1 - \frac{mc}{h}\left(\frac{h}{p} - \frac{h}{p_0}\right) = 1 - \left(\frac{mc^2}{p_0 c - E_k} - \frac{mc^2}{p_0 c}\right)$$

$$= 1 - \left(\frac{0.511}{0.500 - 0.100} - \frac{0.511}{0.500}\right) = 0.7445,$$

$$\theta = 42°.$$

习题 4.6 波长为 $0.050\,\mathrm{nm}$ 的 X 射线在康普顿散射中能传给一个电子的最大能量是多少? 如果换成波长为 $500\,\mathrm{nm}$ 的可见光, 结果又如何?

解　散射电子动能

$$E_{k} = (p_0 - p)c = \frac{hc}{\lambda_0} - \frac{hc}{\lambda} = \frac{hc}{\lambda_0} - \frac{hc}{\lambda_0 + \Delta\lambda}.$$

从康普顿方程可看出, 当 $\theta = 180°$ 时, 波长改变最大, $(\Delta\lambda)_{max} = 2\lambda_e$, 光子能量损失最大, 也就是传给电子的能量最大. 电子康普顿波长为 $\lambda_e = 0.002\,426\,\mathrm{nm}$ (见上题), 于是有

$$\begin{aligned} E_{k\,max} &= \frac{hc}{\lambda_0} - \frac{hc}{\lambda_0 + 2\lambda_e} \\ &= \frac{2\pi \times 197.3\,\mathrm{eV\cdot nm}}{0.05\,\mathrm{nm}} - \frac{2\pi \times 197.3\,\mathrm{eV\cdot nm}}{(0.05 + 0.004\,852)\,\mathrm{nm}} = 2.19\,\mathrm{keV}. \end{aligned}$$

若换成波长为 $\lambda_0 = 500\,\mathrm{nm}$ 的可见光, 则有

$$E_{k\,max} = \frac{2\pi \times 197.3\,\mathrm{eV\cdot nm}}{500\,\mathrm{nm}} - \frac{2\pi \times 197.3\,\mathrm{eV\cdot nm}}{(500 + 0.004\,852)\,\mathrm{nm}} = 24.1\,\mathrm{\mu eV}.$$

可以看出, 若用可见光, 则效应太弱, 实验观测不到. 实验家在设计实验时, 必须作出数值的估算, 才能判断想要测量的效应在测量仪器的精度范围内能否观测到. 在这个例子中, 如果换成波长为 $\lambda_0 = 500\,\mathrm{nm}$ 的可见光, 光子能量只有

$$p_0 c = \frac{2\pi\hbar c}{\lambda_0} = \frac{2\pi \times 197.3\,\mathrm{eV\cdot nm}}{500\,\mathrm{nm}} = 2.5\,\mathrm{eV}.$$

这个数值只是电子在材料中束缚能的量级, 电子不再能当作静止的自由电子, 产生的也不是康普顿效应, 整个理论分析都需要重做. 与此有关的物理基础, 可以参阅后面关于原子结构和固体的部分.

习题 4.7　一个能量为 $12\,\mathrm{MeV}$ 的光子被一个自由质子散射到垂直方向, 试求散射光子的波长.

解　这是高能 γ 光子与自由质子的弹性散射, 可以用习题 4.5 中推出的康普顿方程, 只需把其中的电子质量换成质子质量, 把电子康普顿波长换成质子康普顿波长,

$$\Delta\lambda = \lambda_p(1 - \cos\theta),$$

$$\lambda_p = \frac{h}{m_p c} = \frac{2\pi \times 197.3\,\mathrm{MeV\cdot fm}}{938.3\,\mathrm{MeV}} = 1.32\,\mathrm{fm}.$$

入射光子波长为

$$\lambda_0 = \frac{h}{p_0} = \frac{2\pi \times 197.3\,\mathrm{MeV\cdot fm}}{12\,\mathrm{MeV}} = 103.31\,\mathrm{fm}.$$

在康普顿方程中代入 $\theta = 90°$ 和上述数值, 就得散射光子波长为

$$\lambda = \lambda_0 + \Delta\lambda = 105\,\mathrm{fm} = 1.05 \times 10^{-4}\,\mathrm{nm}.$$

在这个例子里, 散射光子与入射光子波长之差 $\Delta\lambda$ 是质子康普顿波长 $1.32\,\mathrm{fm}$, 只是入射光子波长 λ_0 或散射光子波长 λ 的百分之一左右, 这个效应就不明显. 而如果选择入射光子的波长在质子康普顿波长的量级, 这个光子的能量就是

$$p\,c = \frac{hc}{\lambda} = \frac{2\pi \times 197.3\,\mathrm{MeV \cdot fm}}{1.32\,\mathrm{fm}} = 939\,\mathrm{MeV},$$

这是质子静质能的大小. 这么大能量的 γ 光子与质子碰撞, 就会产生许多粒子, 而不再是简单的弹性碰撞, 也谈不上什么康普顿效应了.

习题 4.8 一个 $5\,\mathrm{MeV}$ 的电子与一静止正电子发生湮灭, 产生两个光子, 其中一个光子向入射电子的方向运动, 试求每个光子的能量.

解 由电子的动质能关系

$$E = \sqrt{p^2c^2 + m^2c^4},$$

可以求出入射电子动量

$$p = \frac{1}{c}\sqrt{E^2 - m^2c^4} = \sqrt{5.511^2 - 0.511^2}\ \mathrm{MeV}/c$$
$$= 5.487\,\mathrm{MeV}/c,$$

其中电子能量 $E = E_k + mc^2 = (5 + 0.511)\,\mathrm{MeV} = 5.511\,\mathrm{MeV}$. 根据动量守恒, 光子 1 向入射电子方向运动, 则光子 2 沿入射电子方向运动, 它们的动量差 $p_2 - p_1$ 等于入射电子动量 p,

$$p_2 - p_1 = p.$$

再写出能量守恒,

$$p_1c + p_2c = E + mc^2.$$

联立上述二式, 就可解出这两个光子的能量

$$E_1 = p_1c = \frac{1}{2}(E + mc^2 - p\,c)$$
$$= \frac{1}{2}(5.511 + 0.511 - 5.487)\,\mathrm{MeV} = 0.27\,\mathrm{MeV},$$

$$E_2 = p_2 c = \frac{1}{2}(E + mc^2 + p\,c)$$
$$= \frac{1}{2}(5.511 + 0.511 + 5.487)\,\text{MeV} = 5.75\,\text{MeV}.$$

习题 4.9 一正负电子偶在 0.05 T 的磁场中产生，观测到电子和正电子径迹的曲率半径都是 90 mm，试求入射光子的能量.

解 当高能 γ 光子从原子核 A 附近经过时，有可能与原子核发生相互作用，转变为正负电子偶，

$$\gamma + A \longrightarrow A + e^- + e^+.$$

原子核 A 的质量很大，它能带走光子动量，从而保证动量守恒. 而带走的能量很少，能让光子的大部分能量都转移给正负电子偶.

用习题 3.12 给出的公式，在磁场中运动的正负电子动量大小为

$$p = eBr = \frac{1.602 \times 10^{-19} \times 0.05 \times 0.090}{1.602 \times 10^{-19}/(3.0 \times 10^8)}\,\text{eV}/c = 1.35\,\text{MeV}/c,$$

其中 $e = 1.602 \times 10^{-19}$ C, $B = 0.05$ T, $r = 90$ mm. 入射光子能量等于以上述动量运动的正负电子能量之和，

$$E = 2\sqrt{p^2 c^2 + m^2 c^4} = 2 \times \sqrt{1.35^2 + 0.511^2}\,\text{MeV} = 2.9\,\text{MeV}.$$

习题 4.10 强度相同的两束 X 射线，A 的波长 0.03 nm，衰减系数 0.3 mm^{-1}，B 的波长 0.05 nm，衰减系数 0.72 mm^{-1}. 把它们射到同一材料上，穿出后 A 的强度比 B 的大一倍，试求此材料的厚度.

解 X 射线照射到物质材料上，会与材料中的电子和原子核发生相互作用，被吸收或散射，使光强衰减. X 射线在材料中穿过距离 $\mathrm{d}x$ 所发生的光子数通量衰减 $-\mathrm{d}N$，正比于这段距离 $\mathrm{d}x$ 和光子数通量 N，

$$\mathrm{d}N = -\mu N \mathrm{d}x,$$

其中比例常数 μ 与材料性质有关，就是这种材料的衰减系数. 由上式可以解得

$$N = N_0 \mathrm{e}^{-\mu x},$$

其中 N_0 是入射光子数通量. 从而，X 光的强度为

$$I = Nh\nu = N_0 h\nu \mathrm{e}^{-\mu x} = I_0 \mathrm{e}^{-\mu x},$$

其中

$$I_0 = N_0 h\nu$$

是入射光强.

按题设,

$$N_{0A} h\nu_A = N_{0B} h\nu_B, \qquad N_{0A} h\nu_A e^{-\mu_A D} = 2N_{0B} h\nu_B e^{-\mu_B D},$$

由此可以解出材料厚度 D 为

$$\begin{aligned} D &= \frac{1}{\mu_B - \mu_A} \ln \frac{2N_{0B}\nu_B}{N_{0A}\nu_A} = \frac{1}{\mu_B - \mu_A} \ln 2 \\ &= \frac{\ln 2}{(0.72 - 0.3)/\text{mm}} = 1.7\,\text{mm}. \end{aligned}$$

可以看出, 由于题设两束 X 射线的强度相同, $N_{0A} h\nu_A = N_{0B} h\nu_B$, 两束光的波长或频率不出现在最后的结果中, 题目所给的两束光的波长在解题的计算中并没有用到. 对于一般的情形, 两束光强没有这个题设的条件, 光的波长或频率就不会在上式中消掉.

本书讨论的习题, 多数都选自美国的教材. 美国教材中的习题, 往往会给出一些在解题中用不到的条件, 就像本题和习题 3.9 一样. 而更多的情形, 则是题目所给的条件不够, 比如在我们讨论过的题目中, 要用到的粒子质量都没有给出, 需要我们自己去查资料或手册. 这说明, 这些习题并不是精心设计了专门用来训练学生的, 而是在物理学家的实际工作中遇到的具体问题. 当我们在实际工作中遇到一个需要解决的问题时, 我们并不知道, 也没有人来告诉我们, 哪些条件是必须的, 哪些条件是多余的.

我们从小到大, 做惯了小学和中学那种精心设计的题目, 被训练得习惯于题目所给的条件都是必要而且充分的. 在这种文化的熏陶下, 初次遇到这种 "犯规" 的题, 我们心中会感到茫然, 失去自信. 其实这不是坏事, 它正好是训练我们判断力的一个绝好机会. 做这种习题, 会感到是在真正解决一个实际问题, 而不是在完成老师交给的训练任务. 我们的判断力和自信心, 都会因为面对和解决这种问题而逐渐得到提升.

习题 4.11 试计算波长为 $300\,\text{nm}$、强度为 $3 \times 10^{-14}\,\text{W/m}^2$ 的单色光束的光子数通量.

解　这是一束紫外光. 把上题的光强公式用波长 λ 改写成

$$I_0 = N_0 h\nu = N_0 \frac{hc}{\lambda},$$

于是光子数通量为

$$
\begin{aligned}
N_0 &= \frac{I_0 \lambda}{hc} = \frac{3 \times 10^{-14}(\mathrm{W/m^2}) \times 300\,\mathrm{nm}}{2\pi \times 197.3\,\mathrm{eV \cdot nm}} \\
&= \frac{3 \times 10^{-14} \times 300\,\mathrm{W/m^2}}{2\pi \times 197.3 \times 1.602 \times 10^{-19}\,\mathrm{J}} \\
&= 4.5 \times 10^4 /(\mathrm{s \cdot m^2}).
\end{aligned}
$$

习题 4.12　测得一个光子波长 $300\,\mathrm{nm}$, 精度为 10^{-6}. 试求此光子位置的测不准量.

解　这个问题涉及坐标与动量的测不准, 要用到测不准关系. 我们先来一般和简单地谈一下这个海森伯的测不准关系. 首先, 我们认为描述粒子运动的波, 它的强度, 也就是波幅的二次方, 正比于我们测到粒子的概率. 这里说的 "认为", 学术上的说法是 "诠释", 即赋予某种性质. 这就是玻恩对波函数的统计诠释. 当然, 光子是玻色子, 光波与电子的波不尽相同, 我们在本章最后再来进一步讨论这个问题.

自由粒子的运动, 它的波是一个平面波. 在本章开头的**基本概念和公式**中所给出的, 以及在前面各题所遇到的, 就是这种情形. 平面波有确定的波矢量 $\boldsymbol{k}$ 和角频率 ω, 也就是粒子有确定的动量 $\boldsymbol{p} = \hbar \boldsymbol{k}$ 和能量 $E = \hbar \omega$. 但另一方面, 平面波的振幅处处相等, 找到粒子的概率处处相同, 因而粒子的位置完全不确定.

我们可以设法改变这种情况. 例如, 可以让平面波沿 z 轴射到一条与 y 轴平行的狭缝上. 这就给出了对于粒子 x 坐标的一个测量. 狭缝中心的坐标就是粒子位置的 x 坐标, 缝的半宽 $d/2$ 则是这个位置测量的误差或测不准量 Δx. 减小缝宽 d, 就可以减小测量误差, 提高测量精度.

但是另一方面, 平面波通过狭缝会发生衍射, 使得从狭缝射出的波不再是一个简单和单纯的平面波. 根据惠更斯原理, 从狭缝射出的波是从狭缝上各点发出的球面次波的叠加, 叠加的结果形成一

个大致分散在角度 $\Delta\theta$ 内的波. 在衍射角 $\Delta\theta$ 的方向上, 由狭缝中央和上下边发出的波应该相差半个波长 $\lambda/2$, 从而在远处相消, 使得在这个衍射角以外波的幅度很小. 这个条件可以写成 $\Delta\theta \sim \lambda/d$, 也就是

$$d \cdot \Delta\theta \sim \lambda,$$

这就是波动光学中的 衍射反比关系, 如图 4.2 所示. 它表示, 狭缝越窄, 则衍射角越宽.

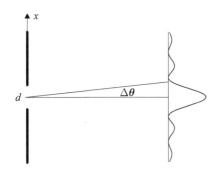

图 4.2   波的衍射反比关系

波的传播方向散布在衍射角 $\Delta\theta$ 内, 也就是光子动量方向散布在这个衍射角内. 换句话说, 从狭缝出射的光子, 动量 p 不再是严格地沿着 z 轴, 而是在 x 轴方向有一个范围 Δp_x 的测不准. 狭缝越窄, 测量坐标 x 的精度越高, 则在 x 方向动量的分散就越大, 动量 p_x 就越测不准. 由于 $\Delta x = d/2$ 和

$$\Delta p_x = p\Delta\theta,$$

上述光波的衍射反比关系可以改写成光子的测不准关系

$$\Delta x \Delta p_x \sim \frac{h}{2},$$

写出上式时, 用到了光的波粒二象性关系 $p = \hbar k$, 也就是 $p = h/\lambda$. 在 y 轴方向, 我们可以类似地写出测不准关系

$$\Delta y \Delta p_y \sim \frac{h}{2}.$$

下面我们再来写出在波的传播方向的测不准关系.

如果沿 z 轴方向传播的不是一个无限长的平面波，而是一个长度为 L 的波列，则波幅只分布在这个区间内. 按照统计诠释，测量粒子坐标得到的 z 值，就是波列中央的位置，而测量的误差或测不准量，则是这个波列长度的一半，$\Delta z = L/2$.

另一方面，一个有限长度的波列，就不再是一个简单和单纯的平面波，而是由一系列波矢在 $k - \Delta k/2$ 到 $k + \Delta k/2$ 之间的不同波长的平面波叠加而成的波包. 在这个波列之外波幅衰减为零，这就要求以波矢 $k + \Delta k/2$ 传播的波和以波矢 $k - \Delta k/2$ 传播的波，在从波列一端传到波列另一端时产生相位差 2π，从而使得当它们在波列中点同相位相加时，在波列端点反相位相消. 这就是

$$\left(k + \frac{\Delta k}{2}\right)L - \left(k - \frac{\Delta k}{2}\right)L \sim 2\pi,$$
$$L \cdot \Delta k \sim 2\pi.$$

谱线的宽度正比于 Δk，这个式子表示波列的长度与谱线的宽度成反比. 这就是波动光学中的 波的长度相干性反比关系.

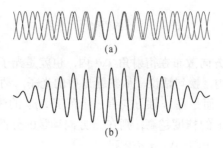

图 4.3　　波的长度相干性反比关系

这个长度相干性反比关系的简单示意如图 4.3. (a) 图是两个无限长的平面波. 在图中画出的部分，中点相位相同，两端相位相反. 两端以外没有画出的波，分别延伸到正负无限远处. (b) 图是这两个平面波叠加的结果，在图的中点振幅最大，在两端振幅为零. 由于只有两个平面波叠加，这个叠加出来的波包在两端点之外周期性重复，仍然是一个无限长的波. 只有由上述一系列波矢主要分布在 $k - \Delta k/2$ 到 $k + \Delta k/2$ 之间的无限多个不同波长的平面波叠加，才

能使得波包两端之外的区域振幅衰减为零, 真正成为一个长度有限的波列.

由上述波的长度相干性反比关系可以看出, 波列长度 L 越短, 所包含平面波的波数范围 Δk 就越大. 而波数 k 正比于光子动量. 所以, 沿着光子运动方向的位置测得越准, 光子在这个方向的动量就越测不准. 代入 $L = 2\Delta z$ 和光子的波粒二象性关系 $p_z = \hbar k$, 就有光子在 z 轴方向的测不准关系

$$\Delta z \cdot \Delta p_z \sim \frac{h}{2}.$$

类似地, 我们还可以写出光子的时间能量测不准关系. 一个长度有限的波列, 就不再是一个频率确定的单色光, 它由许多角频率在 $\omega - \Delta\omega/2$ 到 $\omega + \Delta\omega/2$ 之间的波叠加而成. 这个频率范围 $\Delta\omega$, 应使得以频率 $\omega + \Delta\omega/2$ 传播的波和以频率 $\omega - \Delta\omega/2$ 传播的波经过时间 T 以后产生相位差 2π, 从而使得当它们在波列的中点同相位相加时, 在波列的两端反相位相消. 于是

$$\left(\omega + \frac{\Delta\omega}{2}\right) T - \left(\omega - \frac{\Delta\omega}{2}\right) T \sim 2\pi,$$
$$T \cdot \Delta\omega \sim 2\pi,$$

波列的长度正比于 T, 谱线的宽度正比于 $\Delta\omega$, 上式表示波列的长度与谱线的宽度成反比, 这就是波动光学中的 时间相干性反比关系. 用波粒二象性关系 $E = \hbar\omega$, 就可以把光波的上述时间相干性反比关系改写成光子的时间能量测不准关系,

$$T \cdot \Delta E \sim h.$$

在实际上, 如果考虑到光速恒定的条件, 从关系 $c = \lambda\nu$ 可以看出, 上面得到的关系 $T \cdot \Delta\omega \sim 2\pi$ 与 $L \cdot \Delta k \sim 2\pi$ 是等价的. 我们之所以不用光速恒定的条件, 是为了表明, 这两个关系是普遍成立的, 并不仅仅局限于光的情形. 在下一章讨论电子质子等粒子的测不准关系, 我们将会又一次遇到这两个关系.

以上分析的依据和出发点, 是光子的波粒二象性和波函数的统计诠释. 从光子的波粒二象性这一物理出发, 如果我们接受对于波函数的统计诠释, 亦即认为光波不是一种实在的波动, 而是用来计算测量光子概率的数学上的波, 或者说是有关测量结果的预言的信

息波，那么，上述分析表明，光子的坐标与动量不能同时测准，时间与能量也不能同时测准. 光子的波粒二象性是光子的现象学. 所以，上面给出的测不准关系，是根据波函数的统计诠释从光子的现象学所得出的结果和推论.

我们在第 1 章已经指出，建立在现象学基础上的理论是一种唯象理论. 从唯象理论中，我们可以归纳和概括出基本的物理原理. 而以这种基本的物理原理为基础，我们能够建立基本理论. 海森伯正是在这个意义上，把他从波粒二象性所认识到的测不准关系作为建立量子力学的基本物理原理. 他所讨论的测不准关系，是关于电子质子等粒子的测不准关系，所以我们留到下一章讨论电子质子等粒子的波动性以后，再来继续这个讨论. 我们在这里只想指出，从严格的量子力学基本理论出发，给出的更确切的测不准关系是

$$\Delta x \Delta p_x \geqslant \frac{\hbar}{2}, \quad \Delta y \Delta p_y \geqslant \frac{\hbar}{2}, \quad \Delta z \Delta p_z \geqslant \frac{\hbar}{2}.$$

现在我们可以用上述测不准关系来解本题了. 波长 $\lambda = 300\,\text{nm}$ 的光子，属于紫外光的范围，其动量为

$$p = \hbar k = \frac{2\pi\hbar}{\lambda} = \frac{2\pi \times 197.3\,\text{eV·nm}/c}{300\,\text{nm}} = 4.13\,\text{eV}/c.$$

测量的相对误差是 10^{-6}，所以

$$\Delta p_z = 10^{-6}\,p = 4.13 \times 10^{-6}\,\text{eV}/c,$$

从而此光子位置的测不准量为

$$\Delta z \geqslant \frac{\hbar}{2\Delta p_z} = \frac{197.3\,\text{eV·nm}}{2 \times 4.13 \times 10^{-6}\,\text{eV}} = 23.9\,\text{mm}.$$

这个结果表明，被测量的光是一个在传播方向长度约为 5 cm 的波列，或者是在与传播方向垂直的平面内受到了一个宽度约为 5 cm 的狭缝的约束.

习题 4.13 一个光子如果处于直径为 10 fm 的原子核中，它的能量至少是多少？

解 光子处于直径 10 fm 的原子核中，则粗略地估计，其位置的测不准量就是这个原子核的范围，$\Delta x = 10\,\text{fm}$. 利用测不准关系，其动量的测不准量为

$$\Delta p_x \geqslant \frac{\hbar}{2\Delta x}.$$

这意味着动量的范围至少是在 $-\Delta p_x/2$ 到 $\Delta p_x/2$ 之间, 于是其能量至少是

$$E \geqslant \frac{1}{2}\Delta p_x\, c \geqslant \frac{\hbar c}{4\Delta x} = \frac{197.3\,\text{MeV·fm}}{4 \times 10\,\text{fm}} = 4.9\,\text{MeV},$$

这个能量是核内核子束缚能的量级 (参阅后面第 14 章). 这么高能量的 γ 光子, 是没有办法把它束缚在一个原子核内的. 它会与这个原子核或者核内的核子发生反应, 被吸收或散射. 更可能的是, 它是由于原子核能级的跃迁而从原子核发射出来的.

   这是一道运用测不准关系来做数量级估计的习题. 在与电子和质子等粒子有关的物理问题中, 会遇到更多使用测不准关系做数量级估计的问题. 学习物理, 对一个现象的了解和认识, 很重要的一点就是有关物理量的数量级. 可以说, 只有对相关物理量的量级有所了解, 才能说对这个物理现象有了了解和认识. 在考虑一个物理实验时, 估计一下待测物理量的量级, 更是必须做的一步. 在这些方面, 测不准关系都是非常有用的. 实际上, 测不准关系不仅仅能帮助我们作出所需的数量级估计, 而且也能帮助和加深我们对于相关物理的直观和定性的理解和认识.

   在这种估计中, 重要的是数量级, 而不是精确的数值. 只要数量级对了, 具体数值差几倍都是可能的. 在有些估计中, 甚至在数量级上就有误差, 例如在《近代物理学》第 17 章天体和宇宙中的一些估计. 数量级估计的差异, 多数取决于在计算中对一些量的估计和选择, 例如本题对于位置测不准量 Δx 和动量值 p_x 的估计和选择. 这往往要依靠经验和直觉, 甚至要采取一定的物理模型和假设, 对相关物理现象的直观了解和认识就显得特别重要. 所以, 数量级估计是与我们从小学中学以来所熟悉的习题风格和特点完全不同的另外一种题目. 这种习题看似简单容易, 其实要做好是最难的.

   一次讲完牛顿力学部分以后, 期末考试我出了一道数量级估计的题, 给出水的表面张力系数, 要求估计一下从漏雨的天花板上滴下来的水滴大小和重量. 要想严格计算, 这是很难的. 但是如果只想估计一下数量级, 只要粗略地假设水滴断开时刻的形状是半球形或某种简单易算的形状, 就可以从断裂时刻表面张力与重力的平衡

算出结果. 这相当于是作了一个模型假设, 需要我们对这个现象有直观的了解, 和作出凸显关键的简化.

物理学家费曼一次在日本参加学术会议, 演讲的人一步一步推理, 费曼坐在下面听得并不经心. 可是突然他喊了起来: "你这里错了!" 演讲者和听众都很惊愕, 他是怎么看出来的?! 费曼后来解释说, 他听别人演讲, 从来不跟着演讲人的逻辑走. 他要自己在脑子里构思出所讲问题的物理图像来. 他是根据这种物理图像, 根据直觉来发现和判断演讲人的错的. 这就是物理学家的形象思维和物理直觉. 这是学物理的精髓所在.

物理学的基本理论都有一个完整和严谨的逻辑体系, 呈现一种特殊的数学美. 这正是物理学的魅力和诱人之处. 可以毫不夸张地说, 物理学是所有自然科学中最成熟的, 定量化程度最高的, 最精密的, 用到数学最多的, 与数学关系最密切的一门科学. 欣赏和强调物理理论中的逻辑推理和数学演绎, 这是自然和不足为奇的事. 但是, 如果把物理学的逻辑推理和数学演绎放在最优先的高于一切的地位, 那就本末倒置了. 中国人是注重实际的民族, 我们的头脑并非只是特别适合于学理论和数学. 过去只是由于物质匮乏, 我们缺少实际动手和接触实验的机会. 随着经济的发展, 我们对物理缺少直观和直觉的状况自然会逐渐得到改善.

本章小结

本章内容的主题, 是辐射的量子性, 也就是辐射的波粒二象性, 或者说光的波粒二象性. 这里说的电磁辐射, 或者说光, 都是在这两个词的广义的意义上说, 是指全部波段的辐射或光, 而不局限于通常意义上的电磁波或可见光. 不过在实际上, 波长越短的光, 粒子性就越强. 所以本章的内容, 只涉及紫外线、X 射线和 γ 射线.

紫外光的光子能量是电子伏 eV 的量级. 这也正是金属自由电子脱出功的量级, 所涉及的是爱因斯坦光电效应. 在光电效应中, 表现出来的是光子的能量, 还不涉及光子的动量. 有关的物理概念, 除了金属自由电子及其脱出功以外, 还有光电效应的截止频率和反向截止电压.

X 射线的光子能量, 是 $10 \sim 100\,\mathrm{keV}$ 的量级. 与 X 射线的粒

子性有关的效应, 我们讨论了 X 射线轫致辐射谱和康普顿效应. 和光电效应一样, X 射线轫致辐射谱只涉及光子能量, 不涉及光子动量. 有关的物理概念, 除了产生轫致辐射的物理机制外, 就是轫致辐射谱的短波限, 即产生的 X 射线的最低频率或最长波长.

X 射线的粒子性, 亦即 X 射线光子的能量和动量, 清楚和完全地表现在康普顿效应中. 这是由于康普顿效应不仅要测量出射 X 射线的波长, 也要测量出射 X 射线的方向. 有关的物理概念, 是粒子的康普顿波长.

γ 射线的能量, 在 MeV 以上. 超过 MeV 以上的电磁辐射不再细分, 都称为 γ 射线. γ 射线一般都是在原子核和粒子物理过程中产生的. 这么高能量的光子, 粒子性已经非常明显.

关于光子的粒子性, 还有光子在引力场中表现出来的行为. 这主要是指星光的引力红移, 和 γ 射线的引力蓝移. 我们没有选这方面的习题, 有关的现象和物理将在第 16 章广义相对论的基本概念中再叙述.

以上所述的各种现象和物理, 都是关于辐射或光的粒子性的现象和物理, 是这方面重要的现象学. 对这每一种现象的理论解释, 则是相应的唯象理论. 这些唯象理论 (包括爱因斯坦光电效应理论和康普顿方程等) 的物理图像很清晰, 就是粒子的图像. 这些唯象理论所依据的定律和公式也很简单, 就是粒子的能量和动量关系.

4.12 和 4.13 两题所涉及的, 是关于辐射或光的波粒二象性, 也就是关于辐射或光的量子性的理论诠释. 在与光的传播有关的现象中, 光的波动性表现得很明显; 而在光与物质的相互作用中, 光的粒子性表现得很突出. 把光的这种二象性自洽地统一起来的关键, 则是对波函数的重新诠释, 也就是波函数的概率或统计诠释: 波幅的平方正比于测到粒子的概率. 在下一章我们将会看到, 对于电子、质子等费米子的波函数来说, 这很清楚和明确. 但是对于光子、介子等玻色子来说, 问题还有它复杂的一面.

根据相对论性量子力学的理论分析, 只是对于电子、质子等费米子才有描述单个粒子的坐标表象波函数, 对于光子、介子等玻色子来说, 不存在描述单个粒子的坐标表象波函数. 换句话说, 光子、介子等玻色子的量子理论, 只能是场的量子理论. 光子的量子理论, 就是量子电动力学. 这是狄拉克根据他的相对论电子波动方程作出的重要结论. 对这个理论分析有兴趣的读者, 可以参阅狄拉克的《量子力学原理》 (科学出版社 1965 年第一版 1979 年第三次印刷, 第 273 页), 或者本书作者的《量子力学原理》 (北京大学出版社 2020 年第三版第 234 页).

可是, 我们在这里所谈论的光波, 都是在坐标表象中的波. 比如我们在前面讨论光子坐标动量测不准所写出的相位表达式, 或者在上一章讨论光的多普勒效应所写出的相位表达式, 都是空间坐标的函数. 从基本理论的角度来看, 也就是从量子电动力学的角度来看, 我们在这里所谈论的光波, 不是一个光子的波函数. 根据量子电动力学, 电磁场的性质用光子数的分布来描述. 比如说, 在某处的光子有几个, 或者动量为某值的光子有几个. 光子数目不是守恒量, 在空间一点测到的光子数目取各种值的概率都有, 我们有光子数的概率幅, 即光子数的波函数. 显然, 在测到光子数多的地方, 找到一个光子的概率也就大. 把在一点测到各种光子数的概率幅按一定方式叠加, 得到的总概率幅就相当于一个光子的波函数. 这就是我们在这里所谈论的光波的准确含义.

光子是玻色子, 在同一量子态上的光子数目不受限制, 在同一地点或者有同一动量值的光子数可以很多, 所以才可以在宏观范围观测到光学现象. 对于电子、质子等费米子来说, 由于受到泡利原理 (参阅后面第 9 章多电子原子) 的限制, 在同一量子态上最多只能有一个粒子, 在同一地点或者有同一动量值的粒子数不能多于两个 (自旋 1/2 的粒子有两个自旋态), 就不能在宏观范围观测到电子的波动性. 这就是为什么在经典物理中有经典电动力学而没有电子波理论的原因.

无论是在上述意义上一个光子的波函数, 还是在严格意义上光子数的波函数, 都只是对测量结果的一种预测, 是用来计算测量结果的概率的数学工具, 而不是一种实体. 实际上, 爱因斯坦早就说过, 光波是一种 "虚幻的场" 或 "鬼场" (ghost field), 它不具有通常的物理意义, 但其强度可以决定光子出现的概率. 所以, 电磁场或者说以太并不是一种实体的存在，而只是对测量结果的预期或者说信息．作为实体的存在而能够被观测到的是一个一个的光子．这一点对于理解狭义相对论的光速不变性具有重要的意义．

通常说的"在真空中光子以光速传播"，实际上是指在真空中光波波函数的相位以光速传播．虽然我们把光波沿着一条径迹的传播想象为光子沿着这条径迹飞过，但实际上这只是概率幅的运动．只有当我们对它进行了测量，才能把它确认和实现为实在的光子．但是测量会改变和破坏这个波，使之不再按照原来的样式传播．按照量子电动力学的图像，粒子并不是沿着一条确定的轨道运动，我们只能说在某处发出 (产生) 一个粒子，之后在另一处探测到 (湮灭) 一个粒子．在原则上，我们只能相继一次一次地进行实验测量，才能跟踪和描绘光子传播的路线和径迹．而由于坐标与动量的测不准，这样得到的至多也只是一条粗略和模糊的径迹．例如在光学纤维中传播的激光脉冲，可以包含许多个特征基本相同的光子．波在光纤壁的每一次反射或折射，都相当于是一次测量．波幅在传播中受介质作用而发生的衰减，相当于光子数的减少．在中继站对衰减的波幅进行的增强，则相当于光子数的增加．如何跟踪和认定是一个而且是同一个光子从起点传播到达终点，这就不是一件想当然和显而易见的事情．

5 粒子的波动性

基本概念和公式

本章的主题是粒子的波动性. 一个具有确定动量 p 和能量 E 的粒子, 同时又具有与其粒子性相应的波动性, 具有确定的波矢量 k 和角频率 ω. 这就是粒子的 波粒二象性, 也就是粒子的 量子性. 粒子的动量 p 正比于波矢量 k, 能量 E 正比于角频率 ω, 比例常数是约化普朗克常数 $\hbar$, 有波粒二象性关系

$$\boldsymbol{p} = \hbar\boldsymbol{k}, \quad E = \hbar\omega,$$
$$k = \frac{2\pi}{\lambda}, \quad \omega = 2\pi\nu,$$

这里 λ 和 ν 分别是波的波长和频率. 我们通常把自由粒子的平面波称为 德布罗意波, 把其波长称为 德布罗意波长, 而把波长与动量的下列反比关系称为 德布罗意关系:

$$\lambda = \frac{h}{p}.$$

粒子的动量越大则波长越短, 能量越大则频率越高. 由于粒子的这种波动性, 粒子束照射在靶或障碍物上, 会产生干涉和衍射现象.

必须强调的是, 与光的情形不同, 对于质量不为零的粒子, 由于它们的能量与动量一般没有关系, 粒子的波不存在波长与频率的关系. 对于质量不为零的粒子, 上述 $p = \hbar k$ 和 $E = \hbar\omega$ 两式不等价, 是互相独立的两个关系.

重要的仪器和实验

• 阴极射线管: 由密封在真空中的电子枪、致偏极和荧光屏三部分组成. 电子枪由阴极、阳极和准直缝构成. 阴极用低压灯丝加热. 在阳极和阴极之间加上高压. 从阴极发出的电子被高压加速后, 穿过阳极中央的狭缝, 再穿过另一与阳极狭缝垂直的狭缝, 准直成一细束射线, 经过致偏极产生的致偏场区域, 投射到荧光屏上, 产生

一个亮斑. 这种从阴极射出的射线, 就是阴极射线. 致偏场由互相垂直并且都与射线垂直的电场与磁场组成, 它们使穿过场区的电子分别受到电力和磁力的作用, 发生偏转, 使得亮斑在荧光屏上发生移动.

• 电子荷质比的测量: 1897 年 J.J. 汤姆孙用阴极射线管测量了阴极射线的荷质比, 证实阴极射线由带负电的粒子组成, 从而发现电子. 参阅习题 5.1.

• 电子晶体衍射实验: 用电子束照射到晶体上, 能够观测到电子束的衍射. 这是最早发现电子具有波动性的实验, 分别由戴维孙、革末二人和 G.P. 汤姆孙完成于 1927 年. 戴维孙和革末用 Ni 单晶, 得到的衍射图样类似于 X 射线在单晶上的劳厄衍射. G.P. 汤姆孙用极薄的金属箔, 得到的衍射图样类似于 X 射线在多晶上的德拜 - 谢勒衍射. 参阅习题 5.4 和 5.5.

• 电子双缝和多缝衍射实验: 这是蒋森 (C. Jönnson)1961 年做的实验. 他使电子束照射到 Cu 箔做的双狭缝上, 除了波长较短、缝距较小外, 得到的结果与 1803 年托马斯·杨首次证实光具有波动性的双缝干涉实验几乎一样. 参阅习题 5.6. 类似的还有梅尔里等人 1976 年做的电子双棱镜实验.

• 中子晶体衍射实验: 与电子类似地, 中子束照射到晶体上也能产生衍射. 反应堆是很好的中子源, 从反应堆引出的中子束常被用来做各种中子衍射实验. 所用的中子束有热中子, 单能中子和连续谱中子等. 被照射的晶体既有单晶也有多晶. 参阅习题 5.8 和 5.9.

• N-A 弹性散射: 核子在原子核上弹性散射的角分布, 是一种衍射分布. 衍射分布的图样反映了靶核的几何形状, 所以这种散射又称为形状弹性散射. 参阅习题 5.10.

• 原子射线束的衍射: 这是表明原子也有波动性的现象. 参阅习题 5.11 和 5.12.

习题 5.1 J.J. 汤姆孙 1897 年用阴极射线管测量电子荷质比 e/m 的数据是: 致偏极板长度 5 cm, 电场强度 15 000 V/m, 磁场强度 0.55 mT, 只用电场时的偏向角 8/110 rad. 试用这些数据算出 e/m. 这个值与近代精确值的偏离如果是由致偏极外区域的磁场引起的,试问这个磁场的方向与致偏极区域的磁场同向还是反向?

解　为了检验阴极射线是否带电, 汤姆孙在射线通过的路径上用一对电极加上一个与射线垂直的均匀电场 E, 如图 5.1 所示. 已知电场方向, 就可以由射线偏转方向来判断射线粒子带电的正负. 汤姆孙用此方法发现, 阴极射线由带负电 $-e$ 的粒子组成.

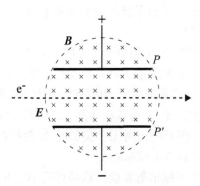

图 5.1　阴极射线管的致偏极区域

为了测量电荷的大小, 他又在电极区域加上一个与射线和电场都垂直的磁场 B. 这个磁场也会使射线偏转. 调节电场与磁场, 使得作用在射线上的电力 $-eE$ 和磁力 $-ev \times B$ 大小相等方向相反, 则射线就没有偏转. 这里 v 是射线粒子的飞行速度, 其大小可以由电力与磁力大小相等时的电场和磁场定出:

$$eE = evB,$$
$$v = \frac{E}{B} = \frac{15\,000}{0.55 \times 10^{-3}} = 2.73 \times 10^7 \text{(m/s)},$$

这里用习题 2.4 中介绍的规则, 数值计算中不写单位, 最后的单位用括号注出, 下同. 去掉电场后, 粒子在磁力作用下沿一半径为 r 的圆弧运动, 有 (参阅习题 3.12)

$$evB = \frac{mv^2}{r},$$

这里 m 是粒子质量. 上式给出

$$\frac{e}{m} = \frac{v}{rB}.$$

于是, 由射线的偏转测出 r, 就可测出粒子的荷质比 e/m.

由致偏极板长度 $L = 5\,\text{cm}$ 和偏向角 $\Delta\theta = 8/110\,\text{rad}$, 可以算出圆弧半径为

$$r = \frac{L}{\Delta\theta} = \frac{0.05\,\text{m}}{8/110} = 0.688\,\text{m},$$

从而有

$$\frac{e}{m} = \frac{2.73 \times 10^7}{0.688 \times 0.55 \times 10^{-3}} = 0.7 \times 10^{11}\,(\text{C/kg}),$$

这个数值还不到我们现在所知道的下述值的一半:

$$\frac{e}{m} = \frac{1.602\,176\,634 \times 10^{-19}}{0.910\,938\,370\,15(28) \times 10^{-30}} \approx 1.75882 \times 10^{11}\,(\text{C/kg}).$$

为了分析磁场对测量结果的影响, 我们把电子速度 $v = E/B$ 代入荷质比 e/m 的表达式,

$$\frac{e}{m} = \frac{v}{rB} = \frac{E}{rB^2}.$$

上述计算表明, 由上式右方算出的数值偏低. 如果这是由致偏极外区域的磁场引起的, 则这个磁场与致偏极区域的磁场必定方向相反. 在这种情况下, 致偏极外的磁场与致偏极内的磁场引起的偏转相反, 所以致偏极内的磁场 B 必须更强, 才能使得射线最后无偏转.

在一个实验中, 有哪些干扰需要设法消除, 在处理实验数据时, 又有哪些因素需要进行校正, 这都是准备和进行实验时必须面对和解决的实际问题. 一个实验做得是否干净利落, 结果是否可靠, 在很大程度上取决于这些问题的解决. 这既要靠经验和直觉, 也要靠理论修养. 在近代物理中, 有一些重要的实验现象, 比如宇宙微波背景辐射, 就是实验家在对观测仪器进行校正的过程中出乎意外地发现的 (读者可以参阅《近代物理学》第 10 章 10.5 节). 如果在这方面稍有疏忽, 就会面对重大发现而失之交臂. 这种后悔莫及的故事我们时有所闻. 从所拥有的仪器设备来看一个实验家的水准, 来判断一个实验的可信程度, 来决定一个实验组的声望, 这是在物质匮乏时代行外人简单通俗文化的反映.

习题 5.2 粗略地说, 粒子运动范围的尺度若小于它的德布罗意波长, 就需要考虑它的波动性. 对于下述情形中的粒子, 是否要考虑它的波动性? ①原子中的电子, 原子尺度约为 $0.1\,\text{nm}$ 的数量级, 其中电子动能约为 $10\,\text{eV}$ 的数量级. ②原子核中的质子, 原子核尺

度约为 10 fm, 其中质子动能约为 10 MeV. ③电视显像管中的电子, 其动能约为 10 keV.

解　由粒子的动能 E_k 和质量 m, 可以算出粒子的动量
$$p = \frac{1}{c}\sqrt{(E_k + mc^2)^2 - m^2c^4} = \frac{1}{c}\sqrt{E_k(E_k + 2mc^2)},$$
把它代入德布罗意关系, 就可算出粒子的德布罗意波长
$$\lambda = \frac{h}{p} = \frac{2\pi\hbar c}{\sqrt{E_k(E_k + 2mc^2)}}.$$
当粒子动能比其静质能小得多时, $E_k \ll mc^2$, 可以用上式的非相对论近似
$$\lambda \approx \frac{2\pi\hbar c}{\sqrt{2E_k mc^2}},$$
而当粒子动能比其静质能大得多时, $E_k \gg mc^2$, 有极端相对论性近似
$$\lambda = \frac{h}{p} \approx \frac{2\pi\hbar c}{E_k}.$$

①原子中的电子, 其动能比静质能 0.511 MeV 小得多, 可以用非相对论近似,
$$\lambda \approx \frac{2\pi \times 197.3\,\text{eV·nm}}{\sqrt{2 \times 10\,\text{eV} \times 0.511 \times 10^6\,\text{eV}}} = 0.4\,\text{nm}.$$
而电子的运动范围, 也就是原子的尺度, 约为 0.1 nm 的数量级, 比上述波长小. 所以, 对于原子中的电子, 需要考虑它的波动性.

②原子核中的质子, 其动能比静质能 938.3 MeV 小得多, 可以用非相对论近似,
$$\lambda \approx \frac{2\pi \times 197.3\,\text{MeV·fm}}{\sqrt{2 \times 10\,\text{MeV} \times 938.3\,\text{MeV}}} = 9\,\text{fm}.$$
而质子的运动范围, 也就是原子核的尺度, 约为 10 fm 的数量级, 与上述波长差不多. 所以, 对于原子核中的质子, 需要考虑它的波动性.

③电视显像管中的电子, 其动能约为 10 keV, 比静质能 0.511 MeV 小得多, 可以用非相对论近似,
$$\lambda \approx \frac{2\pi \times 197.3\,\text{eV·nm}}{\sqrt{2 \times 10\,\text{keV} \times 0.511\,\text{MeV}}} = 0.01\,\text{nm}.$$
而电子的运动范围, 也就是电视显像管的尺度, 约为 0.5 m 的数量

级, 比上述波长大得多. 所以, 对于电视显像管中的电子, 不需要考虑它的波动性.

习题 5.3 分别计算电子在下述动能时的德布罗意波长: $1\,\text{eV}$, $1\,\text{keV}$, $1\,\text{MeV}$, $1\,\text{GeV}$.

解 利用上题推出的公式, 电子的德布罗意波长分别为

$$\lambda \approx \frac{2\pi \times 197.3\,\text{eV·nm}}{\sqrt{2 \times 1\,\text{eV} \times 0.511\,\text{MeV}}} = 1.23\,\text{nm},$$

$$\lambda \approx \frac{2\pi \times 197.3\,\text{eV·nm}}{\sqrt{2 \times 1\,\text{keV} \times 0.511\,\text{MeV}}} = 0.0388\,\text{nm},$$

$$\lambda = \frac{2\pi \times 197.3\,\text{MeV·fm}}{\sqrt{1\,\text{MeV} \times (1\,\text{MeV} + 2 \times 0.511\,\text{MeV})}} = 872\,\text{fm},$$

$$\lambda \approx \frac{2\pi \times 197.3\,\text{MeV·fm}}{1\,\text{GeV}} = 1.24\,\text{fm}.$$

其中前两个用非相对论近似, 最后一个用极端相对论性近似.

5.2 和 5.3 两题, 对于电子质子等粒子的波动性, 为我们提供了一些感性和定量的了解. 在头脑中保留和储存一些这种感性和定量的知识, 在我们今后直观和物理地思考和分析微观物理现象时是很有帮助的.

习题 5.4 电子经过 $40\,\text{kV}$ 电压加速后, 穿过一片由杂乱微晶构成的薄金属箔, 射向箔后 $30\,\text{cm}$ 处的照相底片上, 得到环形衍射图样, 最内层圆环直径 $1.7\,\text{cm}$. 试求微晶内与此环对应的原子平面间距是多少?

解 这是电子的德布罗意波在晶体上的衍射, 我们先来写出一个平面波在格点点阵上衍射的公式. 设在晶格点阵中有一组互相平行的平面, 平面间距为 d, 平面与入射波成 θ 角, 如图 5.2 所示. 来自相邻两个平面的反射波, 当它们的波程差是波长的整数倍时, 它们的相位相同, 互相加强. 这个条件就是下述 **布拉格公式**,

$$2d \sin\theta = n\lambda, \quad n = 1, 2, 3, \cdots.$$

如果用一块单晶, 则对于一组晶格点阵平面, 只有一些离散和确定的角度满足布拉格方程, 能够观测到亮线. 做实验时, 要旋转晶体, 连续地改变入射角 θ. X 射线在晶体上衍射的布拉格法, 和电

子束在 Ni 单晶上衍射的戴维孙 - 革末实验, 就属于这种情形.

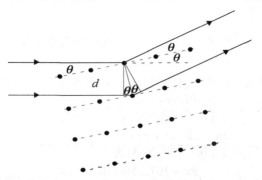

图 5.2　波在晶格上的衍射

本题的情形, 靶是一片由杂乱微晶构成的薄金属箔, 这是一种多晶. 多晶与晶粉的情形一样, 由于各个方向的微晶都有, 总有一些微晶的晶格点阵平面与入射束的方向满足布拉格方程, 并且以入射束为轴是旋转对称的. 从而, 出射波在一个以入射束为中轴线的圆锥面上得到加强, 在与圆锥面相截的底面上能够观测到一些同心亮环. X 射线在晶体上衍射的德拜 - 谢勒法, 和电子束在极薄金属箔上衍射的 G.P. 汤姆孙实验, 就属于这种情形.

由题目给出的测量数据, 和习题 5.2 推出的波长公式, 有

$$\lambda = \frac{2\pi\hbar c}{\sqrt{E_k(E_k + 2mc^2)}}$$

$$= \frac{2\pi \times 197.3\,\text{eV·nm}}{\sqrt{40\,\text{keV} \times (40\,\text{keV} + 2 \times 0.511\,\text{MeV})}} = 0.0060\,\text{nm},$$

$$\tan 2\theta = \frac{1.7\,\text{cm}/2}{30\,\text{cm}} = 0.028\,33,$$

$$\theta = 0.8115°.$$

代入布拉格方程, 最内层亮环对应于 $n = 1$, 就可算出晶格间距 d 来,

$$d = \frac{\lambda}{2\sin\theta} = \frac{0.0060\,\text{nm}}{2\sin 0.8115°} = 0.21\,\text{nm}.$$

从 X 射线在晶体上的衍射, 我们已经知道晶格点阵的间距是 0.1 nm 的量级, 所以用波长为这个量级的波得到的衍射最明显. 戴维孙 - 革末实验中电子的加速电压是几十 V, 得到的是慢电子, 德布罗意波长正是这个量级. 本题用 40 kV 的电压, 得到的电子德布罗

意波长比晶格间距小得多, 产生的衍射角就很小. 这是 G.P. 汤姆孙实验的情形.

戴维孙 - 革末实验和 G.P. 汤姆孙实验所用电子束的加速电压之所以会有这种差别, 是由于戴维孙 - 革末实验是电子束在 Ni 单晶表面上的反射, 电子束并不深入到 Ni 单晶内部. 而 G.P. 汤姆孙是用极薄的金属箔, 电子束要穿过金属箔照射到后面的照相底片上. 只有波长足够短, 才不至于在箔内发生多次散射 (衍射) 而掩盖了所要观测的效应. 如果在多晶表面用慢电子散射, 由于微晶杂乱地分布在各个方向, 也很难得到明显的衍射效应. 这里还有一段故事.

在实际上, 戴维孙从 1919 年开始, 就做了一系列慢电子在金属表面散射的实验. 戴维孙发现散射的电子有很规则的角分布, 以为这是由于不同原子壳层的电荷密度不同而引起的. 由于爱因斯坦的公开支持, 德布罗意的假设引起了物理学界的重视. 玻恩的一位学生埃尔萨瑟写了一篇短文, 指出戴维孙的实验正是德布罗意波的衍射, 而不是戴维孙自己所认为的那样是由于不同原子壳层的电荷密度不同. 埃尔萨瑟的这篇短文在爱因斯坦的促成下发表于 1925 年.

1927 年戴维孙和革末重做慢电子在金属表面的散射实验时, 发生了一件意外事故, 戏剧性地起了关键的作用. 一天, 他们实验室的液态空气瓶爆炸, 把实验用的真空管子震破, 涌入的空气使已经烧热的 Ni 靶严重氧化. 在重新处理靶的过程中, 意外地使原来的多晶态 Ni 再结晶成单晶态. 他们发现, 电子在这单晶态 Ni 表面上的散射, 角分布完全变了, 观测到的最大值与电子速度有关, 在数值上与德布罗意波的衍射完全符合. 这就是现在在所有近代物理学教科书中所描述的戴维孙 - 革末实验的结果. 这也就是老子所说的祸兮福所倚, 意外的事故给戴维孙和革末带来的是诺贝尔物理学奖. 这又再一次表明, 实验家所面对和要解决的问题, 不仅仅是一般行外人想象不到, 就连实验家本人也往往是大出所料. 科学研究的本质就是探索未知, 遇到出乎预料的事, 往往意味着有新的发现. 如果事事都在预料之中, 这个研究还有必要做下去吗?

习题 5.5 一束 $60\,\mathrm{keV}$ 的细电子束穿过一多晶 Ag 箔后在距 Ag 箔 $40\,\mathrm{cm}$ 处的照相底片上形成衍射图样, Ag 原子间距 $0.408\,\mathrm{nm}$, 求

一级衍射环半径.

解 这题与上题一样, 也是电子束在多晶上的衍射. 现在的问题是, 已经知道了 Ag 箔的原子间距 $d = 0.408\,\text{nm}$, 比如说用 X 射线衍射法测出了这个数值, 要来预测一下, 用 $60\,\text{keV}$ 细电子束, 衍射角有多大. 根据这个预测, 我们才能恰当地安排实验, 比如选择照相底片的大小和位置.

动能为 $60\,\text{keV}$ 的细电子束, 其德布罗意波长是

$$\lambda = \frac{2\pi \times 197.3\,\text{eV·nm}}{\sqrt{60\,\text{keV} \times (60\,\text{keV} + 2 \times 0.511\,\text{MeV})}} = 0.004\,865\,\text{nm}.$$

把它代入一级衍射 ($n = 1$) 的布拉格方程, 就有

$$\sin\theta = \frac{\lambda}{2d} = \frac{0.004\,865\,\text{nm}}{2 \times 0.408\,\text{nm}} = 0.005\,962,$$

$$\theta = 0.3416°.$$

于是, 在距 Ag 箔 $L = 40\,\text{cm}$ 处的一级衍射环半径 r_1 为

$$r_1 = L \tan 2\theta = 40\,\text{cm} \times \tan 0.6832° = 0.48\,\text{cm}.$$

习题 5.6 在蒋森电子双缝干涉实验中, 电子加速电压为 $50\,\text{kV}$, 缝距约为 $2\,\mu\text{m}$, 屏距为 $35\,\text{cm}$. 试计算电子德布罗意波长和干涉条纹间距.

解 在蒋森的实验中, 他使从阴极发射的电子经过 $50\,\text{kV}$ 的电压加速后, 穿过阳极上的小孔, 成为一细束, 照射到 Cu 箔做的双狭缝上. 双狭缝的缝宽 $a = 0.5\,\mu\text{m}$, 约为缝距 $d = 2\,\mu\text{m}$ 的 $1/4$. 电子德布罗意波长为

$$\lambda = \frac{2\pi \times 197.3\,\text{eV·nm}}{\sqrt{50\,\text{keV} \times (50\,\text{keV} + 2 \times 0.511\,\text{MeV})}} = 0.005\,\text{nm},$$

比缝宽 a 和缝距 d 都小得多, 可以作为双缝干涉来处理. 在出射角 θ 方向双缝干涉加强的条件是

$$d \sin\theta = n\lambda, \quad n = 0, 1, 2, 3, \cdots.$$

由于缝距比波长大得多, $d \gg \lambda$, 在中心亮线附近的干涉条纹角度都很小, 有

$$\theta \approx \sin\theta = \frac{n\lambda}{d}.$$

于是在屏距 $D = 35\,\mathrm{cm}$ 处的屏上, 干涉条纹间距 s 为

$$s \approx D\Delta\theta \approx D\frac{(n+1)\lambda - n\lambda}{d} = \frac{D\lambda}{d} = 0.9\,\mu\mathrm{m}.$$

习题 5.7 用电子显微镜观察直径为 $0.02\,\mu\mathrm{m}$ 的病毒, 为了形成很清晰的像, 准备让电子德布罗意波长比病毒直径小 1000 倍, 试问电子的加速电压应是多少?

解 根据题设, 电子德布罗意波长 $\lambda \leqslant 0.02\,\mathrm{nm}$. 由德布罗意波长的公式

$$\lambda = \frac{h}{p} = \frac{2\pi\hbar c}{pc}$$

可以算出电子动能 E_k 为

$$\begin{aligned}
E_\mathrm{k} &= E - mc^2 = \sqrt{p^2c^2 + m^2c^4} - mc^2 = \sqrt{(2\pi\hbar c/\lambda)^2 + m^2c^4} - mc^2 \\
&= \sqrt{(2\pi \times 0.1973\,\mathrm{keV\cdot nm}/0.02\,\mathrm{nm})^2 + (511\,\mathrm{keV})^2} - 511\,\mathrm{keV} \\
&= 4\,\mathrm{keV},
\end{aligned}$$

即电子加速电压应是 $4\,\mathrm{kV}$.

习题 5.8 NaCl 晶体的原子间距为 $0.281\,\mathrm{nm}$. 一束热中子在 NaCl 晶体上衍射, 一级衍射峰在 $20°$ 方向, 试问这些热中子的动能是多少?

解 从链式反应堆中引出的中子束, 通过石墨减速后达到室温, 称为 **热中子**. 热中子的动能具有接近于热平衡的统计分布, 大致在 $0.1 \sim 0.0001\,\mathrm{eV}$ 之间, 平均值约为

$$E_\mathrm{k} \sim k_\mathrm{B}T = 8.617 \times 10^{-5}\,\mathrm{eV\cdot K^{-1}} \times 300\,\mathrm{K} = 0.0259\,\mathrm{eV} \approx \frac{1}{40}\,\mathrm{eV},$$

其中 k_B 是玻尔兹曼常数. 动能在这个范围的中子, 德布罗意波长在 $0.03 \sim 3\,\mathrm{nm}$ 之间, 与晶格间距的范围相同, 正好适于做在晶体上衍射的实验.

对于本题的一级衍射峰, $n = 1$, $\theta = 20°$, 布拉格方程给出这束出射中子的德布罗意波长为

$$\lambda = 2d\sin\theta = 2 \times 0.281\,\mathrm{nm} \times \sin 20° = 0.1922\,\mathrm{nm}.$$

与此波长相应的动量 p, 有

$$pc = \frac{2\pi\hbar c}{\lambda} = \frac{2\pi \times 197.3\,\mathrm{eV\cdot nm}}{0.1922\,\mathrm{nm}} = 0.006\,450\,\mathrm{MeV}.$$

这个值比中子静质能 $mc^2 = 939.6\,\mathrm{MeV}$ 小得多, $pc \ll mc^2$, 动能公式可以取牛顿近似 (非相对论近似),

$$E_\mathrm{k} = \sqrt{p^2c^2 + m^2c^4} - mc^2$$
$$\approx \frac{p^2}{2m} = \frac{p^2c^2}{2mc^2} = \frac{(0.006\,450\,\mathrm{MeV})^2}{2 \times 939.6\,\mathrm{MeV}} = 0.0221\,\mathrm{eV}.$$

与 X 射线一样, 通过在晶体上的衍射, 中子束也可以用来测量晶格间距. X 射线在晶体上的衍射, 是通过 X 射线与晶体中荷电粒子的电磁相互作用, 对于 Z 值小的轻元素不灵敏. 而中子在晶体上的衍射, 是通过中子与晶体中核子的核力以及磁矩的相互作用, 可以用来测量轻元素和磁性材料. 所以, 这两种方法各有长处, 可以互相补充.

习题 5.9 为了在一束从反应堆引出的多能量中子束中选择出某一单能中子, 可以用一大块晶体来反射中子束. 设晶体的晶格常数为 0.11 nm, 试问在 $30°$ 的衍射角方向反射的中子能量是多少?

解 这题的做法与上题一样. 反射中子的波长是

$$\lambda = 2d\,\sin\theta = 2 \times 0.11\,\mathrm{nm} \times \sin 30° = 0.11\,\mathrm{nm},$$

反射中子能量是

$$E_\mathrm{k} = \frac{(2\pi\hbar c)^2}{2mc^2\lambda^2} = \frac{(2\pi \times 197.3\,\mathrm{eV\cdot nm})^2}{2 \times 939.6\,\mathrm{MeV} \times (0.11\,\mathrm{nm})^2} = 0.068\,\mathrm{eV}.$$

5.8 和 5.9 两题告诉我们, 在实验上, 如何从能量连续分布的热中子束中, 选择具有确定能量的单能中子. 这相当于在光学中, 从连续谱的白光中分析出单色光.

习题 5.10 美国马里兰大学奥滕斯坦、华莱士和梯奥 1988 年用 500 MeV 质子束在 $^{16}\mathrm{O}$, $^{40}\mathrm{Ca}$ 和 $^{208}\mathrm{Pb}$ 核上散射, 得到衍射斑第一暗环角半径分别为 $16°$, $11°$ 和 $6°$, 试估算这三个核的半径.

解 质子束在原子核上的散射, 是平面波在球形障碍物上的衍射. 这个现象近似地相当于光在圆屏上的夫琅禾费衍射, 衍射图样类似于艾里斑, 中心是一个亮斑, 周围是一些暗亮相间的同心圆环. 艾里斑的强度分布是

$$I = I_0 \left[\frac{2\mathrm{J}_1(x)}{x}\right]^2,$$

其中
$$x = (2\pi R/\lambda) \sin\theta,$$
R 是圆屏半径，θ 是衍射角，而 $J_1(x)$ 是 x 的一阶贝塞耳函数，它的前三个零点是
$$x_1 = 0, \quad x_2 = 1.220\pi, \quad x_3 = 1.635\pi.$$

作为粗略的估计，我们把上述公式运用于质子束在原子核上的散射，R 就是原子核的半径．衍射斑第一暗环对应于一阶贝塞耳函数 $J_1(x)$ 的第二个零点 x_2，于是有
$$\frac{2\pi R}{\lambda}\sin\theta = x_2 = 1.220\pi, \quad R = \frac{x_2\lambda}{2\pi\sin\theta} = \frac{0.610\lambda}{\sin\theta}.$$
500MeV 质子束的德布罗意波长是
$$\begin{aligned}
\lambda &= \frac{2\pi\hbar c}{\sqrt{E_k(E_k + 2mc^2)}} \\
&= \frac{2\pi \times 197.3\,\mathrm{MeV\cdot fm}}{\sqrt{500\,\mathrm{MeV} \times (500\,\mathrm{MeV} + 2 \times 938.3\,\mathrm{MeV})}} = 1.137\,\mathrm{fm}.
\end{aligned}$$
代入上述原子核半径 R 的公式，就有
$$R_O = \frac{0.610 \times 1.137\,\mathrm{fm}}{\sin 16°} = 2.5\,\mathrm{fm},$$
$$R_{Ca} = \frac{0.610 \times 1.137\,\mathrm{fm}}{\sin 11°} = 3.6\,\mathrm{fm},$$
$$R_{Pb} = \frac{0.610 \times 1.137\,\mathrm{fm}}{\sin 6°} = 6.6\,\mathrm{fm}.$$

上述粗略的估计，用了光在圆屏上夫琅禾费衍射艾里斑强度分布的公式．更粗略的估计，我们可以用与习题 4.12 中衍射反比关系类似的关系．在那里我们写出衍射反比关系 $d \cdot \Delta\theta \sim \lambda$ 时，假设角度 $\Delta\theta$ 很小，近似地取 $\sin\Delta\theta \approx \Delta\theta$．如果角度不是很小，如本题的情形，根据图 4.2，我们可以写出更确切的关系
$$d \cdot \sin\theta = \lambda,$$
这里我们已经把图中的 $\Delta\theta$ 换成了本题的 θ．再把上式中的缝宽 d 换成原子核的直径 $2R$，我们就得到
$$R = \frac{\lambda}{2\sin\theta} = \frac{0.5\lambda}{\sin\theta}.$$
可以看出，这个估计是上述用艾里斑公式估计的 $0.5/0.610 = 0.82$ 倍．

　　严格的理论计算，要用量子力学的散射理论，这就不是本书的范围．不过我们可以在这里告诉读者，这里给出的估计虽然从理论上看比较粗略，但是物理图像清楚直观，数值结果也差不多．实际上，实验测出的这三个核的半密度半径 (从原子核中心到密度减小到一半的表面处的距离，参阅《近代物理学》14.2 节原子核的几何性质) 分别是

$$R_{\rm O} = 2.60\,{\rm fm}, \quad R_{\rm Ca} = 3.60\,{\rm fm}, \quad R_{\rm Pb} = 6.54\,{\rm fm}.$$

　　量子力学散射理论的处理，要用计算机做数值计算，比这里的计算复杂得多．其复杂的程度，甚至不是简单的几句话说得清楚．这正如费米所说：“经常是，使用冗长数学手段推出的结果，并不比粗略数量级估算得到的更好．这一令人不满的状况，恐怕只有在有更多的实验知识可以用来指出正确理解的途径时，才能得到改善．”我们不能盲目地迷信和追求理论的严格和精确．理论的基础是实验，直观和直觉的基础也是实验，而且往往比理论更接近实验．

　　习题 5.11　在一原子射束仪中，金属 K 被加热到沸点 760°C，以单个原子的形式从炉孔射出，进入真空室．实验者希望使原子射束狭窄一些，让它通过一宽 0.1 mm 的狭缝．试问由于衍射，在离缝 50 cm 处得到的射束比原缝宽了百分之多少？

　　解　K 原子质量为 $m=39.012\,{\rm u}$，其平均动能和静质能分别为

$$E_{\rm k} = \frac{3}{2}k_{\rm B}T = 1.5 \times 8.617 \times 10^{-5}\,{\rm eV\cdot K^{-1}} \times (273+760){\rm K} = 0.1335\,{\rm eV},$$

$$mc^2 = 39.012 \times 931.5\,{\rm MeV} = 36.34\,{\rm GeV},$$

其中 u 是原子质量单位．由于动能比静质能小得多，$E_{\rm k} \ll mc^2$，可以用非相对论近似来算 K 原子的德布罗意波长 λ，

$$\lambda = \frac{h}{p} = \frac{2\pi\hbar c}{\sqrt{2mc^2 E_{\rm k}}} = \frac{2\pi \times 197.3\,{\rm eV\cdot nm}}{\sqrt{2 \times 36.34\,{\rm GeV} \times 0.1335\,{\rm eV}}} = 0.012\,59\,{\rm nm}.$$

这个波在宽度为 $d = 0.1\,{\rm mm}$ 的狭缝上衍射，根据衍射反比关系，衍射角为

$$\Delta\theta \sim \frac{\lambda}{d} = \frac{0.012\,59\,{\rm nm}}{0.1\,{\rm mm}} = 0.1259 \times 10^{-6},$$

于是在离缝 $L = 50\,{\rm cm}$ 处的射束增宽了

$$\Delta d = 2L\Delta\theta \sim 100\,{\rm cm} \times 0.1259 \times 10^{-6} = 0.1259 \times 10^{-3}\,{\rm mm},$$

$$\frac{\Delta d}{d} = \frac{0.1259 \times 10^{-3}}{0.1} = 0.13 \times 10^{-2}.$$

习题 5.12　可用能量很低的气体原子在固体表面的衍射来研究固体表面性质. 设用速率 122 m/s 的 Ne 原子束, 试求它的动能和德布罗意波长.

解　Ne 原子的质量 $m =$ 20.183 u, 静质能为

$$mc^2 = 20.183 \times 931.5\,\text{MeV} = 18.80\,\text{GeV}.$$

速率 $v = 122\,\text{m/s}$ 的 Ne 原子, 其动能为

$$\begin{aligned}
E_\text{k} &= \frac{1}{2}mv^2 = \frac{1}{2}mc^2(v/c)^2 \\
&= 0.5 \times 18.80\,\text{GeV} \times \left(\frac{122}{3.00 \times 10^8}\right)^2 = 0.001\,55\,\text{eV}.
\end{aligned}$$

这个动能比其静质能小得多, $E_\text{k} \ll mc^2$, 所以上面用非相对论近似的动能公式是合理的. 同样用非相对论近似, 可以算出其德布罗意波长为

$$\lambda = \frac{h}{p} = \frac{2\pi\hbar c}{\sqrt{2mc^2 E_\text{k}}} = \frac{2\pi \times 197.3\,\text{eV·nm}}{\sqrt{2 \times 18.80\,\text{GeV} \times 0.001\,55\,\text{eV}}} = 0.162\,\text{nm}.$$

本题和上题是两个关于原子波动性的例子. 可以看出, 由于原子的质量比电子大得多, 相应地动量也就大得多, 所以原子的德布罗意波长短得多.

讨论原子和分子的问题, 就要碰到原子质量单位 u, 普朗克常数 h, 基本电荷 e, 玻尔兹曼常数 k_B, 阿伏伽德罗常数 N_A, 和物质的量, 单位 mol. 2018 年第 26 届国际计量大会决定修订国际单位制 SI, 用普朗克常数 h 定义千克 kg, 用基本电荷 e 定义安培 A, 用玻尔兹曼常数 k_B 定义开尔文 K, 用阿伏伽德罗常数 N_A 定义 mol, 自 2019 年 5 月 20 日起正式生效 (参阅《中国计量》 2018 年第 12 期).

原来把原子质量单位 u 定义为碳 12 原子质量的 1/12, 而把 mol 定义为与 0.012 kg 碳 12 的原子数相同的粒子数, 即阿伏伽德罗常数 N_A. 这样定义的 u 是精确的, 而 N_A 是一个有不确定度的观测量. 现在在新的国际单位制中, N_A 是精确定义的常数, u 成了有不确定定度的观测量.

原子质量单位 u 以原子的质量作为基准, 这是一种自然基准.

而国际单位制 SI 的质量单位 kg 原以千克原器的质量为基准，这是
实物基准. 从实物基准过渡到自然基准，是科学和技术的进步. 现在
测量阿伏伽德罗常数 N_A 的精度已经超过了使用实物基准来测量质
量的精度，这就可以改用 u 和 N_A 来定义 kg, 从而废止千克原器.
这里 N_A 就不再是一个实验常数，而成为定义 kg 的定义常数. 这是
采用基本常数来定义质量单位 kg 的一种自然和直观的途径. 不过，
即使选择碳 12 来定义 u，这在实质上还是一种实物基准. 而且，在
SI 中选择 u 作为新的基准，就必须放弃另一个已有的基准.

　　另一方面，人们想到了出现在测不准关系中的普朗克常数 h, 它
的量纲是坐标与动量的乘积，只要定义了时间与长度，就可以用它
的数值来定义质量的单位 kg. 这是采用基本常数来定义质量单位 kg
的另一种途径，并已从 2019 年 5 月 20 日开始正式实行. 这依赖于
时间与长度基准的选择，而时间的基准选择铯 133 基态两个超精细
能级之间跃迁的辐射频率，长度的基准选择光速 c, 这与上一种途径
一样，在实质上仍然是实物基准，但不必另选新的基准.

　　在上面已经看到，为要摆脱这种选择实物作为基准的人为性，可
以选择自然规律中的基本物理常数作为基准. 最彻底的自然基准，
是完全根据基本物理规律来定义物理量单位的自然单位，见《近代
物理学》第 1 章末的介绍. 普朗克用光速 c、普朗克常数 h、万有
引力常数 G 作为基准来定义全部物理量的单位. 这种定义的具体实
现，依赖于这三个常数的测量精度. 目前只有 c 和 h 的精度足以用
作定义值，而 G 的精度则还不够.

　　玻尔兹曼常数 k_B 的单位是 J/K, 它是联系温度与能量的量. 从
物理上看，温度是物质分子热运动的程度. 我们在习题 5.11 中，已
经写出分子热运动的平均平动能与温度的关系

$$E_k = \frac{3}{2} k_B T.$$

如果把 K 看成是微观物体能量的单位，上述关系就是它与宏观物体
能量单位 J 的单位换算关系，而普适常数 $3k_B/2$ 则是单位换算常数.

　　在实验上直接测量分子热运动的平均动能，要涉及大量分子数.
在能够精确数出微观粒子数的情形，比如在高能重离子碰撞中 (参阅

习题 3.8 后面的讨论), 物理学家早已改用微观粒子的平均平动能来表示粒子体系的温度. 对于核物质等超高密度的物质, 不是说它的温度有多少 K, 而是说有多少 MeV. 现在对宏观物质分子数的测量已经足够精确, 这就能在物理上改用物质分子热运动的平均动能来定义绝对温标开尔文, 玻尔兹曼常数 k_B 成为精确的定义常数, 而原来定义绝对温标的水的三相点则成了有不确定度的观测量.

不过, 即使现在实验技术提高了, 在物理上改用能量单位 J 来定义温度单位 K, 我们也还会保留和使用 K 和 °C 这类温度单位, 就像我们照样还在使用 m 这个长度单位一样. 物理学家发明的 m, kg, s 和 °C 这些单位已经深深融入我们的社会和生活, 成为我们文化的一部分, 而不仅仅是物理学自身的事情. 物理学也只是我们整个文化的一部分. 而文化则是保持我们社会传统和延续的惯性之根源, 是一种潜在无形而具有韧性的强大力量.

习题 5.13 试估计在半径为 5 fm 的原子核中的一个中子的最小动能.

解 从中子的波动性来看, 要把中子约束在半径 $R = 5$ fm 的球内, 形成一个在此范围的波包, 这个波的波数就必须在一个范围内分布. 也就是说, 中子的动量必须在一个范围内分布. 用测不准关系来估计, 如果中子的坐标有测不准 $\Delta x = 2R$, 则其动量的测不准至少是

$$\Delta p = \frac{\hbar}{4R}.$$

中子动量在范围 $0 \sim \Delta p$ 内分布, 粗略估计为 $p = \Delta p/2$. 于是, 中子的最小动能是

$$E_k = \frac{p^2}{2m} = \frac{(\hbar c)^2}{128mc^2R^2} = \frac{(197.3\,\text{MeV·fm})^2}{128 \times 939.6\,\text{MeV} \times 5^2\,\text{fm}^2} = 0.013\,\text{MeV}.$$

与任何用测不准关系来做的数量级估计一样, 对这个估计也可以提出许多问题. 既然是做数量级估计, 当然可以选择不同的近似模型和考虑, 得到的数值结果也就会有出入, 这是正常的现象. 这个估计的最大问题, 是用测不准关系, 也就是用平面波模型, 没有考虑对中子的约束, 体系并不稳定. 平面波不可能停留在一个有限区域, 很快就会离开. 所以, 这个估计只是一个理想的极限情形, 给

出的是最低的下限. 在这个情形中, 在原子核内的中子波包很快就
会扩散开来. 下面我们再给出另一个更合理一些的估计.

约束在一个球形范围的波, 其稳定条件应该是形成一个在环形
轨道上的驻波. 取这个环形轨道的半径为 R, 这个驻波条件就是

$$2\pi R = n\lambda, \quad n = 1, 2, 3, \cdots,$$

于是粒子动量为

$$p = \frac{h}{\lambda} = \frac{n\hbar}{R},$$

从而粒子动能为

$$E_k(n) = \frac{p^2}{2m} = \frac{(n\hbar c)^2}{2mc^2 R^2}.$$

当 $n = 1$ 时给出粒子最小动能为

$$E_k(1) = \frac{(\hbar c)^2}{2mc^2 R^2}.$$

这个结果比上一个估计大了 64 倍, 因为考虑了对中子的约束, 中子
会有更大的动能来与约束势能抗衡, 而这时体系是稳定的.

习题 5.14 试讨论一个电子能否被束缚在原子核内, 原子核半
径可取 $5\,\mathrm{fm}$, 电荷可取 $50\,e$.

解 用上题的公式. 考虑电子动能最低的情形, 即用上题的第一
种估计. 要求电子被原子核的电力束缚住, 这就要求静电库仑能
大于电子动能,

$$\frac{Ze^2}{4\pi\varepsilon_0 R} > \frac{(\hbar c)^2}{128mc^2 R^2}.$$

上式给出

$$Z > \frac{(\hbar c)^2}{128mc^2 R \times e^2/4\pi\varepsilon_0} = \frac{197.3^2}{128 \times 0.511 \times 5 \times 1.44} = 82.7,$$

其中 $mc^2 = 0.5110\,\mathrm{MeV}$ 是电子静质能. 上述结果表明, 要想把电子
约束在半径为 $5\,\mathrm{fm}$ 的原子核内, 即使只是很短的时间, 这个原子核
至少也要比 Pb 核还重才行, $Z = 50$ 的 Sn 核是不可能的. 如果用
上题的第二种估计, 即要求把电子稳定地束缚在这个范围内, 则要
求 $Z > 64 \times 82.7 = 5290$. 这么大的原子核, 半径远不止 $5\,\mathrm{fm}$, 而由
于质子之间的库仑排斥, 连这个原子核本身都不稳定而不可能存在
了.

习题 5.15　如果一个电子处于原子某能量状态的时间是 10^{-8} s, 这个原子能量的测不准是多少？

解　用能量时间测不准关系来估计，有

$$\Delta E \geqslant \frac{\hbar}{2T} = \frac{\hbar c}{2Tc} = \frac{197.3\,\text{MeV·fm}}{2 \times 10^{-8}\,\text{s} \times 3.0 \times 10^8\,\text{m/s}} = 3.3 \times 10^{-8}\,\text{eV}.$$

习题 5.16　一个原子核能量的测不准是 $33\,\text{keV}$, 试求原子核处于这个能量状态的平均时间.

解　用能量时间测不准关系来估计，有

$$T \geqslant \frac{\hbar}{2\Delta E} = \frac{\hbar c}{2\Delta Ec} = \frac{197.3\,\text{MeV·fm}}{2 \times 33\,\text{keV} \times 3.0 \times 10^8\,\text{m/s}} = 1.0 \times 10^{-20}\,\text{s}.$$

由于能级的测不准也就是能级的半宽度，所以通常把系统处于这个能级的平均时间 τ 用能级宽度 Γ 表示为

$$\tau = \frac{\hbar}{\Gamma}.$$

在实验上，测出了能级的宽度，就可以由上式定出系统处于这个能级的平均时间.

本章小结

本章内容的主题，是电子、质子等粒子的波动性，也就是粒子的波粒二象性，或者说粒子的量子性. 粒子这个称呼本身，意味着我们已经认识到它们具有一定的大小，具有动量和能量等我们所了解的粒子性质. 而粒子也具有波动性，这则是我们所强调和着重讨论的. 德布罗意把爱因斯坦关于光具有波粒二象性的思想推广到电子、质子等粒子，奠定了量子力学的物理基础. "爱因斯坦的波粒二象性，乃是遍及整个物理世界的一种绝对普遍的现象." 德布罗意的这个思想，则成为二十世纪物理学的一个主导思想.

这里说的粒子，当然不仅局限于电子与质子，而是在这个词的广义的意义上说的，是指全部的粒子. 不过在实际上，从粒子波长的德布罗意关系可以看出，一般来说，粒子的质量越大，波长就越短，粒子性就越强，波动性就越不明显. 对于宏观粒子，波动性完全可以忽略. 只有微观粒子，才能呈现明显的波动性. 所以本章的内容，只涉及微观粒子，依次讨论了电子、中子、质子、原子核、原子

和分子的波动现象.

　　通过这些习题, 我们就可以对粒子的波动性获得一个比较全面和一般的了解. 我们反复和一再地强调, 实际现象和事实是物理学的基础和出发点, 学物理最重要的是各种具体物理现象, 它们是物理概念和理论的源泉. 新的物理现象, 一定孕育着新的物理. 让读者熟悉和了解有关粒子波动性的这些具体物理现象, 正是本章的主要目的.

　　对于波动的一般理解, 是指分布在全空间的一种运动形态和现象, 其主要特征是这种运动形态在空间上反复地再现, 在时间上反复地重演. 在空间上的反复再现, 引出了波长和波数的概念; 在时间上的反复重演, 引出了周期和频率的概念. 这是关于波动的现象学. 波长和波数, 周期和频率, 则是波动的现象学特征, 也就是关于波动的唯象理论的主要物理量. 把它们综合起来, 可以概括为更抽象的相位的概念. 所以也可以说, 波动概念的核心, 就是相位的概念. 而最能体现相位概念的, 就是波的相干现象.

　　杨振宁先生曾经指出, 量子化、对称性和相位因子是二十世纪物理学的主旋律. 而这量子化、对称性和相位因子, 都是粒子具有波动性的结果和表现. 关于波动性与量子化的关系, 我们在习题 5.13 的第二种做法中已经涉及, 这是下一章要展开的主题. 量子力学中对称性之所以这么重要, 是由于量子力学讨论的主要对象是波, 这是一个数学上的 **场**. 对于一个场来说, 它在整体上的一些对称性, 无疑是描述这个场的最重要的特征, 能够联系于这个场的重要物理观测量. 对称性的分析要用到较多的数学, 超出了本书的范围, 我们只在以后的章中有一点直观和物理的讨论. 至于相位因子, 则是波动性的核心和精髓. 所以, 杨振宁先生提到的这三点, 实际上正是粒子波动性的具体化. 特别是相位因子, 这是杨振宁先生一贯强调的重点, 1985 年杨振宁先生在中国科学技术大学研究生院作的一个系列演讲的题目, 就是 "相位与近代物理".

　　关于粒子的波动性, 还有中子在引力场中表现出来的行为. 这主要是指科莱拉等人用中子干涉仪研究地球引力场对中子波长影响的实验. 在上述习题中没有与此相关的题目, 有兴趣的读者可以参阅《近代物理学》5.8 节引力场的效应. 这个实验直接与微观粒子的引力质量有关, 是在微观物理中直接与引力质量有关的少数实验之一.

本章 5.13~5.16 四题所涉及的, 是关于粒子的量子性即波粒二象性的理论诠释. 在粒子与粒子的相互作用中, 它们的粒子性表现得很明显. 而在与粒子的传播有关的现象中, 它们又表现出突出的波动特征. 把粒子的这种二象性自洽地统一起来的关键, 则是玻恩对波函数的重新诠释, 也就是波函数的概率或统计诠释: 波幅的平方正比于测到粒子的概率. 在上一章我们已经讨论过对于光子介子等玻色子的问题. 在对波函数统计诠释的基础上, 通过对波包的具体分析, 我们在习题 4.12 中给出了坐标动量测不准关系和时间能量测不准关系. 在习题 4.13 的讨论中, 我们又指出了在用测不准关系来作数量级估计时会遇到和应该注意的问题. 那里的讨论也完全适用于这一章电子质子等费米子的情形, 我们在这里就不重复.

如果说, 德布罗意认识到微观粒子也具有波动性, 从而奠定了量子力学的物理基础的话, 那么, 海森伯从粒子的波粒二象性发现粒子的测不准关系, 则为量子力学理论的建立找到了一条基本的物理原理. 在习题 4.12 中我们给出测不准关系的分析过程, 会给人一个印象, 认为测不准关系是微观粒子具有波粒二象性的一个逻辑推论. 这是一个误解. 我们在分析中所用的平面波关系, 即德布罗意关系, 是这个逻辑推理的基础和出发点. 我们把平面波关系作为基本假设来使用, 这是一种典型的基于实验现象的唯象理论的做法. 而在构建基本理论时, 在量子力学的基本原理中, 我们并没有把关于粒子波动性的德布罗意关系作为一条普遍的基本原理. 恰恰相反, 在构建量子力学时, 是把测不准作为一条基本的原理或假设, 而关于自由粒子平面波的德布罗意关系则是从基本原理出发得出的一个逻辑结果和推论. 从量子力学理论的逻辑结构来看, 波粒二象性或者粒子的测不准关系都是海森伯测不准原理的逻辑推论 (参阅本书作者的《量子力学原理》, 北京大学出版社, 2020 年第三版).

测不准与不确定 海森伯于 1929 年应邀到芝加哥大学进行系列演讲, 阐述他 1927 年发现的这个原理. 这次演讲于 1930 年同时用德文和英文发表, 这就是他的名著《量子论的物理原理》. 在德文版中他用的词是 Unbestimmtheit, 这相当于英文的 indeterminacy. 他在英文版里用的词则是 uncertainty. 由于英文版传播得广, 影响大, 所以国际上多数人说的是 uncertainty. 我国老一辈物理学家根据海森伯演讲的基本精神, 强调测量的地位和作用, 把这两个词都译成"测不准". 只是在后来, 国际计量领域在测量误差概念和理论的基础上, 进一步提出"不确定度"的概念, 发展成系统成熟的理论, 并被我国计量领域采纳, 他们的英文用词也是 uncertainty. 于是在我国的物理圈子, 也有人主张跟着把"测不准"改称为"不确定", 这倒是符合 indeterminacy 这个词的意思.

　　不过在国外的物理学界, 使用 indeterminacy 这个词, 说 indeterminacy principle (不确定性原理) 和 indeterminacy relations (不确定度关系) 的, 例如因为提出具有隐变量的量子力学而出名的玻姆 (D. Bohm), 和因为提出一种对量子力学的新的诠释而出名的巴棱泰 (L.E. Ballentine), 都与爱因斯坦一样, 对量子力学的非决定论性质持保留态度. 在英文里"非决定论"是 indeterminism, 与 indeterminacy 具有相同的词根. 他们选择 indeterminancy 这个词, 用来标明他们不同于主流的观点和立场.

　　当然, 在中文里说"不确定性原理"和"不确定度关系"的人, 不一定对量子力学的非决定论性质持保留态度, 这就像在英文里说 uncertainty 或在中文里说"测不准"的人不一定就对量子力学的非决定论性质毫无保留一样. 这是我们在阅读文献时应该小心辨别和判断的.

　　还有一点必须指出的是, 理工科学生进实验室, 首先就要学习如何综合评估实验测量的结果, 熟悉测量不确定度的概念和理论. 这不确定度是一个涵盖了测量误差和误差分析的概念. 但要强调的是, 这是宏观实验测量的概念, 不同于微观量子现象的测不准或不确定. 在量子力学中使用这个词, 学生已经有了先入为主的理解, 还必须对它重新界定.

　　实验测量的不确定度和量子力学的不确定性, 是初看相似其实不同的两个概念. 实验测量的误差和不确定度, 来自实验的设计安排和具体操作过程, 与被测量体系的性质无关, 在原则上可以尽量减少甚至完全消除. 而海森伯在量子力学中讨论的测量, 是理想的实验测量, 即消除了各种实验误差之后的测量. 量子力学的测不准, 是体系本身由动力学方程决定的固有属性, 不可能通过改善实验而改进和消除. 量子力学的测不准, 是没有测量误差的测不准, 是没有不确定度的不确定, 是测量真值本身所固有的不确定. 量子力学的 uncertainty 与实验测量的 uncertainty 是完全不同的两个概念. 这就像我们在物理里说的 "质量" 与哲学和社会生活中说的 "质量" 是两个完全不同的概念一样.

最后再顺便说一句, 有一种对测不准或不确定的解释, 说之所以有测不准或不确定, 是由于体系处于叠加态, 而不是一个确定的态. 这完全是误解. 叠加态本身也是一个确定的态, 只不过不是测量装置所要探测的本征态. 你在平面波上去测坐标, 自然是完全测不准, 什么结果都有. 但平面波本身也是一个确定的态, 是动量的本征态, 这个态的动量具有完全确定的本征值, 在这个态上去测动量, 可以得到完全确定的结果. 这就牵涉到量子力学的测量问题, 不是本书的范围, 有兴趣的读者可以参阅量子力学的书, 比如本书作者的《量子力学原理》(北京大学出版社, 2020 年第三版).

6 卢瑟福 - 玻尔原子模型

基本概念和公式

本章讨论如何用卢瑟福散射实验来确定原子的核式结构, 以及如何从电子的波动性来分析原子内的电子运动. 原子结构和原子内的电子运动问题, 是二十世纪微观物理学研究的突破口, 是量子力学的诞生和发源地. 物理学家在这方面的经验, 对于当今物理学研究仍然具有现实的指导意义.

我们用肉眼观察事物, 在物理上说, 就是用光子束在物体上散射, 而用我们的眼睛作为光子探测器. 卢瑟福用 α 粒子束代替光子束, 用它在原子上的散射来观察原子的结构, 而用 ZnS 荧光屏代替我们的眼睛, 来探测和接收 α 粒子束, "看见" 了原子有一个很小的核. 从我们观察和认识自然的角度来说, 卢瑟福散射实验实际上是我们用肉眼观察事物的扩展和延伸, 是物理学家观察微观物理现象的基本方法和手段. 今天, 粒子物理学家用高能粒子束照射和轰击质子和中子, 以此来研究质子中子的结构, 这正是卢瑟福散射实验基本原理和精神的体现.

● 微分散射截面 $\mathrm{d}\sigma$: 单位时间被一个靶粒子散射到立体角 $\mathrm{d}\Omega$ 的粒子数与单位时间入射到单位靶面积上的粒子数之比, 亦即入射到单位靶面积上的粒子被一个靶粒子散射到立体角 $\mathrm{d}\Omega$ 的概率. 这是散射实验的观测量. 在实验上, 入射束与出射束都是连续的粒子束流, 所以按照单位时间来计数. 设靶面积为 A, 厚度为 t, 靶原子数密度为 N, 则总的靶原子数等于 NAt. 若靶足够薄, 使得靶原子前后没有互相遮挡, 则这些靶原子全部暴露在入射束的照射下, 都对入射粒子起散射作用. 如果单位时间有 n 个入射粒子射到靶上, 其中有 $\mathrm{d}n$ 个被散射到立体角 $\mathrm{d}\Omega$ 中, 则有

$$\mathrm{d}\sigma = \frac{\mathrm{d}n/NAt}{n/A} = \frac{1}{Nt}\frac{\mathrm{d}n}{n}.$$

这个量具有面积的量纲, 是拦截入射束的有效截面, 单位为 **靶恩**, 简称 **靶**, 符号 b,

$$1\,\mathrm{b} = 10^{-28}\,\mathrm{m}^2 = 10^2\,\mathrm{fm}^2.$$

• 卢瑟福散射公式: 设入射粒子电荷数为 Z', 靶粒子电荷数为 Z, 则在库仑相互作用下入射粒子被靶粒子散射到 θ 角方向立体角 $\mathrm{d}\Omega$ 内的微分散射截面近似为

$$\mathrm{d}\sigma = \left(\frac{Z'Ze^2}{4\pi\varepsilon_0 \cdot 4E}\right)^2 \frac{\mathrm{d}\Omega}{\sin^4(\theta/2)},$$

其中 E 是入射粒子的动能.

• 隆格 - 楞次矢量: 对于平方反比的有心力 $\boldsymbol{F} = \kappa\boldsymbol{r}/r^3$, 下述隆格 - 楞次矢量守恒:

$$\boldsymbol{e} = \frac{\boldsymbol{r}}{r} - \frac{\boldsymbol{L}\times\boldsymbol{p}}{\kappa m},$$

其中 m 为体系的折合质量, $\boldsymbol{p}$ 和 $\boldsymbol{L}$ 分别为粒子动量和对力心的角动量.

• 氢原子光谱的巴耳末 - 里德伯公式: 氢原子光谱的波数 $\tilde{\nu} = 1/\lambda$ 可以写成

$$\tilde{\nu} = R_{\mathrm{H}}\left(\frac{1}{m^2} - \frac{1}{n^2}\right),$$
$$m = 1,2,3,\cdots,\quad n = m+1, m+2, m+3,\cdots,$$

其中 R_{H} 是 H 的里德伯常数.

• 里德伯常数的公式: 设电子和质子的质量分别为 m_{e} 和 m_{p}, 则有

$$R_{\mathrm{H}} = \left(\frac{e^2}{4\pi\varepsilon_0}\right)^2 \frac{m}{4\pi\hbar^3 c},\quad m = \frac{m_{\mathrm{e}}}{1 + m_{\mathrm{e}}/m_{\mathrm{p}}}.$$

• 定态: 体系具有确定能量的状态.
• 跃迁: 体系状态从一个定态到另一个定态的改变.
• 量子化: 物理量只能取一些离散值的现象.
• 量子数: 用来标记物理量离散值的数, 通常是整数或半奇数.

重要的实验

• 盖革 - 马斯登 α 粒子散射实验: 1909 年, 盖革和马斯登用天然放射性 Ra 发射的 α 粒子照射在 Au 等金属箔上, 被散射的 α 粒子打在 ZnS 荧光屏上, 产生的亮点用肉眼通过放大镜来观察和计

数. 他们发现, 绝大部分 α 粒子平均只偏转 $2° \sim 3°$, 但约有 $1/8000$ 的 α 粒子偏转角大于 $90°$, 甚至接近 $180°$.

卢瑟福散射公式的推导

入射 α 粒子的平面波为

$$\psi_{\text{in}}(\boldsymbol{r}) = \mathrm{e}^{\mathrm{i}kz},$$

其波矢量沿 z 轴方向, $\hbar k = p = \sqrt{2mE}$, 这里用非相对论近似, m 和 E 分别是 α 粒子的质量和动能. 散射波可以近似写成

$$\psi_{\text{out}}(\boldsymbol{r}) \approx f(\theta)\frac{\mathrm{e}^{\mathrm{i}\boldsymbol{k}\cdot\boldsymbol{r}}}{r}.$$

这是一个出射球面波, 由量子力学散射理论的玻恩近似, 可以给出散射振幅为

$$f(\theta) = -\frac{1}{4\pi}\frac{2m}{\hbar^2}\int \mathrm{e}^{\mathrm{i}(\boldsymbol{k}-\boldsymbol{k}_0)\cdot\boldsymbol{r}}V(\boldsymbol{r}')\mathrm{d}^3\boldsymbol{r}',$$

其中 $\boldsymbol{k}_0$ 和 $\boldsymbol{k}$ 分别是入射和散射波矢量, 它们的大小都是 k, $V(\boldsymbol{r})$ 是引起散射的相互作用势能. 代入光滑截断的库仑相互作用 $V(\boldsymbol{r}) = Z'Ze^2\mathrm{e}^{-\alpha r}/4\pi\varepsilon_0 r$, 算出上述积分后令截断因子 $\alpha \to 0$, 就有

$$f(\theta) = -\frac{2m}{\hbar^2}\frac{Z'Ze^2}{4\pi\varepsilon_0 q^2}, \quad q = |\boldsymbol{k}-\boldsymbol{k}_0| = 2k\sin\frac{\theta}{2},$$

θ 为散射方向 $\boldsymbol{k}$ 与入射方向 $\boldsymbol{k}_0$ 的夹角.

按照玻恩对波函数的统计诠释, 波函数的模方正比于找到粒子的概率密度, 在单位时间内射到单位靶面积上的 α 粒子数正比于 $|\psi_{\text{in}}(\boldsymbol{r})|^2 \times \hbar k/m$, 在单位时间内被一个靶粒子散射到立体角 $\mathrm{d}\Omega$ 的粒子数正比于

$$\left|\frac{f(\theta)}{r}\right|^2\frac{\hbar k}{m}r^2\mathrm{d}\Omega = |f(\theta)|^2\frac{\hbar k}{m}\mathrm{d}\Omega,$$

于是有微分散射截面

$$\mathrm{d}\sigma = \frac{|f(\theta)|^2(\hbar k/m)\mathrm{d}\Omega}{|\psi_{\text{in}}(\boldsymbol{r})|^2\hbar k/m} = |f(\theta)|^2\mathrm{d}\Omega.$$

代入散射振幅 $f(\theta)$ 的上述玻恩近似结果和 $\hbar k = \sqrt{2mE}$, 就得到卢瑟福散射公式.

氢原子光谱巴耳末 - 里德伯公式的唯象理论

根据能量守恒, 原子发射光子所需的能量, 来自原子自身能

量的减少, 而原子吸收光子所获得的能量, 则转变成原子体系的能量. 于是, 氢原子光谱每一条谱线的光子能量, 等于氢原子某两个定态能量之差,

$$h\nu = E(n) - E(m),$$

这个关系称为玻尔频率条件.

氢原子是由一个电子与原子核在库仑作用下形成的稳定束缚体系. 作为稳定体系, 电子的波应是一个在环形轨道上的驻波. 设这个环形轨道的半径为 r, 驻波条件就是 (参阅习题 5.13 中第二种估计的做法)

$$2\pi r = n\lambda, \quad n = 1, 2, 3, \cdots,$$

这个关系相当于角动量的玻尔量子化条件 $J = pr = n\hbar$. 于是电子动量为 $p = h/\lambda = n\hbar/r$, 从而电子动能为

$$E_{\mathrm{k}} = \frac{p^2}{2m} = \frac{(n\hbar)^2}{2mr^2},$$

其中 m 是电子折合质量

$$m = \frac{m_{\mathrm{e}}}{1 + m_{\mathrm{e}}/m_{\mathrm{A}}},$$

这里 m_{A} 是原子核的质量. 体系的总能量等于上述动能与库仑能之和,

$$E = \frac{(n\hbar)^2}{2mr^2} - \frac{1}{4\pi\varepsilon_0}\frac{Ze^2}{r},$$

其中 Z 是原子核的电荷数.

体系稳定的条件, 是上式对 r 的变化取极小, 即

$$\frac{\mathrm{d}E}{\mathrm{d}r} = -\frac{(n\hbar)^2}{mr^3} + \frac{1}{4\pi\varepsilon_0}\frac{Ze^2}{r^2} = 0.$$

由此可以解出体系稳定时的半径为

$$r_n = \frac{(n\hbar)^2}{m}\frac{4\pi\varepsilon_0}{Ze^2} = \frac{n^2}{Z}a_0, \quad n = 1, 2, 3, \cdots,$$

其中 a_0 为玻尔半径:

$$a_0 = \frac{4\pi\varepsilon_0\hbar^2}{me^2}.$$

把上述 r_n 代入总能量的表达式, 就有

$$E(n) = \frac{(n\hbar)^2}{2mr_n^2} - \frac{1}{8\pi\varepsilon_0}\frac{Ze^2}{r_n} - \frac{1}{8\pi\varepsilon_0}\frac{Ze^2}{r_n}$$

$$= -\frac{1}{8\pi\varepsilon_0}\frac{Ze^2}{r_n} = \frac{Z^2}{n^2}E_0,$$

$$E_0 = -\frac{1}{2}\frac{e^2}{4\pi\varepsilon_0 a_0}.$$

最后可以得到

$$\tilde{\nu} = \frac{1}{\lambda} = \frac{\nu}{c} = \frac{1}{hc}[E(n) - E(m)]$$

$$= \frac{Z^2 E_0}{hc}\left(\frac{1}{n^2} - \frac{1}{m^2}\right) = Z^2 R_A\left(\frac{1}{m^2} - \frac{1}{n^2}\right),$$

$$R_A = -\frac{E_0}{hc} = \left(\frac{e^2}{4\pi\varepsilon_0}\right)^2\frac{m}{4\pi\hbar^3 c}.$$

当 $Z = 1$ 时, 上述公式给出氢原子的结果.

这里给出的理论又称为氢原子的玻尔理论, 或与后来建立的量子力学相区分而称为玻尔旧量子论. 作为一个唯象理论, 我们关于电子波函数是围绕环形轨道的驻波这一模型假设, 虽然物理图像基本上不错, 但定量关系 $2\pi r = n\lambda$ 并不严格. 玻尔当初用了类似的关系, 但物理图像是经典的, 就更不可取. 严格的处理要用量子力学的薛定谔波动方程, 请参阅第 7 章.

习题 6.1　一个物体的大小为 $0.05\,\mathrm{nm}$, 若用光束照射, 能观测到物体的最大波长是多少? 若用电子束照射, 能观测到物体的电子最低能量是多少? 若改用质子束, 又是多少?

解　若用光束照射, 能观测到物体的最大波长就是 $0.05\,\mathrm{nm}$. 若用电子束照射, 能观测到物体的最大波长也是 $0.05\,\mathrm{nm}$. 与这个波长相应的电子动能为

$$E_k \approx \frac{p^2}{2m} = \frac{(2\pi\hbar c)^2}{2mc^2\lambda^2}$$

$$= \frac{(2\pi \times 197.3\,\mathrm{MeV\cdot fm})^2}{2 \times 0.511\,\mathrm{MeV} \times (5\times 10^4\,\mathrm{fm})^2} = 0.60\,\mathrm{keV}.$$

这个数值比电子静质能 $0.511\,\mathrm{MeV}$ 小得多, 说明上面用非相对论近似是恰当的. 若改用质子束, 也可以用非相对论近似, 为

$$E_k \approx \frac{p^2}{2m} = \frac{(2\pi\hbar c)^2}{2mc^2\lambda^2}$$

$$= \frac{(2\pi \times 197.3\,\mathrm{MeV\cdot fm})^2}{2 \times 938.3\,\mathrm{MeV} \times (5\times 10^4\,\mathrm{fm})^2} = 0.33\,\mathrm{eV}.$$

习题 6.2 美国的连续电子加速器装置 CEBAF 设计的一个实验, 是用电子束在中子上的散射来研究中子内部的电荷分布. 中子半径约为 $0.8\,\mathrm{fm}$, 试估计电子束的能量至少应是多少?

解 用电子束在中子上散射, 能够探测出中子内部电荷分布的电子波长不能超过中子半径 $0.8\,\mathrm{fm}$, 与此波长相应的电子动能为 (参见习题 5.7)

$$E_\mathrm{k} = E - mc^2 = \sqrt{p^2c^2 + m^2c^4} - mc^2 = \sqrt{(2\pi\hbar c/\lambda)^2 + m^2c^4} - mc^2$$
$$= \sqrt{(2\pi \times 197.3\,\mathrm{MeV{\cdot}fm}/0.8\,\mathrm{fm})^2 + (0.511\,\mathrm{MeV})^2} - 0.511\,\mathrm{MeV}$$
$$= 1.5\,\mathrm{GeV}.$$

这个数值比电子静质能 $0.511\,\mathrm{MeV}$ 大得多, 所以实际上可以用极端相对论近似,

$$E_\mathrm{k} \approx pc = \frac{2\pi\hbar c}{\lambda} = \frac{2\pi \times 197.3\,\mathrm{MeV{\cdot}fm}}{0.8\,\mathrm{fm}} = 1.5\,\mathrm{GeV}.$$

6.1 和 6.2 两题所用的概念和公式, 都属于第 5 章粒子的波动性的内容. 我们在这一章来做这两个题目, 是为了进一步强调和让大家熟悉卢瑟福散射实验的基本观念. 特别是 6.2 题, 它告诉我们, 今天高能物理学家研究和探索核子结构的实验, 仍然是在实践卢瑟福散射实验的基本原理和精神.

习题 6.3 用 $10.0\,\mathrm{MeV}$ 的 α 粒子束在厚度为 t 的 Au 箔上散射. Au 的密度 $\rho = 1.93 \times 10^4\,\mathrm{kg/m^3}$, $A = 197$, $Z = 79$, 探测器计数每分钟有 100 个 α 粒子在 $45°$ 角散射, 若①入射 α 粒子能量增到 $20.0\,\mathrm{MeV}$, 或②改用 $10.0\,\mathrm{MeV}$ 质子束, 或③探测器转到 $135°$ 处, 或④ Au 箔厚度增加为 $2\,t$, 试问每分钟散射粒子的计数是多少?

解 根据微分散射截面的定义式

$$\mathrm{d}\sigma = \frac{\mathrm{d}n/NAt}{n/A} = \frac{1}{Nt}\frac{\mathrm{d}n}{n},$$

卢瑟福散射微分截面公式可以改写成

$$\frac{\mathrm{d}n}{\mathrm{d}\Omega} = nNt\left(\frac{Z'Ze^2}{4\pi\varepsilon_0 \cdot 4E}\right)^2\frac{1}{\sin^4(\theta/2)}.$$

①入射 α 粒子能量增加一倍, 则每分钟散射粒子的计数减为原来的 1/4, 即 25.

②改用 10.0 MeV 的质子束, 则电荷数 $Z'=1$, 减为 α 粒子的 1/2, 每分钟散射粒子的计数也减为原来的 1/4, 即 25.

③探测器转到 135° 处, 则每分钟散射粒子的计数为

$$\left(\frac{\sin 22.5°}{\sin 67.5°}\right)^4 \times 100 = 2.9.$$

④ Au 箔厚度增加为 $2t$, 则引起散射的原子核增加一倍, 于是每分钟散射粒子的计数也增加一倍, 是 200.

习题 6.4 用 2.0 MeV 的质子束射到 Au 箔 ($Z = 79$) 上, 试求只考虑库仑相互作用时, 质子与 Au 核之间的最近距离. 若 Au 核半径为 8.1 fm, 质子半径为 1 fm, 2.0 MeV 质子能否与 Au 核接触从而发生核反应?

解 质子与 Au 核正碰时能够达到的距离最近, 这时动能为 0. 根据能量守恒, 这时的势能等于入射时的动能,

$$\frac{Z'Ze^2}{4\pi\varepsilon_0 r_{\min}} = E_{\mathrm{k}},$$

$$r_{\min} = \frac{Z'Ze^2}{4\pi\varepsilon_0 E_{\mathrm{k}}} = \frac{79 \times 1.44\,\mathrm{MeV\cdot fm}}{2.0\,\mathrm{MeV}} = 57\,\mathrm{fm}.$$

这个距离比质子与 Au 核接触的距离 (8.1+1) fm=9.1 fm 大得多, 所以用 2.0 MeV 的质子不可能与 Au 核接触从而发生核反应. 实际上, 2.0 MeV 的质子德布罗意波长是 20 fm, 能够用来探测原子的核式结构.

习题 6.5 1913 年盖格和马斯登测量 α 粒子束穿过 Au 箔和 Ag 箔每分钟散射到 θ 角度的数目, 如下表:

散射角 θ	45°	75°	135°
Au 箔	1435	211	43
Ag 箔	989	136	27.4

Au 箔厚 1.86×10^{-4} cm, Ag 箔厚 2.82×10^{-4} cm, 密度分别为 1.93×10^4 kg/m³ 和 1.05×10^4 kg/m³, 试把每一散射角处 Au 和 Ag 每分钟散射 α 粒子数之比与卢瑟福公式的计算值对比.

解　实验测量的是

$$d\sigma = \frac{dn/NAt}{n/A} = \frac{1}{Nt}\frac{dn}{n},$$

代入卢瑟福散射公式，就有

$$\frac{dn}{d\Omega} = nNt\left(\frac{Z'Ze^2}{4\pi\varepsilon_0 \cdot 4E}\right)^2 \frac{1}{\sin^4\theta/2},$$

于是可以得到

$$\frac{dn_{\text{Au}}}{dn_{\text{Ag}}} = \frac{(NtZ^2)_{\text{Au}}}{(NtZ^2)_{\text{Ag}}} = \frac{(\rho t Z^2/\mu)_{\text{Au}}}{(\rho t Z^2/\mu)_{\text{Ag}}}$$

$$= \frac{1.93 \times 1.86 \times 79^2/196.97}{1.05 \times 2.82 \times 47^2/107.87} = 1.88,$$

其中 ρ 是箔的密度，μ 是原子量，$\mu_{\text{Au}} = 196.97$, $\mu_{\text{Ag}} = 107.87$. 而由上表中的实验测量值算得的分别是：

$$\frac{1435}{989} = 1.45, \qquad \frac{211}{136} = 1.55, \qquad \frac{43}{27.4} = 1.57.$$

习题 6.3 与 6.5 都是关于卢瑟福散射的实验测量，涉及入射束的粒子能量，靶物质的密度和厚度，散射粒子的出射方向和计数 —— 也就是微分散射截面或出射粒子的角分布，这些都是微观物理实验的一些基本概念和物理量，并不仅仅局限于卢瑟福散射. 微观物理学不同于宏观物理学的特点，从这些概念和物理量也就可见一斑. 特别是从数目极大的粒子计数，可以看出微观物理学的统计性质和特征. 量子力学的基本概念和规律，都是物理学家在微观物理中的实际经验的结晶.

习题 6.6　$10\,\text{MeV}$ 的质子束射到 Cu 箔上，试求质子散射角为 $90°$ 时的碰撞参量，以及这时质子与 Cu 核的最近距离.

解　引起散射的是质子与 Cu 核间的库仑相互作用. 这是有心力，角动量守恒，质子轨道在一个包含 Cu 核的平面内，可取为 x-z 平面. 设 Cu 核位于坐标原点 O, 质子沿与 z 轴平行并相距为 b 的直线从负无限远处入射. b 就是 瞄准距离, 又称 碰撞参量. 质子被 Cu 核散射后飞向无限远，在远处的渐近直线与 z 轴成 θ 角. 题设 $\theta = 90°$, 所以这条直线与 x 轴平行，根据对称性，它与 x 轴的距离也是 b. 质子轨迹对于通过坐标原点与 x 轴和 z 轴分别成 $45°$ 和 $135°$

的直线对称. 质子与 Cu 核的最近距离 r_R, 就是质子轨迹与这条对称轴线的交点 R 到坐标原点 O 的距离. 坐标示意如图 6.1.

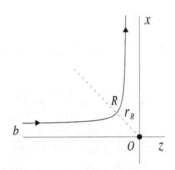

图 6.1　90° 角的卢瑟福散射

在这一点 R, 我们可以写出三个条件. 首先, 根据能量守恒, 质子与 Cu 核体系在这点的能量等于质子入射时的动能,

$$\frac{p_R^2}{2m} + \frac{Ze^2}{4\pi\varepsilon_0 r_R} = E,$$

其中 p_R 是质子在这点的动量, 其方向与对称轴线垂直. 其次, 根据角动量守恒, 质子在这点的角动量等于入射时的角动量 (都相对于坐标原点),

$$p_R r_R = \sqrt{2mE}\, b.$$

最后, 根据隆格 - 楞次矢量守恒, 质子在这点的隆格 - 楞次矢量 e 等于入射时的 e. 从隆格 - 楞次矢量的表达式

$$\boldsymbol{e} = \frac{\boldsymbol{r}}{r} - \frac{\boldsymbol{L} \times \boldsymbol{p}}{\kappa m}$$

可以看出, 在质子与 Cu 核最近的这点, 隆格 - 楞次矢量 e 就在这点与坐标原点的连线上, 也就是在质子轨迹的对称轴线上. 所以, 在质子入射时, e 也在这个方向上. 而在质子入射时有

$$\boldsymbol{e} = -\boldsymbol{k} + \frac{p^2 b}{\kappa m}\boldsymbol{i},$$

其中 $\boldsymbol{i}$ 和 $\boldsymbol{k}$ 分别是 x 轴和 z 轴方向的单位矢量. 要求 e 与 x 轴和 z 轴的角度分别是 45° 和 135°, 就有

$$\frac{p^2 b}{\kappa m} = 1,$$

亦即隆格 - 楞次矢量的长度 $|e| = \sqrt{1+1} = \sqrt{2}$. 上式给出

$$b = \frac{\kappa m}{p^2} = \frac{\kappa}{2E} = \frac{Ze^2/4\pi\varepsilon_0}{2E} = \frac{29 \times 1.44\,\mathrm{MeV\cdot fm}}{2 \times 10\,\mathrm{MeV}} = 2.1\,\mathrm{fm}.$$

再把上述结果 $|e| = \sqrt{2}$ 代回在质子与 Cu 核最近点隆格 - 楞次矢量 e 的表达式, 并注意角动量 $L = p_R r_R = \sqrt{2mE}\,b$ 和 $b = \kappa/2E$, 就可得到

$$\sqrt{2} = 1 + \frac{p_R^2 r_R}{\kappa m} = 1 + \frac{p_R^2 r_R^2}{\kappa m r_R} = 1 + \frac{2mE}{\kappa m r_R}\frac{\kappa^2}{4E^2} = 1 + \frac{\kappa}{2E r_R}.$$

由它解出 r_R, 为

$$r_R = \frac{\kappa}{2(\sqrt{2}-1)E} = \frac{Ze^2/4\pi\varepsilon_0}{2(\sqrt{2}-1)E} = \frac{29 \times 1.44\,\mathrm{MeV\cdot fm}}{2(\sqrt{2}-1) \times 10\,\mathrm{MeV}} = 5.0\,\mathrm{fm}.$$

在上述求解中, 能量守恒条件并没有用到. 实际上, 把上面解出的 b 和 r_R 代入角动量守恒条件, 可以求出 p_R, 再把 r_R 和 p_R 代入能量守恒条件, 可得到恒等式, 这表明上述解确实满足能量守恒条件. 此外, 本题是散射角 $\theta = 90°$ 的特殊情形. 对于任意散射角的一般情形, 仍可用上法求解, 只是这时隆格 - 楞次矢量 e 不再在与 x 轴和 z 轴分别成 $45°$ 和 $135°$ 的方向. 详情可参阅《近代物理学》 6.3 节卢瑟福散射公式的实验验证.

习题 6.7 μ^- 子与质子在库仑相互作用下形成的束缚体系称为 μ 原子. μ^- 子静质能为 105.66 MeV, 试估计 μ 原子的半径和能量.

解 可以用玻尔对氢原子的唯象理论来解此题. 在玻尔半径 a_0 的公式

$$a_0 = \frac{4\pi\varepsilon_0\hbar^2}{me^2}$$

中, 代入 μ 原子体系的折合质量 $m = m_\mu/(1 + m_\mu/m_p)$, 就有

$$r_\mu = \frac{(197.3\,\mathrm{MeV\cdot fm})^2}{1.44\,\mathrm{MeV\cdot fm} \times 105.66\,\mathrm{MeV}/(1 + 105.66/938.3)} = 285\,\mathrm{fm}.$$

把它代入基态能量的表达式中, 可以算出

$$E_\mu = -\frac{1}{2}\frac{e^2}{4\pi\varepsilon_0 r_\mu} = -\frac{1}{2}\frac{1.44\,\mathrm{MeV\cdot fm}}{285\,\mathrm{fm}} = -2.53\,\mathrm{keV}.$$

习题 6.8 试确定 H 原子光谱的位于可见光谱区 (380~770 nm) 的那些波长.

解 用氢原子光谱的巴耳末 - 里德伯公式

$$\tilde{\nu} = R_H\left(\frac{1}{m^2} - \frac{1}{n^2}\right), \quad m = 1, 2, 3, \cdots, \quad n = m+1, m+2, m+3, \cdots,$$

其中氢原子里德伯常数 R_H 为

$$\begin{aligned} R_H &= \left(\frac{e^2}{4\pi\varepsilon_0}\right)^2 \frac{1}{4\pi\hbar^3 c} \frac{m_e}{1 + m_e/m_p} \\ &= \frac{(1.44\,\text{MeV·fm})^2}{4\pi \times (197.3\,\text{MeV·fm})^3} \frac{0.511\,\text{MeV}}{1 + 0.511/938.3} \\ &= 1.097 \times 10^{-2}/\,\text{nm}. \end{aligned}$$

另一方面, 与可见光谱区波长范围 (380~770 nm) 相应的波数范围是

$$\tilde{\nu}_{\min} = \frac{1}{770\,\text{nm}} = 0.130 \times 10^{-2}/\,\text{nm},$$

$$\tilde{\nu}_{\max} = \frac{1}{380\,\text{nm}} = 0.263 \times 10^{-2}/\,\text{nm}.$$

从巴耳末 - 里德伯公式可以看出, 当 $m = 1$ 时, 最小的波数是 $3R_H/4$, 已经超出可见光谱区. 当 $m = 2$ 时, $n = 3, 4, 5, 6, 7, 8, 9$ 的波数都在上述可见光谱区, 而 $n = 10$ 以上的波数则超出了可见光谱区. 当 $m \geqslant 3$ 时, 最大的波数 $R_H/9$ 也低于可见光谱区. 所以, 氢原子光谱中, 只有巴耳末系 ($m = 2$) 中波长最长的前 7 条谱线在可见光谱区.

氢原子光谱的巴耳末 - 里德伯公式, 是玻尔理论的基础. 1911年卢瑟福提出原子的有核模型后, 1912 年春天玻尔来到卢瑟福实验室, 开始了他对原子结构的研究. 当时他还不知道氢原子光谱的巴耳末 - 里德伯公式, 也没有把原子结构问题与原子光谱联系起来. 他的一位光谱学家朋友汉森告诉他巴耳末 - 里德伯公式, 他才突然获得了灵感. 玻尔后来回忆说: "我一看到巴耳末公式, 整个事情对我就马上明朗了." 后来有人问玻尔, 他怎么会不知道巴耳末 - 里德伯公式? 他回答说, 当时一般人都认为, 像光谱这样复杂的现象, 不会与基本物理有直接的关系. 在事实上, 巴耳末最初给出的是波长的公式, 看起来确实相当复杂. 后来里德伯把它改写成波数的公式, 才成为今天简洁的形式. 而汉森给玻尔看的, 正是已经改写成波数的公式. 读者可以自己尝试把巴耳末 - 里德伯公式还原为波长的形式, 再对比着看看, 也许就能体会为什么理论家偏爱波数或波

矢量.

普朗克是一位思想深邃的物理学家，他不仅思索和研究物理现象的规律，也思索和研究物理学本身的规律．他曾经说过："我以前同现在一样，相信物理定律越带普遍性，就越是简单."这可以说是他从众多物理定律的表达形式归纳总结出来的一条关于物理学本身的经验规律．这是关于物理学本身的现象学．玻尔显然知道并且相信这一条唯象规律．

狄拉克同样也是一位思想深邃的物理学家，他说的就更加深刻．1928 年前后狄拉克在哥廷根时，曾问当时在跟玻恩做研究生的奥本海默："你何以能够同时既做物理而又写诗？须知科学的目的在于用简单的方式去理解困难的事情，而诗的目的在于用不可理喻的方式去叙述简单的事情．这两者水火不容."看来狄拉克对文学家的目的和追求并不了解，不过就像狄拉克所说，用简单的方式去理解复杂和困难的事情，这正是物理学家的目的和追求．换句话说，物理定律是不是简单，这本身就是一个需要由物理学家来研究和回答的问题．里德伯把巴耳末的波长公式改写成波数公式，这就是狄拉克说的"用简单的方式去理解困难的事情"．要是没有里德伯的简化，恐怕也就不会有玻尔的理论，二十世纪物理学的历史就将是另外一个样子了．

把公式简单地改写一下，问题就一下子明朗化，这是物理学史上屡见不鲜的现象．在二十世纪物理学的众多经验中，最重要和最出名的一个例子，就是玻恩看出海森伯的数组乘法实际上就是数学上的矩阵乘法．在海森伯的论文里，只给出了跃迁振幅的数组形式，和猜出了这种数组的乘法规则．海森伯考虑的跃迁振幅，就是粒子的坐标 q，所用的数组记号是 $q(n, n+t)$，这里 n 是跃迁初态的量子数，t 是跃迁的量子数增量．因为 n 与 t 的取值范围不同，而且 t 的取值范围依赖于 n 的数值，所以依赖于这两个整数 n 与 t 的数组 $q(n, n+t)$ 还不是数学上的矩阵．玻恩把初态量子数与跃迁的量子数增量之和 $n+t$ 等价地换成跃迁的末态量子数 $m = n+t$，把数组写成了 $q(n, m)$，就立即看出，海森伯的数组正是数学中的矩阵，海森伯猜出的这种数组乘法规则正是矩阵的乘法规则．这导致矩阵力学也就是量子力学的建立，翻开了二十世纪物理学最辉煌最激动人心的一页.

习题 6.9 已知巴耳末系的最短波长为 $365\,\mathrm{nm}$, 试求 H 原子的电离能.

解 H 原子的 **电离能**, 是指把电子从 $n = 1$ 的基态激发到 $n \to \infty$ 的自由态所需要的能量. 由玻尔频率条件

$$h\nu = E(n) - E(m)$$

可以看出, 巴耳末系 $(m = 2)$ 的最短波长 $(n \to \infty)$ 相应于氢原子在第一激发态 $(m = 2)$ 与电离态 $(n \to \infty)$ 之间的跃迁. 电离态的能量为 0, 由上式可以给出

$$E(2) = -h\nu = -\frac{2\pi\hbar c}{\lambda} = -\frac{2\pi \times 197.3\,\mathrm{eV \cdot nm}}{365\,\mathrm{nm}} = -3.396\,\mathrm{eV},$$

于是氢原子基态能量为

$$E_0 = E(1) = n^2 E(n) = 2^2 E(2) = -4 \times 3.396\,\mathrm{eV} = -13.6\,\mathrm{eV}.$$

这就是说, 要把基态氢原子中的电子激发到无限远, 跃迁到能量为 0 的电离态, 需要的能量至少是 13.6 eV, 所以氢原子的电离能为 13.6 eV.

习题 6.10 当 H 原子跃迁到激发能为 $10.19\,\mathrm{eV}$ 的状态时, 发出一个波长为 $489\,\mathrm{nm}$ 的光子. 试确定初态的结合能.

解 先要确定激发能为 $10.19\,\mathrm{eV}$ 的态. 态 m 的 **激发能** 是指从基态跃迁到该态所需要的能量. 由题设有

$$E(m) - E_0 = 10.19\,\mathrm{eV},$$

$$E(m) = E_0 + 10.19\,\mathrm{eV} = -13.6\,\mathrm{eV} + 10.19\,\mathrm{eV} = -3.41\,\mathrm{eV},$$

其中氢原子基态能量 $E_0 = -13.6\,\mathrm{eV}$ (见上题). 由氢原子能级关系 $E(m) = E_0/m^2$ 可以定出 $m = 2$, 这个态的能级 $E(2) = -3.41\,\mathrm{eV}$, 是氢原子第一激发态.

再来确定跃迁的初态. 由玻尔频率条件 $h\nu = E(n) - E(m)$ 可以解出

$$E(n) = E(m) + h\nu = E(m) + \frac{2\pi\hbar c}{\lambda}$$

$$= -3.41\,\mathrm{eV} + \frac{2\pi \times 197.3\,\mathrm{eV \cdot nm}}{489\,\mathrm{nm}} = -0.87\,\mathrm{eV},$$

所以初态结合能为 0.87 eV. 由能级关系可以定出 $n = 4$, 这是氢原子第三激发态.

本题的能级跃迁如图 6.2 所示. 图中能级右边标出的数值, 是按关系 $E(n) = -13.6\,\text{eV}/n^2$ 给出的值.

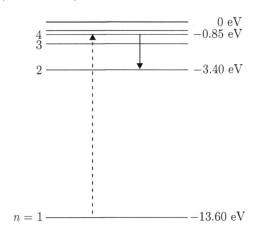

图 6.2   氢原子 $n = 4 \to n = 2$ 的能级跃迁

习题 6.11 μ^- 子束缚于 D 核的电离能比束缚于质子的电离能大多少?

解   D 核是质子与中子结合成的体系, 结合能 $B = 2.224\,\text{MeV}$. 所以 D 核的静质能可以写成

$$m_{\text{D}}c^2 = m_{\text{p}}c^2 + m_{\text{n}}c^2 - B$$

$$= (938.272 + 939.566 - 2.224)\,\text{MeV}$$

$$= 1875.6\,\text{MeV},$$

这个数值可以在同位素表中查到, 例如《近代物理学》附表 A3.

我们可以把基态能量写成

$$E_0 = -\left(\frac{e^2}{4\pi\varepsilon_0}\right)^2 \frac{m}{2\hbar^2},$$

于是题求的电离能差为

$$\Delta E_0 = \left(\frac{e^2}{4\pi\varepsilon_0}\right)^2 \frac{m_{\mu}}{2\hbar^2}\left(\frac{1}{1 + m_{\mu}/m_{\text{D}}} - \frac{1}{1 + m_{\mu}/m_{\text{p}}}\right)$$

$$= \left(\frac{1.440}{197.3}\right)^2 \frac{105.66\,\text{MeV}}{2} \left(\frac{1}{1+105.66/1875.6} - \frac{1}{1+105.66/938.3}\right)$$

$$= 135\,\text{eV}.$$

在习题 6.7 中已经求出 μ⁻ 子束缚于质子的电离能. 把质子换成 D 核, 重复该题的计算, 就可以求得 μ⁻ 子束缚于 D 核的电离能, 从而算出题求的结合能差. 只是该题计算的有效数字只有三位, 两个三位数字之差, 有效数字只剩下两位. 这是算两个大数之差时会遇到的问题. 所以我们这里换了一种算法, 仍然给出三位有效数字的结果.

习题 6.12 正电子 e⁺ 与电子 e⁻ 在库仑相互作用下形成的束缚体系称为电子偶素. 试用玻尔理论计算电子偶素从 $n=2$ 跃迁到 $n=1$ 的状态时所发射的谱线波长, 并与伯柯等人 1975 年测得的值 243 nm 相比.

解 玻尔理论的能级公式为

$$E(n) = \frac{Z^2}{n^2} E_0,$$

基态能量 E_0 的公式为 (见上一题)

$$E_0 = -\left(\frac{e^2}{4\pi\varepsilon_0}\right)^2 \frac{m}{2\hbar^2}.$$

对于电子偶素, 电子质量 m_e 与正电子质量 $m_\text{e+}$ 相等, 折合质量 m 为电子质量的一半,

$$m = \frac{m_\text{e}}{1+m_\text{e}/m_\text{e+}} = \frac{1}{2}\,m_\text{e},$$

于是基态能量是氢原子的一半,

$$E_0 = -\frac{13.6\,\text{eV}}{2} = -6.8\,\text{eV}.$$

电子偶素从 $n=2$ 跃迁到 $n=1$ 的状态时所发射的谱线波长 λ 为

$$\lambda = \frac{c}{\nu} = \frac{2\pi\hbar c}{E(2)-E(1)} = \frac{2\pi\hbar c}{E_0/4 - E_0}$$

$$= \frac{2\pi\hbar c}{-3E_0/4} = \frac{2\pi \times 197.3\,\text{eV·nm}}{0.75 \times 6.8\,\text{eV}} = 243\,\text{nm}.$$

习题 6.13 两个 H 原子分别处于基态和第一激发态, 以速率 $v = 0.1683c$ 相向运动, 试用多普勒效应证明, 如果基态 H 原子吸收

从激发态 H 原子发出的光子, 则将跃迁到第二激发态.

解　从激发态 H 原子发出的光, 在激发态原子的参考系, 其频率为 ν,

$$h\nu = E(2) - E(1) = \frac{1}{4}E_0 - E_0 = -\frac{3}{4}E_0.$$

在基态 H 原子参考系, 根据多普勒效应 (参阅习题 3.16), 此光子的频率 ν' 为

$$h\nu' = h\nu\sqrt{\frac{1+v/c}{1-v/c}} = -\frac{3}{4}E_0\sqrt{\frac{1+0.1683}{1-0.1683}}$$
$$= -0.8889E_0 = \frac{1}{3^2}E_0 - E_0.$$

所以, 如果基态 H 原子吸收此光子, 则将跃迁到 $n=3$ 的态, 即第二激发态.

此题的物理, 就是 激光致冷 的原理. 由于热运动, 原子总具有一定的运动速度. 用一束激光射入原子气体之中, 把激光的频率调到比原子的激发能稍低, 则只有朝向激光方向运动的原子, 才有可能被激发. 当此被激发的原子发出光子再跃迁回基态时, 它发出的光子所带走的能量比它激发时吸收的光子能量稍高. 相差的这部分能量由原子的动能来提供. 在这个先激发后发光跃迁回基态的过程中, 原子损失动能, 速度减小, 温度降低.

习题 6.14　一个电子在一个半径为 R、总电荷为 Ze 的均匀带电球内运动, 试用玻尔理论计算相应于在带电球内运动的那些允许能级.

解　均匀带电球产生的电场沿径向分布, 由高斯定律 $\nabla \cdot \boldsymbol{E} = \rho/\varepsilon_0$ 可以求出

$$\boldsymbol{E} = \frac{Ze}{4\pi\varepsilon_0}\frac{\boldsymbol{r}}{R^3}, \quad r < R,$$
$$\boldsymbol{E} = \frac{Ze}{4\pi\varepsilon_0}\frac{\boldsymbol{r}}{r^3}, \quad r \geqslant R.$$

于是球内的电势分布为

$$\Phi(r) = \int_r^\infty \boldsymbol{E} \cdot \mathrm{d}\boldsymbol{r} = \frac{Ze}{4\pi\varepsilon_0}\left[\frac{3}{2R} - \frac{r^2}{2R^3}\right],$$

体系的总能量为

$$E = \frac{(n\hbar)^2}{2mr^2} - \frac{Ze^2}{4\pi\varepsilon_0}\left[\frac{3}{2R} - \frac{r^2}{2R^3}\right].$$

由稳定条件

$$\frac{\mathrm{d}E}{\mathrm{d}r} = -\frac{(n\hbar)^2}{mr^3} + \frac{Ze^2}{4\pi\varepsilon_0}\frac{r}{R^3} = 0$$

可以解出量子化半径 r_n 为

$$r_n^4 = \frac{4\pi\varepsilon_0}{Ze^2}\frac{(n\hbar)^2 R^3}{m}, \quad n = 1, 2, 3, \cdots, n_{\max},$$

$$n_{\max} = \mathrm{Int}\left\{\sqrt{\frac{Ze^2 mR}{4\pi\varepsilon_0 \hbar^2}}\right\},$$

其中 $\mathrm{Int}\{A\}$ 是取 A 的整数部分. 把上述 r_n 代回能量的表达式, 就得到量子化能级 E_n 为

$$E_n = \frac{Ze^2}{4\pi\varepsilon_0 R}\left[\sqrt{\frac{4\pi\varepsilon_0}{ZmR}}\frac{n\hbar}{e} - \frac{3}{2}\right].$$

本章小结

本章与前面几章不同. 前面每一章, 都是围绕一个基本理论或概念展开. 本章则是围绕氢原子的结构这样一个具体物理问题展开. 为了探索和解答一个具体物理问题, 物理学家会采取实验和理论的方法, 从不同的方面和层次进行研究, 往往是各种方法技巧和理论观念综合并用. 在实验方面, 起了关键作用的是 α 粒子散射实验, 以及氢原子光谱的经验规律; 在理论方面, 则是卢瑟福对 α 粒子散射实验的分析和玻尔基于氢原子光谱经验规律的唯象理论. 这就构成了本章的两个中心内容, 而它们都是围绕氢原子的结构问题. 这个问题的探索和解答最终导致量子力学的建立. 所以说, 氢原子结构问题, 或者更一般地说, 原子结构和原子内的电子运动问题, 是二十世纪微观物理学发展的突破口, 是量子力学的诞生和发源地. 本章既是物理学家在这方面探索研究经历的简单概括, 也是物理学家如何进行探索和研究的一个典型例子.

习题 6.1 到 6.6 都是关于卢瑟福散射. 卢瑟福散射的基本物理观念, 亦即我们如何用实验方法来探索和研究微观粒子的结构, 对

于今天的粒子物理研究仍然具有现实的指导意义. 习题 6.7 到 6.14 都是与氢原子结构的玻尔唯象理论有关的问题. 定态的概念在今天已经成为大家习以为常的常识, 而在当时却被认为是一种缺乏理论依据的妄想, 被许多有影响的物理学家拒绝.

在本章开头列出的基本概念中, 定态, 跃迁, 量子化和量子数都是量子力学的基本概念. 与这些玻尔最初在他的唯象理论中提出的全新概念相比, 玻恩在散射问题的分析中提出的对波函数的统计诠释具有更基本的意义, 其影响也更加深远. 我们在卢瑟福散射微分截面公式的推导中已经用到波函数的统计诠释, 现在再来作一些进一步的讨论.

波函数的统计诠释给物理学观念带来的冲击 自然科学家都有一个共同的基本信念, 即相信自然现象都有规律可循. 说得具体一点, 自然科学家都相信, 在相同的条件下, 实验一定可以得到相同的结果. 这就是所谓的因果关系: 有什么样的原因, 就有什么样的结果. 换句话说, 一定的原因, 必定对应着一定的结果. 人们通常把这种类型的因果关系称为决定论性的因果关系. 自从牛顿力学以来, 三百多年来, 这种决定论性的因果关系已经成为科学界的共同信仰.

玻恩对量子力学波函数的统计诠释, 彻底打碎了决定论性因果关系这一偶像, 而代之以所谓的统计性的因果关系: 一定的原因, 会对应于各种可能的结果, 每种结果都以一定的概率出现. 也就是说, 按照这种统计性的因果关系, 对任何一种给定的原因, 都可以得到所有可能结果, 不同的只是在于, 不同的结果出现的概率不同. 科学不能预测究竟出现哪种结果, 只能预测出现某种结果的概率是多少.

与爱因斯坦关于同时具有相对性的观念不同, 这种统计性的因果观念倒是并没有在广大社会公众中引起巨大的轰动. 这也许是由于在社会生活中不定的因素本来就太多, 所谓人生如梦, 世事如烟, 天有不测, 人有旦夕, 广大公众更容易接受这种统计性的因果观念, 而不大愿意接受所谓 "生死有命, 富贵在天" 的那种宿命论式的决定论性因果观念.

　　科学的目的在于掌握规律，从而能作出预言．从决定论性的因果关系到统计性的因果关系，意味着科学的预言能力的下降．科学家或多或少会为此感到失落，是不大情愿的．何况这自然规律究竟是决定论性的还是统计性的，这本来就只是一种信念，或者说是一种信仰，是不能用逻辑推理来证明的．爱因斯坦说过一句有名的话"我深信上帝不是在掷骰子"，清楚明白地表达了他的信仰．信仰决定论性因果关系的人，自然不会相信量子力学就是微观世界最基本的物理学，而总是希望还能找到一种更基本的具有决定论性因果关系的物理学．这就是量子力学隐变量理论的由来．

　　从牛顿力学问世后的三百多年来，科学家的另一个信念是认为，自然科学是我们对客观世界的认识，他们相信，我们认识、归纳和总结出来的自然规律是完全客观的．经典物理学的所有物理量，都是客观物理现象本身的固有特征，而经典物理学的规律，则是这些客观物理量之间的客观规律．与此相关地，在经典物理学中，在我们作为认识的主体和自然界作为被我们认识的客体之间，可以画出一条清晰明确的界线，主观与客观是泾渭分明的．

　　量子力学不同．波函数的统计诠释使得测量成为量子力学的核心概念，而由于在原则上的测不准，使得我们对外在世界的认识完全取决于测量过程．根据波函数的统计诠释，量子力学不是客观物理量之间的客观规律，而是关于我们的测量可能得到的结果的概率的规律．测量是研究主体的行为，测量结果的概率不是物理量，而是数学量，是研究的主体与被研究的客体通过测量相互作用的结果．所以，量子力学是关于研究的主体与被研究的客体之间相互关系和作用的规律．在这个意义上，量子力学并不完全客观，它也包含了主观的因素．

　　更有甚者，量子力学作为最基本的物理理论，它对物理世界的描述和处理必须是一致和自洽的．所以，测量仪器也应当看作是一个量子力学体系，我们对它的行为只能作出统计性的预测，只有对它进行了测量，我们才能知道它的读数和结果．而对于对测量仪器进行测量的仪器，也存在一个测量的问题．这样一层一层的测量，到什么地方才能终止呢？换句话说，主观与客观的界线画在什么地方呢?

这就是说,在我们作为认识的主体和自然界作为被我们认识的客体之间,不再存在一条客观和清晰的界线,主观与客观的界线在量子力学中变得模糊不清和不确定了. 正如被玻尔赞誉为物理学之良心的泡利在他的名著《波动力学的一般原理》中所说,量子力学的建立,是以放弃对物理现象的客观处理,亦即放弃我们唯一地区分观测者与被观测者的能力作为代价的.

哥本哈根学派 通过对于波粒二象性的思考,玻恩提出了对波函数的统计诠释,海森伯发现了测不准原理,而玻尔则深入哲学的思辨,提出和发展了一种哲学和认识论. 玻尔把他的主要思想和方法归纳为所谓的并协原理,又称互补原理. 哥本哈根学派就是以玻尔的这种哲学为基础的学派.

对于如何协调我们关于微观世界的波动与粒子两种图像,如何看待因为测不准而带来的认识上的不确定,以及诸如此类的问题,玻尔提出,应该采用并协或互补的思维. 玻尔认为,粒子性和波动性都是被观测对象本身的性质和特征. 为了把这两种互相排斥和冲突的图像和认识协调起来,要把它们设想为同一事物的两个不同的侧面,只有使它们互相协调,互相补充,才能达到一个完整和统一的认识. 可以看出,这是一种哲学的思考,属于哲学上的认识论. 所以,哥本哈根学派实质上是一个以物理学家为主要成员的哲学上的学派,而不是物理上的学派.

在物理上,经过激烈的争论和深入的思考以后,大多数人对海森伯的测不准和玻恩的统计诠释都是接受的,物理学家并没有在这两点上分成学派. 在实际上,根据玻恩对波函数的统计诠释,我们对微观世界的波粒二象性已经获得了一个自洽和统一的理解,并不需要玻尔的这个互补的认识论. 根据波函数的统计诠释,粒子性属于被观测对象本身的性质和特征,而波动性则属于我们对测量结果进行预测的性质和特征,二者的地位不同. 玻尔把粒子性和波动性放在同等的地位,认为它们都是被观测对象本身的性质和特征,说明他还没有摆脱经典的波动图像和认识. 海森伯和玻尔一样,主张和推崇这个互补的认识论,这说明他们二位仍然执著和纠缠于经典物质波的图像和认识，在事实上并没有真正懂得和接受玻恩对波函数的统计诠释.

　　之所以会有人把哥本哈根学派当成一个物理学派，并把测不准和统计诠释当作哥本哈根学派的东西，把玻恩的统计诠释说成是哥本哈根学派的 "正统" 解释，有种种历史原因. 除了在哥廷根玻恩的门下出道的海森伯和泡利后来加盟哥本哈根外，其中最主要的一个原因，就是在与爱因斯坦的辩论中，玻尔是量子力学的主要辩护者和爱因斯坦的主要辩论对手. 不了解量子力学创立过程的人，自然会把玻尔为之辩护的东西都统统算到他的头上，认为是属于玻尔的学派. 我们需要小心和仔细地把玻尔为之辩护的量子力学，和玻尔所提出的并协原理区分开来. 玻尔对量子力学的最大贡献，就是他为量子力学进行了困难而艰巨的辩护，使之经受了爱因斯坦等人的全面而深刻的质疑，使我们在对量子力学理解上的许多问题得以澄清. 对这个问题有兴趣的读者，可以进一步参阅关洪的专著《一代神话 —— 哥本哈根学派》 (武汉出版社， 2002 年).

　　作为与爱因斯坦辩论的主要对手，并且以整个量子力学为依托而在与爱因斯坦的辩论中占了上风，玻尔在物理学界因此也赢得了声誉. 这与玻恩、海森伯和狄拉克等人在物理学界的声望不同. 玻恩、海森伯和狄拉克等人在物理学界的声望，来自他们对物理学本身的贡献，他们的名字会因了他们的贡献而久远地写入物理学中. 玻尔对物理学本身的贡献主要是关于氢原子的唯象理论，这个理论会随着时光的流逝而失去光彩，逐渐被人们淡忘. 只有基本理论能够在物理学中留下长久的印痕，这可以说是物理学发展的一条历史规律.

　　我们在第 1 章一开始就已经指出，物理学的基本理论与数学有紧密的关系. 玻尔显然缺乏深厚的数学功底，偏爱直观的形象思维和初浅的数学方法，最适合做唯象理论. 而在量子力学的创立和发展时期，有许多人把握和抓住机会，在基本理论上做出了重要的物理贡献. 哥廷根学派当时正在给希尔伯特做助手的青年数学家冯·诺依曼，就由于他对量子力学逻辑体系和数学结构的精辟分析，提出了量子力学的公理化体系，影响了几十年来量子力学基本原理的表述和讲授, 成为继拉格朗日之后对基本物理学作出重要贡献的又一位大数学家. 而他所引起的量子力学测量理论的研究, 至今仍然还是一个没有解决的问题.

量子力学创立之五步曲 概括地说, 量子力学的创立, 是在 1925 至 1927 这短短两年中, 经历了五步. 首先是海森伯想到应把跃迁振幅 (电子坐标) 写成依赖于两个量子数的数组, 并猜出了这种数组的乘法, 写出了创立量子力学的第一篇论文, 史称 "一个人的论文", 这是在 1925 年 7 月初. 玻恩看出这种数组正是数学中的矩阵, 猜出坐标与动量矩阵的对易关系, 并由约当给出了论证, 于是合写了创立量子力学的第二篇论文, 史称 "两个人的论文". 稍后, 狄拉克在海森伯论文 (预印本) 的影响下, 从与经典正则力学的对应, 也得到了坐标与动量的对易关系. 而玻恩、海森伯、约当合写了创立量子力学的第三篇论文, 给出了新理论的系统表述, 史称 "三个人的论文", 这是在 1925 年底. 至此, 算是创立量子力学的第一步, 得到了量子力学的 "海森伯绘景".

另一方面, 德布罗意提出 "物质波" (1923 年), 写成博士论文 (1924 年), 并于 1925 年正式发表. 薛定谔看到这篇论文后受到启发, 于 1926 年上半年连续写出四篇论文, 给出这种波的方程, 即薛定谔方程, 并用来解出了氢原子能级, 从而创立了波动力学. 这是创立量子力学的第二步, 得到了量子力学的 "薛定谔绘景". 在此期间, 薛还写了两篇论文, 证明对于求解能量本征值来说, 量子力学的这两种形式在数学上等价.

受到薛定谔波动力学成功的激励, 狄拉克和约当分别研究如何把量子力学的这两种形式统一起来, 提出了量子力学的变换理论, 即表象理论. 这是 1926 年底. 至此, 量子力学在理论系统表述的数学形式上已臻完成. 此即创立量子力学的第三步.

在此前后, 玻恩于 1926 年中提出薛定谔波函数的统计诠释, 而在此基础上海森伯于 1927 年初提出了测不准原理, 这就给出了量子力学的物理. 这是创立量子力学的第四步. 至此, 量子力学基本建成. 1927 年 10 月下旬在布鲁塞尔召开第五届索尔维物理会议, 经过激烈的争论, 量子力学在学界被广泛接受, 成为支配和理解微观物理世界的基本理论. 然而, 以爱因斯坦为首对量子力学的批评和质疑, 一直持续至今, 成为持久旷世的世纪之争, 在短期内还看不到有终结的迹象.

创立量子力学的最后一步, 即关于量子力学的数学结构, 确立量子力学是希尔伯特空间的物理这一认识, 是由哥廷根的希尔伯特和冯·诺依曼完成的. 玻恩的老师大数学家希尔伯特一直紧跟理论物理进展的步履. 先是跟踪相对论, 比爱因斯坦早五天在数学上提出引力场方程, 只是他并没有给这个方程赋予明确的物理内涵. 后来他做了一阵电磁场理论的研究后, 又转而跟踪量子力学的创立, 于 1926 年冬在哥廷根开出了课程 "量子力学的数学基础". 1926 年秋天, 冯·诺依曼来到哥廷根做希尔伯特的助手, 成就了他与量子力学一生的因缘. 其中的故事涉及的数学不是本书的范围, 这里就不细说. 有兴趣的读者, 可以参阅他的专著《量子力学的数学基础》(英译本 John von Neumann, *Mathematical Foundations of Quantum Mechanics*). 他后来离开哥廷根, 最后到了美国, 被称为 "计算机之父" 和 "博弈论之父", 是二十世纪最重要的数学家之一, 这就更不是本书的话题了.

量子力学中的两位贵胄　冯·诺依曼这个姓氏中 "冯" 的德文 von, 和德布罗意这个姓氏中 "德" 的法文 de 一样, 相当于英文的 of 或 from, 一般是用于贵族的称谓. 青年朗道 (见 13 章超流与超导章末的 "话说朗道") 被苏联派往西欧游学时, 一次在柏林大学听演讲, 冒失地问 "刚才那演讲的是谁", 演讲者从座位站起来点头说 "在下冯劳厄", 就是贵族劳厄的意思. 德意志历史上原来是许多小国, 所以贵族也多. 还有受封的 "诏书贵族", 比如歌德. 这大概就是德意志人姓前带 von 的人多的原因, 以至于他们本人以及我们翻译时都往往把它略而不提. 就像钱学森的业师冯卡门, 常常只称他卡门一样. 但是这里说到的冯·诺伊曼, 他可就不愿意人家把这个 von 省略了只叫他诺伊曼. 冯·诺依曼和冯卡门都是匈牙利的犹太人. 德布罗意原来想学历史和文学, 是受了他哥哥的影响, 才改攻物理, 看来他与许多贵胄一样, 还是位文艺范. 文艺范的思维, 善于比喻. 这比喻, 虽然为数学与逻辑所不屑, 但在物理中却常常出彩.

7 波 动 方 程

基本概念和公式

• 波函数 $\psi(\boldsymbol{r},t)$: 这是量子力学中确定体系观测性质的量, 它的模方 $|\psi(\boldsymbol{r},t)|^2$ 正比于 t 时刻在 $\boldsymbol{r}$ 处单位体积内测到粒子的概率, 亦即正比于 t 时刻在 $\boldsymbol{r}$ 处测到粒子的概率密度. 这就是波函数的统计诠释. 因为这个统计诠释, 波函数又称为 概率幅. 波函数一般是复数, 可以写成

$$\psi(\boldsymbol{r},t) = A\mathrm{e}^{\mathrm{i}\varphi},$$

其中振幅 A 和相位 φ 一般是位置 $\boldsymbol{r}$ 和时间 t 的函数.

• 波函数的归一化: 根据波函数的统计诠释, 我们可以对波函数乘一个常数 N, 使得在全空间测到粒子的总概率为 1, 亦即

$$\int |N\psi(\boldsymbol{r},t)|^2\mathrm{d}^3\boldsymbol{r} = 1.$$

这个做法称为波函数的 归一化, 上式称为波函数的 归一化条件, 而这个常数 N 则称为波函数的 归一化常数. 由波函数的归一化条件只能确定归一化常数的绝对值, 所以归一化常数可以有一个任意相位因子的不确定.

• 波函数的单值、有限和连续性: 根据统计诠释, 波函数的取值只能是有限的, 不可能取无限大. 根据波函数满足的微分方程, 即薛定谔方程, 波函数有对时空坐标的偏微商, 所以波函数在时空中的分布是连续的. 波函数的单值性不那么容易直接看出, 不过, 根据薛定谔和泡利的仔细分析, 量子力学的基本原理要求坐标表象的波函数 $\psi(\boldsymbol{r},t)$ 必须是单值函数.

• 薛定谔方程: 波函数的演化所满足的方程, 可以写成

$$\mathrm{i}\hbar\frac{\partial\psi}{\partial t} = \hat{H}\psi,$$

其中 $\hat{H}$ 是体系的 哈密顿算符, 其具体形式取决于体系的动力学模

型. 对于质量为 m 势能为 $V(\boldsymbol{r})$ 的粒子, 其哈密顿算符为

$$\hat{H} = -\frac{\hbar^2}{2m}\nabla^2 + V(\boldsymbol{r}).$$

• 定态: 如果体系的哈密顿算符 $\hat{H}$ 不显含时间 t, 则薛定谔方程有分离变量解

$$\psi(\boldsymbol{r},t) = \varphi(\boldsymbol{r})\mathrm{e}^{-\mathrm{i}Et/\hbar},$$

其中 E 是下列 *定态薛定谔方程* 的 *本征值*,

$$\hat{H}\varphi(\boldsymbol{r}) = E\varphi(\boldsymbol{r}),$$

$\varphi(\boldsymbol{r})$ 称为体系的 *定态波函数*. 对于没有外场的自由粒子, $V(\boldsymbol{r}) = 0$, 定态薛定谔方程

$$-\frac{\hbar^2}{2m}\nabla^2\varphi(\boldsymbol{r}) = E\varphi(\boldsymbol{r})$$

有平面波解

$$\varphi(\boldsymbol{r}) = A\mathrm{e}^{\mathrm{i}\boldsymbol{k}\cdot\boldsymbol{r}},$$

其中波矢量 $\boldsymbol{k}$ 满足

$$E = \frac{(\hbar\boldsymbol{k})^2}{2m} = \frac{p^2}{2m},$$

所以 $\boldsymbol{p} = \hbar\boldsymbol{k}$ 是粒子的动量, E 是粒子的能量. 因此, 体系的哈密顿算符 $\hat{H}$ 又称为能量算符, 而定态薛定谔方程又称为能量本征值方程. 上面解得的波函数

$$\psi(\boldsymbol{r},t) = A\mathrm{e}^{-\mathrm{i}(Et-\boldsymbol{p}\cdot\boldsymbol{r})/\hbar}$$

就是德布罗意波.

• 轨道角动量: 粒子在球对称场 $V(r)$ 中的定态薛定谔方程

$$\left[-\frac{\hbar^2}{2m}\left(\frac{1}{r^2}\frac{\partial}{\partial r}r^2\frac{\partial}{\partial r} + \frac{1}{r^2}\frac{1}{\sin\theta}\frac{\partial}{\partial\theta}\sin\theta\frac{\partial}{\partial\theta}\right.\right.$$
$$\left.\left.+\frac{1}{r^2}\frac{1}{\sin^2\theta}\frac{\partial^2}{\partial\phi^2}\right) + V(r)\right]\varphi(r,\theta,\phi) = E\varphi(r,\theta,\phi)$$

有分离变量解

$$\varphi(r,\theta,\phi) = \frac{1}{r}u(r)\mathrm{Y}_{lm}(\theta,\phi),$$
$$l = 0,1,2,\cdots, \quad m = -l,-l+1,\cdots,l-1,l,$$

其中 $\mathrm{Y}_{lm}(\theta,\phi)$ 是球谐函数, 径向部分 $u(r)$ 满足的方程是

$$\left[-\frac{\hbar^2}{2m}\frac{\mathrm{d}^2}{\mathrm{d}r^2} + \frac{l(l+1)\hbar^2}{2mr^2} + V(r)\right]u(r) = Eu(r).$$

这个方程在形式上与一维定态薛定谔方程相像, 左边方括号内的算符是相应的哈密顿算符, 第一项是径向动能项, 第二项是转动能项, 第三项是势能项. 所以, $l(l+1)\hbar^2$ 等于粒子角动量的平方,

$$L^2 = l(l+1)\hbar^2,$$

其中 l 称为 角动量量子数, 或 轨道量子数, 简称 角量子数. 球谐函数 $Y_{lm}(\theta, \phi)$ 是波函数的角度部分,

$$Y_{lm}(\theta, \phi) = P_m^l(\cos\theta)e^{im\phi}$$

其中 $P_m^l(\cos\theta)$ 是 $\cos\theta$ 的连带勒让德函数. 上述波函数的幅角部分

$$e^{im\phi} = e^{im\hbar\phi/\hbar}$$

是围绕 z 轴转动的环形驻波, 所以 $m\hbar$ 等于轨道角动量在 z 轴的投影,

$$L_z = m\hbar,$$

整数 m 称为 轨道角动量投影量子数, 或 磁量子数.

• 电子的轨道磁矩 μ_z, 玻尔磁子 μ_B 和朗德 g 因子: 原子中的电子因为轨道运动而具有磁矩, 此磁矩在 z 轴的投影 μ_z 与角动量投影 L_z 之间有比例关系,

$$\mu_z = -g \cdot \frac{e}{2m_e}L_z = -gm\mu_B,$$

其中 m_e 是电子质量, g 是朗德 g 因子, 而 μ_B 是玻尔磁子

$$\mu_B = \frac{e\hbar}{2m_e} = 5.788\,381\,8060(17) \times 10^{-5}\text{eV/T}$$

$$\approx 5.788 \times 10^{-5}\text{eV/T}.$$

对于单电子体系, 朗德 g 因子为 1, $g = 1$.

• 电子自旋: 从狄拉克的相对论性电子波动方程可以推出电子本身具有固有的自旋角动量 S, 和与这个固有自旋角动量相联系的固有磁矩 μ_S, 并且有

$$S^2 = s(s+1)\hbar^2, \qquad s = 1/2,$$

$$S_z = m_S\hbar, \qquad m_S = -1/2, 1/2,$$

$$\mu_S = -g_S\frac{e}{2m_e}S, \qquad g_S = 2.$$

• 隧道效应：按照经典力学，电子不可能进入势能高于总能量的区域，因为在这种区域动能成为负的. 而按照量子力学，电子波函数从而电子会进入势能高于总能量的区域，这种现象称为量子力学的 *隧道效应*.

重要的实验

• 弗兰克 - 赫兹实验：这个实验完成于 1914 年，它第一次从实验上表明原子处于一些具有确定能量的稳定状态，而这些状态的能量是量子化的，从而证实了原子的定态和能级的概念. 实验过程在密闭的玻璃管中进行，管中充有 Hg 蒸气. 在阴极与阳极之间放置一个栅极. 从阴极出来的电子，被栅极与阴极之间的电压 V 加速后穿过栅极射向阳极. 在阳极与栅极之间加一约为 $0.5\,\mathrm{V}$ 的反向电压 V_0. 让加速电压 V 从 0 逐渐增加，阳极与阴极之间的电流也随之逐渐增加. 当加速电压达到 $4.9\,\mathrm{V}$ 及其整数倍时，电流突然下降. 这表明电子在与 Hg 原子碰撞时，每个 Hg 原子只吸收确定和量子化的能量 $4.9\,\mathrm{eV}$. 电子能量被 Hg 原子吸收后，没有足够能量来克服反向电压，不能到达阳极，从而电流突然下降. Hg 原子只吸收 $4.9\,\mathrm{eV}$ 的能量，表明 Hg 原子的能量是量子化的，第一激发态比基态能级高 $4.9\,\mathrm{eV}$. 这是玻尔关于原子能级概念最早的直接的实验证据.

• 施特恩 - 格拉赫实验：这个实验完成于 1921 年，它表明角动量的投影是量子化的，它在空间的取向不能任意，只能取一些特定的离散的方向. 在沿 z 轴方向的外磁场 $\boldsymbol{B}$ 中，具有磁矩 $\boldsymbol{\mu}$ 的原子的势能为

$$U = -\boldsymbol{\mu} \cdot \boldsymbol{B} = -\mu_z B,$$

于是原子在 z 方向受力为

$$f_z = -\frac{\partial U}{\partial z} = \mu_z \frac{\partial B}{\partial z}.$$

施特恩 - 格拉赫实验就是利用这一效应，让原子射线束通过一个不均匀的磁场区域，观察它在这个磁力作用下的偏转. 如果原子的磁矩在磁场中可以任意取向，原子束偏转后将在屏上溅落成一片，而实际上在屏上看到的是几条清晰可辨的黑斑. 这表明原子磁矩只取几个特定的方向，从而原子角动量只取几个特定的方向，证明了角

动量的投影是量子化的. 斑纹条数 $= 2l + 1$, l 是角量子数.

习题 7.1 设在一维箱 $-a/2 \leqslant x \leqslant a/2$ 中运动的粒子波函数为 $\varphi(x) = C\cos(n\pi x/a)$, $n = 1, 3, 5, \cdots$, 试求归一化常数 C.

解 由归一化条件

$$\int_{-a/2}^{a/2} \left| C\cos\frac{n\pi x}{a} \right|^2 \mathrm{d}x = 1,$$

完成左边的积分, 有

$$\frac{|C|^2 a}{2} = 1,$$

于是

$$C = \mathrm{e}^{\mathrm{i}\phi}\sqrt{\frac{2}{a}},$$

其中 ϕ 是任意实数, 通常取为 0.

习题 7.2 设做一维运动的粒子波函数为 $\varphi(x) = Cx\mathrm{e}^{-ax^2}$, $a > 0$, 试求测到粒子概率最大处的位置, 以及在这一位置处单位距离内测到粒子的概率.

解 先求归一化常数 C:

$$\int_{-\infty}^{\infty} |\varphi(x)|^2 \mathrm{d}x = \int_{-\infty}^{\infty} C^*Cx^2\mathrm{e}^{-2ax^2}\mathrm{d}x = C^*C\frac{1}{4a}\sqrt{\frac{\pi}{2a}} = 1,$$

$$C = \sqrt{4a\sqrt{\frac{2a}{\pi}}} = \left(\frac{32a^3}{\pi}\right)^{1/4}.$$

根据波函数的统计诠释, 确定粒子概率取极值处位置的条件是

$$\frac{\mathrm{d}}{\mathrm{d}x}|\varphi(x)|^2 = \frac{\mathrm{d}}{\mathrm{d}x}\left(C^*Cx^2\mathrm{e}^{-2ax^2}\right) = C^*C(2x - 4ax^3)\mathrm{e}^{-2ax^2} = 0.$$

这个方程有两个解 $x = 0$ 和 $x = \sqrt{1/2a}$, 它们分别是粒子概率取极小值 (0) 和极大值处的位置. 在粒子概率极大值处 $x = \sqrt{1/2a}$, 单位距离内测到粒子的概率为

$$|\varphi(x)|^2_{x=\sqrt{1/2a}} = C^*C\frac{1}{2a}\mathrm{e}^{-2a\cdot\frac{1}{2a}} = \frac{2}{\mathrm{e}}\sqrt{\frac{2a}{\pi}}.$$

习题 7.3 设一维箱宽 $a = 0.2\,\mathrm{nm}$, 试计算其中电子最低的三个能级值.

解 设一维箱沿 x 轴, 边界为 $x = \pm a/2$. 粒子在箱内自由运

动, 但不能到箱外. 所以, 在箱内 $(-a/2 < x < a/2)$ 波函数可以写成波长相同的正反两个方向德布罗意波的叠加, 在边界上 $(x = \pm a/2)$ 波函数为 0. 满足这个条件的波是以边界处为节点的驻波, 即波在边界上来回反射, 箱宽 a 是半波长的整数倍,

$$a = n \cdot \frac{\lambda}{2}, \quad n = 1, 2, 3, \cdots.$$

代入德布罗意关系 $p = h/\lambda$, 就得到电子能级为

$$E_n = \frac{p^2}{2m} = \frac{4\pi^2\hbar^2c^2}{2mc^2\lambda^2} = \frac{n^2\pi^2\hbar^2c^2}{2mc^2a^2}.$$

于是有

$$E_1 = \frac{\pi^2\hbar^2c^2}{2mc^2a^2} = \frac{\pi^2(197.3\,\text{eV·nm})^2}{2 \times 0.511\,\text{MeV} \times (0.2\,\text{nm})^2} = 9.40\,\text{eV},$$

$$E_2 = 2^2 \times E_1 = 37.6\,\text{eV},$$

$$E_3 = 3^2 \times E_1 = 84.6\,\text{eV}.$$

一维箱只是一个十分简化的模型, 实际的微观物理体系不可能有这样明晰的锐边界, 波函数多多少少总会有一些传播到边界以外的区域, 参见习题 7.14. 不过, 这个模型反映了某些物理体系的基本特征, 突出了这些体系的主要特点, 所以它也并不是单纯用来训练学生的思考和解题能力的工具, 而是在一些实际问题中起着重要的作用.

习题 7.4 在弗兰克 - 赫兹实验中, Hg 原子在放出它从电子吸收的 4.9 eV 能量时, 发射波长为 253.6 nm 的共振谱线, 试由此计算 h 的值.

解 由玻尔频率条件 $h\nu = 4.9\,\text{eV}$ 可以解出

$$h = \frac{4.9\,\text{eV}}{\nu} = \frac{4.9\,\text{eV}\lambda}{c}$$

$$= \frac{4.9 \times 1.602 \times 10^{-19}\,\text{J} \times 253.6 \times 10^{-9}\,\text{m}}{2.998 \times 10^8\,\text{m/s}} = 6.64 \times 10^{-34}\,\text{J·s}.$$

习题 7.5 某人设计了一个实验, 打算从显微镜中目测一个小谐振子的量子性质, 该谐振子为一直径为 10^{-4}cm, 质量为 10^{-12}g 的物体, 在一根细丝末端振动, 最大振幅 10^{-3}cm, 频率 1000 Hz. ①此系统在上述状态的量子数大约为多少? ②它的基态能量为多少? 试

与室温下空气分子平均动能 $0.025\,\mathrm{eV}$ 相比较. ③基态的经典振幅为多少? 试与目测用的照明光波波长约 $500\,\mathrm{nm}$ 相比较. ④若你是此研究项目的审批者, 你是否同意拨款进行此项研究?

解 在细丝末端作简谐振动的这个小谐振子, 其能量可以写成

$$E = \left(n + \frac{1}{2}\right)\hbar\omega, \quad n = 0, 1, 2, 3, \cdots.$$

①振幅最大时, 动能为 0, 上述能量应等于这时的势能,

$$\left(n + \frac{1}{2}\right)\hbar\omega = \frac{1}{2}m\omega^2 x_{\max}^2.$$

代入 $x_{\max} = 10^{-3}\,\mathrm{cm} = 10^{-5}\,\mathrm{m}$, 可以估计出

$$
\begin{aligned}
n &= \frac{m\omega x_{\max}^2}{2\hbar} - \frac{1}{2} = \frac{2\pi^2 m\nu x_{\max}^2}{h} - \frac{1}{2} \\
&= \frac{2\pi^2 \times 10^{-15} \times 10^3 \times 10^{-10}}{6.626 \times 10^{-34}} - \frac{1}{2} \approx 3 \times 10^{12}.
\end{aligned}
$$

在上述计算中, 所有的量都用国际单位制的单位, 就没有具体写出单位.

②它的基态能量为

$$
\begin{aligned}
E_0 &= \frac{1}{2}\hbar\omega = \frac{\hbar c}{2} \cdot \frac{2\pi\nu}{c} \\
&= \frac{197.3\,\mathrm{eV\cdot nm}}{2} \frac{2\pi \times 10^3/\mathrm{s}}{2.998 \times 10^8\,\mathrm{m/s}} = 2 \times 10^{-12}\,\mathrm{eV}.
\end{aligned}
$$

这比室温下空气分子平均动能 $0.025\,\mathrm{eV}$ 要小 10 个量级.

③设基态的经典振幅为 x_0, 则与①类似地可以写出

$$\frac{1}{2}\hbar\omega = \frac{1}{2}m\omega^2 x_0^2,$$

于是有

$$
\begin{aligned}
x_0 &= \sqrt{\frac{\hbar}{m\omega}} = \frac{1}{2\pi}\sqrt{\frac{h}{m\nu}} \\
&= \frac{1}{2\pi}\sqrt{\frac{6.626 \times 10^{-34}}{10^{-15} \times 10^3}}\,\mathrm{m} = 4 \times 10^{-12}\,\mathrm{m},
\end{aligned}
$$

这比目测用的照明光波波长约 $500\,\mathrm{nm}$ 还要小 5 个量级.

④此研究项目的审批者, 在进行了上述分析之后, 对于是否同意拨款进行此项研究, 自然会作出恰当的判断. 反过来说, 只有能够进行像上述这样分析的人, 才是有能力对这个研究项目进行评审的恰当人选.

科学研究中的问题，有的是十分精细的效应，只有对其领域相当熟悉的人，才能看出关键和门道，作出恰当的判断. 但是也有许多问题，只要作一点简单的甚至是定性的分析，就能作出中肯的判断. 比如大家都知道，普通黄色炸药的能量，来自炸药快速的燃烧，这是一个化学过程，其能量的基础是分子原子间没有完全屏蔽掉的库仑相互作用，大约是几个 eV 的量级 (参阅第 11 章分子结构). 而核弹的能量来自核反应过程，其能量的基础是核子间的强相互作用，大约是 10 MeV 的量级，比化学过程大了 6 个量级 (参阅第 14 章原子核). 这就是核弹比普通炸弹威力强大得多的物理上的原因，这已经是一般公众都知道的常识. 所以，如果有人说，他想研究如何用化学的方法和手段来实现核反应，那么，根据常识就能判断，除非物理学的基本原理出了问题，否则这是绝对不可能做到的.

科学技术或者文学艺术上的评审过程，看似业务性很强的专业行为，其实究其实质也是一种公关行为，这正是有的看起来很清楚的评审而其结果令人莫名其妙和大失所望的根本原因. 各种评审委员会的工作，是要从一些候选者中遴选出一个或少数几个来，一般来说不同的委员可能有不同的选择，最后只好投票，少数服从多数. 问题是，真理往往掌握在少数人手中. 这在诺贝尔物理学奖的历史上可以举出几个例子，玻恩与诺贝尔奖的缘分就是一个.

只要是有一点研究经验的人都知道，提出一个新的想法虽然十分重要，但是更重要的是如何把这个想法实现为一个系统和可以操作的理论. 一个想法在还没有实现为系统和可以操作的理论之前，只不过是一个想法而已. 德布罗意提出了物质波的想法，德拜就指出，一个波动的理论而没有波动方程，这太肤浅了. 言外之意，这还不是一个能够认真对待的成熟的理论. 是薛定谔把德布罗意的物质波想法具体实现为系统和可以操作的波动力学. 德布罗意和薛定谔都因此分别获得了诺贝尔物理学奖.

哥廷根学派创立量子力学的过程，与上述例子完全一样. 海森伯提出用可观测量的数组来描述微观物理现象，相当于德布罗意提出物质波的想法，更困难的还在下一步. 玻恩把海森伯的数组改写后，才立即看出，海森伯的数组正是数学中的矩阵，海森伯猜出的这种数组的乘法规则正是矩阵的乘法规则 (参阅习题 6.8 之后的讨论). 在此基础上, 玻恩又与约当合作, 给出了坐标矩阵和动量矩阵的对易关系, 合写了著名的 "两个人的论文".

如果说,把物理量表示成矩阵并且其乘法满足矩阵的乘法规则, 是在量子力学的建立过程中迈出的十分重要的第一步, 那么玻恩与约当两个人发现坐标与动量矩阵的对易关系, 则是在量子力学的建立过程中迈出的十分重要的第二步, 而后来在玻恩、海森伯与约当三个人的论文里给出的关于物理矩阵的动力学方程, 则是在量子力学的建立过程中迈出的十分重要的第三步 (这三步, 在第 6 章小结最后 "量子力学创立之五步曲" 中被归并为第一步: 创立量子力学的海森伯绘景). 所以, 把量子力学的创立完全归功于海森伯, 把诺贝尔奖只授予他一个人, 这对于玻恩与约当无疑是极不公正的. 这就像是只把诺贝尔奖授予德布罗意而不授予薛定谔一样.

实际上, 在 1928 年, 爱因斯坦就提出应该给量子力学的奠基人授予诺贝尔物理学奖, 他提出的候选人有德布罗意, 薛定谔, 海森伯, 玻恩和约当. 当 1954 年玻恩终于获奖时, 爱因斯坦写了一封信给他, 说 "很高兴地得知你获得了诺贝尔奖, 为了你对量子理论的奠基性的贡献, 虽然它来得莫名其妙地迟." 我觉得, 玻恩的诺奖之所以姗姗来迟, 很可能是评审过程受到人为偏见的影响, 但没有做过细致深入的考证, 只是个人的直觉, 这里只能姑妄说之. 有兴趣的读者, 不妨做点研究, 这是近代物理学史上一个有意义的问题.

习题 7.6 用一束电子轰击 H 样品, 如要发射巴耳末系的第一条谱线, 试问加速电子的电压应多大?

解 H 原子光谱巴耳末系的第一条谱线是从 $n=3$ 到 $n=2$ 的跃迁. 为了能发射这条谱线, 需要把 H 原子从 $n=1$ 的基态激发到 $n=3$ 的第二激发态. 这需要的能量是

$$E(3) - E(1) = \left(\frac{1}{3^2} - \frac{1}{1}\right)E_0 = \frac{8}{9} \times 13.6\,\text{eV} = 12\,\text{eV},$$

所以加速电子的电压应为 12 V.

习题 7.7 如果定义轨道角动量与 z 轴的夹角 θ 为 $\cos\theta = L_z/L$, 试计算 $l=3$ 时可能有的夹角 θ.

解 由 $L_z = m\hbar, m = -l, -l+1, \cdots, l-1, l; L = \sqrt{l(l+1)}\hbar$, $l = 3$ 时有

$$\cos\theta = \frac{L_z}{L} = \frac{m}{\sqrt{l(l+1)}} = \frac{m}{\sqrt{12}}.$$

代入 $m = -3, -2, -1, 0, 1, 2, 3$, 就有 $\theta = 150°, 125.3°, 106.8°, 90°$, $73.2°, 54.7°, 30°$.

习题 7.8 一束 H 原子以 $2\times10^5\,\mathrm{m/s}$ 的速度射入梯度为 $200\,\mathrm{T/m}$ 的磁场并分裂成两束, 试求运动 $20\,\mathrm{cm}$ 以后两束的裂距.

解 H 原子在不均匀磁场中受力为

$$f_z = \mu_z \frac{\partial B}{\partial z},$$

其中 H 原子磁矩为

$$\mu_z = -gm\mu_\mathrm{B}.$$

由于原子束在磁场中分裂成两束, 量子数 m 只有两个取值, $m = \pm 1/2$, 是自旋磁矩, 朗德 g 因子为 2, 上述原子磁矩的大小等于玻尔磁子 μ_B, 原子受力大小为

$$f_z = \mu_\mathrm{B} \frac{\partial B}{\partial z}.$$

H 原子在 x 轴方向以速度 v 穿过磁场区域距离 s 所用时间为 $t = s/v$. 在此时间内, 原子束在上述磁力作用下在 z 轴方向上下分开的裂距就是

$$h = 2 \times \frac{1}{2}at^2 = \frac{f_z}{M}\left(\frac{s}{v}\right)^2 = \frac{\mu_\mathrm{B}}{Mc^2}\frac{\partial B}{\partial z}\left(\frac{sc}{v}\right)^2,$$

其中 M 是 H 原子质量. 代入数值, 就有

$$h = \frac{5.788 \times 10^{-5}\,\mathrm{eV/T}}{1.008 \times 931.5\,\mathrm{MeV}} \times \frac{200\,\mathrm{T}}{\mathrm{m}}\left(\frac{0.20\,\mathrm{m} \times 3.0 \times 10^8\,\mathrm{m/s}}{2 \times 10^5\,\mathrm{m/s}}\right)^2$$

$$= 1.1 \times 10^{-6}\,\mathrm{m} = 1.1\,\mathrm{\mu m}.$$

习题 7.9 在 Ag 原子束的施特恩 - 格拉赫实验中, 磁场梯度为 $60\,\mathrm{T/m}$, 运动距离 $0.1\,\mathrm{m}$, 在接收板上测得裂距为 $0.15\,\mathrm{mm}$, Ag 原子质量为 $1.79 \times 10^{-25}\,\mathrm{kg}$, 试求 Ag 原子的速率.

解 Ag 原子的磁矩也是自旋磁矩, $m = \pm 1/2$, $g = 2$, 与上题

的 H 原子一样. 从上题的公式解出速率 v, 有

$$v = \sqrt{\frac{\mu_B}{M} \frac{\partial B}{\partial z} \frac{s^2}{h}} = \sqrt{\frac{9.274 \times 10^{-24} \,\text{J/T}}{1.79 \times 10^{-25} \,\text{kg}} \frac{60\,\text{T}}{\text{m}} \frac{0.01\,\text{m}^2}{1.5 \times 10^{-4}\,\text{m}}} = 455\,\text{m/s}.$$

注意这里 Ag 原子的质量也可以不用题目给出的数值和单位 kg, 而用 107.87 u 和单位 MeV/c^2. 对本题和上题, 质量单位用 kg 或 MeV/c^2 在计算量上并没有多大差别. 如果质量单位用 MeV/c^2, 玻尔磁子的单位就要用 eV/T, 即 $\mu_B = 5.788 \times 10^{-5}\,\text{eV/T}$.

习题 7.10　在施特恩 - 格拉赫实验中, 原子炉的温度 1000 K, 磁场梯度 10 T/m, 磁场区域长 1 m, 从磁场出来后到屏的距离也是 1 m, 试估计在屏上观测到的裂距. 如果需要的话, 你可作进一步的假定.

解　知道了原子炉的温度 T, 就可以算出原子束的平均速率 v, 所以本题和习题 7.8 一样, 为了估计在屏上观测到的裂距 h, 还需要知道原子的磁矩大小 μ_z. 假设是自旋磁矩, $\mu_z \approx \mu_B$. 由分子运动论的公式

$$\frac{1}{2}Mv^2 = \frac{3}{2}k_B T,$$

我们可以估计出原子束的平均速率

$$v = \sqrt{\frac{3k_B T}{M}},$$

其中 M 是原子的质量. 沿 x 轴方向射入磁场的原子束, 在磁力作用下沿 z 轴方向上下分裂成两束. 设在穿出长为 s 的磁场区域时, 被分开的两束原子之间的距离为 h_1. 这个距离的计算和习题 7.8 一样,

$$h_1 = 2 \times \frac{1}{2}at^2 = at^2,$$

其中 $a = f_z/M$, $t = s/v$. 被分开的两束原子从磁场出来后, 在 z 轴方向保持刚刚离开磁场区域时的速度 at, 它们之间的距离在飞向屏的过程中继续增加. 从离开磁场区域到到达屏处时, 设它们之间的距离又增加了 h_2. 由于从磁场到屏的距离也是 s, 所以飞过的时间也是 $t = s/v$, 有

$$h_2 = 2 \times at \times t = 2at^2.$$

于是，最后在屏上观测到的裂距 h 为

$$h = h_1 + h_2 = 3at^2 = 3\frac{f_z}{M}\left(\frac{s}{v}\right)^2 = 3\frac{\mu_\mathrm{B}}{M}\frac{\partial B}{\partial z}\left(\frac{s}{v}\right)^2 = \frac{\mu_\mathrm{B}s^2}{k_\mathrm{B}T}\frac{\partial B}{\partial z},$$

其中代入了 $v = (3k_\mathrm{B}T/M)^{1/2}$. 代入数值, 就可以估计出 h,

$$h = \frac{5.788 \times 10^{-5}(\,\mathrm{eV/T}) \times 1\mathrm{m}^2}{8.617 \times 10^{-5}(\mathrm{eV/K}) \times 10^3\mathrm{K}}\frac{10\mathrm{T}}{\mathrm{m}} = 6.7\,\mathrm{mm}.$$

习题 7.11　在射电天文学中用波长 21 cm 的这条谱线来描绘银河系的形状, 这条谱线是当银河系中 H 原子的电子自旋从与该原子中质子自旋平行变为反平行时发出的. 这些电子受到多大磁场的作用?

解　在氢原子的电子与质子之间, 除了库仑相互作用外, 还有它们自旋磁矩的磁相互作用. 所以, 在第 6 章玻尔理论给出的氢原子能级上, 还要附加上磁相互作用的贡献. 由于磁相互作用比库仑相互作用小得多, 它的贡献只是一个很小的修正, 给出氢原子能级的超精细结构 (参阅第 8 章氢原子和类氢离子). 对于基态氢原子, 这一项修正主要来自质子自旋磁矩的磁场 B 对电子磁矩的作用, 可以写成

$$U = -\mu_z B = g_S m_S \mu_\mathrm{B}B,$$

其中 $g_S = 2$ 是电子的朗德 g 因子, $m_S = \pm 1/2$ 是电子自旋在磁场方向的投影量子数, 分别对应于电子自旋与质子自旋平行和反平行的态. 从自旋平行变为反平行, 能级差为

$$E = \Delta U = \Delta g_S m_S \mu_\mathrm{B}B = 2 \times \left(\frac{1}{2} - \frac{-1}{2}\right)\mu_\mathrm{B}B = 2\mu_\mathrm{B}B, \quad (1)$$

由此跃迁发射的光子能量则是

$$E = h\nu = \frac{2\pi\hbar c}{\lambda} = \frac{2\pi \times 197.3\,\mathrm{eV\cdot nm}}{21\,\mathrm{cm}} = 5.9\,\mu\mathrm{eV}, \quad (2)$$

这比氢原子基态能量小得多. 联立 (1) 式和 (2) 式, 即可解出

$$B = \frac{2\pi\hbar c}{2\mu_\mathrm{B}\lambda} = \frac{2\pi \times 197.3\,\mathrm{eV\cdot nm}}{2 \times 5.788 \times 10^{-5}(\mathrm{eV/T}) \times 21\mathrm{cm}} = 0.051\,\mathrm{T}.$$

在银河系星际空间散布的星际云中, 存在中性氢原子云的分布. 用普通光学望远镜观测不到这些中性氢原子, 因为光被暗星云等固体微粒吸收了. 而波长为 21 cm 的射电波几乎不被吸收, 所以自从 1951 年观测到中性氢原子发出的 21.1 cm (ν=1420 MHz) 的射电发射

以来, 星际气体的观测获得了飞速的发展.

习题 7.12 两片同样的金属由一两层原子的氧化物分开, 在中间形成一个高 $10\,\mathrm{eV}$、宽 $0.4\,\mathrm{nm}$ 的矩形势垒, 试问动能为 $3\,\mathrm{eV}$ 的电子束射到这个氧化层上, 能够穿透的概率大约是多少?

解 体系的势能只在一个方向上变化, 这是一维问题, 定态薛定谔方程为

$$-\frac{\hbar^2}{2m}\frac{\mathrm{d}^2}{\mathrm{d}x^2}\varphi(x) + V(x)\varphi(x) = E\varphi(x),$$

m 是电子质量, E 是入射电子动能. 设矩形势垒位于区间 $0 \leqslant x \leqslant a$,

$$V(x) = \begin{cases} V_0, & 0 \leqslant x \leqslant a, \\ 0, & x < 0, \ x > a. \end{cases}$$

在势垒左边 $x < 0$ 的区域, 解可以写成入射波与反射波的叠加,

$$\varphi_{\mathrm{I}}(x) = \mathrm{e}^{\mathrm{i}kx} + A\mathrm{e}^{-\mathrm{i}kx}, \qquad k = \sqrt{2mE}/\hbar,$$

在势垒区域 $0 \leqslant x \leqslant a$, 解可以写成

$$\varphi_{\mathrm{II}}(x) = B\mathrm{e}^{-\kappa x} + C\mathrm{e}^{\kappa x}, \qquad \kappa = \sqrt{2m(V_0 - E)}/\hbar,$$

而在势垒右边 $x > a$ 的区域, 只有出射波,

$$\varphi_{\mathrm{III}}(x) = D\mathrm{e}^{\mathrm{i}kx},$$

这里我们取入射波的振幅为 1, 而系数 A, B, C, D 则是其余各个分波的振幅.

根据波函数的统计诠释, 入射波的概率密度为 1, 反射波的概率密度为 A^2, 透射波的概率密度为 D^2. 入射、反射和透射波的波矢量大小都是 k, 相应的电子速率都是 $\hbar k/m$, 所以入射、反射和透射电子流密度分别是 $\hbar k/m$, $(\hbar k/m)A^2$, 和 $(\hbar k/m)D^2$. 反射电子流密度与入射电子流密度之比给出反射系数 $R = A^2$, 透射电子流密度与入射电子流密度之比则给出透射系数 $T = D^2$. 概率流守恒, 所以应有

$$R + T = A^2 + D^2 = 1.$$

系数 A, B, C, D 可由波函数在 $x = 0$ 和 $x = a$ 处的光滑连接条件定出. 在 $x = 0$ 处, $\varphi_{\mathrm{I}}(0) = \varphi_{\mathrm{II}}(0)$ 和 $\varphi_{\mathrm{I}}'(0) = \varphi_{\mathrm{II}}'(0)$ 分别给出

$$1 + A = B + C, \tag{3}$$

$$\mathrm{i}k(1 - A) = -\kappa(B - C). \tag{4}$$

在 $x = a$ 处，$\varphi_{\text{II}}(a) = \varphi_{\text{III}}(a)$ 和 $\varphi'_{\text{II}}(a) = \varphi'_{\text{III}}(a)$ 分别给出

$$Be^{-\kappa a} + Ce^{\kappa a} = De^{ika}, \tag{5}$$

$$-\kappa(Be^{-\kappa a} - Ce^{\kappa a}) = ikDe^{ika}. \tag{6}$$

联立方程 (3)~(6)，就可以解出 D，从而得到透射系数

$$T = D^2 = \frac{4k^2\kappa^2}{(k^2 + \kappa^2)^2 \, \text{sh}^2 \kappa a + 4k^2\kappa^2}.$$

代入

$$ka = \frac{\sqrt{2mc^2 E}\, a}{\hbar c} = \frac{\sqrt{2 \times 0.511 \times 10^6 \times 3} \times 0.4}{197.3} = 3.55,$$

$$\kappa a = \frac{\sqrt{2mc^2(V_0 - E)}\, a}{\hbar c} = \frac{\sqrt{2 \times 0.511 \times 10^6 \times (10 - 3)} \times 0.4}{197.3} = 5.42,$$

最后可以算出电子能够穿透势垒的概率为

$$T = \frac{4 \times 3.55^2 \times 5.42^2}{(3.55^2 + 5.42^2)^2 \times \text{sh}^2 5.42 + 4 \times 3.55^2 \times 5.42^2} = 6.6 \times 10^{-5}.$$

　　本题讨论的模型，在实际物理问题中可以找到许多原型，其中最有名的就是超导体的约瑟夫森结. 约瑟夫森结有许多重要的应用，其物理基础就是这里讨论的隧道效应. 详情请参阅《近代物理学》13.8 节约瑟夫森效应和 SQUID.

　　习题 7.13　动能都是 $4\,\text{MeV}$ 的质子束和 D 核束，入射到 $10\,\text{MeV}$ 高 $10\,\text{fm}$ 厚的矩形势垒上，试从一般的物理原理推测，哪种粒子穿透势垒的概率大，并算出每种粒子束的透射系数.

　　解　从一般的物理原理推测，对于同一个势垒，入射动能相同时，质量小的粒子波长长，波进入势垒区域的距离深，穿透势垒的概率就大. 这是从波动图像的分析. 也可以从粒子图像来分析. 由测不准关系，在 Δt 时间内，粒子能量可以有 $\Delta E \sim \hbar/\Delta t$ 的涨落. 由于这种涨落，粒子能量有可能高过势垒，从而进入势垒区域. 粒子进入势垒的深度

$$\Delta x = v\Delta t,$$

其中速度 v 依赖于粒子动能 E_{k} 和质量 m，

$$v = \sqrt{2E_{\text{k}}/m}.$$

所以，入射动能相同时，质量小的粒子速度高，进入势垒的距离深，

穿透势垒的概率也就大.

计算粒子束透射系数的方法与上题相同. 对于质子束, $m = 938.3\,\mathrm{MeV}/c^2$, 有

$$ka = 4.39, \quad \kappa a = 5.38, \quad T = 0.8 \times 10^{-4}.$$

对于 D 核束, $m = 1875.6\,\mathrm{MeV}/c^2$, 有

$$ka = 6.21, \quad \kappa a = 7.60, \quad T = 1.0 \times 10^{-6}.$$

本题和上题一样, 也是实际物理问题的一个简化模型. 本题的物理原型, 是原子核反应过程中的衰变问题. 质子与 D 核都带一个单位的正电荷, 与原子核中其余质子之间有很强的库仑力. 它们与原子核中其余核子之间还有更强的核力. 核力的力程比库仑力的短, 所以, 质子或 D 核与原子核中其余核子之间的相互作用在距离小时主要是相互吸引的核力, 势能曲线是斜率为正的上升曲线; 在距离大时主要是相互排斥的库仑力, 势能曲线是斜率为负的下降曲线; 中间有一个平滑衔接的过渡区. 对于核体系中的质子或 D 核来说, 这就是一个势垒. 它们穿过势垒跑到外面来, 就发生了一种原子核反应过程后期的衰变. 当然, 这里的模型过于简化, 势垒穿透的概率对于势垒的形状、高度和宽度是十分敏感的. 原子核自发发射 α 粒子的 α 衰变, 就是伽莫夫最早用类似模型的隧道效应解释的, 详情请参阅《近代物理学》14.7 节原子核衰变.

习题 7.14 金属中自由电子的简化模型, 假设电子在金属中的势能为 0, 在金属边界面上势能突然上升为 V_0, 处于金属中的电子, 其动能 E 必定小于 V_0, 使这个电子离开金属的脱出功为 $V_0 - E$. 已知电子质量 $m = 9.1 \times 10^{-31}\,\mathrm{kg}$, $V_0 - E = 4\,\mathrm{eV}$, 试估计此电子能穿出金属表面的距离 Δx.

解 本题与习题 7.12 一样, 是一维定态问题, 薛定谔方程为

$$-\frac{\hbar^2}{2m}\frac{\mathrm{d}^2}{\mathrm{d}x^2}\varphi(x) + V(x)\varphi(x) = E\varphi(x).$$

设金属在 $x \leqslant 0$ 的区域, 边界在 $x = 0$ 处, 于是势能为

$$V(x) = \begin{cases} 0, & x < 0, \\ V_0, & x \geqslant 0. \end{cases}$$

在 $x < 0$ 的金属内, 解可以写成入射波与反射波的叠加,

$$\varphi_{\mathrm{I}}(x) = \mathrm{e}^{\mathrm{i}kx} + A\mathrm{e}^{-\mathrm{i}kx}, \quad k = \sqrt{2mE}/\hbar,$$

在 $x \geqslant 0$ 的金属外, 解可以写成

$$\varphi_{\mathrm{II}}(x) = B\mathrm{e}^{-\kappa x}, \quad \kappa = \sqrt{2m(V_0 - E)}/\hbar,$$

这里我们取入射波的振幅为 1, 而系数 A 与 B 则是反射波和透射波的振幅, 它们可以由波函数在 $x = 0$ 处的光滑连接条件定出. $\varphi_{\mathrm{I}}(0) = \varphi_{\mathrm{II}}(0)$ 和 $\varphi_{\mathrm{I}}'(0) = \varphi_{\mathrm{II}}'(0)$ 分别给出

$$1 + A = B, \quad \mathrm{i}k(1 - A) = -\kappa B,$$

由此解出

$$B = \frac{2k}{k + \mathrm{i}\kappa},$$

$B^*B = 4E/V_0$ 是 1 的数量级. 金属外的波函数 $\varphi_{\mathrm{II}}(x)$ 随着离开边界的距离 x 的增加而指数衰减, 减小到 $1/\mathrm{e}$ 的距离是

$$\Delta x = \frac{1}{\kappa} = \frac{\hbar}{\sqrt{2m(V_0 - E)}} = \frac{197.3\,\mathrm{eV \cdot nm}}{\sqrt{2 \times 0.511\,\mathrm{MeV} \times 4\,\mathrm{eV}}} = 0.1\,\mathrm{nm}.$$

在上述计算中, 我们用组合常数 $\hbar c = 197.3\,\mathrm{eV \cdot nm}$ 和电子质量 $m = 0.511\,\mathrm{MeV}/c^2$, 而没有用题目给出的 $m = 9.1 \times 10^{-31}\,\mathrm{kg}$.

在过去三四十年来, 固体表面和薄膜问题受到极大关注, 形成了凝聚态物理研究中一个重要的领域, 新概念和新发现不断涌现. 本题的结果表明, 金属表面是一个复杂的结构, 表面附近并非一无所有, 仍然存在一个电子的分布.

本章小结

本章看起来头绪多, 内容杂, 其实都是围绕一个主题: 量子力学的波动方程, 这里指的是电子等粒子的非相对论性薛定谔方程. 第 4 章辐射的量子性和第 5 章粒子的波动性, 是本章的物理基础, 而第 6 章卢瑟福 - 玻尔原子模型, 则是本章波动方程应用和检验的第一个问题, 这将构成下一章的内容. 所以, 从第 4 章和第 5 章经过第 6 章而到达本章, 可以说就是我们在第 1 章引言中所说的从实验经过唯象理论而到达基本理论的过程. 我们在第 1 章引言中已经指出, 量子力学是整个近代物理学三大基本理论中最重要的一个. 而量子力学的核心内容, 就是本章讨论的薛定谔波动方程. 不过,

作为一门课程，近代物理学的主题并不仅仅只是基本理论，近代物理学的风格和水准也不是理论物理. 在近代物理学课程中，我们只局限于对量子力学作一些入门性的介绍.

在量子力学建立初期，对于波函数的物理含意，即如何对波函数进行诠释，在物理学界发生了激烈的争论. 薛定谔认为应该把他的波函数诠释为描述物质连续分布的函数，$m|\psi(r,t)|^2$ 是电子质量的分布，$e|\psi(r,t)|^2$ 是电子电荷的分布. 但是，他的这个诠释受到了尖锐的质疑：由于波包 $|\psi(r,t)|^2$ 会很快扩散开来，不能长久地保持，这种诠释意味着电子的质量和电荷都不能保持在空间的一个小范围内，从而电子也不能保持为一个粒子，这与电子的粒子性相冲突. 由于这个困难，大家都接受玻恩对波函数的统计诠释，而拒绝了薛定谔的物质连续分布的诠释. 可是，如果接受玻恩的统计诠释，就意味着必须放弃对电子有决定论的因果性描述，正如我们在第 6 章的小结中所讨论的那样. 这却是薛定谔所不能放弃的. 1926 年冬薛定谔应玻尔的邀请到哥本哈根访问，在一次与玻尔的争论中，薛定谔情急地说：我真后悔卷进这个量子理论中来！

下面我们来介绍薛定谔提出的一个著名佯谬，即现在广为人知的薛定谔猫. 为了说清这个问题，我们先来简单地说一下量子力学的第一条基本原理：态的叠加原理.

态的叠加原理　在习题 7.12 中求解薛定谔方程时，我们把势垒左边区域的解一般地写成两个德布罗意平面波 e^{ikx} 与 e^{-ikx} 的线性叠加，把势垒区域的解一般地写成两个指数函数 $e^{-\kappa x}$ 与 $e^{\kappa x}$ 的线性叠加，其根据都是薛定谔方程的线性性质. 在数学上很容易证明，对于一个线性微分方程或偏微分方程，如果 ψ_1 和 ψ_2 都是它的解，那么这两个解的线性叠加

$$\psi = c_1\psi_1 + c_2\psi_2$$

一定也是方程的解，其中 c_1 与 c_2 是任意的叠加系数.

从物理上看，薛定谔方程的解描述体系的运动状态，于是我们可以把上述数学性质改用物理的语言来陈述：如果 ψ_1 和 ψ_2 都是体系的可能态，那么这两个态的线性叠加 $\psi = c_1\psi_1 + c_2\psi_2$ 一定也是体系的可能态，其中 c_1 与 c_2 是任意的叠加系数. **在获得了这个认识**

之后，**物理学家又进一步把它提升为量子力学的基本原理，放在了优先于薛定谔方程的地位**. 这就是 态的叠加原理. 根据这个原理，确定量子态的方程必须是线性的，薛定谔方程的线性性质是叠加原理的结果.

　　实际上，波动光学的惠更斯原理就是光波的叠加原理. 作为一个具体和直观的例子，我们来讨论光的偏振态. 光波是一种横波，振动方向在与传播方向垂直的平面内. 有一种叫做偏振片的光学器件，它只让沿某一方向振动的光通过，而把在其他方向振动的光挡住. 用这种偏振片，我们可以从各个振动方向都有的自然光中选出沿某一振动方向的光来. 这种沿某一特定方向振动的光，就叫做偏振光.

　　我们选取坐标的 z 轴沿光的传播方向，则光的偏振方向就在 (x, y) 平面. 于是，如果我们使偏振片的方向沿 x 轴方向，就得到在 x 轴方向振动的偏振光，而使偏振片的方向沿 y 轴方向，则得到在 y 轴方向振动的偏振光. 光的这两种偏振态，就是上面说的 ψ_1 和 ψ_2 态. 那么，有没有与这两个偏振态的线性叠加 $\psi = c_1 \psi_1 + c_2 \psi_2$ 相应的态呢？

　　回答这个问题的实验早就有人做过了，这就是偏振光的马吕斯定律. 这个定律说：设线偏振光的偏振方向 P 在 (x, y) 平面内，与 x 轴的夹角为 θ，则测得在 x 轴方向偏振的光强正比于 $\cos^2 \theta$，这里 $\cos \theta$ 是 P 在 x 轴方向的投影. 根据这个定律，我们就可以把这个线偏振光的态写成

$$\psi(\theta) = \psi_1 \cos \theta + \psi_2 \sin \theta.$$

这里说的光强，也就是测到的光子数，或者测到光子的概率. 所以，马吕斯定律从实验上回答了我们上面的问题，答案是肯定的. 一般地说，两个偏振方向互相垂直的线偏振光叠加，所得的光不仅依赖于它们的相对强度，还依赖于它们的相对相位，叠加态 ψ 一般不是线偏振光，而是椭圆偏振光.

　　实际上，无论是惠更斯原理，还是马吕斯定律，其理论基础都是电磁波的波动方程的线性性质. 好啦，有了这些准备，我们现在可以来说薛定谔猫了.

薛定谔猫 薛定谔在 1935 年设计了一个著名的思想实验. 把一只猫关在一个钢箱中, 在箱中安置一套不会被猫碰到的装置. 这套装置中有少量的放射性物质, 它在一个小时内大约会有一个原子核衰变, 也可能没有衰变, 衰变与不衰变的概率一样. 还有一个用来探测放射性衰变的盖革计数器, 当它记录到有原子核衰变时, 会触发一个机械装置, 释放一把榔头, 把一个盛有剧毒氰氢酸的瓶子击碎, 从而把猫毒死. 于是, 在一个小时内, 如果没有原子核衰变, 那么猫还是活的. 而第一个原子核的衰变就会把猫毒死. 箱中猫的生命处于由两个状态叠加而成的叠加态, 其中一个态猫是活的, 另一个态猫是死的.

这种情形的特点是, 在原子核层次的一种微观上的不确定, 被转移和放大成一种宏观生命层次的不确定. 一个原子核衰变与否, 被转移和放大成猫的生死与否. 而猫是生还是死, 则要由直接的观察来决定. 我们这里必须给出一个清楚的回答, 猫要么还活着, 要么就死掉, 不可能再含糊其辞.

我们心中十分清楚, 猫只能或者是活的或者死的. 可是, 按照量子力学的规则, 箱中的猫命系于这两个态的叠加态, 其中一个态是活猫, 另一个态是死猫. 由活猫和死猫这两个态叠加而成的态, 我们可以称为猫的死 - 活态. 为了知道猫是死还是活, 我们只有打开箱子来看一看. 这个 "看" 就是一次测量. 按照对波函数的统计诠释, 测量的结果, 这个猫的死 - 活叠加态会立即 "收缩" 或 "缩编" 到猫的活态或者死态. 于是, 猫的命运完全由我们的测量来决定. 在测量之前的时间里, 亦即在我们开箱观察之前, 非但我们不知道猫是死是活, 就是猫自己也不应该知道它究竟是死还是活, 因为它是处于一个非死非活死活不定的死 - 活叠加态. 我们测量的结果, 猫或者是从这个死活不定态被 "看" 活了, 或者就被 "看" 死掉.

而在实际上, 猫应该知道它自己是否还活着. 如果把猫换成一个人, 我们在开箱以后, 如果他还活着的话, 就可以问问他自己的感觉. 他当然会告诉我们, 他的感觉一直很好. 这样看来, 量子力学的描述就与实际的情形存在尖锐的冲突. 薛定谔就是这样, 巧妙地把你绕着弯子引领进入一个逻辑思维的困境. 既然波函数的统计诠释导致这种与常理相悖的结果，那还能接受吗？薛定谔在这里，是想让我们用从日常经验所获得的认识，来拒绝对他的波函数作统计诠释.

其实，何需要有放射性的原子核？你对一位多年没有联系的老友，也不会知道他的生死. 要想知道他的近况，就要通信联系. 联系的结果，要么他还好好的活着，要么已经不幸去世. 我们能够把薛定谔猫的那些话语套用到这个情形，说老友处于生 - 死叠加态，而你的一封信决定了他的生死吗？而且，要想不开箱就知道猫的生死，有很多办法. 例如使得榔头在击碎瓶子的同时，打开一个开关，把箱外的灯点亮，并且按下停表，这就可以知道猫在什么时候中毒. 进一步，还可以直接在猫身上安装一个传感器，把猫停止呼吸和心跳的信息传递出来，这就知道猫死了，并且测出猫从中毒到死去经历了多长的时间. 这才是测量. 开箱看一眼，那不能叫做测量.

所以，这个薛定谔猫不是真实的冲突，只是一个佯谬. 佯谬在于，前面的叙述推理过程不知不觉地偷换了概念，把原子核衰变前和衰变后这两个微观量子态，偷换成了猫的死和活这两个宏观的生命状态，并且进一步把微观量子态的叠加原理用到了像猫这样的宏观而且有生命的体系. 其实，这种宏观生命体系的波函数怎么写，我们还不知道. 死和活是宏观生命现象，如何把死和活这种宏观生命的状态表达为物理学的量子态，还是没有解决的问题.

实际上，我们从来没有观测到猫的死 - 活态，这说明虽然死和活是猫的两个可能态，但是由它们叠加而得的死 - 活态并不是猫的一个可能态，叠加原理不能用到猫这种宏观体系上. 这是因为，确定这种宏观状态的方程不是线性方程. 非但不是线性方程，而且也不可逆. 这就意味着，从微观到宏观，有一个质的改变. 至于在从微观到宏观的过渡中，究竟是在什么环节上发生了这种质的改变，是什么因素促成了这种改变，这种改变以什么形式表现出来，则是物理学家们正在探索研究的问题.

而且，原子核衰变前后这两个微观量子态，也不能简单地就直接对应到猫的生死这两个宏观状态. 从原子核发生衰变激发盖革计数器，使榔头击碎氰氢酸瓶子，放出毒物，让猫吸收中毒，最后死去，这包含了一系列宏观过程．猫从生到死，绝不像原子核衰变那样，发生在两个微观态之间跃迁的一瞬间．并非原子核一衰变，猫立即就死去．从微观的视角来看，猫从生到死，是一个漫长和复杂得多的宏观过程．

所以，薛定谔的这个思想实验，准确地说并不是测量猫的生死，而是探测原子核的衰变．我们可以把盖革计数器、榔头、氰氢酸和盛它的瓶子以及猫合起来看成是一个探测器，猫是这个探测器的指针，猫的死与活则是探测器指针的两个位置，指示出原子核衰变与否．原则上，我们可以用这套装置来探测一个原子核的衰变．当然，这种装置并不实用，因为它既不方便而又残酷和昂贵，每探测到一次衰变就要杀死一只猫，换一个"探针"．

从物理上看，一个宏观的探测器，它的指针总是指在一个确定的位置．在量子力学意义上由两个位置叠加而成的"叠加位置"，在实际上并不存在．这种叠加的典型特征是干涉效应，它使得两个线偏振光叠加后成为椭圆偏振光，在偏振方向上完全不确定．为什么宏观仪器没有微观体系的这种不确定，由微观体系组成的宏观仪器究竟是在什么环节上失去了这种相干性，是什么因素促成了这种相干性的消失，这种相干性的消失以什么形式表现出来，这些则是研究测量理论的物理学家们正在探索研究的问题．他们为了简洁地表述这种相干性的消失，用了一个专门的术语 decoherence，中文可以翻译成 退相干，或更简洁一点译成 消干．换句话说，由于从微观到宏观的过程存在消干，在宏观上并不存在薛定谔猫的这种死 - 活叠加态．

不过，虽然是个理论思考的佯谬，薛定谔这个设计却仍然具有重要和实际的作用．除了推动理论家们深入研究测量问题和从微观到宏观过程的消干外，它也推动了实验家们进行实际的探索．他们努力实现和制作像"胖原子"以及几个光子或几个核子几个原子等等组成的多粒子体系，设法做出它们不同态的叠加，从而实现真实的"薛定谔猫态"．在这里，薛定谔猫态这个词作为一个成语典故已被泛化，在学界用来指从微观看来较大体系的某种叠加态．这里还要指出，两个可以测到确定本征值的量子态，叠加的结果仍然也是一个确定的量子态，只不过一般不是这个观测量的本征态.

　　与薛定谔当初所希望和设想的不同，他的这个思想实验所揭露出来的尖锐冲突，并不是存在于量子力学的描述与实际情形之间，而是存在于微观的实际情形与我们的经典观念之间. 这不是量子力学与实际观测的冲突，而是微观现象与经典观念的冲突. 薛定谔设计这个思想实验的主要目的，是针对波函数的统计诠释. 根据统计诠释，一般来说，在测量之前，我们不能确切预知将测到什么状态. 我们只能知道，如果进行测量的话，会测到哪些可能的态，以及测到每一种可能态的概率是多少. 薛定谔不能接受这种情形. 他相信，我们应该能够精确预知体系所处的状态和测量的结果，而在原则上不取决于我们是否进行测量. 这已经不是一个物理问题，而是物理学家的信仰和追求.

　　海森伯创立矩阵力学的指导思想，是抛弃轨道这一类不能观测的概念，只用可以直接观测的量来建立理论. 狄拉克在他的《量子力学原理》一书中，用"观测量" (observable, 又译"可观测量") 这个词来代替我们通常在经典物理学中使用的"物理量" (physical quantity) 这个词，并且专门用一节来讨论这个概念. 狄拉克使用观测量这个概念，就是为了强调和提醒我们，测量是量子力学的核心与精髓，整个量子力学的理论，都是围绕测量问题而展开的.

　　测量的概念在物理学理论中扮演重要和关键的角色，成为理论家必须面对和思考的重要因素，并不是从量子力学才开始的. 海森伯只用可以直接观测的量来建立理论的这个思想，是直接来自和继承了爱因斯坦的狭义相对论的. 爱因斯坦建立狭义相对论时在基本观念上的突破，就是认识到只有通过实验测量，我们才能知道两件事是否同时发生. 他对同时这一概念的操作性定义，就是一种测量的概念.

　　其实，整个物理学，而且整个自然科学，都是以实验为基础的实验科学. 自然科学的基础是观测与实验，不是先验的思辨. 与实验测量无关的学问，那是数学. 相对论和量子力学的特点，只是在理论的基础和框架之中凸显了测量的地位和作用.

8 氢原子和类氢离子

基本概念和公式

本章的主题是用简单的量子力学方法处理氢原子和类氢离子问题, 主要是从定态薛定谔方程求解氢原子和类氢离子体系的能级结构, 也附带讨论能级跃迁的选择定则. 对于氢原子和类氢离子体系的能级结构, 在库仑相互作用所给出的主要结构的基础上, 还需要进一步考虑相对论效应和电子自旋 - 轨道耦合引起的精细结构, 原子核磁矩与电子轨道运动以及电子磁矩的耦合引起的超精细结构, 还有起源于电磁场真空极化和电子自能的兰姆移位. 而为了处理自旋 - 轨道耦合以及磁矩的耦合, 我们需要有角动量相加的知识.

● 能级公式: 只考虑库仑相互作用时, 由在库仑场中电子的定态薛定谔方程解出的能级公式与玻尔理论的一样, 为

$$E_n = \left(\frac{Z}{n}\right)^2 E_0, \quad E_0 = -\frac{1}{2}\frac{e^2}{4\pi\varepsilon_0 a_0}, \quad a_0 = \frac{4\pi\varepsilon_0\hbar^2}{me^2},$$

其中 a_0 是氢原子玻尔半径 (见第 6 章卢瑟福 - 玻尔原子模型), Z 是原子核电荷数.

● 氢原子基态波函数: 由在库仑场中电子的定态薛定谔方程解出的氢原子基态波函数是

$$\varphi(r) = \frac{\mathrm{e}^{-r/a_1}}{\sqrt{\pi a_1^3}}, \quad a_1 = \frac{a_0}{Z}.$$

这个态的主量子数 $n = 1$, 角量子数 l 和磁量子数 m 都为 0, $l = m = 0$.

● 低激发态波函数: 主量子数 $n = 2$ 时, 角量子数有 $l = 1$ 和 $l = 0$ 两种情形. 当 $l = 1$ 时, 波函数的径向部分无节点 (原点除外), 为

$$u(r) = Nr^2\mathrm{e}^{-r/2a_1}.$$

当 $l = 0$ 时, 波函数的径向部分有一个节点 (原点除外), 为

$$u(r) = Nr(2a_1 - r)\mathrm{e}^{-r/2a_1}.$$

径向波函数 $u(r)$ 的定义和满足的径向薛定谔方程, 见第 7 章基本概念和公式中的轨道角动量部分.

• 电子态的标记: 在电子态的 3 个量子数 (n, l, m) 中, 通常只需给出 n 和 l. 习惯上, n 的数值直接给出, l 的数值则用小写字母 s, p, d, $\cdots$ 来代表, 如下表:

l	0	1	2	3	4	5	6
记号	s	p	d	f	g	h	i

例如 1s 态表示 $n = 1$, $l = 0$; 2p 态表示 $n = 2$, $l = 1$.

• 能级的简并度: 属于同一能级的量子态数, 称为这个能级的简并度. 在只考虑库仑相互作用时, 氢原子和类氢离子体系的能级只依赖于主量子数 n, 对不同角量子数和磁量子数 (l, m) 以及自旋是简并的. 容易算出, 能级 E_n 的简并度 f_n 为

$$f_n = 2n^2.$$

• 角动量相加的三角形规则: 量子数为 j_1 的角动量 $\boldsymbol{J}_1$ 与量子数为 j_2 的角动量 $\boldsymbol{J}_2$ 相加,

$$\boldsymbol{J} = \boldsymbol{J}_1 + \boldsymbol{J}_2,$$

合角动量 $\boldsymbol{J}$ 的量子数 j 的取值为

$$j = j_1 + j_2, j_1 + j_2 - 1, \cdots, |j_1 - j_2|.$$

• 自旋 - 轨道耦合: 电子围绕原子核的转动, 相当于原子核围绕电子转动. 原子核带正电, 它围绕电子的转动相当于一个环形电流, 会在电子处产生磁场, 对电子自旋磁矩产生作用. 这种源自电子轨道运动对电子磁矩的作用, 称为自旋 - 轨道耦合作用. 原子核电荷在电子处产生的磁场 $\boldsymbol{B}$ 正比于电子的轨道角动量 $\boldsymbol{L}$, 而电子自旋磁矩正比于自旋角动量 $\boldsymbol{S}$, 所以自旋 - 轨道耦合对能级的贡献正比于自旋角动量与轨道角动量的标量积 $\boldsymbol{L} \cdot \boldsymbol{S}$. 类似地, 电子围绕原子核的运动也会与原子核的磁矩发生耦合, 这种耦合对能级的贡献正比于电子的总角动量 $\boldsymbol{J}$ 与原子核总自旋角动量 $\boldsymbol{I}$ 的标量积 $\boldsymbol{J} \cdot \boldsymbol{I}$.

注意核磁子 μ_{N} 比玻尔磁子 μ_{B} 小得多, 这一耦合对能级的贡献比自旋 - 轨道耦合小得多:

$$\mu_{\mathrm{N}} = \frac{e\hbar}{2m_{\mathrm{p}}} = \frac{m_{\mathrm{e}}}{m_{\mathrm{p}}}\mu_{\mathrm{B}} \ll \mu_{\mathrm{B}}.$$

• 能级的精细结构: 考虑相对论效应和自旋 - 轨道耦合对能级的贡献以后, H 原子能级的公式是 (参阅《近代物理学》8.5 节氢原子能级的精细结构, 或本书作者的《量子力学原理》第三版 5.6 节球对称场中的狄拉克方程)

$$E = E_n + E_{\mathrm{FS}},$$

其中第一项 E_n 是库仑作用对能级的贡献, 只依赖于主量子数 n, 而第二项

$$E_{\mathrm{FS}} = \frac{E_n Z^2 \alpha^2}{n}\left(\frac{1}{j+1/2} - \frac{3}{4n}\right)$$

是相对论效应和自旋 - 轨道耦合对能级的贡献, 在主量子数 n 给定后只依赖于总角动量量子数 j, 式中的

$$\alpha = \frac{e^2}{4\pi\varepsilon_0 \hbar c} \approx \frac{1}{137.0}$$

称为精细结构常数, 是两个组合常数 $e^2/4\pi\varepsilon_0$ 与 $\hbar c$ 之比. 由于这个常数是 1/100 的量级, 它的二次方就是 1/10000 的量级. 所以, 依赖于总角动量量子数 j 的第二项 E_{FS} 只引起能级的精细分裂, 属于能级的精细结构. 精细结构常数 α 的名称即由此而来.

• 原子态的标记: 一般地, 为了标记一个态, 需要指出它的主量子数 n, 总角动量量子数 j, 以及轨道角动量量子数 l 和自旋角动量量子数 s, 即 (n,j,l,s). 为此, 采用记号

$$n^{2s+1}l_j,$$

其中 l 用前面给出的字母表示. 例如, $2^2 s_{3/2}$ 表示 $n = 2$, $j = 3/2$, $l = 0$, $s = 1/2$ 的态. 习惯上用小写字母 s, p, d, $\cdots$ 表示电子的态, 而用大写字母 S, P, D, $\cdots$ 表示原子的态. 对于氢原子和类氢离子来说, 只有 1 个电子, 电子态也就是原子态, 用小写或大写字母没有分别. 对于多电子原子, 原子态由电子态耦合而成, 两者就有区别, 请参阅第 9 章多电子原子.

• 兰姆移位: H 原子的 $2^2 S_{1/2}$ 态与 $2^2 P_{1/2}$ 态, 主量子数 $n = 2$

与总角动量量子数 $j = 1/2$ 都相同, 按照精细结构的能级公式, 这两个态能级相同, 是简并的. 可是, 实验测量表明这两个态的能级是分裂的, 有一个细小的差别. 现在把这种主量子数 n 和总角动量量子数 j 相同而轨道角动量量子数 l 不同的态的能级移动称为 兰姆移位. 引起兰姆移位的物理机制, 是电子自能和真空极化现象.

• 选择定则: 原子发射或吸收光子而在两个能级之间发生的跃迁过程, 除了玻尔频率条件所表达的能量守恒外, 还要满足角动量守恒和宇称守恒. 这些守恒条件对跃迁过程原子态量子数的改变有一定的限制, 这称为 跃迁选择定则. 光子角动量 $l = 1$, 宇称为 -1, 所以在氢原子和类氢离子体系的电偶极辐射跃迁中, 对主量子数的改变 $\Delta n = n' - n$ 没有限制, 而对角量子数 l 和磁量子数 m 改变的限制是

$$\Delta l = l' - l = \pm 1, \quad \Delta m = m' - m = 0, \pm 1.$$

满足上述条件的跃迁称为 允许跃迁, 发生的概率较大. 不满足上述条件的跃迁称为 禁戒跃迁, 发生的概率很小. 这一规则就称为氢原子和类氢离子体系电偶极辐射跃迁的选择定则. 考虑精细结构以后, 允许跃迁的选择定则是

$$\Delta l = l' - l = \pm 1, \quad \Delta j = j' - j = 0, \pm 1,$$

详情请参阅《近代物理学》第 8 章.

重要的实验

• 兰姆移位实验: 这是兰姆与瑞瑟福在 1947 至 1952 年间用射频波谱学方法完成的实验. 迈克耳孙和莫雷用干涉仪测量 H 原子光谱 H_α 谱线的精细结构双线分裂, 结果表明 H 原子的 $2^2S_{1/2}$ 与 $2^2P_{1/2}$ 这两个态的能级可能是分裂的, 有一个相当于波数差 $0.03/\text{cm}$ 的细小差别. 兰姆与瑞瑟福的实验, 直接证实了这个能级分裂. 对于实验的描述与讨论, 请参阅《近代物理学》8.6 节兰姆移位.

习题 8.1 试分别计算基态 H 原子中电子与质子距离大于 a_0 和大于 $2a_0$ 的概率.

解 H 原子 $Z = 1$, 基态波函数为

$$\varphi(r) = \frac{e^{-r/a_0}}{\sqrt{\pi a_0^3}},$$

于是电子与质子距离大于 a_0 的概率为

$$P_{r>a_0} = \int_{a_0}^{\infty} 4\pi r^2 \mathrm{d}r |\varphi(r)|^2 = \int_{a_0}^{\infty} 4\pi r^2 \mathrm{d}r \frac{\mathrm{e}^{-2r/a_0}}{\pi a_0^3}$$

$$= \frac{1}{2} \int_2^{\infty} x^2 \mathrm{d}x \mathrm{e}^{-x} = \frac{5}{\mathrm{e}^2} = 68\%.$$

类似地，电子与质子距离大于 $2a_0$ 的概率为

$$P_{r>2a_0} = \int_{2a_0}^{\infty} 4\pi r^2 \mathrm{d}r |\varphi(r)|^2 = \int_{2a_0}^{\infty} 4\pi r^2 \mathrm{d}r \frac{\mathrm{e}^{-2r/a_0}}{\pi a_0^3}$$

$$= \frac{1}{2} \int_4^{\infty} x^2 \mathrm{d}x \mathrm{e}^{-x} = \frac{13}{\mathrm{e}^4} = 24\%.$$

学习量子力学，H 原子基态波函数和一维简谐振子波函数是两个简单而又应该记住的波函数. H 原子基态波函数是一个指数衰减函数 e^{-r/a_0}, r/a_0 是以玻尔半径 a_0 为单位的径向坐标， a_0 则是用电子静质能 mc^2, 基本组合常数 $\hbar c$ 和电磁相互作用常数 $e^2/4\pi\varepsilon_0$ 这三个组合常数所组成的一个量纲为长度的量，

$$a_0 = \frac{4\pi\varepsilon_0 \hbar^2}{me^2} = 0.0529\,\mathrm{nm},$$

这个数值也应该记住. 波函数的归一化常数 $1/\sqrt{\pi a_0^3}$ 不必记，随时可以算出来.

杨振宁当年到芝加哥大学后，想跟费米做实验. 而费米的实验室是保密的，杨不是美国人，不能进去. 于是费米推荐杨去跟泰勒做理论. 泰勒后来是美国氢弹之父，他对杨说："我们先散散步吧." 在散步时，泰勒问杨氢原子的基态波函数是什么？杨在国内时念过量子力学，马上答了出来. 于是泰勒对杨说："你通过了，我接收你做我的研究生." 杨先生后来在一次演讲中说："他这样做是有道理的. 因为有很多学得很好的人，不会回答这个问题. 照他看来，能够回答这个问题的人，才是可以造就的."（《杨振宁演讲集》，宁平治等主编，南开大学出版社， 1989 年出版， 477 页）

习题 8.2 求在 H 原子 $n = 2$ 和 $l = 1$ 的态上电子径向概率密度最大的位置，和计算在此态上电子径向坐标平均值. 这两个值的差别有什么物理含意？

解　H 原子 $n = 2$ 和 $l = 1$ 的态的径向波函数为

$$u(r) = Nr^2 \mathrm{e}^{-r/2a_0},$$

于是电子径向概率密度最大的位置满足

$$\frac{\mathrm{d}}{\mathrm{d}r} r^4 \mathrm{e}^{-r/a_0} = \left(4r^3 - \frac{r^4}{a_0}\right)\mathrm{e}^{-r/a_0} = 0,$$

由此解出

$$r_{\max} = 4a_0.$$

根据波函数的统计诠释，在此态上电子径向坐标平均值为

$$\langle r \rangle = \frac{\int_0^\infty r^5 \mathrm{e}^{-r/a_0}\mathrm{d}r}{\int_0^\infty r^4 \mathrm{e}^{-r/a_0}\mathrm{d}r} = \frac{\int_0^\infty x^5 \mathrm{e}^{-x}\mathrm{d}x}{\int_0^\infty x^4 \mathrm{e}^{-x}\mathrm{d}x} a_0 = 5a_0.$$

电子概率密度最大的径向半径 $r_{\max} = 4a_0$，也就是玻尔理论中 $n = 2$ 的电子轨道半径. 电子径向坐标平均值比这个半径大，$\langle r \rangle > r_{\max}$，表明电子平均位置在它的外面. 换句话说，电子在多数时间里位于玻尔的轨道半径之外.

习题 8.3　试估计 H 原子基态电子处于质子所占体积内的概率，质子半径取 $1\,\mathrm{fm}$.

解　与习题 8.1 类似地，H 原子基态电子处于质子半径 r_p 内的概率为

$$\begin{aligned}
P_{r < r_\mathrm{p}} &= \int_0^{r_\mathrm{p}} 4\pi r^2 \mathrm{d}r |\varphi(r)|^2 = \int_0^{r_\mathrm{p}} 4\pi r^2 \mathrm{d}r \frac{\mathrm{e}^{-2r/a_0}}{\pi a_0^3} \\
&= \frac{1}{2} \int_0^{2r_\mathrm{p}/a_0} x^2 \mathrm{d}x \mathrm{e}^{-x} = 1 - \left(1 + t + \frac{t^2}{2}\right)\mathrm{e}^{-t} \\
&= 1 - \left(1 + t + \frac{t^2}{2}\right)\left(1 - t + \frac{t^2}{2} - \frac{t^3}{6} + \cdots\right) \\
&\approx \frac{t^3}{6} = 0.9 \times 10^{-14},
\end{aligned}$$

其中

$$t = \frac{2r_\mathrm{p}}{a_0} = \frac{2 \times 1\,\mathrm{fm}}{0.0529\,\mathrm{nm}} = 3.78 \times 10^{-5}.$$

由于 t 太小，计算 $1 - (1 + t + t^2/2)\mathrm{e}^{-t}$ 需要 14 位以上的精度，要用很好的计算器才行. 一般的计算器只有 8 位数，好一点的也只有 12 位，用来算这个量，给出的结果都是 0. 这里用解析方法先做

上述近似, 才能算出正确结果. 而这个结果表明, 在精度要求不太高的一般问题中, 我们完全可以把质子当成点粒子.

习题 8.4 一束波长 600 nm, 功率 1 W 的圆偏振光垂直投射到一转盘上, 被转盘完全吸收, 试求转盘所受的力矩.

解 波长 600 nm 的光子, 能量是
$$h\nu = \frac{2\pi\hbar c}{\lambda} = \frac{2\pi \times 197.3\,\text{eV·nm}}{600\,\text{nm}} = 2.066\,\text{eV} = 3.310 \times 10^{-19}\text{J}.$$
于是, 单位时间内投射到转盘上的光子数是
$$N = \frac{1\text{W}}{3.310 \times 10^{-19}\text{J}} = 3.021 \times 10^{18}/\text{s}.$$
每个光子带给转盘的角动量是 $\hbar$, 所以转盘所受的力矩为
$$N\hbar = 3.021 \times 10^{18}\text{s}^{-1} \times 1.055 \times 10^{-34}\text{J·s} = 3 \times 10^{-16}\text{N·m}.$$

习题 8.5 上题中把转盘换为镀 Ag 反射镜, 试问所受力矩为多少? 若改为透明半波片, 结果又如何?

解 上题中把转盘换为镀 Ag 反射镜, 则光在反射后旋转方向不变, 反射镜所受力矩为 0. 若改为透明半波片, 则光在透过之后变为向相反方向旋转的圆偏振光, 每个光子传给半波片的角动量是 $2\hbar$, 半波片所受力矩为上题的 2 倍, 即 $6 \times 10^{-16}\text{N·m}$.

习题 8.6 对于角动量 $l = 1$ 和 $s = 1/2$, 试求 $\boldsymbol{L} \cdot \boldsymbol{S}$ 的可能值.

解 由总角动量 $\boldsymbol{J} = \boldsymbol{L} + \boldsymbol{S}$ 的二次方
$$J^2 = L^2 + S^2 + 2\boldsymbol{L} \cdot \boldsymbol{S},$$
可以解出
$$\boldsymbol{L} \cdot \boldsymbol{S} = \frac{J^2 - L^2 - S^2}{2} = \frac{j(j+1) - l(l+1) - s(s+1)}{2}\hbar^2.$$
再把 $l = 1$ 和 $s = 1/2$ 代入角动量相加的三角形规则
$$j = l+s, l+s-1, \cdots, |l-s|,$$
得到 j 有 3/2 和 1/2 两个可能值. 于是, 当 $j = 3/2$ 时有
$$\boldsymbol{L} \cdot \boldsymbol{S} = \frac{(3/2)(3/2+1) - 1(1+1) - (1/2)(1/2+1)}{2}\hbar^2 = \frac{1}{2}\hbar^2,$$
当 $j = 1/2$ 时有
$$\boldsymbol{L} \cdot \boldsymbol{S} = \frac{(1/2)(1/2+1) - 1(1+1) - (1/2)(1/2+1)}{2}\hbar^2 = -\hbar^2.$$

习题 8.7 对于角动量 $l = 3$ 和 $s = 1/2$, 试求 j 的可能值和 $\boldsymbol{L} \cdot \boldsymbol{S}$ 的可能值.

解 本题的做法与上题一样, 现在 j 的可能值为 $j = 7/2$ 与 $5/2$. 当 $j = 7/2$ 时有

$$\boldsymbol{L} \cdot \boldsymbol{S} = \frac{(7/2)(7/2+1) - 3(3+1) - (1/2)(1/2+1)}{2}\hbar^2 = \frac{3}{2}\hbar^2,$$

当 $j = 5/2$ 时有

$$\boldsymbol{L} \cdot \boldsymbol{S} = \frac{(5/2)(5/2+1) - 3(3+1) - (1/2)(1/2+1)}{2}\hbar^2 = -2\hbar^2.$$

习题 8.8 试用玻尔理论估计基态 H 原子中电子所处的磁场 B 和电子的磁能 U.

解 按照玻尔理论, 在基态 H 原子中, 电子绕质子作半径为 a_0 的圆周运动, $n = 1$, 角动量等于 $\hbar$,

$$p\,a_0 = \hbar,$$

电子绕行速率 $v = p/m$, m 是电子质量. 这相当于是质子绕电子运动, 形成一个环形电流为

$$i = \frac{ev}{2\pi a_0} = \frac{ep}{2\pi m a_0} = \frac{e\hbar}{2m\pi a_0^2} = \frac{\mu_B}{\pi a_0^2},$$

其中 μ_B 为玻尔磁子. 于是, 在电子所在的圆心处, 这个环形电流产生的磁场为

$$B = \frac{\mu_0 i}{2a_0} = \frac{\mu_0}{4\pi}\frac{2\mu_B}{a_0^3} = 10^{-7} \times \frac{2 \times 0.9274 \times 10^{-23}}{(0.529 \times 10^{-10})^3}\,\mathrm{T} = 12.5\,\mathrm{T},$$

其中 μ_0 是真空导磁率, $\mu_0/4\pi = 10^{-7}\mathrm{N/A}^2$.

由于电子有固有磁矩 μ_B, 在这个磁场中电子的磁能 U 为

$$U = -\mu_z B = g_S m_S \mu_B B = \mu_B B$$

$$= 5.788 \times 10^{-5}\,\mathrm{eV/T} \times 12.5\,\mathrm{T} = 0.72 \times 10^{-3}\,\mathrm{eV},$$

其中电子的 $g_S = 2$, $m_S = 1/2$.

习题 8.9 一束自由电子射入磁感应强度为 $1.2\,\mathrm{T}$ 的均匀磁场, 试求自旋与磁场平行和反平行的电子的能量差.

解 与上题一样, 我们有

$$U = -\mu_z B = g_S m_S \mu_B B,$$

所以自旋与磁场平行和反平行的电子的能量差为

$$\Delta U = g_S\left(\frac{1}{2} - \frac{-1}{2}\right)\mu_B B = 2\mu_B B$$
$$= 2 \times 5.788 \times 10^{-5}(\mathrm{eV/T}) \times 1.2\,\mathrm{T} = 1.4 \times 10^{-4}\,\mathrm{eV}.$$

习题 8.10 引起一个电子自旋反向所需要的光子波长是 $1.5\,\mathrm{cm}$, 试求这个电子所在处的磁场.

解 这题与习题 7.11 类似. 波长 λ 的光子能量为

$$E = h\nu = \frac{2\pi\hbar c}{\lambda}.$$

这个能量应等于电子自旋与磁场平行和反平行的能量差 $2\mu_B B$ (见上题),

$$\frac{2\pi\hbar c}{\lambda} = 2\mu_B B,$$

所以磁场为

$$B = \frac{2\pi\hbar c}{2\mu_B\lambda} = \frac{2\pi \times 197.3\,\mathrm{eV\cdot nm}}{2 \times 5.788 \times 10^{-5}(\mathrm{eV/T}) \times 1.5\,\mathrm{cm}} = 0.71\,\mathrm{T}.$$

习题 8.11 考虑 2p 和 3d 两个能级的精细结构, 试问 3d→2p 跃迁有多少条谱线? 并算出它们的波长.

解 3d 态的 $n = 3$, 能级的主要项为

$$E_3 = \left(\frac{Z}{n}\right)^2 E_0 = \frac{E_0}{9},$$

3d 态的 $l = 2$, 有 $j = 5/2$ 和 $3/2$ 两个值, 相应的精细结构项分别为

$$E_{\mathrm{FS}}(3^2\mathrm{d}_{5/2}) = \frac{E_n Z^2\alpha^2}{n}\left(\frac{1}{j+1/2} - \frac{3}{4n}\right)$$
$$= \frac{E_3\alpha^2}{3}\left[\frac{1}{(5/2)+(1/2)} - \frac{3}{12}\right] = \frac{E_3\alpha^2}{36} = \frac{E_0\alpha^2}{324},$$
$$E_{\mathrm{FS}}(3^2\mathrm{d}_{3/2}) = \frac{E_3\alpha^2}{3}\left[\frac{1}{(3/2)+(1/2)} - \frac{3}{12}\right] = \frac{E_3\alpha^2}{12} = \frac{E_0\alpha^2}{108}.$$

2p 态的 $n = 2$, 能级的主要项为

$$E_2 = \frac{E_0}{4},$$

2p 态的 $l = 1$, 有 $j = 3/2$ 和 $1/2$ 两个值, 相应的精细结构项分别为

$$E_{\mathrm{FS}}(2^2\mathrm{p}_{3/2}) = \frac{E_2\alpha^2}{2}\left[\frac{1}{(3/2)+(1/2)} - \frac{3}{12}\right] = \frac{E_2\alpha^2}{8} = \frac{E_0\alpha^2}{32},$$

$$E_{\mathrm{FS}}(2^2\mathrm{p}_{1/2}) = \frac{E_2\alpha^2}{2}\left[\frac{1}{(1/2)+(1/2)} - \frac{3}{12}\right] = \frac{E_2\alpha^2}{8/3} = \frac{E_0\alpha^2}{32/3}.$$

跃迁谱线的波长可以写成

$$\lambda = \frac{2\pi\hbar c}{\Delta E} = \frac{2\pi\hbar c}{\Delta E_n}\frac{1}{1 + \Delta E_{\mathrm{FS}}/\Delta E_n}$$

$$\approx \frac{2\pi\hbar c}{\Delta E_n}\left(1 - \frac{\Delta E_{\mathrm{FS}}}{\Delta E_n}\right) = \lambda_{n'\to n} - \Delta\lambda_{\mathrm{FS}},$$

其中第一项是库仑能的贡献, 第二项是精细结构项. 若不考虑谱线的精细结构, 第一项的波长通常只算到 4 位或 5 位数. 为了考虑精细结构, 这一项就必须算到 6 位或 7 位, 代入计算的常数则应取 8 位以上:

$$\lambda_{3\to 2} = \frac{2\pi\hbar c}{\Delta E_n} = \frac{2\pi\hbar c}{E_3 - E_2} = \frac{2\pi\hbar c}{-5E_0/36}$$

$$= \frac{2\pi \times 197.326\,980\,4\cdots\,\mathrm{eV\cdot nm}}{5 \times 13.605\,693\,122\,994\,\mathrm{eV}/36} = 656.112\,276\,2\,\mathrm{nm},$$

其中

$$E_0 = -\frac{1}{2}\frac{e^2}{4\pi\varepsilon_0 a_0} = -\frac{1}{2}\alpha^2 mc^2$$

$$= -\frac{0.510\,998\,950\,00\,\mathrm{MeV}}{2 \times 137.035\,999\,084^2} = -13.605\,693\,122\,994\,\mathrm{eV}.$$

上述计算的常数值取自 CODATA (Committee on Data for Science and Technology, 国际科学与技术数据委员会) 2018 年的推荐值. 注意 mc^2 的推荐值只有 11 位数, 等式右边 E_0 的 14 位数是直接取自推荐值, 最后两位的标准偏差是 26.

精细结构项有下述 4 种选择:

$$\frac{\Delta E_{\mathrm{FS}}}{\Delta E_n}(3^2\mathrm{d}_{3/2}\to 2^2\mathrm{p}_{3/2}) = \frac{36}{5}\left(\frac{1}{32} - \frac{1}{108}\right)\alpha^2 = 0.000\,008\,43,$$

$$\frac{\Delta E_{\mathrm{FS}}}{\Delta E_n}(3^2\mathrm{d}_{5/2}\to 2^2\mathrm{p}_{3/2}) = \frac{36}{5}\left(\frac{1}{32} - \frac{1}{324}\right)\alpha^2 = 0.000\,010\,8,$$

$$\frac{\Delta E_{\mathrm{FS}}}{\Delta E_n}(3^2\mathrm{d}_{3/2}\to 2^2\mathrm{p}_{1/2}) = \frac{36}{5}\left(\frac{1}{32/3} - \frac{1}{108}\right)\alpha^2 = 0.000\,032\,4,$$

$$\frac{\Delta E_{\mathrm{FS}}}{\Delta E_n}(3^2\mathrm{d}_{5/2}\to 2^2\mathrm{p}_{1/2}) = \frac{36}{5}\left(\frac{1}{32/3} - \frac{1}{324}\right)\alpha^2 = 0.000\,034\,8,$$

我们这里只保留了 3 位有效数字. 用它们分别乘以上面算出的 $\lambda_{3\to 2}$, 就可以得到相应的精细结构项 $\Delta\lambda_{\mathrm{FS}}$. 与前面算出的 $\lambda_{3\to 2}$ 相减, 最

后我们得到

$$\lambda(3^2d_{3/2} \to 2^2p_{3/2}) = (656.112\,28 - 0.005\,53)\,\text{nm}$$
$$= (656.098\,1 + 0.008\,7)\,\text{nm},$$
$$\lambda(3^2d_{5/2} \to 2^2p_{3/2}) = (656.112\,28 - 0.007\,09)\,\text{nm}$$
$$= (656.098\,1 + 0.007\,1)\,\text{nm},$$
$$\lambda(3^2d_{3/2} \to 2^2p_{1/2}) = (656.112\,28 - 0.021\,26)\,\text{nm}$$
$$= (656.098\,1 - 0.007\,1)\,\text{nm},$$
$$\lambda(3^2d_{5/2} \to 2^2p_{1/2}) = (656.112\,28 - 0.022\,83)\,\text{nm}$$
$$= (656.098\,1 - 0.008\,7)\,\text{nm}.$$

注意其中第 4 项 $\Delta j = 2$, 根据选择定则, 属于禁戒跃迁过程. 还必须指出, 如果考虑到质子的质量 m_p 不是无限大, 在上面 E_0 的计算中把电子质量 m 换成折合质量 $m/(1 + m/m_\text{p})$, 会使 $\lambda_{n' \to n}$ 项在第 4 位有效数字上改变, 但不会对精细结构项 $\Delta\lambda_{\text{FS}}$ 有明显的影响.

习题 8.12 若不计及兰姆移位, 在 H 原子的下列跃迁中, 哪两个有相同的波长? $3^2P_{1/2} \to 2^2S_{1/2}$, $3^2P_{3/2} \to 2^2S_{1/2}$, $3^2S_{1/2} \to 2^2P_{1/2}$, $3^2S_{1/2} \to 2^2P_{3/2}$.

解 若不计及兰姆移位, 则 H 原子能级只依赖于主量子数 n 和总角动量量子数 j, 与角量子数 l 无关. 在上述跃迁中, 第一个跃迁 $3^2P_{1/2} \to 2^2S_{1/2}$ 和第三个跃迁 $3^2S_{1/2} \to 2^2P_{1/2}$ 的初态 (n', j') 相同, 末态 (n, j) 也相同, 有相同的 ΔE, 从而有相同的波长.

本章小结

本章是量子力学对氢原子和类氢离子的简单应用, 主要涉及能级的精细结构. 习题 8.1 至 8.3 是关于氢原子基态和低激发态波函数, 通过熟悉这些波函数, 我们能对氢原子有一个直观和形象的了解, 并掌握其定性和基本的特征. 习题 8.4 和 8.5 是关于光子的角动量, 这对我们理解原子的跃迁过程和把握跃迁选择定则是很重要的. 习题 8.6 和 8.7 是关于角动量的耦合规则, 这是定量地掌握自旋 - 轨道耦合的关键. 习题 8.8 至 8.10 是关于磁场对电子磁矩的作用, 这是很重要的一个物理现象, 是自旋 - 轨道耦合的物理基础. 习题

8.11 和 8.12 是关于氢原子能级的精细结构和相关的辐射跃迁问题.

普朗克说过, 物理定律越带普遍性, 就越是简单. 与此相应地, 普遍的物理定律, 往往是从简单的物理现象中发现和了解的. 氢原子是最简单的原子, 可以说, 整个近代物理学基本理论发展的主线, 就是围绕着氢原子问题的探索和研究而展开的. 玻尔对氢原子的唯象理论, 提出了定态和跃迁的概念, 成为后来建立的量子力学的基本概念. 海森伯、玻恩和约当的矩阵力学的确立, 以及稍后薛定谔波动力学的确立, 都是通过了对氢原子计算的检验. 对精细结构的理论解释, 包括相对论效应和电子自旋引起的自旋 - 轨道耦合, 归结到狄拉克关于电子的相对论性波动方程. 而后来兰姆移位的发现和解释, 则导致量子电动力学的最后建立. 所以, 氢原子问题几乎囊括了二十世纪量子理论发展的主要脉络.

9 多电子原子

处理氢原子和类氢离子时，除了原子核以外，只有 1 个电子，是最简单的量子力学体系，所用的量子力学方法比较简单．本章讨论多电子原子，除了原子核以外，还包括多个电子，量子力学的计算相当复杂．在量子力学创立之后不久的 1929 年，狄拉克就指出："大部分物理学和全部化学的数学理论所必需的基础物理定律已经完全知道了，困难只在于严格运用这些定律所导致的方程求解起来太复杂．"今天虽然有了大型电脑，严格的计算仍然相当困难，包含了许多纤巧的技术细节，不是我们这样一门基础课程讨论的问题．我们这里只能让大家了解，在多电子原子的情形会遇到和需要考虑一些什么样的问题，要用到哪些物理原理，以及对一些简单的问题作出十分粗略和定性的唯象处理．

基本概念

• 单粒子近似和剩余相互作用：单粒子近似又称单粒子模型，它假设每一个粒子所受到的来自其他粒子的作用，等价于一个平均场的作用．这就忽略了其他粒子运动的个性，从而忽略了一部分相互作用．被这样略去的那部分相互作用，称为 *剩余相互作用*．多电子原子体系的单电子近似或单电子模型，就是假设每一个电子所受到的来自其他电子的库仑作用，等价于一个平均电荷分布产生的静电场．在此基础上，可以进一步考虑电子之间的剩余库仑相互作用．

• 泡利不相容原理：在同一个量子体系中，不可能有两个电子处在完全相同的量子态．不限于电子，这个论断对自旋为半奇数的全同粒子 (费米子) 都适用．

• 微观粒子全同性原理：在实验上无法区分两个全同的微观粒子．理论上可以证明，全同粒子体系的波函数，对任意两个粒子的交换只能是对称的或者是反对称的．实验和理论还进一步表明，自旋为半奇数的全同粒子体系，波函数对任何两个粒子的交换是反对称的，有泡利不相容原理. 这种粒子称为 **费米子**. 而自旋为 0 或正整数的全同粒子体系，波函数对任意两个粒子的交换是对称的，没有泡利不相容原理. 这种粒子称为 **玻色子**.

• 单电子态的填充：单电子模型中的单电子态，用主量子数 n，角量子数 l，磁量子数 m 和自旋量子数 m_S 来标志，在不考虑剩余相互作用时，能级只与主量子数 n 有关. 对于给定的 (n,l,m)，有 2 个不同的 m_S. 对于给定的 (n,l)，有 $2(2l+1)$ 个不同的 (m,m_S). 而对于给定的 n，有 $2n^2$ 个不同的 (l,m,m_S)，能级的总简并度为 $2n^2$. 根据泡利不相容原理，在单电子态上允许填充的最大电子数如下表：

单电子态的填充数 $2(2l+1)$

n	l 0 (s)	1 (p)	2 (d)	3 (f)	4 (g)	5 (h)	$2n^2$
1K	2						2
2L	2	6					8
3M	2	6	10				18
4N	2	6	10	14			32
5O	2	6	10	14	18		50
6P	2	6	10	14	18	22	72

其中的 K, L, M, N, O, P, $\cdots$ 是 X 射线谱中用来标记主量子数 1, 2, 3, 4, 5, 6, $\cdots$ 的符号.

• 电子组态：在单粒子近似下，原子中的电子彼此独立地处于各自的单粒子态. 原子中各个电子在单粒子态上的一种填充，称为原子的一个 **电子组态**. 例如 H 原子基态的电子组态，是在 1s 态，记为 $(1s)^1$ 或 $1s^1$，简写为 1s. He 原子基态的电子组态，是在 1s 态上填了 2 个电子，记为 $(1s)^2$ 或 $1s^2$.

• 原子的基态：由于剩余相互作用，在同一个电子组态中的各个电子之间还会发生不同形式的角动量耦合. 当原子的总自旋角动量 S 与总轨道角动量 L 是守恒量时，在同一电子组态中各个电子的自旋角动量与轨道角动量先分别耦合成 S 与 L, 然后它们再耦合成原子的总角动量 J. 这种形式的角动量耦合称为自旋 - 轨道耦合, 或 LS 耦合. LS 耦合的总角动量 J 也是守恒量, 有 3 个量子数 $l, s,$ 和 j, 所以原子态用记号 $^{2s+1}l_j$ 来表示. 也可能是每个电子的自旋角动量与轨道角动量先耦合成总角动量 J_i, 然后各个电子的总角动量再耦合成原子的总角动量. 这种形式的角动量耦合称为 JJ 耦合. 对于一个具体原子来说, 是什么形式的耦合, 取决于它的电子组态所给出的剩余相互作用, 要做细致的计算, 和根据实验来具体分析. 只有在这样分析以后, 才能确定原子基态的耦合形式和量子数. 对于 LS 耦合, 有一个确定原子基态的经验规则, 即洪德定则. 这是比较专门和带技术性的问题, 我们将在用到的地方再具体给出.

习题 9.1 已测得 He 原子的一级电离能为 $24.6\,\mathrm{eV}$, 试采用一个简化的模型假设, 估计一下两个电子之间的相互作用能有多大, 并在此基础上估计两个电子间的平均距离.

解 He 原子有 2 个电子, 一级电离能是把其中一个电子移到无限远所需要的能量,

$$\mathrm{He} + 24.6\,\mathrm{eV} \longrightarrow \mathrm{He}^+ + e^-.$$

如果只有 1 个电子, 要把它移到无限远的话, 根据类氢离子的结果, 我们知道这个电离能应该是

$$-Z^2 E_0 = -4 \times (-13.60\,\mathrm{eV}) = 54.4\,\mathrm{eV}.$$

但是, 由于存在第二个电子, 在这两个电子之间有相互排斥, 会贡献一项相互作用能. 这项相互作用能就应该等于这两个能量之差

$$(54.4 - 24.6)\,\mathrm{eV} = 29.8\,\mathrm{eV}.$$

于是, 可以写出

$$29.8\,\mathrm{eV} = \frac{e^2}{4\pi\varepsilon_0 b},$$

其中 b 是这两个电子间的平均距离. 这就可以解出

$$b = \frac{e^2}{4\pi\varepsilon_0 \times 29.8\,\mathrm{eV}} = \frac{1.44\,\mathrm{eV\cdot nm}}{29.8\,\mathrm{eV}} = 0.049\,\mathrm{nm}.$$

解这个题, 有点像是在做一个唯象的研究, 上面给出的解, 就像是一个简单的唯象理论. 我们有一幅关于 He 原子的简单直观的

图像, 直接利用一级电离能的实验结果, 和能量守恒的一般关系, 以及关于类氢离子的严格理论结果. 而在算两个电子间的平均距离时, 我们只是简单地用两个静止点电荷的库仑定律, 没有坚持电子在原子中的运动有一个概率分布 (即所谓的电子云) 的严格图像, 没有自始至终贯彻同一个理论, 而是混合使用量子理论和经典理论. 玻尔关于氢原子的理论, 就是这样一个唯象理论.

实际上, 物理学的绝大部分理论研究, 都是这种唯象的工作. 玻尔在当时是出于无奈, 那是在还没有量子力学情况下的一种大胆的尝试. 即便在量子力学创立以后, 做理论研究也往往不能把严格的理论首尾一致地贯彻始终. 这里当然有前面引用的狄拉克说过的原因: 严格运用这些定律所导致的方程求解起来太复杂. 不过这只是问题的技术方面. 而在物理上, 我们所遇到的问题并不都是很清楚, 首先需要了解的是物理的机制. 面对一个新的现象和问题, 我们需要首先确定这是由什么物理过程引起的, 是哪些物理因素在起主导作用. 这就需要先做唯象的研究, 把问题的物理方面弄清楚. 在做彻底的理论计算之前, 先要有唯象理论的研究基础. 可以毫不夸张地说, 绝大多数物理问题, 都是由唯象研究解决的. 彻底的理论计算, 只是锦上添花性的精雕细刻. 基本理论的作用, 更主要的还是在于增加我们的信心.

当然, 本题的物理因素显然是两个电子之间的库仑相互作用, 而不是磁相互作用或别的什么相互作用. 用量子力学理论来算这项库仑能也并不算难. 所以, 本题并不是一个真正需要研究的课题, 而只是一道习题, 帮你获得一点做唯象研究的体验.

习题 9.2 作为 He 原子基态的简化模型, 可以在玻尔模型的基础上作如下进一步的假设: 假设基态 He 原子中两个电子的运动, 总保持处于通过 He 核的直径两端, 并且每个电子具有角动量 $\hbar$. 试用此改进了的玻尔模型, 在考虑核对电子的引力和电子间的斥力的情况下, 求出电子运动的半径、基态能量以及一级电离能.

解 He 原子 $Z = 2$, 根据题设的模型, 可以写出 He 原子体系的

能量为

$$E = 2 \times \frac{p^2}{2m} - 2 \times \frac{2e^2}{4\pi\varepsilon_0 r} + \frac{e^2}{4\pi\varepsilon_0 2r} = \frac{\hbar^2}{mr^2} - \frac{7e^2}{8\pi\varepsilon_0 r},$$

上面最后一步代入了角动量关系 $pr = \hbar$. 体系稳定的条件是能量对 r 的变化取极小,

$$\frac{\mathrm{d}E}{\mathrm{d}r} = -\frac{2\hbar^2}{mr^3} + \frac{7e^2}{8\pi\varepsilon_0 r^2} = 0,$$

由此可以解出电子运动的半径

$$r = \frac{16\pi\varepsilon_0 \hbar^2}{7me^2} = \frac{(197.3\,\mathrm{eV\cdot nm})^2}{1.75 \times 0.511\,\mathrm{MeV} \times 1.44\,\mathrm{eV\cdot nm}} = 0.0302\,\mathrm{nm}.$$

把它代回 E 的表达式, 并利用 $\mathrm{d}E/\mathrm{d}r = 0$ 给出的关系

$$\frac{\hbar^2}{mr^2} = \frac{1}{2}\frac{7e^2}{8\pi\varepsilon_0 r},$$

就得到基态能量

$$E = \frac{1}{2}\frac{7e^2}{8\pi\varepsilon_0 r} - \frac{7e^2}{8\pi\varepsilon_0 r} = -\frac{1}{2}\frac{7e^2}{8\pi\varepsilon_0 r} = -\frac{49m}{16\hbar^2}\left(\frac{e^2}{4\pi\varepsilon_0}\right)^2$$

$$= -\frac{49 \times 0.511\,\mathrm{MeV} \times (1.44\,\mathrm{eV\cdot nm})^2}{16 \times (197.3\,\mathrm{eV\cdot nm})^2} = -83.4\,\mathrm{eV}.$$

根据类氢离子的结果, He^+ 离子的基态能量是

$$E^* = 2^2 \times E_0 = 4 \times (-13.6\,\mathrm{eV}) = -54.4\,\mathrm{eV},$$

它与 He 原子基态能量的差就是 He 原子的一级电离能,

$$E^* - E = -54.4\,\mathrm{eV} + 83.4\,\mathrm{eV} = 29.0\,\mathrm{eV}.$$

本题与上题一样, 像是一个唯象的研究, 上面给出的解, 则像是一个唯象理论. 如果是在玻尔理论刚刚提出不久, 只要把上述讨论再充实一下, 加上与其他作者的工作和实验结果的分析比较, 完全可以写成一篇论文拿去发表.

习题 9.3 在宽度为 a 的一维箱中每米有 5×10^9 个电子, 如果所有的单电子最低能级都被填满, 试求能量最高的电子的能量.

解 在习题 7.3 中已经给出一维箱中电子的能级公式

$$E_n = \frac{n^2\pi^2\hbar^2}{2ma^2},$$

其中 m 是电子质量, a 是箱宽. 根据泡利原理, 在每个能级上可以

填上自旋投影不同的两个电子. 题设所有的单电子最低能级都被填满, 从 $n=1$ 的基态填起, 填到量子数为 n 的第 n 个态, 就一共填了 $2n$ 个电子. 所以, 能量最高的电子的量子数 n 满足

$$2n = 5 \times 10^9\,\text{m}^{-1} \cdot a = 5\,\text{nm}^{-1} \cdot a, \qquad \frac{n}{a} = 2.5\,\text{nm}^{-1}.$$

把上述数值代入能级公式, 就有

$$E_n = \frac{(\pi \times 197.3\,\text{eV·nm} \times 2.5\,\text{nm}^{-1})^2}{2 \times 0.511\,\text{MeV}} = 2.35\,\text{eV}.$$

每 nm 有几个电子, 这大约是金属中自由电子密度的量级, 所以本题可以看作是金属中自由电子的一个简化模型. 其中能量最高的电子能量大约为几个 eV, 这也正是金属自由电子脱出功的量级.

习题 9.4 在宽度为 a 的一维箱中每 fm 有 1 个中子, 试求此中子体系处于基态时中子最高能量.

解 中子自旋为 $1/2$, 是费米子, 本题的算法与上题一样. 在一维箱的能级公式中代入

$$\frac{n}{a} = \frac{1}{2} \cdot 1\,\text{fm}^{-1} = 0.5\,\text{fm}^{-1},$$

并代入中子质量 $m = 939.6\,\text{MeV}/c^2$, 就有

$$E_n = \frac{(\pi \times 197.3\,\text{MeV·fm} \times 0.5\,\text{fm}^{-1})^2}{2 \times 939.6\,\text{MeV}} = 51\,\text{MeV}.$$

中子半径大约是零点几个 fm. 每 fm 有 1 个中子, 则这个体系的中子基本上是一个挤着一个排列, 这大致上就是中子星中的中子物质的情形. 所以本题可以看作是中子物质或者核物质的一个简化模型. 其中能量最高的中子能量大约为几十个 MeV, 这也正是原子核中核子能量的量级.

习题 9.5 宽度为 L 的一维箱中两个粒子构成的体系, 一个粒子处于 $n=1$ 的态, 一个粒子处于 $n=2$ 的态. 若它们是不同的粒子, 试求两个粒子都在点 $x = L/4$ 左右 $\pm L/20$ 范围内的概率. 若它们是自旋为 0 的两个全同粒子, 概率又是多少?

解 我们先来写出一维箱中的单粒子波函数, 取箱的中点为坐标原点. 粒子在箱中自由运动, 其波函数一般地可以写成德布罗意平面波的叠加. 要求在箱的边界 $x = \pm L/2$ 处为 0, 波函数就只能是

以这两点为节点的驻波. 于是我们可以写出

$$\varphi_n(x) = \begin{cases} \sqrt{\dfrac{2}{L}}\cos\dfrac{n\pi}{L}x, & n = 1, 3, 5, \cdots, \\ \sqrt{\dfrac{2}{L}}\sin\dfrac{n\pi}{L}x, & n = 2, 4, 6, \cdots, \end{cases}$$

其中 $\sqrt{2/L}$ 是归一化常数.

对于两个不同的粒子, 一个处于 $n = 1$ 的态, 一个处于 $n = 2$ 的态, 则此体系的归一化波函数为

$$\Phi(x_1, x_2) = \varphi_1(x_1)\varphi_2(x_2),$$

这里已经假设粒子 1 在 $n = 1$ 的态, 粒子 2 在 $n = 2$ 的态. 于是, 两个粒子都在点 $x = L/4$ 左右 $\pm L/20$ 范围内的概率为

$$\begin{aligned} P &= \int_{\frac{L}{4}-\frac{L}{20}}^{\frac{L}{4}+\frac{L}{20}} dx_1 \int_{\frac{L}{4}-\frac{L}{20}}^{\frac{L}{4}+\frac{L}{20}} dx_2 |\Phi(x_1, x_2)|^2 \\ &= \int_{L/5}^{3L/10} dx_1 |\varphi_1(x_1)|^2 \int_{L/5}^{3L/10} dx_2 |\varphi_2(x_2)|^2 \\ &= \int_{L/5}^{3L/10} dx_1 \frac{2}{L}\cos^2\frac{\pi x_1}{L} \int_{L/5}^{3L/10} dx_2 \frac{2}{L}\sin^2\frac{2\pi x_2}{L} \\ &= \frac{1}{10}\left(\frac{1}{10} + \frac{1}{2\pi}\sin\frac{\pi}{5}\right) = 0.0194. \end{aligned}$$

对于自旋为 0 的两个全同粒子, 一个处于 $n = 1$ 的态, 一个处于 $n = 2$ 的态, 则此体系的归一化波函数为

$$\Phi_{\rm S}(x_1, x_2) = \frac{1}{\sqrt{2}}[\varphi_1(x_1)\varphi_2(x_2) + \varphi_2(x_1)\varphi_1(x_2)].$$

可以看出, 这个波函数对于两个粒子的交换 $x_1 \leftrightarrow x_2$ 是对称的, 满足粒子全同性原理. 我们只能说有一个粒子在 $n = 1$ 的态, 一个粒子在 $n = 2$ 的态, 但不能说哪个粒子在 $n = 1$ 的态, 哪个粒子在 $n = 2$ 的态. 于是, 两个粒子都在点 $x = L/4$ 左右 $\pm L/20$ 范围内的概率为

$$P_{\rm S} = \int_{L/5}^{3L/10} dx_1 \int_{L/5}^{3L/10} dx_2 |\Phi_{\rm S}(x_1, x_2)|^2 = I_1 + I_2,$$

其中

$$I_1 = \int_{L/5}^{3L/10} dx_1 |\varphi_1(x_1)|^2 \int_{L/5}^{3L/10} dx_2 |\varphi_2(x_2)|^2$$

$$= \int_{L/5}^{3L/10} dx_1 |\varphi_2(x_1)|^2 \int_{L/5}^{3L/10} dx_2 |\varphi_1(x_2)|^2$$

$$= \frac{1}{10}\left(\frac{1}{10} + \frac{1}{2\pi}\sin\frac{\pi}{5}\right) = 0.0194,$$

$$I_2 = \int_{L/5}^{3L/10} dx_1 \varphi_1(x_1)\varphi_2(x_1) \int_{L/5}^{3L/10} dx_2 \varphi_1(x_2)\varphi_2(x_2)$$

$$= \left[\frac{2}{L}\int_{L/5}^{3L/10} dx \cos\frac{\pi x}{L}\sin\frac{2\pi x}{L}\right]^2$$

$$= \left[\frac{1}{3\pi}\left(\cos\frac{9\pi}{10} - \cos\frac{3\pi}{5}\right) + \frac{1}{\pi}\left(\cos\frac{3\pi}{10} - \cos\frac{\pi}{5}\right)\right]^2$$

$$= 0.0192,$$

最后得到

$$P_{\mathrm{S}} = I_1 + I_2 = 0.0194 + 0.0192 = 0.0386.$$

习题 9.6 试采用一个简化的模型来估计 ^{3}Li 原子的一级电离能, 并定性解释使你的估计与实验值 $5.4\,\mathrm{eV}$ 有偏差的原因.

解 ^{3}Li 原子基态的电子组态是 1s^{2}2s, K 壳已经填满. 于是, 我们可以把 Li 核和 K 壳两个电子组成的原子实近似看成一个等效电荷为 Z^* 的点电荷, 用类氢离子的公式来计算 2s 电子的能量, 一级电离能为

$$E^* = -E_{2\mathrm{s}} = -\left(\frac{Z^*}{2}\right)^2 E_0 = (Z^*)^2\frac{13.6\,\mathrm{eV}}{4} = (Z^*)^2 \times 3.4\,\mathrm{eV}.$$

如果原子实是一个点电荷, 则等效电荷 $Z^* = 3 - 2 = 1$, 上式给出的一级电离能为 $E^* = 3.4\,\mathrm{eV}$. 而在实际上, 1s 电子的概率极大值在半径 $a_1 = a_0/3$ 处, 2s 电子有相当的概率进入原子实, 它所看到的等效电荷 $Z^* > 1$. 所以, 上述用 $Z^* = 1$ 估计的值 $3.4\,\mathrm{eV}$ 比实验值 $5.4\,\mathrm{eV}$ 偏低.

习题 9.7 考虑自旋为 1 的粒子和自旋为 1/2 的粒子体系的总自旋态, 试给出总自旋 z 分量的所有可能值, 并证明它们相当于由总自旋 3/2 和 1/2 所构成的自旋态.

解 自旋为 1 的粒子有 3 个自旋 z 分量不同的态, 其投影量子数分别为 $1, 0, -1$. 自旋为 1/2 的粒子有 2 个自旋 z 分量不同的态,

其投影量子数分别为 1/2 和 -1/2. 于是, 当自旋 1/2 的粒子投影量子数为 1/2 时, 自旋为 1 的粒子投影量子数可以取 1, 0, -1 三个值, 两个粒子的总自旋投影量子数有 1+1/2, 0+1/2, -1+1/2 三个值, 即有

$$3/2, \quad 1/2, \quad -1/2.$$

而当自旋 1/2 的粒子投影量子数为 -1/2 时, 两个粒子的总自旋投影量子数有 1-1/2, 0-1/2, -1-1/2 三个值, 即有

$$1/2, \quad -1/2, \quad -3/2.$$

所以, 两个粒子的总自旋态有 6 个, 投影量子数有 4 个可能值: $3/2, 1/2, -1/2, -3/2$.

另一方面, 根据角动量相加的三角形规则, 总自旋量子数有 $1+1/2=3/2$ 与 $1-1/2=1/2$ 两个值, 相应的总自旋投影量子数分别为

$$3/2, \ 1/2, \ -1/2, \ -3/2,$$
$$1/2, \ -1/2,$$

这也是 6 个自旋态, 4 个可能的投影量子数.

可以看出, 上述两种计算方法, 给出的这个两粒子体系总自旋态的个数和投影量子数的可能值都相同. 所以, 自旋为 1 的粒子和自旋为 1/2 的粒子体系的总自旋态, 相当于由总自旋 3/2 和 1/2 所构成的自旋态. 当然这只是一个说明, 还不是证明. 证明要用到有关角动量的公式, 不是本课程的内容.

习题 9.8 把氚核看成由氘核和一个中子所构成的体系, 氘核自旋为 1, 试问氚核基态自旋是多少? 三个核子之一跃迁到激发态的体系总自旋是多少?

解 氘核自旋为 1, 中子自旋为 1/2, 所以这是自旋 1 与自旋 1/2 的耦合, 氚核的总自旋有 3/2 与 1/2 两种选择. 总自旋 3/2 相应于氘核与中子的自旋平行, 而总自旋 1/2 相应于氘核与中子的自旋反平行. 氘核自旋为 1, 表明氘核中的质子与中子自旋平行, ↑↑. 如果第二个中子的自旋也与它们平行, ↑↑↑, 形成总自旋为 3/2 的态, 则这两个中子自旋平行, 根据泡利原理, 它们的空间态不能相同, 第

二个中子必定处于比第一个中子能量高的态. 这种情形属于氚核的激发态, 而不是基态. 所以, 氚核基态的自旋只能是 1/2.

三个核子之一跃迁到激发态, 有两种可能. 一种可能, 是氚核之外的第二个中子跃迁到比第一个中子能量高的态. 这时两个中子的空间态不同, 所以它们的自旋既可以平行, 也可以反平行, 氚核体系的总自旋既可以是 3/2, 也可以是 1/2. 第二种可能, 是两个中子留在能量最低的态, 质子跃迁到能量较高的态. 这时两个中子的空间态相同, 根据泡利原理, 它们的自旋必定相反, 两个中子的总自旋为 0. 在这种情形, 氚核体系的总自旋完全由质子的自旋来确定, 是 1/2. 归纳起来, 三个核子之一跃迁到激发态时, 氚核体系的总自旋为 1/2 或 3/2.

习题 9.9   试求 $^3F_2$ 态的 $L \cdot S$.

解 $^3F_2$ 态的量子数是: $l = 3$, $s = 1$, $j = 2$. 所以 (参见习题 8.6 和 8.7),

$$
\begin{aligned}
L \cdot S &= \frac{J^2 - L^2 - S^2}{2} = \frac{j(j+1) - l(l+1) - s(s+1)}{2}\hbar^2 \\
&= \frac{2 \times 3 - 3 \times 4 - 1 \times 2}{2}\hbar^2 = -4\hbar^2.
\end{aligned}
$$

习题 9.10   自旋 - 轨道耦合把 Na 的 3P→3S 跃迁放出的黄光分裂成 589.0 nm 和 589.6 nm 两条, 分别相应于 $3P_{3/2} \to 3S_{1/2}$ 和 $3P_{1/2} \to 3S_{1/2}$. 试用这些波长计算 Na 原子外层电子由于其轨道运动而受到的有效磁感应强度.

解   Na 的 3P→3S 跃迁放出的黄光就是通常说的钠黄光, 而自旋 - 轨道耦合把它分裂成的 589.6 nm 和 589.0 nm 这两条, 则是通常说的钠黄光的双黄线 D_1 和 D_2. 与这两条谱线相应的能级差是

$$
E(3P_{1/2}) - E(3S_{1/2}) = \frac{2\pi\hbar c}{\lambda_1},
$$

$$
E(3P_{3/2}) - E(3S_{1/2}) = \frac{2\pi\hbar c}{\lambda_2},
$$

于是有

$$
\Delta E = E(3P_{3/2}) - E(3P_{1/2}) = \frac{2\pi\hbar c}{\lambda_2} - \frac{2\pi\hbar c}{\lambda_1}
$$

$$= \frac{2\pi \times 197.3\,\mathrm{eV \cdot nm}}{589.0\,\mathrm{nm}} - \frac{2\pi \times 197.3\,\mathrm{eV \cdot nm}}{589.6\,\mathrm{nm}}$$
$$= 0.002\,14\,\mathrm{eV}.$$

$3\mathrm{P}_{3/2}$ 态 $l = 1$, $s = 1/2$, $j = 3/2$, 电子的自旋与轨道角动量平行, ↑↑.
$3\mathrm{P}_{1/2}$ 态 $l = 1$, $s = 1/2$, $j = 1/2$, 电子的自旋与轨道角动量反平行,
↑↓. 所以, 这两个态的能量差是由于电子自旋方向不同的结果. 如果
这是由于电子在外磁场 (比如原子核因绕电子运动而产生的磁场) 中
自旋反向引起的, 则应等于 (见习题 7.11 或习题 8.10) $2\mu_{\mathrm B}B$,

$$\Delta E = E(3\mathrm{P}_{3/2}) - E(3\mathrm{P}_{1/2}) = 2\mu_{\mathrm B}B,$$

从而有

$$B = \frac{\Delta E}{2\mu_{\mathrm B}} = \frac{0.002\,14\,\mathrm{eV}}{2 \times 5.788 \times 10^{-5}\,\mathrm{eV/T}} = 18.5\,\mathrm{T}.$$

习题 9.11 Cr 的电子组态为 Ar 的满壳电子组态之外有 $4\mathrm{s}^1 3\mathrm{d}^5$.
试求基态的 l 和 s.

解 满壳是 $^1\mathrm{S}_0$ 态, $l = s = j = 0$, 原子基态量子数完全由壳外
电子来确定. 根据洪德定则中关于 s 的规则 (参阅《近代物理学》
9.4 节角动量耦合和能级的精细结构), 由同一电子组态 LS 耦合成的
原子态, s 越大, 多重数越高的能级越低, $4\mathrm{s}^1 3\mathrm{d}^5$ 中的 6 个电子自旋
会尽可能平行. 其中 5 个 3d 电子的量子数 $n = 2$ 和 $l = 2$ 都相同,
而 $m = 2, 1, 0, -1, -2$ 刚好有 5 个不同的值, 这就可以允许这 5 个电
子自旋完全平行而不违反泡利不相容原理. 1s 电子的自旋根据上述
洪德定则也与 5 个 3d 电子的自旋平行. 于是这 6 个电子耦合出来
的总自旋量子数为

$$s = 6 \times \frac{1}{2} = 3.$$

1s 电子的 $l = 0$. 5 个 3d 电子的 m 量子数之和为 0, 所以它们
耦合出来的 $l = 0$. 于是这 6 个电子耦合出来的总轨道角动量量子数
为 0, $l = 0$. 从而还有 $j = s = 3$, Cr 原子基态为 $^7\mathrm{S}_3$.

习题 9.12 Al 原子的电子组态在满壳之外有 $3\mathrm{s}^2 3\mathrm{p}^1$, 试求它的
基态项.

解 3s 电子 $n = 3$, $l = m = 0$, 根据泡利原理两个 3s 电子的自
旋只能相反, 耦合成的 $s = 0$. 于是, 只有 3p 电子对 Al 原子基态量

子数有贡献. 这个 3p 电子 $l = 1$, $s = 1/2$, j 有 3/2 和 1/2 两个取值, 即有 $^2P_{3/2,1/2}$ 两项. 根据洪德定则中关于 j 的规则 (参阅《近代物理学》 9.4 节角动量耦合和能级的精细结构), 一个次壳层未填到半满的原子态, j 越小的能级越低; 填到半满以上的原子态, 则 j 越大的能级越低. p 次壳层填满是 6 个电子, 现在只填了 1 个电子, 属于半满以下的情形, 于是取 $j = 1/2$, Al 原子基态项为 $^2P_{1/2}$. 或者, 从物理上看, 自旋 - 轨道耦合倾向于使这个 3p 电子的自旋与轨道角动量相反, 所以基态是 $^2P_{1/2}$.

习题 9.13 K 原子主线系第一条谱线的波长为 766.5 nm, 系限波长为 285.8 nm, 已知 K 原子基态为 4s, 试求 4s 和 4p 谱项的量子亏损值.

解 碱金属 Li, Na, K, Rb, Cs, Fr 的原子基态, 都是由满壳的原子实加上一个外壳价电子构成. K 原子基态的电子组态是在 Ar 满壳外有一个 4s 电子的 $^2S_{1/2}$. 在低激发时, 原子实保持不变, 只有这个价电子被激发, 这称为碱金属的单电子激发. 满壳原子实的总角动量和轨道角动量都是 0, 电荷分布各向同性, 它对价电子的作用近似于一等效电荷 Z^* 的库仑作用, 与 H 原子类似. 只是由于价电子的运动会引起原子实极化, 和贯穿到原子实之中, 所以这个价电子的单粒子能级不仅依赖于主量子数 n, 还与它的轨道量子数 l 有关, 可以近似写成

$$E_{nl} = \left(\frac{Z^*}{n}\right)^2 E_0 = \frac{1}{(n^*)^2} E_0 = \frac{1}{[n - \Delta(n,l)]^2} E_0,$$

其中 $\Delta(n,l)$ 称为与量子数 n, l 相联系的量子亏损, 由实验来确定. 这种做法, 是完全唯象的. 上述公式是一个唯象公式, 其中的量子亏损 $\Delta(n,l)$ 是一个唯象参数, 而这种理论则称为唯象理论.

主线系是指价电子从 p 到 s 的跃迁, 线系波数可以写成

$$\tilde{\nu}_{p\to s} = -\frac{E_0}{hc}\left\{\frac{1}{[n_0 - \Delta(n_0,0)]^2} - \frac{1}{[n - \Delta(n,1)]^2}\right\}.$$

对于 K 原子的 4s 电子, $n_0 = 4$. 4s 谱项的量子亏损 $\Delta(4,0)$ 可以由下面 $n \to \infty$ 的系限条件来确定:

$$\frac{1}{285.8\,\text{nm}} = -\frac{E_0}{hc}\frac{1}{[4 - \Delta(4,0)]^2},$$

$$\Delta(4,0) = 4 - \sqrt{-\frac{E_0 \times 285.8\,\mathrm{nm}}{hc}}$$
$$= 4 - \sqrt{\frac{13.6\,\mathrm{eV} \times 285.8\,\mathrm{nm}}{2\pi \times 197.3\,\mathrm{eV\cdot nm}}} = 2.23.$$

于是, 4p 谱项的量子亏损 $\Delta(4,1)$ 可以由第一条谱线的波长 $766.5\,\mathrm{nm}$ 来确定:

$$\frac{1}{766.5\,\mathrm{nm}} = -\frac{E_0}{hc}\left\{ \frac{1}{[4-\Delta(4,0)]^2} - \frac{1}{[4-\Delta(4,1)]^2} \right\},$$
$$\frac{1}{[4-\Delta(4,1)]^2} = \frac{2\pi\hbar c}{E_0 \times 766.5\,\mathrm{nm}} + \frac{1}{[4-\Delta(4,0)]^2}$$
$$= \frac{2\pi \times 197.3\,\mathrm{eV\cdot nm}}{-13.6\,\mathrm{eV} \times 766.5\,\mathrm{nm}} + \frac{1}{(4-2.23)^2} = 0.2003,$$
$$\Delta(4,1) = 4 - \sqrt{\frac{1}{0.2003}} = 1.77.$$

习题 9.14 Zn 原子最外层有两个电子, 基态组态为 $4s^2$. 试分别考虑当其中一个电子被激发到 5s 态或 4p 态这两种情况下, LS 耦合的原子态, 并讨论由它们向低能级跃迁时分别有哪几种跃迁?

解 Zn 原子基态组态 $4s^2$, 是两个 4s 电子的耦合. 由于它们的量子数 (n,l,m) 都相同, 根据泡利原理, 自旋只能反平行, 所以 $s = l = j = 0$, 是 4^1S_0 态. 这里我们写出了主量子数 4, 以便与下面讨论的激发态区分.

4s 电子与 5s 电子的 LS 耦合, 有自旋平行与反平行两种情形. 自旋平行的情形, $s = 1, l = 0, j = 1$, 是 5^3S_1 态. 自旋反平行的情形, $s = 0, l = 0, j = 0$, 是 5^1S_0 态.

4s 电子与 4p 电子的 LS 耦合, 也有自旋平行与反平行两种情形. 自旋平行的情形, $s = 1, l = 1, j = 2,1,0$, 是 $4^3P_{2,1,0}$ 3 个态. 自旋反平行的情形, $s = 0, l = 1, j = 1$, 是 4^1P_1 态.

要讨论它们向低能级的跃迁, 就需要知道它们的能级次序. 首先, 5^1S_0 态的能级要比 5^3S_1 态高, 因为根据关于量子数 s 的洪德定则 (见习题 9.11), 后者的多重数比前者高. 这两个态的能级又都高于 $4^3P_{2,1,0}$, 4^1P_1 和基态 4^1S_0, 因为它们有一个电子在 5s 态, 主量子数 $n = 5$, 属于 O 壳, 而其余的态都属于主量子数 $n = 4$ 的 N 壳.

在 $4^3P_{2,1,0}$, 4^1P_1 和 4^1S_0 之中, 基态 4^1S_0 能级最低, 因为它是 s 次壳填满的态, 两个电子都在 s 态. 一般说来, 单电子态的 l 越小, 它对原子实的贯穿就越大, 它引起的原子实的极化也越强, 它的能量就越低. 其次是 $4^3P_{2,1,0}$, 它比 4^1P_1 的多重数高, 根据关于多重数的洪德定则它的能级也就低. 而在 $4^3P_{2,1,0}$ 的 3 个态中, 根据关于 j 的洪德定则 (见习题 9.12), 能级从高到低的次序是 $j = 2, 1, 0$. 于是, 我们最后得到能级的次序为:

$$5^1S_0 > 5^3S_1 > 4^1P_1 > 4^3P_{2,1,0} > 4^1S_0.$$

需要指出, 上述能级次序是用洪德定则确定的. 洪德定则是经验规则, 对于确定原子的基态是有效的, 对于原子的激发态就不一定准确. 任何经验都不能排除出现例外的可能, 所以爱因斯坦强调, 没有理论支持的经验, 是不可信的. 洪德定则的理论解释, 要用到量子力学的细致分析和计算, 这不是一门基础课的任务. 如果不用洪德定则, 只根据主量子数来判断, 则有

$$5^1S_0, \ 5^3S_1 > 4^1P_1, \ 4^3P_{2,1,0} > 4^1S_0.$$

电偶极辐射的作用不会改变电子自旋的方向, $\Delta s = 0$, 在不同多重数的态之间不会发生跃迁. 此外, 宇称守恒要求 $\Delta l = \pm 1$. 所以, 由它们向低能级的跃迁有以下的过程:

$$5^1S_0 \to 4^1P_1, \quad 5^3S_1 \to 4^3P_{2,1,0}, \quad 4^1P_1 \to 4^1S_0.$$

习题 9.15 U 的 K 吸收限为 $0.0107\,\mathrm{nm}$, K_α 线为 $0.0126\,\mathrm{nm}$, 试求 L 吸收限的波长.

解 这是关于内层电子激发和 X 射线谱的问题. 把 $n = 1$ 的 K 壳电子电离的光子波长, 就是 K 吸收限. 于是我们可以写出

$$E(\infty) - E(1) = \frac{hc}{\lambda_{K_\infty}} = \frac{2\pi \times 197.3\,\mathrm{eV \cdot nm}}{0.0107\,\mathrm{nm}} = 115.86\,\mathrm{keV}.$$

K_α 线是电子由 $n = 2$ 的 L 壳跃迁到 $n = 1$ 的 K 壳发出的谱线,

$$E(2) - E(1) = \frac{hc}{\lambda_{K_\alpha}} = \frac{2\pi \times 197.3\,\mathrm{eV \cdot nm}}{0.0126\,\mathrm{nm}} = 98.39\,\mathrm{keV}.$$

由上述二式相减, 可得

$$\frac{hc}{\lambda_{L_\infty}} = E(\infty) - E(2) = 115.86\,\mathrm{keV} - 98.39\,\mathrm{keV} = 17.47\,\mathrm{keV},$$

从而可以算出 L 吸收限的波长为

$$\lambda_{L_\infty} = \frac{hc}{E(\infty) - E(2)} = \frac{2\pi \times 197.3\,\text{eV·nm}}{17.47\,\text{keV}} = 0.0710\,\text{nm}.$$

习题 9.16   试求在强度为 $2\,\text{T}$ 的磁场中, Na 的状态 $^2P_{1/2}$ 和 $^2S_{1/2}$ 的塞曼分裂.

解   这是关于能级在外磁场中分裂的塞曼效应问题. 具有磁矩 μ_J 的原子, 在外磁场 $\boldsymbol{B}$ 中有一附加能量

$$-\boldsymbol{\mu}_J \cdot \boldsymbol{B} = m_j g_J \mu_B B, \qquad m_j = j, j-1, \cdots, -j+1, -j,$$

这里取坐标 z 轴沿 $\boldsymbol{B}$ 方向, 其中 g_J 对于 LS 耦合有 (见《近代物理学》 9.9 节塞曼效应)

$$g_J = 1 + \frac{j(j+1) - l(l+1) + s(s+1)}{2j(j+1)}.$$

对 Na 的 $^2P_{1/2}$, $s = 1/2$, $l = 1$, $j = 1/2$, 有

$$g_J = 1 + \frac{(1/2)[(1/2)+1] - (1+1) + (1/2)[(1/2)+1]}{2(1/2)[(1/2)+1]} = \frac{2}{3},$$

$$m_j g_J \mu_B B = \pm \frac{1}{2} \times \frac{2}{3} \times 5.788 \times 10^{-5}\,\text{eV·T}^{-1} \times 2\,\text{T}$$
$$= \pm 3.859 \times 10^{-5}\,\text{eV}.$$

对 Na 的 $^2S_{1/2}$, $s = 1/2$, $l = 0$, $j = 1/2$, 有

$$g_J = 1 + \frac{(1/2)[(1/2)+1] + (1/2)[(1/2)+1]}{2(1/2)[(1/2)+1]} = 2,$$

$$m_j g_J \mu_B B = \pm \frac{1}{2} \times 2 \times 5.788 \times 10^{-5}\,\text{eV·T}^{-1} \times 2\,\text{T}$$
$$= \pm 11.58 \times 10^{-5}\,\text{eV}.$$

习题 9.17   Na 的 $^2P_{1/2} \rightarrow {}^2S_{1/2}$ 跃迁辐射的波长为 $589.59\,\text{nm}$, 求在 $2\,\text{T}$ 的磁场中各波长的改变值.

解   Na 的 $^2P_{1/2} \rightarrow {}^2S_{1/2}$ 跃迁辐射的波长为 $\lambda_1 = 589.59\,\text{nm}$ 的光, 就是通常说的钠黄光双黄线中的 D_1 线 (见习题 9.10), 我们可以写出

$$\frac{hc}{\lambda_1} = E(^2P_{1/2}) - E(^2S_{1/2}).$$

在 $2\,\mathrm{T}$ 的磁场中，上题已经算出 Na 的 $^2\mathrm{P}_{1/2}$ 能级上下对称地分裂成两个能级，分别对应于 $m_j = \pm 1/2$：

$$E(^2\mathrm{P}_{1/2}) \to E(^2\mathrm{P}_{1/2}, m_j) = E(^2\mathrm{P}_{1/2}) + m_j \Delta E(^2\mathrm{P}_{1/2}),$$

$$\Delta E(^2\mathrm{P}_{1/2}) = 2 \times 3.8587 \times 10^{-5}\,\mathrm{eV} = 7.717 \times 10^{-5}\,\mathrm{eV}.$$

同样，Na 的 $^2\mathrm{S}_{1/2}$ 能级也上下对称地分裂成两个能级，分别对应于 $m_j = \pm 1/2$：

$$E(^2\mathrm{S}_{1/2}) \to E(^2\mathrm{S}_{1/2}, m_j) = E(^2\mathrm{S}_{1/2}) + m_j \Delta E(^2\mathrm{S}_{1/2}),$$

$$\Delta E(^2\mathrm{S}_{1/2}) = 2 \times 11.576 \times 10^{-5}\,\mathrm{eV} = 23.15 \times 10^{-5}\,\mathrm{eV},$$

并且有

$$\Delta E(^2\mathrm{S}_{1/2}) = 3\Delta E(^2\mathrm{P}_{1/2}).$$

于是，D_1 线分裂成与下列跃迁相应的 4 条线：

$$E(^2\mathrm{P}_{1/2}, -1/2) \to E(^2\mathrm{S}_{1/2}, 1/2), \qquad \Delta m_j = -1,$$

$$E(^2\mathrm{P}_{1/2}, 1/2) \;\; \to E(^2\mathrm{S}_{1/2}, 1/2), \qquad \Delta m_j = 0,$$

$$E(^2\mathrm{P}_{1/2}, -1/2) \to E(^2\mathrm{S}_{1/2}, -1/2), \qquad \Delta m_j = 0,$$

$$E(^2\mathrm{P}_{1/2}, 1/2) \;\; \to E(^2\mathrm{S}_{1/2}, -1/2), \qquad \Delta m_j = 1,$$

它们满足关于磁量子数的选择定则 $\Delta m_j = 0, \pm 1$，都是允许跃迁. 谱线波长可以用下列公式来计算：

$$\begin{aligned}
\frac{hc}{\lambda} &= E(^2\mathrm{P}_{1/2}, m_j') - E(^2\mathrm{S}_{1/2}, m_j) \\
&= E(^2\mathrm{P}_{1/2}) + m_j' \Delta E(^2\mathrm{P}_{1/2}) - [E(^2\mathrm{S}_{1/2}) + m_j \Delta E(^2\mathrm{S}_{1/2})] \\
&= [E(^2\mathrm{P}_{1/2}) - E(^2\mathrm{S}_{1/2})] + (m_j' - 3m_j)\Delta E(^2\mathrm{P}_{1/2}) \\
&= \frac{hc}{\lambda_1} + (m_j' - 3m_j)\Delta E(^2\mathrm{P}_{1/2}).
\end{aligned}$$

代入

$$\frac{hc}{\lambda_1} - \frac{hc}{\lambda} = \frac{hc(\lambda - \lambda_1)}{\lambda_1 \lambda} \approx \frac{hc\Delta\lambda}{\lambda_1^2},$$

得

$$\begin{aligned}
\Delta\lambda = \lambda - \lambda_1 &\approx \frac{\lambda_1^2 (3m_j - m_j')\Delta E(^2\mathrm{P}_{1/2})}{hc} \\
&= (3m_j - m_j') \times \frac{(589.59\,\mathrm{nm})^2 \times 7.717 \times 10^{-5}\,\mathrm{eV}}{2\pi \times 197.3\,\mathrm{eV\cdot nm}}
\end{aligned}$$

$$= (3m_j - m'_j) \times 0.02164\,\text{nm}.$$

代入 $m'_j = \pm 1/2$ 和 $m_j = \pm 1/2$, 最后得到

$$\Delta\lambda = \pm 0.0216\,\text{nm}, \quad \pm 0.0433\,\text{nm}.$$

习题 9.18 假设自旋 - 轨道耦合比它们与外磁场的相互作用强得多, 试求在 $0.05\,\text{T}$ 的磁场中 H 的 $^2\text{D}_{3/2}$ 和 $^2\text{D}_{5/2}$ 态反常塞曼分裂.

解 本题与习题 9.16 的做法一样, 要先算出 g 因子. 对 H 的 $^2\text{D}_{3/2}$ 态, $s = 1/2, l = 2, j = 3/2$, 有

$$g_J = 1 + \frac{(3/2)[(3/2)+1] - 2(2+1) + (1/2)[(1/2)+1]}{2(3/2)[(3/2)+1]} = \frac{4}{5},$$

$$\begin{aligned}
\Delta E(^2\text{D}_{3/2}) &= m_j g_J \mu_\text{B} B \\
&= m_j \times \frac{4}{5} \times 5.788 \times 10^{-5}\,\text{eV} \cdot \text{T}^{-1} \times 0.05\,\text{T} \\
&= m_j \times 2.315\,\mu\text{eV} = \pm 3.47\,\mu\text{eV}, \quad \pm 1.16\,\mu\text{eV}.
\end{aligned}$$

对 $^2\text{D}_{5/2}$ 态, $s = 1/2, l = 2, j = 5/2$, 有

$$g_J = 1 + \frac{(5/2)[(5/2)+1] - 2(2+1) + (1/2)[(1/2)+1]}{2(5/2)[(5/2)+1]} = \frac{6}{5},$$

$$\begin{aligned}
\Delta E(^2\text{D}_{5/2}) &= m_j g_J \mu_\text{B} B \\
&= m_j \times \frac{6}{5} \times 5.788 \times 10^{-5}\,\text{eV} \cdot \text{T}^{-1} \times 0.05\,\text{T} \\
&= m_j \times 3.473\,\mu\text{eV} \\
&= \pm 8.68\,\mu\text{eV}, \quad \pm 5.21\,\mu\text{eV}, \quad \pm 1.74\,\mu\text{eV}.
\end{aligned}$$

本章小结

多电子原子是原子物理学的主体. 我们这里所涉及的内容, 首先就是电子之间的库仑相互作用, 它是单电子原子所没有的新的因素, 对原子的结构和能级都有重要作用. 习题 9.1 和 9.2 讨论的 He 原子是最简单的多电子原子, 从它我们可以具体和清楚地了解, 电子之间的库仑排斥对 He 原子的结构和能级是如何起作用的. 接下来的习题 9.3 和 9.4 是关于泡利不相容原理, 这是处理多电子体系的一条基本原理. 根据泡利原理在单粒子能级上进行电子的填充, 是

分析和研究原子结构的最基本的方法和步骤. 这一原理和方法, 后来又被进一步运用于原子核和核子等其他费米子体系结构的分析和研究, 成为这些领域共同的原理和方法. 习题 9.5 是关于全同粒子的问题, 涉及微观粒子全同性原理, 这是比泡利原理更深一层的原理, 它从物理上解释了泡利不相容原理, 为泡利原理提供了一个基本的物理基础. 习题 9.6 讨论 ^{3}Li 原子, 这是最简单的碱金属原子, 它们具有满壳外一个价电子的结构. 这个习题的讨论, 涉及单电子模型, 电子组态和原子实的概念, 以及价电子对原子实的贯穿和极化, 这些都是分析和研究多电子原子问题的重要概念. 习题 9.7 至 9.9 这三题是关于自旋 - 轨道耦合的一般问题, 我们在第 8 章已经遇到过这个问题, 这是原子能级和光谱的精细结构的物理基础. 习题 9.10 具体用 Na 原子双黄线来估计外层电子由于其轨道运动而受到的磁场. 习题 9.11 和 9.12 是在自旋 - 轨道耦合的基础上从电子组态来确定原子的基态项, 这要用到洪德的经验规则. 习题 9.13 和 9.15 是原子内层电子的激发问题, 习题 9.14 则是原子外层电子的激发和跃迁. 最后, 习题 9.16 至 9.18 这三题都是关于原子能级在外磁场中分裂的塞曼效应问题.

多电子原子问题在量子力学创立以后获得了迅速的发展, 形成了系统和完整的原子物理学. 可以说, 原子物理学是在量子力学的基础上建立和发展起来的物理学中第一个专门的分科. 在原子物理学成熟和从基础物理学中分离出来以后, 相继又有固体物理学、原子核物理学和光子学等也逐渐发展成熟和从基础物理学中分离出来. 这期间在量子力学的基础上诞生和成长起来的, 还有研究分子结构和过程的量子化学. 这些内容将构成我们后面第 10 章、第 11 章、第 12 章和第 14 章的主题.

二十世纪物理学发展的这种情形和势态, 也以不同的形式反映到我们今天大学的物理教学之中. 大体上说, 有两种类型. 基础物理学的教学较细的学校, 原来是把基础物理学分成力学、热学、电磁学、光学、原子物理学五门课程. 这是二十世纪中叶以前形成的教学体系, 那时的原子物理就是近代物理. 这类学校今天的做法, 一方面, 是把原子物理学的内容扩充和加深, 向专业基础课靠拢;

另一方面，则是在原子物理学之外，又进一步增设固体物理学和原子核物理学等，作为以量子力学为先修课的专业基础课. 而把基础物理学当作一门统一的基础课来讲授的学校，则是在原来的普通物理学或大学物理学这门课程中调整课程结构和学时分配，以加强其中的近代物理学部分. 当然，同一种类型的学校，做法也不尽相同. 每种做法都有自己的考虑，见仁见智，着眼和着力点不同. 况且，各家有自己的历史、风格、现状与问题.

物理教学的发展，总是要比物理学本身的发展推迟一个相位，这可以说是物理教学发展的一条历史规律. 而传统久远文化淀积深厚的群体，也总是惯性沉重的群体，这恐怕则是人类社会发展的一条历史规律.

10 辐射场的统计性质

基本概念和公式

• 黑体辐射: 吸收本领与辐射频率 ν 和自身温度 T 无关的物体, 称为绝对黑体, 简称黑体. 由黑体表面发出的辐射, 称为黑体辐射. 在足够大的空腔表面开的足够小的小孔的表面, 就是近似的黑体表面. 这种空腔被加热后由此小孔发出的辐射, 就相当于黑体辐射. 所以黑体辐射又称空腔辐射.

• 斯特藩 - 玻尔兹曼定律: 单位时间内从物体单位表面发出的在单位频率范围内的辐射能量密度 $r(\nu, T)$, 亦即从物体单位表面发出的辐射通量谱, 称为物体的辐射本领. 黑体辐射的总辐射本领 R_0 与绝对温度 T 的 4 次方成正比,

$$R_0 = \int_0^\infty r(\nu, T)\mathrm{d}\nu = \sigma T^4,$$

这称为斯特藩 - 玻尔兹曼定律, 其中比例常数 σ 称为斯特藩 - 玻尔兹曼常数,

$$\sigma = 5.670\,374\,419\cdots \times 10^{-8}\mathrm{W\cdot m^{-2}\cdot K^{-4}}.$$

斯特藩 - 玻尔兹曼定律可以从黑体辐射的普朗克公式推出, 见习题 10.1.

• 维恩位移定律: 黑体辐射能谱峰位的波长 λ_M 与温度 T 成反比,

$$\lambda_\mathrm{M}T = b = 2.897\,771\,955\cdots \times 10^{-3}\mathrm{m\cdot K}.$$

其中 b 是普适常数. 维恩位移定律可以从普朗克公式或维恩公式推出, 见下面普朗克黑体辐射定律和量子论以及习题 10.4.

• 普朗克黑体辐射定律: 单位频率范围内黑体辐射能量的谱密度 $u(\nu, T)$ 为

$$u(\nu, T) = \frac{8\pi\nu^2}{c^3}\frac{h\nu}{\mathrm{e}^{h\nu/k_\mathrm{B}T} - 1},$$

这又称普朗克公式.

● 自发辐射、受激吸收、受激辐射：这是爱因斯坦辐射理论引入的概念，见习题 10.10.

● 粒子数反转：在统计平衡时，原子在能级上的分布是玻尔兹曼正则分布，温度不太高时，绝大部分原子都处在基态 E_1，$N_2 \ll N_1$. 若用某种办法使激发态的原子数多于基态的原子数，$N_2 > N_1$，这种情形就称为粒子数反转或反转分布. 这时原子体系所处的状态不是统计平衡态，相应的绝对温度是负的.

● 谱线的自然宽度：处于激发能级 E_n 的原子是不稳定的，有一定的概率跃迁到较低能级，有一平均寿命 τ_n，能级越高，平均寿命越短. 从而，激发态能级有一宽度 ΔE_n，满足时间 - 能量测不准关系 $\tau_n \Delta E_n \geqslant \hbar/2$. 而基态是稳定的，能级没有宽度，$\Delta E_1 = 0$. 于是，跃迁 $E_n \to E_1$ 的谱线自然宽度为

$$\Delta \nu = \frac{\Delta(E_n - E_1)}{h} \geqslant \frac{1}{4\pi\tau_n}.$$

重要的实例

● 宇宙微波背景辐射：根据大爆炸宇宙学，宇宙原初火球在大爆炸的膨胀中，温度下降，现在宇宙中处于热平衡的背景辐射温度约为 3 K，$k_B T \sim 10^{-3}\,\text{eV}$，相应黑体辐射谱极大值处的波长 $\lambda_M \sim 1\,\text{mm}$，位于微波波段. 这一预言于 1964 年被彭齐亚斯和威尔孙的观测所证实.

普朗克黑体辐射定律和量子论　由普朗克黑体辐射定律开始和引出的量子论，与爱因斯坦相对论一起，是整个二十世纪物理学两个基本观念之一，是二十世纪物理学发展的一条主线. 我们在这里对普朗克量子论的提出做一简要的介绍.

经典辐射理论的"紫外灾难"　辐射场中单位体积内振动频率在 0 到 ν 之间所有可能的取值数为 (见《近代物理学》 10.3 节)

$$N(\nu) = \frac{4\pi}{3}\left(\frac{1}{\lambda}\right)^3 = \frac{4\pi\nu^3}{3c^3},$$

于是单位体积内频率 ν 附近单位频率间隔内电磁辐射的振动模数为

$$n_0(\nu) = 2 \times \frac{\mathrm{d}N}{\mathrm{d}\nu} = \frac{8\pi\nu^2}{c^3},$$

其中乘上因子 2, 是由于对于一定的波矢量, 电磁波有两个偏振方向.

热平衡时, 根据经典统计力学的能量均分定理, 每个振动模式的平均能量为

$$\bar{\varepsilon} = 2 \times \frac{1}{2} k_{\mathrm{B}} T = k_{\mathrm{B}} T,$$

于是单位频率范围内热辐射能量的谱密度为

$$u(\nu, T) = n_0(\nu)\bar{\varepsilon} = \frac{8\pi\nu^2}{c^3} k_{\mathrm{B}} T,$$

这就是瑞利 - 金斯公式, 它是经典统计力学给出的严格结果. 瑞利 - 金斯公式在低频端与实验相符, 而在高频端是发散的, 这就是著名的 "紫外发散" 或 "紫外灾难".

在另一方面, 维恩于 1869 年根据实验数据得出的经验公式是

$$u(\nu, T) \propto \nu^3 \mathrm{e}^{-h\nu/k_{\mathrm{B}}T},$$

这也就是

$$\bar{\varepsilon} = h\nu \mathrm{e}^{-h\nu/k_{\mathrm{B}}T},$$

其中 h 是由实验确定的常数. 维恩公式对高温不适用, 在低频端比实验值低, 但在高频端与实验符合.

普朗克黑体辐射定律 1900 年 10 月, 鲁本斯和库尔鲍姆把表明维恩公式对高温和低频不适用的实验结果告诉了普朗克. 面对瑞利 - 金斯公式和维恩公式这种两难的情况, 作为第一步, 普朗克设法凑出一个内插公式, 使得它在低频端是瑞利 - 金斯公式, 而在高频端成为维恩公式. 根据热力学第二定律,

$$\mathrm{d}U = T\mathrm{d}S - p\,\mathrm{d}V,$$

可以写出熵对内能的偏微商为

$$\left(\frac{\partial S}{\partial U}\right)_V = \frac{1}{T}.$$

这表明, $1/T$ 是与熵的变化相联系的物理量, 可以选择它作为内插的切入点.

由瑞利 - 金斯公式中的平均能量 $\bar{\varepsilon} = k_{\mathrm{B}}T$, 有

$$\frac{\partial}{\partial\bar{\varepsilon}} \frac{1}{k_{\mathrm{B}}T} = -\frac{1}{\bar{\varepsilon}^2},$$

而由维恩公式的 $\bar\varepsilon = h\nu e^{-h\nu/k_B T}$, 有

$$\frac{\partial}{\partial\bar\varepsilon}\frac{1}{k_B T} = -\frac{1}{\bar\varepsilon h\nu}.$$

于是普朗克取内插关系为

$$\frac{\partial}{\partial\bar\varepsilon}\frac{1}{k_B T} = -\frac{1}{\bar\varepsilon(h\nu+\bar\varepsilon)},$$

它在低频 $h\nu \ll \bar\varepsilon$ 时是瑞利 - 金斯公式的 $-1/\bar\varepsilon^2$, 而在高频 $h\nu \gg \bar\varepsilon$ 时成为维恩公式的 $-1/\bar\varepsilon h\nu$.

把内插关系改写成

$$\frac{\partial}{\partial\bar\varepsilon}\frac{h\nu}{k_B T} = \frac{1}{\bar\varepsilon+h\nu} - \frac{1}{\bar\varepsilon},$$

对它求积分就可以得到

$$\frac{h\nu}{k_B T} = \ln\frac{\bar\varepsilon+h\nu}{\bar\varepsilon} = \ln\left(1+\frac{h\nu}{\bar\varepsilon}\right),$$

即

$$\bar\varepsilon = \frac{h\nu}{e^{h\nu/k_B T} - 1}.$$

这就是普朗克最初凑出来的公式, 在低频 $h\nu \ll k_B T$ 时它给出瑞利 - 金斯的 $\bar\varepsilon = k_B T$, 在高频 $h\nu \gg k_B T$ 时它给出维恩的 $\bar\varepsilon = h\nu e^{-h\nu/k_B T}$. 把普朗克的这个结果乘以 $n_0(\nu) = 8\pi\nu^2/c^3$, 就得到黑体辐射能谱密度 $u(\nu,T)$,

$$u(\nu,T) = \frac{8\pi\nu^2}{c^3}\frac{h\nu}{e^{h\nu/k_B T} - 1},$$

这就是普朗克黑体辐射定律, 或称普朗克公式.

普朗克把他的上述结果写成一篇论文, 题目是《维恩分布的改进》. 鲁本斯和库尔鲍姆立即将他们的最新测量与普朗克公式、维恩公式、瑞利 - 金斯公式以及另外两组经验公式进行了比较, 结果表明普朗克公式优于其他几个公式, 与实验完全符合. 这是 1900 年 10 月 25 日的事.

普朗克这种性质的工作, 还只能算是实验工作的一部分, 属于实验工作中的数据处理. 这样内插出来的公式, 和根据实验数据凑出来的公式一样, 属于经验公式, 或称经验规律. 正因为如此, 这种公式是比从理论推演出来的公式更加重要和值得重视的结果. 因为它得自实验, 与实验有直接的关系. 所以, 后来又有人重复做过. 爱

因斯坦 1905 年重做的内插, 是从统计力学的角度, 换了一个内插的方式, 得到的结果与这里普朗克从热力学的角度内插的一样.

普朗克的量子论 尽管与实验符合得很好, 但是没有理论支持的经验, 仍然是不可信的. 所以, 作为第二步, 就需要为这个经验公式找到一个能够令人信服的理论解释. 普朗克尝试从统计力学出发来推出他的公式.

推出瑞利 - 金斯公式时用到的能量均分定理, 是经典物理学中能量可以连续取值的必然结果. 为了得到不同于能量均分定理的结果, 必须采用一个新的假设. 为此, 普朗克假设电磁辐射 (也就是光) 的能量不能连续取值, 只能取离散的量子化的值. 他假设频率为 ν 的辐射能量只能取一个基本份额 ε_0 的 0 或整数倍,

$$\varepsilon = n\varepsilon_0, \quad n = 0, 1, 2, 3, \cdots,$$

$$\varepsilon_0 = h\nu.$$

达到统计平衡时, 体系能量为 ε 的状态的统计概率正比于玻尔兹曼因子 $\mathrm{e}^{-\varepsilon/k_\mathrm{B}T}$, 所以频率为 ν 的辐射的平均能量为

$$\bar{\varepsilon} = \frac{\sum_{n=0}^{\infty} n\varepsilon_0 \mathrm{e}^{-n\varepsilon_0/k_\mathrm{B}T}}{\sum_{n=0}^{\infty} \mathrm{e}^{-n\varepsilon_0/k_\mathrm{B}T}} = -\frac{\partial}{\partial \beta} \ln \sum_{n=0}^{\infty} \mathrm{e}^{-n\beta\varepsilon_0}$$

$$= \frac{\partial}{\partial \beta} \ln \left(1 - \mathrm{e}^{-\beta\varepsilon_0}\right) = \frac{\varepsilon_0}{\mathrm{e}^{\beta\varepsilon_0} - 1} = \frac{h\nu}{\mathrm{e}^{h\nu/k_\mathrm{B}T} - 1},$$

其中 $\beta = 1/k_\mathrm{B}T$. 这正是普朗克在前面用内插法得到的结果.

普朗克把上述推导写成了一篇论文, 题为《正常谱能量分布律的理论》, 这就是 1900 年 12 月 14 日普朗克向德国物理学会提交的宣告量子论诞生的论文.

普朗克假设的理论基础 关于辐射能量量子化的假设 $\varepsilon = nh\nu$, 是普朗克根据他的辐射定律作出的一个猜测, 是对于在黑体辐射中表现出来的电磁辐射性质的现象性的认识. 所以普朗克的这个理论, 还只是一个唯象理论. 从理论结果来看, 这一唯象认识看来是对的. 不过, 为了进一步加深这种认识, 就要对这个假设给出深入一步的理论解释. 这就是第三步: 从唯象理论走向基本理论.

这一步走了半个世纪. 能够对普朗克的辐射场能量假设作出合理解释的基本理论, 是量子电动力学. 量子力学建立以后, 狄拉

克就于 1927 年提出了辐射吸收与发射的量子理论. 紧接着, 约当、维格纳、费米、海森伯和泡利等人都进行了研究和探索. 但是, 理论中存在的发散困难一直困扰着理论家们. 直到二十世纪中期, 朝永振一郎、施温格、费曼和戴孙等人建立了满足相对论协变性要求的量子电动力学, 并且找到了消除发散困难的重正化方法, 量子电动力学才作为一门基本理论站住了脚. 在量子电动力学中, 电磁场是由它的量子即光子组成的, 每个光子携带一定的能量和动量, 这就自然地解释了普朗克的能量子假设和爱因斯坦的光子假设.

作为量子论的创始人, 普朗克却并没有沿着这条路走下去. 就像迈克耳孙不相信并不存在实在的以太一样, 普朗克不相信能量是量子化的. 他一直努力和尝试, 希望不用这个能量量子化的假设, 也能推出他的公式来. 普朗克始终未能超越他头脑中十分执著的经典观念, 总想为他的公式建立一个经典的理论.

物理学家的自我包装 普朗克是一位实在和厚道的科学家, 他把他所想和所做的都如实地讲了出来, 让我们分享他的研究经验, 使我们能够清楚地知道他是如何用内插法猜出或者说凑出了他的黑体辐射公式, 又如何尝试和努力来为这个公式建立一个合理的理论. 这正是物理学家做研究的真实过程. 如果他只发表 12 月 14 日的那篇从能量子假设出发推出他的公式的论文, 而不发表 10 月的那篇用内插法猜出他的公式的论文, 我们对整个事情的经过就不会了解得这么清楚, 失去了一份宝贵的研究经验. 而在事实上, 很多物理学家采用的却是后一种做法.

一般说来, 大多数的物理学研究都包含这样两个部分或过程. 首先, 最关键和重要的, 当然是你要做一件别人没有做过的事. 这件事是你的创造, 包含了新的东西. 这是整个事情的核心. 然后, 你要设法把你所做的事清楚和有说服力地讲出来, 要讲得让人觉得合理和能够接受. 无论是演讲或者写成论文, 这都非常关键和重要, 我们通常就把这一步叫做 "包装". 只有做了好的包装, 才有可能把你的创造性贡献介绍和推销给广大的听众或读者, 让他们接受和认同. 物理学家在发表他的工作时, 是非常重视自我包装的.

懂得了物理学家的这个秘密, 我们在听他们的演讲或看他们的论文时，就必须注意区分清楚，哪些是他所做的事情，是他的新的贡献，是他的真东西，而哪些则是他的包装和说明。不要听他说得头头是道，不要被他的逻辑推理所迷惑。他们并不都像普朗克这样把一切都实实在在地说出来。他们一般都只说出最后得到成功并且经过了包装的东西，而把猜测和拼凑以及许多次失败的细节都略而不谈。在听演讲或看论文时能够把这两者区分清楚，这是你需要修炼的功力。而能够作出你自己的分析和判断，像费曼那样说出"你这里错了!"(参阅习题 4.13 之后的讨论)，这才是你的水准。海森伯在创立量子力学的那篇论文中提出，要以在原则上可以直接观测的量为基础来建立理论。他的这个说法其实是一种包装和说辞，却在物理学界长期迷惑了许多人，并被冠以马赫的"思维经济原理"。爱因斯坦和玻恩都不以为然，这就是大师的眼力 (参见习题 4.2 后面的讨论)。

习题 10.1　每分钟平均射到每平方厘米地面的太阳辐射能为 $1.94\,\text{cal}(1\,\text{cal}=4.18\,\text{J})$，日地距离 $1.5\times10^{11}\,\text{m}$，太阳直径 $1.39\times10^{9}\,\text{m}$，太阳表面温度 $6000\,\text{K}$。假定太阳是绝对黑体，试求斯特藩 - 玻尔兹曼常数 σ。

解　每分钟平均射到每平方厘米地面的太阳辐射能

$I_0 = 1.94\,\text{cal}/(\text{min}\cdot\text{cm}^2) = 1.94\times4.18\,\text{J}/(\text{min}\cdot\text{cm}^2) = 1.35\,\text{kW}/\text{m}^2$，

这个数值称为太阳常数。假设太阳是球形，表面温度均匀，则太阳辐射是各向同性的。根据日地距离 $r = 1.5\times10^{11}\text{m}$ 和太阳常数，可以算出太阳的总辐射功率为

$4\pi r^2 I_0 = 4\pi\times(1.5\times10^{11}\text{m})^2\times1.35\,\text{kW}/\text{m}^2 = 3.82\times10^{23}\,\text{kW}$，

这个数值应等于太阳表面积 $4\pi R_\odot^2$ 乘以黑体的总辐射本领 $R_0 = \sigma T^4$，

$$4\pi r^2 I_0 = 4\pi R_\odot^2 \sigma T^4.$$

由此即可求出斯特藩 - 玻尔兹曼常数 σ，

$$\sigma = \left(\frac{r}{R_\odot}\right)^2 \frac{I_0}{T^4} = \left(\frac{1.5\times10^{11}}{1.39\times10^9/2}\right)^2 \frac{1.35\,\text{kW}/\text{m}^2}{6000^4\text{K}^4}$$

$$= 4.9\times10^{-8}\text{W}/(\text{m}^2\cdot\text{K}^4).$$

斯特藩 - 玻尔兹曼定律可以从普朗克黑体辐射定律推出。在能

谱密度为 $u(\nu, T)$ 的辐射场中, 考虑一个面元 ΔS. 取坐标原点在此面元中心, z 轴在此面元法线方向. 照射到此面元上的辐射通量谱, 等于这个面元上方 2π 立体角内各个方向照射到此面元上的辐射通量谱之和, 即

$$e(\nu, T)\Delta S = \int c\Delta S \cdot \cos\theta \cdot u(\nu, T)\frac{\mathrm{d}\Omega}{4\pi}.$$

这里假设辐射场是各向同性的, 方向来自立体角 $\mathrm{d}\Omega$ 内的辐射是总辐射的 $\mathrm{d}\Omega/4\pi$ 倍. 完成上述积分, 就得到照射到面元 ΔS 上的辐射通量谱为

$$e(\nu, T)\Delta S = \frac{cu(\nu, T)}{4\pi}\Delta S \int_0^{2\pi}\mathrm{d}\phi \int_0^{\pi/2}\sin\theta\cos\theta\mathrm{d}\theta$$
$$= \frac{1}{4}\,cu(\nu, T)\Delta S.$$

对于黑体来说, 照射到面元 ΔS 上的辐射被全部吸收, 在达到热平衡时, 这也就等于黑体面元 ΔS 发射的辐射通量谱 $r_0(\nu, T)\Delta S$, 从而有

$$r_0(\nu, T) = \frac{1}{4}\,cu(\nu, T).$$

于是, 黑体的总辐射本领是

$$R_0(T) = \int_0^\infty r_0(\nu, T)\mathrm{d}\nu = \frac{c}{4}\int_0^\infty u(\nu, T)\mathrm{d}\nu = \frac{c}{4}\,u(T),$$

其中

$$u(T) = \int_0^\infty u(\nu, T)\mathrm{d}\nu,$$

是辐射场的能量密度. 代入普朗克黑体辐射公式, 就有

$$u(T) = \int_0^\infty \frac{8\pi\nu^2\mathrm{d}\nu}{c^3}\frac{h\nu}{\mathrm{e}^{h\nu/k_\mathrm{B}T}-1} = \frac{8\pi(k_\mathrm{B}T)^4}{(hc)^3}\int_0^\infty \frac{x^3\mathrm{d}x}{\mathrm{e}^x - 1}$$
$$= \frac{8\pi^5(k_\mathrm{B}T)^4}{15(hc)^3} = \frac{\pi^2(k_\mathrm{B}T)^4}{15(\hbar c)^3},$$

其中最后的积分为 $\pi^4/15$. 把上式代回 $R_0(T)$ 的表达式中, 就得到斯特藩 - 玻尔兹曼定律

$$R_0(T) = \frac{c}{4}\,u(T) = \frac{\pi^2 c(k_\mathrm{B}T)^4}{60(\hbar c)^3} = \sigma T^4,$$

和斯特藩 - 玻尔兹曼常数的表达式

$$\sigma = \frac{\pi^2 k_{\mathrm{B}}^4}{60\hbar^3 c^2}.$$

习题 10.2 试求在真空中与太阳光线垂直的黑色平板的稳定温度，设太阳光能流为 $2\,\mathrm{cal/(min \cdot cm^2)}$, $1\,\mathrm{cal}=4.18\,\mathrm{J}$.

解 在稳定时，达到热平衡，黑色平板吸收的辐射能应等于发射的辐射能. 于是有

$$\sigma T^4 = 2\,\mathrm{cal/(min \cdot cm^2)} = 2 \times 4.18\,\mathrm{J/(60s \cdot cm^2)} = 1.39\,\mathrm{kW/m^2},$$

$$T = \left(\frac{1.39\,\mathrm{kW/m^2}}{5.67 \times 10^{-8}\,\mathrm{W/(m^2 \cdot K^4)}}\right)^{1/4} \approx 400\,\mathrm{K}.$$

上题给出的太阳常数是 $1.94\,\mathrm{cal/(min \cdot cm^2)}=1.35\,\mathrm{kW/m^2}$, 而本题则近似取为 $2\,\mathrm{cal/(min \cdot cm^2)}$. 在实际工作中，常常要做一些数量级的估计，若用 $\mathrm{cal/(min \cdot cm^2)}$ 做单位，则后一个近似值更容易记住.

习题 10.3 忽略热量在热传导中的损失，计算直径为 $1\,\mathrm{mm}$ 长为 $20\,\mathrm{cm}$ 的白炽灯丝温度达到 $3500\,\mathrm{K}$ 所必需的电流功率，假定灯丝辐射遵守斯特藩 - 玻尔兹曼定律.

解 忽略了热量在热传导中的损失,白炽灯丝温度 T 达到 $3500\,\mathrm{K}$ 所必需的电流功率，就应该等于它的热辐射功率. 假定灯丝辐射遵守斯特藩 - 玻尔兹曼定律，它的辐射功率就等于黑体辐射本领乘以灯丝发出辐射的表面积，

$$P = R_0(T)S = \sigma T^4 \cdot \pi DL$$
$$= 5.67 \times 10^{-8}\,\mathrm{W/(m^2 \cdot K^4)} \times (3500\,\mathrm{K})^4 \times \pi \times 1\,\mathrm{mm} \times 20\,\mathrm{cm}$$
$$\approx 5300\,\mathrm{W}.$$

这也就是灯丝所必需的电流功率.

习题 10.4 天空中最亮的星是天狼星，它的温度是 $11\,000\,^\circ\mathrm{C}$, 试问它是什么颜色的？

解 设天狼星的辐射是黑体辐射，根据维恩位移定律，辐射能谱峰位的波长 λ_{M} 与温度 T 成反比，

$$\lambda_{\mathrm{M}}T = b = 2.898 \times 10^{-3}\,\mathrm{m \cdot K}.$$

代入 $T = (11\,000 + 273)\,\mathrm{K} = 11\,273\,\mathrm{K}$ 即可解出能谱峰位的波长 λ_M,

$$\lambda_\mathrm{M} = \frac{b}{T} = \frac{2.898 \times 10^{-3}\,\mathrm{m \cdot K}}{11\,273\,\mathrm{K}} = 257.1\,\mathrm{nm},$$

这个波长属于紫外线. 峰位在紫外区域的黑体辐射谱, 其可见光部分的强度分布是从紫色到红色逐渐衰减, 与太阳光谱 $(6000\,\mathrm{K})$ 相比, 长波部分减弱而短波部分增强, 是白色略带蓝色的光.

维恩位移定律也可以从普朗克黑体辐射定律推出. 为此, 我们先要把用频率 ν 表示的辐射能谱密度 $u(\nu, T)$ 换算成用波长 λ 表示的辐射能谱密度 $u(\lambda, T)$. 由于

$$u(\nu, T)\Delta\nu = u(c/\lambda, T)\frac{c}{\lambda^2}\Delta\lambda,$$

我们有

$$u(\lambda, T) = u(c/\lambda, T)\frac{c}{\lambda^2} = \frac{c}{\lambda^2}\left[\frac{8\pi\nu^2}{c^3}\frac{h\nu}{\mathrm{e}^{h\nu/k_\mathrm{B}T} - 1}\right]_{\nu = c/\lambda}$$

$$= \frac{8\pi hc}{\lambda^5}\frac{1}{\mathrm{e}^{hc/\lambda k_\mathrm{B}T} - 1}.$$

使上式取极大值处的波长, 就是能谱峰位的波长 λ_M,

$$\frac{\partial}{\partial\lambda}u(\lambda, T) \propto \left(-\frac{5}{\lambda^6} + \frac{1}{\lambda^5}\frac{hc}{\lambda^2 k_\mathrm{B}T}\frac{\mathrm{e}^{hc/\lambda k_\mathrm{B}T}}{\mathrm{e}^{hc/\lambda k_\mathrm{B}T} - 1}\right)\frac{1}{\mathrm{e}^{hc/\lambda k_\mathrm{B}T} - 1} = 0.$$

由于 $hc/\lambda k_\mathrm{B}T \neq 0$, 我们得到确定 λ_M 的方程为

$$\left(5 - \frac{hc}{\lambda k_\mathrm{B}T}\right)\mathrm{e}^{hc/\lambda k_\mathrm{B}T} = 5,$$

这是关于 $hc/\lambda k_\mathrm{B}T$ 的超越方程. 令

$$x = 5 - \frac{hc}{\lambda k_\mathrm{B}T},$$

上述超越方程就成为关于 x 的方程

$$x\mathrm{e}^{-x} = 5\mathrm{e}^{-5}.$$

由于 $hc/\lambda k_\mathrm{B}T > 0$, 我们来求 $x < 5$ 的解. 方程右边是个小量, 所以 x 也是一个小量, 方程可以近似成

$$x(1 - x) = 5\mathrm{e}^{-5},$$

从而可以解出满足原方程 $x\mathrm{e}^{-x} = 5\mathrm{e}^{-5}$ 的近似解

$$x \approx 0.035.$$

于是

$$\frac{hc}{\lambda_{\mathrm{M}} k_{\mathrm{B}} T} = 5 - x \approx 5 - 0.035 = 4.965.$$

这就给出维恩位移定律和其中普适常数 b 的表达式

$$\lambda_{\mathrm{M}} T = b, \quad b = \frac{hc}{4.965 k_{\mathrm{B}}}.$$

最后，我们再来给出 x 的另一解法. 把 x 的超越方程改写成

$$x = a\mathrm{e}^x, \quad a = 5\mathrm{e}^{-5} \approx 0.033\,690.$$

由于 x 是小量，$x = a\mathrm{e}^x \approx a$，作为 0 级近似，我们可以取 $x \approx x_0 = a$.
把它代入方程右边的指数中，就可以算得 x 的 1 级近似 x_1,

$$x_1 = a\mathrm{e}^{x_0} = 0.034\,844.$$

再把 x_1 代入方程右边的指数中，就可以算得 x 的 2 级近似 x_2,

$$x_2 = a\mathrm{e}^{x_1} = 0.034\,884.$$

再继续这样迭代，我们可以从 x 的 $n-1$ 级近似 x_{n-1} 算出它的 n 级
近似 x_n,

$$x_n = a\mathrm{e}^{x_{n-1}}.$$

结果如下表:

近似级次 n	0	1	2	3	4
近似解 x_n	0.033 690	0.034 844	0.034 884	0.034 886	0.034 886

可以看出，这个迭代是收敛的，用它可以算出我们所希望的有效位
数. 这里我们对 a 的值只取到小数点后第 6 位，迭代到第 4 次就有
$x_4 = x_3$，这就是我们所要的解.

做物理离不开数值计算，无论是做理论还是做实验. 总要有了
具体数值，才能说有了结果. 你只可能找出更好的算法，但不可能
找到避开计算的办法.

习题 10.5   热核爆炸火球瞬时温度达 $10^7\,\mathrm{K}$，试求辐射最强的波
长和相应光子的能量.

解   与上题一样，用维恩位移定律可以求出辐射最强的波长为

$$\lambda_{\mathrm{M}} = \frac{b}{T} = \frac{2.898 \times 10^{-3}\mathrm{m} \cdot \mathrm{K}}{10^7\,\mathrm{K}} \approx 0.29\,\mathrm{nm},$$

这是较软的 X 射线. 相应的光子能量是

$$E = h\nu = \frac{2\pi\hbar c}{\lambda_{\mathrm{M}}} = \frac{2\pi \times 197.3\,\mathrm{eV\cdot nm}}{0.2898\,\mathrm{nm}} \approx 4.3\,\mathrm{keV}.$$

习题 10.6 一个空腔辐射体温度为 $6000\,\mathrm{K}$, 在它的壁上开一直径 $0.10\,\mathrm{mm}$ 的小孔, 试求通过小孔发射的波长范围为 $550.0\sim551.0\,\mathrm{nm}$ 的辐射功率. 假定辐射是以光子的形式发射的, 试求光子的发射速率.

解 面元 ΔS 发射的辐射通量谱为 (见习题 10.1)

$$\frac{1}{4}cu(\nu,T)\Delta S.$$

于是, 根据普朗克黑体辐射定律, 通过直径为 D 的小孔发射的频率在 ν 到 $\nu+\Delta\nu$ 之间的辐射功率为

$$P = \frac{1}{4}cu(\nu,T)\frac{\pi D^2}{4}\Delta\nu = \frac{\pi^2 D^2\nu^2\Delta\nu}{2c^2}\frac{h\nu}{\mathrm{e}^{h\nu/k_{\mathrm{B}}T}-1}.$$

每个光子的能量是 $h\nu$, 所以光子的发射速率为

$$I = \frac{P}{h\nu} = \frac{\pi^2 D^2\nu^2\Delta\nu}{2c^2}\frac{1}{\mathrm{e}^{h\nu/k_{\mathrm{B}}T}-1}.$$

代入 $D = 0.10\,\mathrm{mm}$, $c/\nu = \lambda = 550.0\,\mathrm{nm}$, 和

$$\Delta\nu = \frac{c}{\lambda^2}\Delta\lambda = \frac{3.0\times10^8\,\mathrm{m/s}}{(550.0\,\mathrm{nm})^2}\times1.0\,\mathrm{nm} = 0.992\times10^{12}/\mathrm{s},$$

以及

$$\frac{h\nu}{k_{\mathrm{B}}T} = \frac{2\pi\hbar c}{\lambda k_{\mathrm{B}}T} = \frac{2\pi\times197.3\,\mathrm{eV\cdot nm}}{550.0\,\mathrm{nm}\times8.617\times10^{-5}\,(\mathrm{eV/K})\times6000\,\mathrm{K}} = 4.360,$$

就可以算出

$$I = \frac{\pi^2\times(0.10\,\mathrm{mm})^2\times0.992\times10^{12}/\mathrm{s}}{2\times(550.0\,\mathrm{nm})^2}\frac{1}{\mathrm{e}^{4.360}-1} = 0.209\times10^{16}/\mathrm{s}.$$

乘以光子能量

$$h\nu = \frac{2\pi\hbar c}{\lambda} = \frac{2\pi\times197.3\,\mathrm{eV\cdot nm}}{550.0\,\mathrm{nm}} = 2.254\,\mathrm{eV} = 3.61\times10^{-19}\,\mathrm{J},$$

就得到辐射功率为

$$P = h\nu I = 3.61\times10^{-19}\,\mathrm{J}\times0.209\times10^{16}/\mathrm{s} = 0.755\times10^{-3}\,\mathrm{W}.$$

习题 10.7 试求 U 原子弹爆炸瞬间弹中心的光压, 设辐射是平衡的, 弹内温度 $T \approx 10\,\mathrm{keV}$, 物质密度 $\rho \approx 20\,\mathrm{g/cm^3}$.

解　辐射场就是光子气体. 达到统计平衡时, 光子气体的压强 P 可以仿照理想气体的压强写出来. 垂直射到面元上的每个光子传给面元的动量是光子动量 p 的 2 倍, 为 $2p$. 单位时间内射到面元 ΔS 上的光子数, 等于光子单位时间飞过的距离 c 乘以面元 ΔS, $c\Delta S$, 再乘以平均在这个方向飞行的光子数密度 $n/6$, 即 $(n/6)c\Delta S$. 于是, 平均在单位时间内光子传给面元 ΔS 的动量为

$$P\Delta S = \overline{\frac{1}{6}\, nc\Delta S \cdot 2p} = \frac{1}{3}\,\overline{n\varepsilon}\Delta S = \frac{1}{3}\, u(T)\Delta S,$$

其中 $\varepsilon = pc$ 是光子的能量, $u(T) = \overline{n\varepsilon}$ 是光子气体的能量密度, 即辐射场能量密度, 上面一横表示求平均. 消去上式两边的面元, 就得到光子气体的物态方程

$$P = \frac{1}{3}\, u(T).$$

代入辐射场能量密度 $u(T)$ 的公式 (见习题 10.1)

$$u(T) = \frac{\pi^2(k_{\mathrm{B}}T)^4}{15(\hbar c)^3},$$

就得到

$$P = \frac{\pi^2(k_{\mathrm{B}}T)^4}{45(\hbar c)^3} = \frac{\pi^2 \times (10\,\mathrm{keV})^4}{45 \times (197.3\,\mathrm{eV\cdot nm})^3} = 4.6 \times 10^{16}\,\mathrm{Pa}.$$

习题 10.8　实验测得宇宙微波背景辐射的能量密度为 4.8×10^{-14} $\mathrm{J/m^3}$, 试由此计算背景辐射的温度 T, 光子数密度 n, 平均光子能量 E 和最大亮度的波长 λ.

解　这是关于光子气体热力学的问题. 讨论光子气体的热力学, 基本出发点是黑体辐射的普朗克定律. 在习题 10.1 中, 我们已经从普朗克定律推出了光子气体的能量密度

$$u(T) = \int_0^\infty u(\nu,T)d\nu = \int_0^\infty \frac{8\pi\nu^2 d\nu}{c^3}\frac{h\nu}{\mathrm{e}^{h\nu/k_{\mathrm{B}}T}-1} = \frac{\pi^2(k_{\mathrm{B}}T)^4}{15(\hbar c)^3},$$

于是背景辐射的温度为

$$T = \frac{1}{k_{\mathrm{B}}}\left[\frac{15(\hbar c)^3 u(T)}{\pi^2}\right]^{1/4} = \frac{1}{8.617 \times 10^{-5}\,\mathrm{eV/K}}$$

$$\times \left[\frac{15 \times (197.3\,\mathrm{eV\cdot nm})^3 \times 4.8 \times 10^{-14}\,\mathrm{J/m^3}}{\pi^2 \times 1.602 \times 10^{-19}\,\mathrm{J/eV}}\right]^{1/4}$$

$$= 2.822\,\text{K} \approx 2.8\,\text{K}.$$

频率为 ν 的光子能量为 $h\nu$, 所以频率在 ν 到 $\nu + \Delta\nu$ 之间的光子数密度 $n(\nu, T)$ 为

$$n(\nu, T) = \frac{u(\nu, T)}{h\nu} = \frac{8\pi\nu^2 d\nu}{c^3} \frac{1}{e^{h\nu/k_B T} - 1}.$$

把它对频率求积分, 就可以得到总的光子数密度 $n(T)$,

$$n(T) = \int_0^\infty n(\nu, T)\mathrm{d}\nu = \int_0^\infty \frac{8\pi\nu^2 \mathrm{d}\nu}{c^3} \frac{1}{e^{h\nu/k_B T} - 1}$$

$$= 8\pi \left(\frac{k_B T}{hc}\right)^3 \int_0^\infty \frac{x^2 \mathrm{d}x}{e^x - 1} = 19.232\pi \left(\frac{k_B T}{hc}\right)^3,$$

其中 $\int_0^\infty \frac{x^2 \mathrm{d}x}{e^x - 1} = 2.404$. 代入数值就可算出

$$n(T) = 19.232\pi \times \left(\frac{8.617 \times 10^{-5}(\text{eV/K}) \times 2.822\,\text{K}}{2\pi \times 197.3\,\text{eV·nm}}\right)^3 = 4.6 \times 10^8/\text{m}^3.$$

光子气体的平均光子能量 E 等于能量密度 $u(T)$ 与光子数密度 $n(T)$ 之商,

$$E = \frac{u(T)}{n(T)} = \frac{8\pi^5(k_B T)^4}{15(hc)^3} \frac{1}{19.232\pi} \left(\frac{hc}{k_B T}\right)^3 = \frac{\pi^4}{36.06} k_B T$$

$$= \frac{\pi^4}{36.06} \times 8.617 \times 10^{-5}(\text{eV/K}) \times 2.822\,\text{K} = 6.6 \times 10^{-4}\,\text{eV}.$$

最大亮度的波长, 就是黑体辐射能谱峰位的波长 λ_M. 由维恩位移定律,

$$\lambda_M T = b = 2.898 \times 10^{-3}\text{m} \cdot \text{K}$$

可以求出

$$\lambda_M = \frac{b}{T} = \frac{2.898 \times 10^{-3}\text{m} \cdot \text{K}}{2.822\,\text{K}} = 1.0\,\text{mm}.$$

习题 10.9 设有一个两能级系统, 能级差 $E_2 - E_1 = 0.01\,\text{eV}$, 分别求温度 $T = 10^2\,\text{K}, 10^3\,\text{K}, 10^5\,\text{K}, 10^8\,\text{K}$ 时粒子数 N_2 与 N_1 之比. $N_2 = N_1$ 的状态相当于多高的温度? $N_2 > N_1$ 的状态又相当于什么温度?

解 达到统计平衡时, 系统处于能级 E_n 的概率正比于玻尔兹曼因子

$$e^{-E_n/k_B T}.$$

假设能级没有简并, 就有

$$\frac{N_2}{N_1} = \mathrm{e}^{-(E_2 - E_1)/k_{\mathrm{B}}T},$$

其中

$$\frac{E_2 - E_1}{k_{\mathrm{B}}T} = \frac{0.01\mathrm{eV}}{8.617 \times 10^{-5}(\mathrm{eV/K})T} = \frac{1.160 \times 10^2}{T/\mathrm{K}}.$$

具体计算的结果如下表:

T/K	10^2	10^3	10^5	10^8
$(E_2 - E_1)/k_{\mathrm{B}}T$	1.160	0.116	0.001 16	0.000 001 16
N_2/N_1	0.313	0.890	0.999	1.000

$N_2 = N_1$ 的状态相当于无限大温度, $T \to \pm\infty$, $N_2 > N_1$ 的状态相当于负温度, $T < 0$.

习题 10.10 假如不发生光的受激辐射, 黑体辐射谱 $u(\nu, T)$ 的公式将是什么形式?

解 本题是爱因斯坦辐射理论的一个特殊情况. 为了讨论本题, 我们需要先来简单地介绍爱因斯坦辐射理论.

光子之间没有相互作用, 光子气体只有通过光子与原子的相互作用才能达到统计平衡. 考虑原子的两个能级 E_1 和 E_2, 它们的简并度分别是 g_1 和 g_2. 设 $E_1 < E_2$, 与它们之间的跃迁相应的辐射频率 ν 满足

$$h\nu = E_2 - E_1.$$

能级 E_2 上的原子, 会自发辐射能量为 $h\nu$ 的光子而跃迁到能级 E_1. 由于这种自发辐射, 在 $\mathrm{d}t$ 时间内, 能级 E_2 上原子数的减少可以写成

$$(\mathrm{d}N_{21})_{\mathrm{I}} = A_{21}N_2\mathrm{d}t,$$

N_2 是能级 E_2 上的原子数, A_{21} 是 1 个原子在单位时间内从能级 E_2 发射 1 个光子跃迁到能级 E_1 的概率, 称为自发辐射系数.

由于处于辐射场中, 能级 E_1 上的原子会吸收能量为 $h\nu$ 的光子而跃迁到能级 E_2. 由于这种受激吸收, 在 $\mathrm{d}t$ 时间内, 能级 E_1 上原子数的减少可以写成

$$\mathrm{d}N_{12} = B_{12}u(\nu)N_1\mathrm{d}t,$$

N_1 是能级 E_1 上的原子数, B_{12} 是 1 个原子在单位时间内从能级 E_1 吸收 1 个光子跃迁到能级 E_2 的概率, 称为受激吸收系数. 注意这里 dN_{12} 正比于辐射场的能谱 $u(\nu)$, 单位体积中辐射场的能量越高, 即光子数越多, 吸收光子而跃迁上去的原子也就越多.

类似地, 由于处于辐射场中, 能级 E_2 上的原子还会受激辐射能量为 $h\nu$ 的光子而跃迁到能级 E_1. 由于这种受激辐射, 在 dt 时间内, 能级 E_2 上原子数的减少可以写成

$$(dN_{21})_{II} = B_{21}u(\nu)N_2 dt,$$

B_{21} 是 1 个原子在单位时间内从能级 E_2 受激辐射 1 个光子跃迁到能级 E_1 的概率, 称为受激辐射系数. 注意这里 $(dN_{21})_{II}$ 也正比于辐射场的能谱 $u(\nu)$, 单位体积中辐射场的能量越高, 即光子数越多, 发生受激辐射而跃迁下去的原子也就越多.

如果在每两个能级之间, 粒子的交换都达到平衡, 就称体系达到 细致平衡, 这时有

$$dN_{12} = (dN_{21})_{I} + (dN_{21})_{II},$$

即

$$B_{12}u(\nu)N_1 = [A_{21} + B_{21}u(\nu)]N_2. \tag{1}$$

A_{21}, B_{12}, B_{21} 称为爱因斯坦系数, 根据统计平衡时体系的性质, 我们可以从这个细致平衡条件定出它们的关系.

在统计平衡时, 对于原子体系, 由玻尔兹曼分布可以得到

$$\frac{N_2}{N_1} = \frac{g_2}{g_1} e^{-(E_2 - E_1)/k_B T} = \frac{g_2}{g_1} e^{-h\nu/k_B T}. \tag{2}$$

而对于辐射场, 有普朗克定律

$$u(\nu) = \frac{8\pi h\nu^3}{c^3} \frac{1}{e^{h\nu/k_B T} - 1}.$$

爱因斯坦系数是体系本身的性质, 与原子按能级的分布和辐射场的温度无关. 当温度很高时, $T \to \infty$, 辐射能谱很高, 细致平衡条件 (1) 式右边的自发辐射项可以略去, 我们有

$$B_{12}N_1 = B_{21}N_2,$$

$$B_{12} = B_{21}\frac{N_2}{N_1} = B_{21}\frac{g_2}{g_1} e^{-h\nu/k_B T} \xrightarrow{T \to \infty} B_{21}\frac{g_2}{g_1},$$

从而得到下面的爱因斯坦关系

$$g_1 B_{12} = g_2 B_{21}. \tag{3}$$

当温度很低时, $T \to 0$, 辐射能谱很低, 细致平衡条件 (1) 式右边的受激辐射项可以略去, 我们有

$$B_{12} u(\nu) N_1 = A_{21} N_2,$$

从而可以得到下面的另一个爱因斯坦关系

$$A_{21} = B_{12} u(\nu) \frac{N_1}{N_2} = B_{12} \frac{8\pi h \nu^3}{c^3} \frac{1}{\mathrm{e}^{h\nu/k_\mathrm{B}T} - 1} \frac{g_1}{g_2} \mathrm{e}^{h\nu/k_\mathrm{B}T}$$

$$\xrightarrow{T \to 0} \frac{g_1 B_{12}}{g_2} \frac{8\pi h \nu^3}{c^3} = \frac{8\pi h \nu^3}{c^3} B_{21}. \tag{4}$$

以上的理论, 就是爱因斯坦的辐射理论. 假如不发生光的受激辐射, 细致平衡条件 (1) 式就成为

$$B_{12} u(\nu) N_1 = A_{21} N_2.$$

代入上述爱因斯坦关系 (4) 和 N_2/N_1 的表达式 (2), 就得到这时的辐射能谱密度为

$$u(\nu) = \frac{A_{21}}{B_{12}} \frac{N_2}{N_1} = \frac{A_{21}}{B_{12}} \frac{g_2}{g_1} \mathrm{e}^{-h\nu/k_\mathrm{B}T} = \frac{A_{21}}{B_{21}} \mathrm{e}^{-h\nu/k_\mathrm{B}T}$$

$$= \frac{8\pi h \nu^3}{c^3} \mathrm{e}^{-h\nu/k_\mathrm{B}T}.$$

这也就是普朗克公式在低温和高频时的结果, 这时受激辐射发生的概率很小, 可以忽略.

习题 10.11　射电天文学家观测到的波长 21 cm 的谱线, 是来自我们银河系和其他星系的星际氢气的超精细辐射, 对应于氢原子中两个超精细能级之间的跃迁, 较高能级的自然寿命大约是 5×10^{14} s (近二千万年). 如果辐射衰变的有限寿命是使得谱线增宽的唯一原因, 试问氢的这条发射谱线的相对宽度 $\Delta\nu/\nu$ 是多少? 而星际气体分子热运动所引起的相对宽度 $\Delta\nu/\nu$ 又是多少? 设星际气体的典型温度是 5 K.

解　本题所涉及的这条氢原子波长 21 cm 的谱线, 我们在习题 7.11 中已经提到过, 它来自氢原子基态的超精细分裂, 相应的频率是 1420 MHz. 根据较高能级的自然寿命 $\tau = 5 \times 10^{14}$s, 可以估计出

这条谱线的自然宽度

$$\Delta\nu \approx \frac{1}{4\pi\tau} = \frac{1}{4\pi \times 5 \times 10^{14}\,\mathrm{s}} = 1.59 \times 10^{-16}/\mathrm{s},$$

于是它的相对宽度是

$$\frac{\Delta\nu}{\nu_0} = \frac{1.59 \times 10^{-16}/\mathrm{s}}{1420 \times 10^6/\mathrm{s}} \approx 10^{-24}.$$

由于热运动, 每个原子都是一个运动光源, 发出的光波有多普勒效应 (参阅习题 3.16). 飞向地球和飞离地球的原子发来的谱线频率差为

$$\Delta\nu = \nu_0\sqrt{\frac{1+v/c}{1-v/c}} - \nu_0\sqrt{\frac{1-v/c}{1+v/c}} \approx \frac{2v}{c}\,\nu_0,$$

其相对宽度为

$$\frac{\Delta\nu}{\nu_0} = \sqrt{\frac{1+v/c}{1-v/c}} - \sqrt{\frac{1-v/c}{1+v/c}} \approx \frac{2v}{c}.$$

氢原子热运动速率 v 可以由下式来估计:

$$\frac{1}{2}\,mv^2 = \frac{3}{2}\,k_\mathrm{B}T,$$

$$v = \sqrt{\frac{3k_\mathrm{B}T}{m}} = \sqrt{\frac{3 \times 8.617 \times 10^{-5}(\mathrm{eV/K}) \times 5\,\mathrm{K}}{938.8\,\mathrm{MeV}/c^2}} = 1.2 \times 10^{-6}\,c,$$

其中 $m = 938.8\,\mathrm{MeV}/c^2$ 是氢原子质量. 于是,

$$\frac{\Delta\nu}{\nu_0} \approx \frac{2v}{c} \approx 2 \times 10^{-6}.$$

这是一个简单的估计. 严格一点的估计, 要考虑气体原子热运动的速率分布. 按照麦克斯韦分布, 速率在 $v \sim v + \mathrm{d}v$ 之间的原子数为

$$\mathrm{d}N \propto \mathrm{e}^{-mv^2/2k_\mathrm{B}T}\mathrm{d}v,$$

而

$$\nu - \nu_0 = \nu_0\sqrt{\frac{1 \pm v/c}{1 \mp v/c}} - \nu_0 \approx \pm\frac{v}{c}\nu_0,$$

$$v^2 \approx c^2\left(\frac{\nu - \nu_0}{\nu_0}\right)^2,$$

从而谱线展宽轮廓为

$$I(\nu)d\nu = I_0\mathrm{e}^{-\frac{mc^2}{2k_\mathrm{B}T}\left(\frac{\nu-\nu_0}{\nu_0}\right)^2}\mathrm{d}\nu.$$

通常定义 $I(\nu_0 \pm \Delta\nu/2) = I_0/2$ 时的 $\Delta\nu$ 为谱线宽度, 于是有

$$\frac{\Delta\nu}{\nu_0} = 2 \times \sqrt{\frac{2k_\mathrm{B}T \cdot \ln 2}{mc^2}} = \sqrt{\frac{8\ln 2 \cdot k_\mathrm{B}T}{mc^2}} \approx 2 \times 10^{-6}.$$

习题 10.12　红宝石激光器射出的光束几乎平行, 脉冲时间 $\tau = 0.5\,\mathrm{ms}$, 能量 $E = 10\,\mathrm{J}$, 波长 $\lambda = 694.3\,\mathrm{nm}$, 线宽 $\Delta\lambda = 0.001\,\mathrm{nm}$, 试根据辐射能的光谱密度来计算激光束的有效温度 T_eff.

解　迄今为止, 我们所讨论的辐射场都是空间各向同性的, 是一种三维辐射场. 激光器射出的光束几乎平行, 完全集中在空间一个方向, 是定向的一维辐射场. 为了讨论这个定向一维辐射场问题, 我们需要有相应能谱密度的普朗克公式.

三维辐射场能谱密度的普朗克公式是两个因子的乘积,

$$u(\nu, T) = n_0(\nu)\,\bar{\varepsilon} = \frac{8\pi\nu^2}{c^3} \frac{h\nu}{\mathrm{e}^{h\nu/k_\mathrm{B}T} - 1},$$

其中第一个因子, 是单位体积内频率 ν 附近单位频率间隔内电磁辐射的振动模数

$$n_0(\nu) = 2 \times \frac{\mathrm{d}N}{\mathrm{d}\nu} = \frac{8\pi\nu^2}{c^3},$$

而第二个因子, 则是普朗克根据能量子假设推出的振动模式 ν 的平均能量

$$\bar{\varepsilon} = \frac{h\nu}{\mathrm{e}^{h\nu/k_\mathrm{B}T} - 1}.$$

对于激光器的定向一维辐射场, 我们需要修改第一个因子.

在定向一维辐射场中, 长度 L 内振动频率在 0 到 ν 之间所有可能的取值数为

$$N(\nu)L = \frac{L}{\lambda/4} = \frac{4L}{\lambda}.$$

这里我们取 $\lambda/4$, 而不是 $\lambda/2$ 或 λ, 是因为激光器的放电管两端, 一端是全反射镜, 而另一端是镀银的半反射镜出射窗. 在出射窗这一端, 光波既可以是波节, 也可以是波腹. 这样射出的定向辐射, 波前端是波腹. 上式给出单位长度内振动频率在 0 到 ν 之间所有可能的取值数为

$$N(\nu) = \frac{4}{\lambda} = \frac{4\nu}{c}.$$

于是, 我们得到单位长度内频率 ν 附近单位频率间隔内电磁辐射的

振动模数为

$$n_0(\nu) = 2 \times \frac{\mathrm{d}N}{\mathrm{d}\nu} = \frac{8}{c},$$

其中因子 2 是由于每个振动模式的光子有两个偏振方向. 把上式乘以振动模式 ν 的平均能量 $\bar{\varepsilon}$, 就得到

$$u(\nu, T) = n_0(\nu)\,\bar{\varepsilon} = \frac{8}{c} \frac{h\nu}{\mathrm{e}^{h\nu/k_{\mathrm{B}}T} - 1}.$$

这就是一维定向辐射场能谱密度的普朗克公式, 它是单位频率范围内单位长度中的黑体辐射能量.

现在我们来具体回答本题的问题. 利用上述定向辐射场的普朗克公式, 在一维定向辐射场中, 频率在 ν 到 $\nu + \Delta\nu$ 之间长度 L 内的辐射总能量为

$$E = u(\nu, T)L\Delta\nu = \frac{8L\Delta\nu}{c} \frac{h\nu}{\mathrm{e}^{h\nu/k_{\mathrm{B}}T} - 1}.$$

代入 $L = c\tau$ 和 $\Delta\nu = c\Delta\lambda/\lambda^2$, 就有

$$E = \frac{8c\tau\Delta\lambda}{\lambda^2} \frac{h\nu}{\mathrm{e}^{h\nu/k_{\mathrm{B}}T} - 1}.$$

从它可以解出温度为

$$T = \frac{h\nu}{k_{\mathrm{B}} \ln(1 + 8c\tau\Delta\lambda h\nu/\lambda^2 E)}.$$

当能量很高时,

$$\frac{8c\tau\Delta\lambda h\nu}{\lambda^2 E} \ll 1,$$

则有

$$T \approx \frac{h\nu}{k_{\mathrm{B}} \times 8c\tau\Delta\lambda h\nu/\lambda^2 E} = \frac{\lambda^2 E}{8c\tau\Delta\lambda k_{\mathrm{B}}}$$

$$= \frac{(694.3\,\mathrm{nm})^2 \times 10\,\mathrm{J}}{8 \times 3.0 \times 10^8(\mathrm{m/s}) \times 0.0005\,\mathrm{s} \times 0.001\,\mathrm{nm} \times 1.38 \times 10^{-23}\,\mathrm{J/K}}$$

$$\approx 3 \times 10^{17}\,\mathrm{K}.$$

本章小结

本章的主题辐射场的统计性质, 也就是光子气体的统计性质, 主要就是光子气体的热力学. 我们知道, 热力学是从宏观的角度来讨论体系在热平衡时的性质, 主要的经验规律是体系的物态方程, 即体系的能量密度随温度的变化关系. 统计力学则是从微观的角度,

根据组成体系的微观粒子的力学行为来解释体系在统计平衡时的性质，主要的理论关系是微观状态的统计分布. 对于光子气体的热力学来说，主要的经验规律是斯特藩 - 玻尔兹曼定律，这相当于光子气体的物态方程. 而光子气体微观状态的统计分布，其核心结果就是普朗克黑体辐射定律. 光子气体不同于原子分子气体的主要有四点. 其一，光子的速率是恒定的 c，不同光子速率都一样，只是速度方向不同，不存在光子的速率分布. 其二，光子是全同粒子，我们只能说某一状态有几个光子，而不能说某个光子在什么状态. 这就使得光子气体的统计法则不同于经典粒子的统计法则. 由于光子是玻色子，不受泡利不相容原理的限制，在一个微观状态上的光子数目是任意的. 其三，光子是极端相对论性粒子，没有质量，以光速运动，光子数目不守恒. 其四，光子之间没有相互作用，它们只有通过与别的粒子相互作用，才能交换能量和动量，达到统计平衡. 孤立的光子气体不能达到统计平衡. 这四个特点，是我们在考虑光子气体的统计性质时要特别注意的.

　　光学既是物理学中最古老的一部分，又是今天物理学研究中最前沿的一部分，而且还是近代物理学中最基本和最特别的一部分. 当今基本物理学研究中许多激动人心的事情，都是属于光学或者是运用光学的. 光学也是有史以来人类文明中备受关注的话题之一. 《圣经·创世记》开篇第一章就写道："神说：'要有光，' 就有了光." 英语 " Let there be light. " 这句话刻在了美国加利福尼亚大学的校徽上，提醒前来求学的各国莘莘学子，人类在洪荒太古，鸿蒙初开之时，最关心的就是这光，这知识之光和文明之光，这思想之光和理性之光.

11 分 子 结 构

基本概念和公式

• 原子的电离能：从原子中移走一个电子所需的能量.

• 原子的电子亲和势：中性原子吸收一个电子所释放的能量.

• 分子的离解能：把分子分离为中性原子所需要的能量.

• 双原子分子的电离度：双原子分子电偶极矩的测量值 p 与理想值 er_0 之比，称为它的电离度，r_0 是两个原子间的平衡距离. 组成双原子分子的两个离子之间，并不是单纯的由直接的库仑吸引形成的 *离子键*; 由于电子云有重叠，价电子总有一定比率被两个原子核所共有而形成 *共价键*. 电离度这个量可以粗略和唯象地表示离子键所占的比率.

• 双原子分子的振动：双原子分子中，原子间距在平衡距离附近的微小振动是一维简谐振动，能谱为 $E_n = (n+1/2)\hbar\omega, \omega = \sqrt{k/m}$, k 是两原子间作用力的弹性系数，m 是两原子体系的折合质量.

• 分子的转动：由于角动量是量子化的，$L^2 = l(l+1)\hbar^2$, 转动惯量为 I 的分子转动能级为 $E_l = l(l+1)\hbar^2/2I$. 一般地说，转动能级的间隔 ΔE_l 小于振动能级的间隔 ΔE_n, 而振动能级的间隔又小于电子态的能级间隔 ΔE_e. 分子的能级则由电子、振动、转动这三项组成.

双原子分子的转动惯量 设两个原子的质量和位置矢量分别是 $m_1, m_2, \boldsymbol{r}_1$ 和 $\boldsymbol{r}_2$. 引进质心坐标 $\boldsymbol{r}$ 和相对坐标 $\boldsymbol{r}_0$,

$$\boldsymbol{r} = \frac{m_1\boldsymbol{r}_1 + m_2\boldsymbol{r}_2}{m_1 + m_2}, \qquad \boldsymbol{r}_0 = \boldsymbol{r}_2 - \boldsymbol{r}_1,$$

$$\boldsymbol{r}_1 = \boldsymbol{r} - \frac{m_2}{m_1 + m_2}\boldsymbol{r}_0, \qquad \boldsymbol{r}_2 = \boldsymbol{r} + \frac{m_1}{m_1 + m_2}\boldsymbol{r}_0.$$

于是，相对于两原子中心连线上通过体系质心的垂直轴线，双原子

分子的转动惯量就是

$$I = m_1(\boldsymbol{r}_1 - \boldsymbol{r})^2 + m_2(\boldsymbol{r}_2 - \boldsymbol{r})^2$$
$$= m_1\left(\frac{m_2}{m_1 + m_2}\right)^2 r_0^2 + m_2\left(\frac{m_1}{m_1 + m_2}\right)^2 r_0^2 = mr_0^2,$$

其中 m 是体系的折合质量,

$$m = \frac{m_1 m_2}{m_1 + m_2}.$$

习题 11.1 H_2 分子中的两个质子相距 $0.074\,\mathrm{nm}$, 结合能为 4.52 eV, 两个质子之间连线的中点上要放多少负电荷, 才能与上述数值相一致?

解 设这个负电荷为 $-xe$, 则它与两个质子组成的三电荷体系静电库仑能为

$$V = \frac{e^2}{4\pi\varepsilon_0 r} - 2 \times \frac{xe^2}{4\pi\varepsilon_0 r/2} = (1 - 4x) \times \frac{e^2}{4\pi\varepsilon_0 r},$$

其中 $r = 0.074\,\mathrm{nm}$ 是两质子间距. 代入 $V = -4.52\,\mathrm{eV}$, 就可以算出

$$x = \frac{1}{4}\left(1 - \frac{4\pi\varepsilon_0 rV}{e^2}\right) = \frac{1}{4}\left(1 - \frac{0.074\,\mathrm{nm} \times (-4.52)\,\mathrm{eV}}{1.44\,\mathrm{eV\cdot nm}}\right) = 0.308.$$

习题 11.2 F_2, F_2^+ 和 F_2^- 之中哪一个的结合能最高? 哪一个的结合能最低?

解 F 原子的电子组态是 $1s^2 2s^2 2p^5$, 有 5 个 2p 价电子. 两个 F 原子结合成 F_2 分子, 一共就有 10 个价电子. 这 10 个价电子, 要填入由两个 F 原子的 2p 态叠加成的耦合态.

原子的 p 电子态 $l = 1$, 有 3 个不同的空间态. 一个 F 原子的一个这种电子态 $\varphi(\boldsymbol{r} - \boldsymbol{r}_1)$, 与另一个 F 原子的相应电子态 $\varphi(\boldsymbol{r} - \boldsymbol{r}_2)$ 叠加成耦合态, 可以有同相位叠加和反相位叠加, 形成两种耦合态,

$$\varphi_{\pm}(\boldsymbol{r}) = \varphi(\boldsymbol{r} - \boldsymbol{r}_1) \pm \varphi(\boldsymbol{r} - \boldsymbol{r}_2),$$

这里 $\boldsymbol{r}_1$ 和 $\boldsymbol{r}_2$ 分别是两个 F 原子核的位置矢量. 同相的叠加态 φ_+, 波函数在两个原子之间相加, 电子处于两个原子之间的概率增加, 能量降低, 是稳定的电子态. 反相的叠加态 φ_-, 波函数在两个原子之间相消, 电子处于两个原子之间的概率减小, 能量升高, 是不稳定的电子态. 每个 F 原子有 3 个不同的空间态, 一共就有 6 个这种

叠加态, 其中 3 个同相的, 能量降低; 3 个反相的, 能量升高.

10 个价电子在这 6 个叠加态中填充, 根据泡利不相容原理, 每个态上可以填 2 个自旋取向不同的电子. 从能级低的稳定态填起, 6 个电子填入 3 个同相的稳定态, 4 个电子填入 2 个反相的不稳定态. 这就是 F_2 分子的情形. F_2^+ 少了 1 个电子, 只有 9 个电子, 少填 1 个反相的不稳定态, 其稳定性比 F_2 分子高. F_2^- 多 1 个电子, 有 11 个, 第 11 个电子填入最不稳定的一个反相态, 其稳定性比 F_2 分子低. 所以, F_2, F_2^+ 和 F_2^- 之中, F_2^+ 的稳定性最高, 即结合能最高; F_2^- 的稳定性最低, 即结合能最低.

习题 11.3 KCl 分子的平衡距离 $r_0 = 0.267\,\text{nm}$, 试由此估计 KCl 分子的电偶极矩, 并说明你所采用的模型假设. 实验测得 KCl 分子的电偶极矩为 $p = 2.64 \times 10^{-29}\,\text{C·m}$, 由此可以看出你的模型假设与实际情况有什么差距?

解 假设 KCl 分子是由 K^+ 离子和 Cl^- 离子之间库仑吸引的离子键结合而成. 再假设每个离子的电荷分布是球对称的, 可以等价地看成是集中在原子核处的点电荷. 于是, 可以算出这个体系的电偶极矩为

$$p = er_0 = 1.602 \times 10^{-19}\,\text{C} \times 0.267\,\text{nm} = 4.28 \times 10^{-29}\,\text{C·m}.$$

实验测得的电偶极矩 $2.64 \times 10^{-29}\,\text{C·m}$ 比这个数值小, 说明价电子并不完全属于氯离子, 仍有一定的概率处于钾离子中, 每个离子的有效电荷数值都比 e 小. 另外, 也说明每个离子的电荷分布不是球对称的, 由于静电感应而发生极化, 使得正负离子的电荷互相靠近, 它们的有效平衡距离比 $0.267\,\text{nm}$ 要小.

习题 11.4 两个离子的势能 $V(r)$ 和它们之间距离的近似关系是 $V(r) = -e^2/4\pi\varepsilon_0 r + b/r^9$. 对于 KCl 分子, 已知两离子之间的平衡距离 $r_0 = 0.267\,\text{nm}$, 试由此计算常数 b, 以及 KCl 分子在平衡距离时的势能.

解 在平衡点, 势能取极小,

$$\frac{\mathrm{d}V}{\mathrm{d}r} = \frac{e^2}{4\pi\varepsilon_0 r^2} - \frac{9b}{r^{10}} = 0,$$

由此即可解出
$$b = \frac{e^2 r_0^8}{9 \times 4\pi\varepsilon_0} = \frac{1.44\,\text{eV·nm} \times (0.267\,\text{nm})^8}{9}$$
$$= 4.13 \times 10^{-6}\,\text{eV·nm}^9,$$

从而有
$$V(r_0) = -\frac{e^2}{4\pi\varepsilon_0 r_0} + \frac{b}{r_0^9} = -\frac{e^2}{4\pi\varepsilon_0 r_0} + \frac{e^2}{9 \times 4\pi\varepsilon_0 r_0}$$
$$= -\frac{8}{9}\frac{e^2}{4\pi\varepsilon_0 r_0} = -\frac{8}{9}\frac{1.44\,\text{eV·nm}}{0.267\,\text{nm}} = -4.79\,\text{eV}.$$

习题 11.5 KI 分子的离解能为 3.33 eV, 要使 K 的电离能是 4.34 eV, I 的电子亲和势是 3.06 eV, KI 的键长 (离子间的距离) 应是多少? (实验值为 0.323 nm)

解 设 KI 的键长是 r_0, 则 K^+ 离子与 I^- 离子之间的静电库仑能为
$$V = -\frac{e^2}{4\pi\varepsilon_0 r_0}.$$
要把它们分开相距无限远, 所消耗的能量就是 $-V$. 再使它们还原为中性原子, K^+ 离子会放出 4.34 eV 的能量, 而 I^- 离子要吸收 3.06 eV 的能量. 于是, 使 KI 分子离解的离解能 3.33 eV, 应满足下列能量守恒关系
$$3.33\,\text{eV} = -V - 4.34\,\text{eV} + 3.06\,\text{eV},$$
从而有
$$\frac{e^2}{4\pi\varepsilon_0 r_0} = -V = (3.33 + 4.34 - 3.06)\,\text{eV} = 4.61\,\text{eV},$$
$$r_0 = \frac{e^2}{-4\pi\varepsilon_0 V} = \frac{1.44\,\text{eV·nm}}{4.61\,\text{eV}} = 0.312\,\text{nm}.$$

这个数值比实验测得的 0.323 nm 小, 说明每个离子的电荷分布不是球对称的, 由于静电感应而发生极化, 使得正负离子的电荷互相靠近, 它们的有效距离比实际的值要小.

习题 11.6 如果假设 Na^+ 和 Cl^- 离子是点电荷, 由静电库仑力结合在一起, 它们之间的平衡距离是多少? 已知 Na 的电离能为 5.14 eV, Cl 的电子亲和势为 3.61 eV, NaCl 的离解能为 4.26 eV.

解 本题与上题一样, 仿照上题, 我们可以直接写出

$$r_0 = \frac{e^2}{-4\pi\varepsilon_0 V} = \frac{1.44\,\mathrm{eV \cdot nm}}{(4.26 + 5.14 - 3.61)\,\mathrm{eV}} = 0.249\,\mathrm{nm}.$$

习题 11.7 ①已知 NaF 的平衡距离 $r_0 = 0.193\,\mathrm{nm}$, 试计算它的电偶极矩. ②实验测得 NaF 的电偶极矩 $p = 2.72 \times 10^{-29}\,\mathrm{C \cdot m}$, 试问它的电离度是多少?

解 ① NaF 的电偶极矩为

$$p = e \cdot r_0 = 1.602 \times 10^{-19}\,\mathrm{C} \times 0.193\,\mathrm{nm}$$
$$= 3.09 \times 10^{-29}\,\mathrm{C \cdot m}.$$

② NaF 的电离度是

$$\frac{2.72 \times 10^{-29}\,\mathrm{C \cdot m}}{3.09 \times 10^{-29}\,\mathrm{C \cdot m}} = 0.88 = 88\%.$$

习题 11.8 BaO 的平衡距离为 $r_0 = 0.194\,\mathrm{nm}$, 测得其电偶极矩为 $p = 2.65 \times 10^{-29}\,\mathrm{C \cdot m}$, 试求其电离度, 假设有 2 个价电子.

解 BaO 的电离度为

$$\frac{p}{2e \cdot r_0} = \frac{2.65 \times 10^{-29}\,\mathrm{C \cdot m}}{2 \times 1.602 \times 10^{-19}\,\mathrm{C} \times 0.194\,\mathrm{nm}}$$
$$= 0.426 = 42.6\%.$$

习题 11.9 假设 H_2 分子的行为同具有弹性系数 $k = 573\,\mathrm{N/m}$ 的简谐振子完全一样, 试求相应于它的离解能 $4.52\,\mathrm{eV}$ 的振动量子数.

解 H_2 分子的折合质量为

$$m = \frac{1}{2}m_{\mathrm{p}} = 0.5 \times 1.0078 \times 1.6605 \times 10^{-27}\,\mathrm{kg}$$
$$= 0.8367 \times 10^{-27}\,\mathrm{kg},$$

于是简谐振子的角频率为

$$\omega = \sqrt{\frac{k}{m}} = \sqrt{\frac{573\,\mathrm{N/m}}{0.8367 \times 10^{-27}\,\mathrm{kg}}} = 0.8275 \times 10^{15}/\mathrm{s},$$

简谐振子的能量子为

$$\hbar\omega = 1.055 \times 10^{-34}\,\mathrm{J \cdot s} \times 0.8275 \times 10^{15}/\mathrm{s}$$

$$= 0.8731 \times 10^{-19} \, \text{J}.$$

根据题设，

$$(n + 1/2)\hbar\omega = 4.52 \, \text{eV},$$

由此可以解出

$$n = \frac{4.52 \, \text{eV}}{\hbar\omega} - \frac{1}{2} = \frac{4.52 \, \text{eV}}{0.8731 \times 10^{-19} \, \text{J}} - \frac{1}{2}$$

$$= \frac{4.52 \times 1.602 \times 10^{-19} \, \text{J}}{0.8731 \times 10^{-19} \, \text{J}} - \frac{1}{2}$$

$$= 8.294 - 0.5 = 7.794 \approx 8.$$

习题 11.10 ①室温 NaCl 分子中，处于 $n = 1$ 的振动态的分子数与处于 $n = 0$ 的振动态的分子数之比是多少？②处于 $n = 2$ 的振动态的分子数与处于 $n = 0$ 的振动态的分子数之比是多少？忽略分子的转动.

解 忽略分子的转动，分子的能级就只是电子态的能量 E_e 与振动态的能量 $(n+1/2)\hbar\omega$ 之和. 电子态的能量是 eV 的量级，不会被热运动激发. 由于热运动，分子数主要是在振动能级上分布. 达到热平衡时，分子在振动能级上的分布是玻尔兹曼分布，在两个能级上的分子数之比是

$$\frac{N_m}{N_n} = \frac{g_m}{g_n} e^{-(E_m - E_n)/k_B T} = \frac{g_m}{g_n} e^{-(m-n)\hbar\omega/k_B T}.$$

只考虑振动态，简并度 $g_m = g_n = 1$. NaCl 分子的振动能量子 $\hbar\omega = 0.063 \, \text{eV}$(见《近代物理学》 11.5 节分子的振动)，室温通常指 $T = 20°C = 293 \, \text{K}$，有

$$k_B T = 8.617 \times 10^{-5} \, \text{eV/K} \times 293 \, \text{K} = 0.0252 \, \text{eV}.$$

①室温 NaCl 分子中，处于 $n = 1$ 的振动态的分子数与处于 $n = 0$ 的振动态的分子数之比是

$$\frac{N_1}{N_0} = e^{-\hbar\omega/k_B T} = e^{-0.063 \, \text{eV}/0.0252 \, \text{eV}} = 0.082.$$

②室温 NaCl 分子中，处于 $n = 2$ 的振动态的分子数与处于 $n = 0$ 的振动态的分子数之比是

$$\frac{N_2}{N_0} = e^{-2\hbar\omega/k_B T} = \left(\frac{N_1}{N_0}\right)^2 = 0.082^2 = 0.0067.$$

习题 11.11　$^{12}C^{16}O$ 和 $^xC^{16}O$ 的 $l = 0 \to l = 1$ 的转动吸收谱线分别是 $1.153 \times 10^{11}\,\mathrm{Hz}$ 和 $1.102 \times 10^{11}\,\mathrm{Hz}$, 试求未知的碳同位素 ^xC 的质量数 x.

解　从转动能级的表达式

$$E_l = \frac{l(l+1)\hbar^2}{2I},$$

可以求出转动能级的间隔

$$\Delta E_l = E_{l+1} - E_l$$
$$= \frac{[(l+1)(l+2) - l(l+1)]\hbar^2}{2I} = \frac{(l+1)\hbar^2}{I}.$$

由于辐射跃迁的选择定则 $\Delta l = \pm 1$, 限定了只能在相邻的两个转动能级之间发生辐射跃迁. 分子转动光谱 $l = 0 \to l = 1$ 的转动吸收谱线频率为

$$\nu = \frac{\Delta E_0}{h} = \frac{(0+1)\hbar^2}{2\pi\hbar I} = \frac{\hbar}{2\pi I}.$$

于是,　$^{12}C^{16}O$ 和 $^xC^{16}O$ 的 $l = 0 \to l = 1$ 的转动吸收谱线频率之比为

$$\frac{\nu_{12}}{\nu_x} = \frac{I_x}{I_{12}} = \frac{m_x r_0^2}{m_{12} r_0^2} = \frac{m_x}{m_{12}},$$

其中 r_0 是碳原子与氧原子间距, m_{12} 和 m_x 分别是 $^{12}C^{16}O$ 和 $^xC^{16}O$ 的折合质量,

$$m_{12} = \frac{m_{C12} m_O}{m_{C12} + m_O}, \qquad m_x = \frac{m_{Cx} m_O}{m_{Cx} + m_O}.$$

从而有

$$\frac{\nu_{12}}{\nu_x} = \frac{m_x}{m_{12}} = \frac{m_{Cx}}{m_{C12}} \frac{m_{C12} + m_O}{m_{Cx} + m_O} \approx \frac{x}{12} \frac{12 + 16}{x + 16},$$
$$x = \frac{12 \times 16 \nu_{12}/\nu_x}{28 - 12\nu_{12}/\nu_x} = \frac{12 \times 16 \times 1.153/1.102}{28 - 12 \times 1.153/1.102} = 13.$$

这实际上就是用光谱来分析同位素的方法.

习题 11.12　HCl 的转动谱包含以下的波长:　$12.03 \times 10^{-5}\,\mathrm{m}$, $9.60 \times 10^{-5}\,\mathrm{m}$, $8.04 \times 10^{-5}\,\mathrm{m}$, $6.89 \times 10^{-5}\,\mathrm{m}$, $6.04 \times 10^{-5}\,\mathrm{m}$. 如果所含的同位素是 ^1H 和 ^{35}Cl, 试求 HCl 分子中氢核与氯核之间的距离, ^{35}Cl 的质量是 $5.81 \times 10^{-26}\,\mathrm{kg}$.

解　$l \to l+1$ 的转动吸收谱线频率可以写成 (见上题)

$$\nu = \frac{\Delta E_l}{h} = \frac{(l+1)\hbar}{2\pi I} = k(l+1), \qquad k = \frac{\hbar}{2\pi I}.$$

由于谱线频率 ν 与 $l+1$ 成正比, 用频率比用波长更方便. 把波长 λ 换算成频率 ν, 令题目所给的最低频率相应于 l_0, 于是有下表:

$l-l_0$	0	1	2	3	4
$\lambda/\mu m$	120.3	96.0	80.4	68.9	60.4
ν/THz	2.492	3.123	3.729	4.351	4.964

把表中数值画到 $\nu \sim l-l_0$ 坐标图中, 结果如图 11.1 所示, 5 个点基本上在一条直线上. 由于 $l=-1$ 时 $\nu=0$, 从图上直线与横轴的交点 $l-l_0 = -1-l_0 = -4$, 可以定出 $l_0 = 3$. 于是, 只要定出直线的斜率 $k = \hbar/2I$, 就可以定出 HCl 分子的转动惯量 I, 从而求出 HCl 分子中氢核与氯核之间的距离 r_0. 定直线斜率的方法和习题 4.1 一样, 可以用目测法, 也可以用最小二乘法. 下面我们用最小二乘法来做.

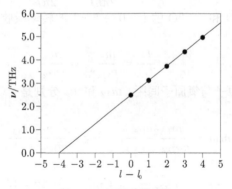

图 11.1　HCl 的转动谱

由于谱线频率 ν 与 $l+1$ 成正比, 只有一个待定量 k (或 I), 总的方差

$$S = \sum_i (\nu_i - \nu_i')^2 = \sum_i [k(l_i+1) - \nu_i']^2$$

只是一个未知数 k 的函数, 这里用 ν_i' 表示上表中给出的实验值. 由 S 对 k 取极值的条件 $\mathrm{d}S/\mathrm{d}k = 0$, 就可以求出

$$k = \frac{\sum_i (l_i+1)\nu_i'}{\sum_i (l_i+1)^2}$$

$$= \frac{4 \times 2.492 + 5 \times 3.123 + 6 \times 3.729 + 7 \times 4.351 + 8 \times 4.964}{4^2 + 5^2 + 6^2 + 7^2 + 8^2} \text{ THz}$$
$$= 0.6217 \text{ THz} = 0.6217 \times 10^{12}/\text{s}.$$

HCl 体系的折合质量为

$$m = \frac{m_{\text{H}} m_{\text{Cl}}}{m_{\text{H}} + m_{\text{Cl}}} = \frac{1.6735 \times 10^{-27} \text{ kg} \times 5.81 \times 10^{-26} \text{ kg}}{1.6735 \times 10^{-27} \text{ kg} + 5.81 \times 10^{-26} \text{ kg}}$$
$$= 1.6266 \times 10^{-27} \text{ kg} = 912.5 \text{ MeV}/c^2,$$

其中 $m_{\text{H}} = 1.0078 \times 1.6605 \times 10^{-27} \text{ kg} = 1.6735 \times 10^{-27} \text{ kg}$.

把这些数值代入

$$k = \frac{\hbar}{2\pi I} = \frac{\hbar}{2\pi m r_0^2},$$

就可以算出 HCl 分子中氢核与氯核之间的距离

$$r_0 = \sqrt{\frac{\hbar}{2\pi m k}} = \sqrt{\frac{\hbar c \cdot c}{2\pi m c^2 k}}$$
$$= \sqrt{\frac{197.3 \text{ eV·nm} \times 2.998 \times 10^8 \text{ m/s}}{2\pi \times 912.5 \text{ MeV} \times 0.6217 \text{ THz}}} = 0.129 \text{ nm}.$$

这个题目, 实际上就是用光谱来分析分子结构的方法. 与上题一样, 所用的光谱属于红外和远红外波段. 所以, 红外光谱仪是做这类分析的化学家运用的基本仪器.

习题 11.13 N_2 分子受激跃迁到 $n = 1$ 的振动能级, 然后通过发射光子退激发, 试问 N_2 分子在退激过程中能发射哪些能量的光子. N_2 分子的 $\hbar^2/2I = 2.5 \times 10^{-4}$ eV, $\hbar\omega = 0.29$ eV. 对于每个振动能级只考虑前 5 个转动能级.

解 同时考虑振动和转动, 分子的能级可以写成

$$E_{nl} = \left(n + \frac{1}{2}\right)\hbar\omega + l(l+1)\frac{\hbar^2}{2I}.$$

由于 $\hbar\omega = 0.29$ eV, 而 $\hbar^2/2I = 0.25 \times 10^{-3}$ eV, N_2 分子的转动能量子比振动能量子小 3 个数量级, 转动能级是附加在振动能级上的一种精细结构. 这种振动转动能级辐射跃迁的选择定则是

$$\Delta n = n' - n = \pm 1, \qquad \Delta l = l' - l = \pm 1.$$

于是, 略去转动惯量 I 随振动量子数 n 的变化, 我们可以写出退激

时辐射跃迁的能级差为

$$\Delta E = \Delta n \hbar\omega + [l'(l'+1) - l(l+1)]\frac{\hbar^2}{2I}$$
$$= \Delta n \hbar\omega + [1 + \Delta l(2l+1)]\frac{\hbar^2}{2I}.$$

对于题设的情形, $\Delta n = 1 - 0 = 1$. 由于题目限制 $l, l' \leqslant 4$, 当 $\Delta l = l' - l = 1$ 时, 有 $l = 3, 2, 1, 0$. 当 $\Delta l = l' - l = -1$ 时, 有 $l = 4, 3, 2, 1$. 所以, 我们最后得到 N_2 分子在退激过程中发射光子的能量为

$$\Delta E = \hbar\omega \pm 2k\frac{\hbar^2}{2I} = (0.29 \pm k \times 0.5 \times 10^{-3})\,\mathrm{eV}, \quad k = 1, 2, 3, 4.$$

习题 11.14　实验表明在室温下 CO 分子振动 - 转动吸收光谱最强的吸收线对应于 $l = 7$, 试用计算来表明这个值是合理的. CO 分子中两个原子核的平衡距离是 $0.113\,\mathrm{nm}$.

解　由于热运动, 气体分子在能级上有一个统计分布. 根据玻尔兹曼分布, 处于能级 E_{nl} 上的分子数正比于概率 $P(E_{nl})$,

$$P(E_{nl}) = N(2l+1)\mathrm{e}^{-E_{nl}/k_{\mathrm{B}}T},$$

其中 $2l+1$ 为能级的简并度, 它等于角动量的投影数, 而 N 为归一化常数. 能级 E_{nl} 为 (见上题)

$$E_{nl} = \left(n + \frac{1}{2}\right)\hbar\omega + l(l+1)\frac{\hbar^2}{2I}.$$

室温通常指 $T = 20°\mathrm{C} = 293\,\mathrm{K}$, $k_{\mathrm{B}}T = 0.0252\,\mathrm{eV}$(见习题 11.10). 这个能量比振动能量子小得多, 所以分子处于 $n = 0$ 的能级上的概率最高, 振动 - 转动吸收光谱最强的吸收线, 是 $n = 0$ 到 $n = 1$ 的跃迁. 气体分子在 $n = 0$ 而角量子数 l 不同的态上有一个分布, 由极大条件 $\partial P/\partial l = 0$ 可以求出当 $n = 0$ 固定时概率极大处的 l,

$$\frac{\partial P}{\partial l} \propto 2 - \frac{2l+1}{k_{\mathrm{B}}T}\frac{\partial E_{nl}}{\partial l} = 2 - \frac{(2l+1)^2}{k_{\mathrm{B}}T}\frac{\hbar^2}{2I} = 0,$$

$$l = \frac{1}{2}\left(\sqrt{\frac{4Ik_{\mathrm{B}}T}{\hbar^2}} - 1\right) = \frac{1}{2}\left(\frac{\sqrt{4mc^2r_0^2k_{\mathrm{B}}T}}{\hbar c} - 1\right).$$

CO 的折合质量为

$$m = \frac{m_{\mathrm{C}}m_{\mathrm{O}}}{m_{\mathrm{C}} + m_{\mathrm{O}}} = \frac{12 \times 15.995}{12 + 15.995} \times 931.5\,\mathrm{MeV}/c^2 = 6.387\,\mathrm{GeV}/c^2,$$

把数值代回上述 l 的公式，最后得到

$$l = \frac{1}{2}\Big(\frac{\sqrt{4 \times 6.387\,\text{GeV} \times 0.0252\,\text{eV} \times 0.113\,\text{nm}}}{197.3\,\text{eV·nm}} - 1\Big) = 6.77 \approx 7.$$

本章小结

从微观的图像看，分子是一个相当复杂的体系. 量子力学对分子问题的处理，一般都属于相当精细纤巧的学问，带有很强的技术和数学计算的色彩，已经不是基本物理的一部分. 在一门主要是讲授和介绍近代物理基本内容的课程中，对于分子结构问题，只能是选择一些十分简单的问题，给读者提供一些既简单直观而又有实际意义的实例. 所以，本章的习题都只涉及一些基本的概念和简单的计算. 通过这些习题，读者对分子结构中的一些概念和问题可以获得一点初步和具体的了解.

二十世纪物理学的研究和发展有三大特点和趋势. 一方面，物理学的研究领域越分越细，在每一个分支领域中越走越专门越纤巧，真正是隔行如隔山. 许多专门的分支领域，逐渐离开了基本物理，甚至逐渐离开了物理，自立门户成为一门专门的科学和技术. 例如从热力学中分离出来的热工学，从电磁学中分离出来的电工学和无线电电子学，从固体物理学中分离出来的半导体科学技术和材料科学，从核物理和高能物理中逐渐分离出来的核科学与核技术，从光学中逐渐分离出来的光子学，和从量子物理中逐渐分离出来的量子信息和计算，等等. 这当然是科学发展成熟的自然结果.

而在另一方面，物理学又逐渐渗透到其他学科，与其他学科结合发展成新兴的科学领域. 例如高能物理与核物理的发展，渗透到天体和宇宙领域，与传统的天文学相结合，形成了天体物理学和宇宙物理学. 近代物理的研究渗透到化学领域，形成了化学物理学，特别是用量子力学来研究和计算分子结构的量子化学. 近代物理的研究渗透到地学领域，则形成了地球物理学和空间物理学，还有进入生物和生命科学领域形成的生物物理学. 这一切，则是近代物理学的研究深入到物质结构的更深层次，以及相应物理技术高度发展的结果.

到了物质结构的更深层次，就可以找到宏观上不同学科的结合

点与共同基础. 在物质结构的最基本的层次, 一切学科都是相通的.
而正是在这个意义上, 在一些已经分离出去独立了的学科里, 前沿
的研究又有走回物理学的现象, 发出了 "回归物理学" 的呼声. 美国
著名电子学家泰尔曼 (F.E. Terman) 就说过: 无线电工程师又回到科
学中来了. 他所说的科学 (science), 是与技术 (technique) 相对而
言的, 具体指的就是物理学. 这种召回或者回归的趋势, 可以说是
二十世纪物理学研究和发展的第三个特点与趋势.

　　物理学研究和发展的这三个特点和趋势, 在当今的二十一世纪
还在继续. 杨振宁先生曾经说过: "二十一世纪的物理学将有长足
发展, 可是将与二十世纪的物理学重点大大不同." 我的领会是物理
学在二十一世纪将会全面开花, 不仅进入其他自然科学领域, 还会
进入社会与人文科学领域. 像经济物理学与金融物理学已经自立门
户一样, 物理学研究的基本精神、观念和模式还将会不断影响和移
植到更多更广泛的领域. 未来的近代物理学, 将会囊括所有自然、
社会、人文甚至精神的领域, 成为我们人类文明的最深层的基础.
正如费曼在其《费曼物理学讲义》的结语中所说, 物理学家看待这
奇妙世界的方式, "是当代真正文化的主体".

　　薛定谔对现代生物学的影响　薛定谔是一位兴趣十分广泛的思
想家和理论家, 他在 1944 年出版的《生命是什么? 活细胞的物理方
面》一书, 对现代生物学产生了深远的影响. 因为发现 DNA 双螺
旋结构从而开辟了分子生物学的华生 (J. Watson), 克里克 (F. Crick)
和威尔金斯 (M. Wilkins), 都深受薛定谔这本书的影响. 华生是在芝
加哥大学学生物时读了《生命是什么?》这本书, 才深为发现基因
的奥秘所吸引. 克里克与威尔金斯原来是在军事部门工作的物理学
家, 正是《生命是什么?》这本书的影响, 才使克里克放弃了研究
基本粒子的计划, 而选择了原来根本不打算涉猎的生物学, 也使威
尔金斯第一次对生物学问题发生了浓厚的兴趣. 1969 年获诺贝尔奖
的卢里亚 (S. Luria) 及查尔伽夫 (E. Chargaff) 和本泽 (S. Benser) 等
著名分子生物学家, 也都表示受到过《生命是什么?》这本书的影
响.

　　薛定谔对生物学并不熟悉, 只有一些第二手的并且不完全的知

识. 但正如威尔金斯所说，薛定谔"是作为一个物理学家来写作的，如果他作为一个正式的大分子化学家来写，可能就没有这样的效果."正是用物理学的基本精神、观念和模式来分析生命物质和遗传机制，他才为我们打开了一个全新的视野. 薛定谔自己表示，他写《生命是什么？》这本书的动机，是想表明，生命物质在服从已知物理定律的同时，可能也涉及一些还不了解的其他物理学定律. 他在这本书中不仅倡导从分子水平来探索遗传机制和生命的本质，而且引入了"遗传密码"、"信息"和"负熵"等概念，把物理学的理论精神、观念和方法引入到生物学的研究当中，对近代生物学的发展做出了重要的贡献.

薛定谔有一句名言：我们的任务不是去发现一些别人还没有发现的东西，而是针对所有人都看见的东西做一些从未有过的思考. 他一生追求科学的统一和完美，这在《生命是什么？》这本书里得到了集中的体现. 第二次世界大战后，奥地利总统曾亲自出面请薛定谔回国. 他 1955 年回到维也纳后，成为刚成立的奥地利共和国的科学象征，他睿智的头像印在了 1000 先令的纸币上. 当然，薛定谔不仅仅是维也纳和奥地利人的骄傲，他也是整个物理学界乃至全人类文明的共同骄傲，他理性思维的光辉早已进入了二十一世纪，超过了常人数十年.

12 固　体

基本概念和公式

● 晶体内聚能：在把离子晶体分离成单个正负离子时，对每个离子所需供给的能量，称为晶体的离子性内聚能. 在把晶体分离成单个中性原子时，对每个结构单元所需供给的能量，称为晶体的原子性内聚能.

● 固体的能带：固体中相邻原子或离子的电子云重叠，引起电子能级的改变，N 个原子或离子原来重叠的单粒子态分裂成带状密集的 N 条，称为一个能带. 相邻能带之间的区域则称为禁带.

● 金属电子在能级上的填充：在 $T = 0$ 的基态时，金属中的传导电子按泡利原理在能级上从最低能级往上填，最后一个电子所填的能级 E_{F} 就是金属电子的费米能. 对于自由电子气体有

$$E_{\mathrm{F}} = \frac{h^2}{2m_{\mathrm{e}}}\left(\frac{3N}{8\pi V}\right)^{2/3},$$

其中 N/V 是电子数密度.

在 $T > 0$ 时，由于受外界的热激发，在费米能 E_{F} 下面的一些电子会被激发到高于费米能的态，电子在费米能 E_{F} 上下约有一个宽度为 $k_{\mathrm{B}}T$ 的统计分布，这时确定分布的参数依赖于温度 T 和电子数密度 $n = N/V$，参见下面的自由电子气体.

● 维德曼 - 弗兰兹定律和洛伦茨常量：金属热导率与电导率之比正比于绝对温度 T，比例常数称为洛伦茨常量，这个规律称为维德曼 - 弗兰兹定律.

● 金属电子的有效质量：自由电子有能量动量关系 $E = p^2/2m_{\mathrm{e}}$，速度 $v = \partial E/\partial p = p/m_{\mathrm{e}}$. 金属中的传导电子受到周期性晶格点阵的作用，它的运动并不完全自由，能量动量关系 $E = E(\boldsymbol{p})$ 一般不再是

简单的二次式, 其有效质量 m_e^* 可以定义为

$$v_F = \frac{\partial E}{\partial p}\Big|_F = \frac{\hbar k_F}{m_e^*},$$

其中 $p = \hbar k$, k 是波矢量, 下标 F 表示取费米能级上的值. 容易看出, 有效质量一般不同于自由电子质量, 并且依赖于电子能量, 甚至可以是负的.

• 声子: 晶格振动的能量是量子化的, 角频率为 ω 的弹性振动模的能量为

$$\varepsilon_0 = \left(n + \frac{1}{2}\right)\hbar\omega, \qquad n = 0, 1, 2, 3, \cdots.$$

能量子 $\hbar\omega$ 称为声子, 晶格振动能量在晶体中的传播, 就是声子在晶格点阵中的传播.

• 固体热容: 对固体热容有贡献的, 主要是晶格振动和电子气体的热运动. 晶格振动受到热激发, 会产生大量声子, 形成声子气体. 在低温时, 声子气体的热容满足德拜 T^3 定律, 而电子气体的热容正比于温度 T, 固体热容可以写成

$$C = \gamma T + A T^3,$$

其中 γ 和 A 是两个由实验确定的参数.

自由电子气体 金属中的传导电子, 除了被金属边界处的势能约束在金属内 (参阅习题 7.14 和习题 9.3), 以及在相互碰撞时发生动量与能量的交换以外, 可以忽略它们之间的相互作用, 近似当成自由的. 这就是金属自由电子气体模型. 金属自由电子气体是一种近独立粒子体系, 体系的总能量近似等于每个粒子能量之和. 电子是费米子, 近独立费米子体系在达到统计平衡时, 粒子在单粒子能级上的分布是费米 - 狄拉克分布,

$$f_{FD}(E) = \frac{1}{e^{(E-\mu)/k_B T} + 1},$$

其中 μ 为体系的化学势, 依赖于温度 T 和电子数密度 n. 在低温高密时 $\mu \approx E_F$, 对这二者常常不加区分.

另一方面, 我们来写出能量在 E 到 $E+\mathrm{d}E$ 之间的电子态数. 先考虑长度为 L 的一维空间, L 应等于粒子波长 λ 的整数倍, $L = n\lambda$. 改用粒子的动量 $p = h/\lambda$ 写出来, 就是 $Lp = nh$. 于是我们有

$$L\Delta p = h,$$

这里 Δp 是相邻两动量的间距. 当 L 很大时, 这个动量间距很小, 动量可以看成是连续变化的. 于是, 上述关系表示: 在一维坐标与动量构成的相空间, 每一体积元 $h = 2\pi\hbar$ 中有一个动量的取值. 推广到三维, 就是: 在三维坐标与动量构成的相空间, 每一体积元 $h^3 = (2\pi\hbar)^3$ 中有一个动量的取值. 这是一个普遍的结论.

运用上述规则, 我们就可以写出在单位体积内动量在 0 到 p 之间的所有可能取值数是

$$N(p) = \frac{4\pi p^3/3}{(2\pi\hbar)^3} = \frac{4\pi p^3}{3} \frac{1}{(2\pi\hbar)^3},$$

这也就是第 10 章普朗克黑体辐射定律和量子论中给出的 $N(\nu)$. 考虑到对于每一动量取值 p 电子自旋有两个取向, 由上式就可得到在体积 V 中能量在 E 处的电子态密度为

$$g(E) = 2V \frac{\mathrm{d}N}{\mathrm{d}p} \frac{\mathrm{d}p}{\mathrm{d}E} = \frac{8\pi V m \sqrt{2mE}}{(2\pi\hbar)^3},$$

其中用到了 $p = \sqrt{2mE}$. 把上式乘以费米 - 狄拉克分布 $f_{\mathrm{FD}}(E)$, 就得到能量在 E 处的电子能谱为

$$P(E) = \frac{8\pi V m \sqrt{2mE}}{(2\pi\hbar)^3} \frac{1}{\mathrm{e}^{(E-\mu)/k_B T}+1}.$$

在基态时, $T = 0$, $\mu = E_{\mathrm{F}}$, 费米 - 狄拉克分布成为

$$f_{\mathrm{FD}}(E) = \begin{cases} 1, & E \leqslant E_{\mathrm{F}}, \\ 0, & E > E_{\mathrm{F}}. \end{cases}$$

由体积 V 中的电子数

$$N = \int_0^\infty P(E)\mathrm{d}E = \int_0^{E_{\mathrm{F}}} \frac{8\pi V m \sqrt{2mE}\,\mathrm{d}E}{(2\pi\hbar)^3} = \frac{8\pi V}{3}\left(\frac{\sqrt{2mE_{\mathrm{F}}}}{2\pi\hbar}\right)^3,$$

可以解出费米能为

$$E_{\mathrm{F}} = \frac{(2\pi\hbar)^2}{2m}\left(\frac{3N}{8\pi V}\right)^{2/3}.$$

此外还可以算出基态 $T = 0$ 时的电子平均能量为

$$\bar{E} = \frac{1}{N}\int_0^\infty E P(E)\mathrm{d}E = \frac{3}{5}E_{\mathrm{F}}.$$

而在低温时, 可近似算得

$$\bar{E} = \frac{3}{5}E_{\mathrm{F}}\left[1 + \frac{5\pi^2}{12}\left(\frac{k_B T}{E_{\mathrm{F}}}\right)^2\right].$$

于是自由电子气体在低温时的定容摩尔热容为

$$C_e = N_A \left(\frac{\partial \bar{E}}{\partial T}\right)_V = N_A k_B \frac{\pi^2}{2} \frac{k_B T}{E_F}.$$

声子气体的摩尔热容 角频率为 ω 的声子,其能量子为 $\hbar\omega$,与光子的情形类似,其平均声子数为

$$\bar{n} = \frac{1}{e^{\hbar\omega/k_B T} - 1},$$

而其平均声子能量为

$$\bar{\varepsilon} = \bar{n}\hbar\omega = \frac{\hbar\omega}{e^{\hbar\omega/k_B T} - 1}.$$

若只有一种振动模式 ω 的声子,则声子气体能量为

$$E_{ph} = 3N\bar{\varepsilon} = \frac{3N\hbar\omega}{e^{\hbar\omega/k_B T} - 1},$$

N 为晶格振子总数,亦即晶体原子总数. 因子 3 是由于每个振子有 3 个振动自由度. 于是声子气体的摩尔热容为

$$C_{ph} = 3N_A \left(\frac{\partial \bar{\varepsilon}}{\partial T}\right)_V = 3N_A k_B \left(\frac{\hbar\omega}{k_B T}\right)^2 \frac{e^{\hbar\omega/k_B T}}{(e^{\hbar\omega/k_B T} - 1)^2},$$

这就是爱因斯坦关于固体摩尔热容的公式.

爱因斯坦的模型,假设只有一种振动模式的声子. 这虽然把握了固体热容现象的基本特征,但毕竟还是过于简化,与实验相比只是在定性上相符,在定量上存在分歧. 德拜提出,应考虑振动频率在范围 $0 \leqslant \omega \leqslant \omega_D$ 内分布,频率上限 ω_D 称为德拜频率. 于是,在算声子气体能量时,要对所有振动模式求积分. 这就像算光子气体的能量时要对所有的光子频率求积分,在低温近似下得到的结果类似于斯特藩 - 玻尔兹曼定律,正比于绝对温度的 4 次方,

$$E_{ph} = \frac{3\pi^4 N_A k_B T_D}{5} \left(\frac{T}{T_D}\right)^4,$$

其中

$$T_D = \frac{\hbar\omega_D}{k_B}$$

称为德拜温度. 由此就可以算出德拜摩尔热容公式

$$C_{ph} = \left(\frac{\partial E_{ph}}{\partial T}\right)_V = \frac{12\pi^4 N_A k_B}{5} \left(\frac{T}{T_D}\right)^3.$$

习题 12.1 ①对于由正负离子相间构成的一维晶体,试证明其

马德隆常数 $\alpha = 2\ln 2$. ②证明 NaCl 的马德隆常数的展开式前 5 项是： $\alpha = 6 - 12/\sqrt{2} + 8/\sqrt{3} - 6/\sqrt{4} + 24/\sqrt{5} + \cdots$.

解　晶体的离子之间，由于静电相互作用，直接库仑能可以写成

$$-\alpha \frac{e^2}{4\pi\varepsilon_0 r},$$

其中 α 为马德隆常数.

①对于由正负离子相间构成的一维晶体，设近邻离子间距为 r，则体系的静电库仑能为

$$
\begin{aligned}
V &= 2 \times \left(-\frac{e^2}{4\pi\varepsilon_0 r} + \frac{e^2}{4\pi\varepsilon_0 2r} - \frac{e^2}{4\pi\varepsilon_0 3r} + \cdots \right) \\
&= -2 \times \left(1 - \frac{1}{2} + \frac{1}{3} - \cdots \right) \frac{e^2}{4\pi\varepsilon_0 r} = -\alpha \frac{e^2}{4\pi\varepsilon_0 r}, \\
\alpha &= 2 \times \left(1 - \frac{1}{2} + \frac{1}{3} - \cdots \right) = 2\ln 2.
\end{aligned}
$$

② NaCl 晶体是面心立方点阵 fcc 结构，设近邻离子间距为 r. 从一个 Na^+ 离子来看，以它为中心，在它的上下前后左右有 6 个距离它为 r 的近邻平面，其中之一如图 12.1 所示. 距离我们考虑的这个 Na^+ 离子最近的第一层，是在这 6 个平面中心的 6 个 Cl^- 离子，位于图中中心的粗十字处. 这 6 个负离子对库仑能的贡献是

$$-6 \times \frac{e^2}{4\pi\varepsilon_0 r},$$

所以它们对马德隆常数贡献一项 6.

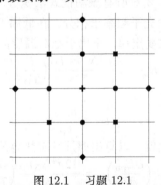

图 12.1　习题 12.1

第 2 层是位于图中距离中心粗十字最近的黑圆点处的 Na^+ 离

子, 每个平面有 4 个, 但是每 2 个平面公有 1 个, 所以 6 个平面共 $6 \times 4/2 = 12$ 个. 它们到我们考虑的 Na^+ 离子的距离都是 $\sqrt{2}\,r$, 对库仑能的贡献是

$$12 \times \frac{e^2}{4\pi\varepsilon_0\sqrt{2}\,r},$$

所以它们对马德隆常数贡献一项 $-12/\sqrt{2}$.

第 3 层是位于图中黑方块处的 Cl^- 离子, 每个平面有 4 个, 但是每 3 个平面公有 1 个, 所以 6 个平面共 $6 \times 4/3 = 8$ 个. 它们到我们考虑的 Na^+ 离子的距离都是 $\sqrt{3}\,r$, 对库仑能的贡献是

$$-8 \times \frac{e^2}{4\pi\varepsilon_0\sqrt{3}\,r},$$

它们对马德隆常数贡献一项 $8/\sqrt{3}$.

第 4 层是位于我们考虑的 Na^+ 离子上下前后左右 6 个距离它为 $2r$ 的次近邻 Na^+ 离子, 它们对库仑能的贡献是

$$6 \times \frac{e^2}{4\pi\varepsilon_0\sqrt{4}\,r},$$

它们对马德隆常数贡献一项 $-6/\sqrt{4}$.

第 5 层是位于图中黑斜方块处的 Cl^- 离子, 以及距离我们考虑的 Na^+ 离子为 $2r$ 的上下前后左右 6 个次近邻平面上相当于图 12.1 中黑圆点处的 Cl^- 离子, 每个平面有 4 个, 但是每 2 个平面公有 1 个, 所以 $2 \times 6 = 12$ 个平面共 $2 \times 6 \times 4/2 = 24$ 个. 它们到我们考虑的 Na^+ 离子的距离都是 $\sqrt{5}\,r$, 对库仑能的贡献是

$$-24 \times \frac{e^2}{4\pi\varepsilon_0\sqrt{5}\,r},$$

它们对马德隆常数贡献一项 $24/\sqrt{5}$.

归纳起来, 马德隆常数展开的前 5 项是

$$\alpha = 6 - \frac{12}{\sqrt{2}} + \frac{8}{\sqrt{3}} - \frac{6}{\sqrt{4}} + \frac{24}{\sqrt{5}} + \cdots.$$

习题 12.2　①试计算 CsCl 的离子性内聚能 $-V_0$. ②已知 Cs 的电离能为 $3.89\,eV$, Cl 的电子亲和势为 $3.61\,eV$, 试计算 CsCl 的原子性内聚能, 并与实验值 $6.46\,eV$ 相比.

解　上题已经指出, 晶体的离子之间, 由于静电相互作用, 直

接库仑能可以写成

$$-\alpha\frac{e^2}{4\pi\varepsilon_0 r},$$

其中 α 为马德隆常数. 此外, 由于泡利原理的限制, 使电子之间保持一定的距离, 这对静电相互作用还要贡献一个具有短程排斥作用的 "交换项", 它可近似写成

$$\frac{A}{r^n}.$$

于是总的库仑能为

$$V(r) = -\alpha\frac{e^2}{4\pi\varepsilon_0 r} + \frac{A}{r^n},$$

常数 A 可由平衡条件 $(\mathrm{d}V/\mathrm{d}r)_{r=r_0} = 0$ 定出,

$$A = \frac{\alpha e^2 r_0^{n-1}}{4\pi\varepsilon_0 n}.$$

从而, 在平衡距离 r_0 处的库仑能为

$$V_0 = V(r_0) = -\alpha\frac{e^2}{4\pi\varepsilon_0 r_0}\Big(1 - \frac{1}{n}\Big).$$

① CsCl 晶体是体心立方点阵 bcc 结构, bcc 结构的马德隆常数是 $\alpha = 1.7627$. 此外, CsCl 晶体的 $r_0 = 0.356\,\mathrm{nm}$, $n = 10.5$(见《近代物理学》第 12 章表 12.1), 于是 CsCl 的离子性内聚能 $-V_0$ 为

$$-V_0 = \frac{1.7627 \times 1.44\,\mathrm{eV\cdot nm}}{0.356\,\mathrm{nm}}\Big(1 - \frac{1}{10.5}\Big) = 6.45\,\mathrm{eV}.$$

② 已知 Cs 的电离能为 $3.89\,\mathrm{eV}$, Cl 的电子亲和势为 $3.61\,\mathrm{eV}$, 则 CsCl 的原子性内聚能 E_{B} 为

$$E_{\mathrm{B}} = -V_0 - 3.89\,\mathrm{eV} + 3.61\,\mathrm{eV} = 6.17\,\mathrm{eV}.$$

习题 12.3 ① K 的电离能是 $4.34\,\mathrm{eV}$, Cl 的电子亲和势是 $3.61\,\mathrm{eV}$, KCl 晶体是 fcc 结构, 马德隆常数 $\alpha = 1.7476$, 两离子间距 $0.315\,\mathrm{nm}$. 试仅用这些数据计算 KCl 的原子性内聚能. ②实验测得 KCl 的原子性内聚能是 $6.46\,\mathrm{eV}$, 假设此值与上面计算值之差是由于泡利不相容原理产生的排斥, 试求由此原因引起的势能公式 b/r^n 中指数 n 的数值.

解 ①若仅用题目所给的数据, 则 KCl 的离子性内聚能 $-V_0$ 为

$$-V_0 = \frac{\alpha e^2}{4\pi\varepsilon_0 r_0} = \frac{1.7476 \times 1.44\,\text{eV·nm}}{0.315\,\text{nm}} = 7.99\,\text{eV},$$

从而 KCl 的原子性内聚能 E_B 为

$$E_\text{B} = -V_0 - 4.34\,\text{eV} + 3.61\,\text{eV} = 7.26\,\text{eV}.$$

②实验测得 KCl 的原子性内聚能 $E_\text{B} = 6.46\,\text{eV}$, 于是可以算出 KCl 的离子性内聚能 $-V_0$ 为

$$-V_0 = E_\text{B} + 4.34\,\text{eV} - 3.61\,\text{eV} = 7.19\,\text{eV}.$$

若此值与上面计算值之差是由于泡利不相容原理产生的排斥, 把它代入 $-V_0$ 的公式

$$-V_0 = \frac{\alpha e^2}{4\pi\varepsilon_0 r_0}\Big(1 - \frac{1}{n}\Big),$$

就有

$$\frac{1}{n} = 1 + \frac{V_0}{\alpha e^2/4\pi\varepsilon_0 r_0}$$

$$= 1 - \frac{7.19\,\text{eV}}{1.7476 \times 1.44\,\text{eV·nm}/0.315\,\text{nm}} = 0.100,$$

$$n = 10.0.$$

本题是上题的继续和补充, 它告诉我们, 根据实验测得的 K 的电离能 4.34 eV, Cl 的电子亲和势 3.61 eV, KCl 晶体 fcc 结构和马德隆常数 $\alpha = 1.7476$, 两离子间距 0.315 nm, 以及 KCl 的原子性内聚能 6.46 eV, 我们必须在 KCl 的离子性内聚能 $-V_0$ 中引入一个排斥项, 才能与测得的数据相符. 这一项可以唯象地写成 b/r^n, 要求它与实验数据相符, 我们定出 $n = 10.0$. 而从理论上猜测, 这个排斥项可能来自电子的泡利不相容原理的效应. 至于这个猜测是否符合实际, 还需要进行详细的量子力学理论分析和计算. 量子力学的计算证实了这个猜测, 从而这个猜测就变成了我们确定的认识. 这就是我们通常从实验经过唯象理论而发现新的物理和形成新的认识的一般过程. 量子力学把这一项称为库仑交换能, 相应的计算已经超出了我们这个课程的范围, 不可能在这里来讲. 不过必须在这里指出, 没有和不经过这个计算, 上述猜测就仅仅是一个猜测, 还不能成为我们确定的认识. 物理学家在探索自然奥秘的进程中, 每往前走一步,

都是小心谨慎和脚踏实地的. 这也就是胡适之先生所说的 "大胆假设, 小心求证". 没有大胆的假设, 就谈不上创新. 而不小心地求证, 就不成其为科学.

习题 12.4 BaO 晶体的原子性内聚能为 $8.90\,\text{eV}$, 试问这相当于实验上测量到多少 kJ/mol?

解 晶体的原子性内聚能, 是在把晶体分离成单个中性原子时, 对每个结构单元所需供给的能量, 在这里结构单元就是 BaO. 所以, 要把 $1\,\text{mol}$ 的 BaO 晶体分离成单个中性原子所需的能量, 就是阿伏伽德罗常数 N_A 乘以 BaO 晶体的原子性内聚能 $8.90\,\text{eV}$,

$$E = N_A E_B$$
$$= 6.022 \times 10^{23}\,\text{mol}^{-1} \times 8.90\,\text{eV} \times 1.602 \times 10^{-19}\,\text{J/eV}$$
$$= 859\,\text{kJ/mol}.$$

习题 12.5 试计算 CsI 晶体吸收能量的波长是多少, 已知 CsI 的近邻间距 $r_0 = 0.395\,\text{nm}$, 原子性内聚能 $V_0 = 5.35\,\text{eV}$, $n = 12$, 是 bcc 结构.

解 CsI 晶体的离子会在平衡距离附近作微小的振动,

$$r = r_0 + x,$$

x 是一小量. 于是, 我们可以把库仑势能写成 (见习题 12.2)

$$V(r) = -\alpha \frac{e^2}{4\pi\varepsilon_0 r} + \frac{A}{r^n} = -\alpha \frac{e^2}{4\pi\varepsilon_0 r} + \frac{\alpha e^2 r_0^{n-1}}{4\pi\varepsilon_0 n} \frac{1}{r^n}$$

$$= \alpha \frac{e^2}{4\pi\varepsilon_0 r_0} \left[-\frac{r_0}{r} + \frac{1}{n}\left(\frac{r_0}{r}\right)^n \right]$$

$$= \alpha \frac{e^2}{4\pi\varepsilon_0 r_0} \left[-\frac{1}{1+x/r_0} + \frac{1}{n}\frac{1}{(1+x/r_0)^n} \right]$$

$$= \alpha \frac{e^2}{4\pi\varepsilon_0 r_0} \left[-\left(1 - \frac{x}{r_0} + \frac{x^2}{r_0^2} - \cdots\right) \right.$$

$$\left. + \frac{1}{n}\left(1 - \frac{nx}{r_0} + \frac{n(n+1)}{2}\frac{x^2}{r_0^2} - \cdots\right) \right]$$

$$\approx \alpha \frac{e^2}{4\pi\varepsilon_0 r_0} \left[-\left(1 - \frac{1}{n}\right) + \frac{n-1}{2}\frac{x^2}{r_0^2} \right] = V_0 + \frac{1}{2}m\omega^2 x^2,$$

其中 m 是 CsI 的折合质量,

$$m = \frac{m_{Cs}m_I}{m_{Cs}+m_I} = \frac{132.91 \times 126.90}{132.91+126.90} \times 931.5\,\text{MeV}/c^2$$
$$= 60471\,\text{MeV}/c^2,$$

ω 是离子在平衡距离附近作简谐振动的角频率,

$$\omega = \sqrt{\frac{\alpha(n-1)e^2}{4\pi\varepsilon_0 m r_0^3}}.$$

CsI 晶体吸收一个振动能量子 $\hbar\omega$, 相应的波长 λ 是

$$\lambda = \frac{2\pi c}{\omega} = 2\pi\sqrt{\frac{4\pi\varepsilon_0 m c^2 r_0^3}{\alpha(n-1)e^2}}$$
$$= 2\pi\sqrt{\frac{60471\,\text{MeV} \times (0.395\,\text{nm})^3}{1.7627 \times 11 \times 1.44\,\text{eV·nm}}} = 72.6\,\mu\text{m},$$

其中 $\alpha = 1.7627$ 是 bcc 结构的马德隆常数.

习题 12.6 ① Cu 的密度为 $8.96\,\text{g/cm}^3$, 原子量为 63.5, 试计算在 fcc 结构中 Cu 原子中心之间的距离. ②已知 Cu 的费米能级 $E_F = 7.03\,\text{eV}$, 试计算在此能级上的电子的德布罗意波长, 并与上面算得的原子中心之间的距离相比较. ③试用公式 $\sigma = ne^2 l/mv$ 估计 Cu 的电导率, 其中 n 为电子数密度, l 为电子平均自由程, 可取上面算得的原子间距, v 为平均速度, 可由费米能来估计.

解 ①在 fcc 结构中, 在边长为晶格间距 a 的一个立方体中, 每个顶点有 1/8 个原子, 8 个顶点共有 1 个原子. 此外, 立方体 6 个面的中心各有 0.5 个原子. 所以, 此立方体中共有 $1 + 6 \times 0.5 = 4$ 个原子, fcc 结构的原子数密度为 $n = 4/a^3$, 密度为

$$\rho = mn = \frac{4m}{a^3},$$

m 为原子质量. 代入 Cu 的密度 $\rho = 8.96\,\text{g/cm}^3$, 原子量 63.5, 即可解出 Cu 晶体的 a,

$$a = \left(\frac{4m}{\rho}\right)^{1/3} = \left(\frac{4 \times 63.5 \times 1.661 \times 10^{-27}\,\text{kg}}{8.96\,\text{g/cm}^3}\right)^{1/3} = 0.3611\,\text{nm}.$$

原子间距等于上述立方体表面对角线长度的一半, 即

$$\frac{\sqrt{2}}{2}a = 0.255\,\text{nm}.$$

②在 Cu 的费米能级 $E_F = 7.03\,\text{eV}$ 上的电子, 其德布罗意波长 λ 为

$$\lambda = \frac{h}{p} = \frac{2\pi\hbar c}{\sqrt{2mc^2 E_F}} = \frac{2\pi \times 197.3\,\text{eV·nm}}{\sqrt{2 \times 0.511\,\text{MeV} \times 7.03\,\text{eV}}} = 0.463\,\text{nm}.$$

③用公式 $\sigma = ne^2 l/mv$ 来估计 Cu 的电导率, 由于每个 Cu 原子只有 1 个传导电子, 其电子数密度 n 也就是原子数密度,

$$n = \frac{4}{a^3} = \frac{4}{(0.3611\,\text{nm})^3} = 84.95/\text{nm}^3. \tag{1}$$

电子平均自由程取上面算得的原子间距, $l = 0.255\,\text{nm}$. 平均速度 v 由费米能来估计,

$$mv = p = \frac{h}{\lambda},$$

λ 为前面算得的电子在费米能级上的德布罗意波长. 于是有

$$\sigma = \frac{ne^2 l}{mv} = \frac{ne^2 l\lambda}{h}$$

$$= \frac{84.95\,\text{nm}^{-3} \times (1.602 \times 10^{-19}\,\text{C})^2 \times 0.255\,\text{nm} \times 0.463\,\text{nm}}{6.626 \times 10^{-34}\,\text{J·s}}$$

$$= 3.88 \times 10^5\,\text{S/m}.$$

通常算原子数密度是用公式

$$n = \frac{\rho}{m} = \frac{\rho}{\mu/N_A} = \frac{N_A \rho}{\mu}, \tag{2}$$

N_A 是阿伏伽德罗常数, μ 是元素的摩尔质量. 代入 Cu 的密度 $\rho = 8.96\,\text{g/cm}^3$ 和摩尔质量 $\mu = 63.5\,\text{g/mol}$, 即可算出

$$n = \frac{6.022 \times 10^{23}/\text{mol} \times 8.96\,\text{g/cm}^3}{63.5\,\text{g/mol}} = 85.0/\text{nm}^3,$$

与上面算出的值是一致的. 联立这两种算法的公式 (1) 与 (2), 就可以解出阿伏伽德罗常数 N_A,

$$N_A = \frac{4\mu}{\rho a^3}.$$

于是, 只要测出原子量或分子量 μ, 密度 ρ 和晶格常数 a, 就可以定出阿伏伽德罗常数 N_A, 参阅习题 5.12 之后的讨论.

习题 12.7　Cu 在室温下的电导率为 $\sigma = 5.88 \times 10^7\,\text{S/m}$, 试由此估计其电子平均自由程, 并与 Cu 的晶格间距 $0.256\,\text{nm}$ 相比较. 一个电子在被散射之前会遇到多少原子?

解 由上题的电导率公式, 可以解出电子平均自由程为

$$l = \frac{\sigma m v}{n e^2} = \frac{\sigma \sqrt{2mE}}{n e^2} = \frac{\sigma \sqrt{2mc^2 E}}{n e^2 c}.$$

在室温时, $k_B T = 0.0252\,\mathrm{eV}$ (见习题 11.10), 这个数值比 Cu 的费米能级 $E_F = 7.03\,\mathrm{eV}$ (见上题) 小得多, $k_B T \ll E_F$. 由费米 - 狄拉克分布

$$f_{\mathrm{FD}}(E) = \frac{1}{\mathrm{e}^{(E-E_F)/k_B T} + 1}$$

可以看出, 费米能以下的能级基本上都被填满了, 能够被热激发的电子基本上位于费米能上下约 $0.025\,\mathrm{eV}$ 的范围, 传导电子动能偏离费米能很小, 可以近似取 $E \approx E_F = 7.03\,\mathrm{eV}$. 此外, Cu 的电子数密度 $n = 84.95/\mathrm{nm}^3$ (见上题), 于是可以算出

$$l = \frac{5.88 \times 10^7\,\mathrm{S \cdot m^{-1}} \sqrt{2 \times 0.511\,\mathrm{MeV} \times 7.03\,\mathrm{eV}}}{84.95\,\mathrm{nm^{-3}} \times (1.602 \times 10^{-19}\,\mathrm{C})^2 \times 2.998 \times 10^8\,\mathrm{m/s}} = 38.6\,\mathrm{nm}.$$

这个数值是 Cu 原子间距 $0.256\,\mathrm{nm}$ 的 $38.6/0.256 = 151$ 倍, 亦即一个电子在被散射之前平均会遇到 151 个 Cu 原子. 换句话说, 在金属 Cu 中的传导电子基本上是自由的.

如果用经典统计力学来估计, 按照能量均分定律, 室温时电子平均动能是

$$E = \frac{3}{2} k_B T = 1.5 \times 8.617 \times 10^{-5}\,\mathrm{eV/K} \times (273 + 20)\,\mathrm{K}$$
$$= 1.5 \times 0.0252\,\mathrm{eV} = 0.0379\,\mathrm{eV}.$$

这个数值比费米能 $7.03\,\mathrm{eV}$ 小了两个数量级, 用它估计出来的电子平均自由程要小一个数量级. 再用这个估计出来的电子平均自由程来估计 Cu 的热导率, 就会比实际的小一个数量级, 导热性很低, 与实际不相符, 参阅下一题. 这说明金属中的自由电子气体是一种量子气体, 其性质完全不同于经典的理想气体. 参阅习题 12.12.

习题 12.8 已知 Cu 的室温电导率 $\sigma = 5.88 \times 10^7\,\mathrm{S/m}$, 试用维德曼 - 弗兰兹定律计算 Cu 的室温热导率. Cu 在 $0 \sim 100^\circ\mathrm{C}$ 之间的洛伦兹常量为 $2.33 \times 10^{-8}\,\mathrm{W \cdot \Omega / K^2}$.

解 维德曼 - 弗兰兹定律为

$$\frac{\kappa}{\sigma} = \mathcal{L}T, \qquad \mathcal{L} = \frac{\pi^2 k_B^2}{3 e^2}.$$

代入洛伦兹常量的实验值 $\mathcal{L} = 2.33 \times 10^{-8}\,\text{W·Ω/K}^2$, 就可算出 Cu 的室温热导率为

$$\kappa = \mathcal{L}\sigma T = 2.33 \times 10^{-8}\,\text{W} \cdot \Omega \cdot \text{K}^{-2} \times 5.88 \times 10^{7}\,\Omega^{-1} \cdot \text{m}^{-1} \times 293\,\text{K}$$
$$= 4.01 \times 10^{2}\,\text{W/(m} \cdot \text{K)}.$$

习题 12.9　Ge 的导带与价带之间的能隙 $E_{\text{g}} = 0.72\,\text{eV}$, 若用 Ge 来探测 γ 射线, ①吸收 1 个由 ^{137}Cs 发出的能量为 $662\,\text{keV}$ 的光子, 能把 Ge 的多少个价带电子激发到导带？②若上面算得的电子数为 n, 则其统计涨落为 $\sqrt{n}$, 相对涨落为 $\sqrt{n}/n$, 试问探测到的 γ 射线的能量涨落是多少？这个结果就是 Ge 探测器的实验分辨本领.

解　① 1 个能量为 $662\,\text{keV}$ 的光子, 其能量是 Ge 的导带与价带之间能隙 $E_{\text{g}} = 0.72\,\text{eV}$ 的

$$\frac{662\,\text{keV}}{0.72\,\text{eV}} = 0.919 \times 10^{6}$$

倍. 所以若用 Ge 来探测 γ 射线, 能把 Ge 的 0.92×10^{6} 个价带电子激发到导带.

②上面算得的电子数 $n = 0.919 \times 10^{6}$, 其统计涨落为 $\sqrt{n} = 960$, 相对涨落为 $\sqrt{n}/n = 1.04 \times 10^{-3}$, 从而探测到 γ 射线的能量涨落为

$$\frac{\sqrt{n}}{n} E_{\gamma} = 1.04 \times 10^{-3} \times 662\,\text{keV} = 0.69\,\text{keV},$$

这就是 Ge 探测器的实验分辨本领. 这个题目的概念和计算虽然都很简单, 但却是一个非常实际的问题.

习题 12.10　Ge 的导带与价带之间的能隙 $E_{\text{g}} = 0.72\,\text{eV}$, 试求 Ge 吸收电磁波的波长上限.

解　与能隙 $E_{\text{g}} = 0.72\,\text{eV}$ 相应的电磁波波长为

$$\lambda = \frac{c}{\nu} = \frac{2\pi\hbar c}{h\nu} = \frac{2\pi\hbar c}{E_{\text{g}}} = \frac{2\pi \times 197.3\,\text{eV·nm}}{0.72\,\text{eV}} = 1.7\,\mu\text{m}.$$

超过这个波长, 光子能量就小于能隙, 不能被 Ge 吸收. 所以这个波长就是 Ge 吸收电磁波的波长上限.

习题 12.11　若在 NaCl 晶格中缺少一个离子而留下一个正的空位, 则此空位会俘获一个电子, 晶格的这种缺陷称为 F 心. 这个被俘获的电子所处能级比导带低 $2.65\,\text{eV}$, 试问它吸收的波长是多少？

含有很多这种 F 心的 NaCl 晶体是什么颜色的？

解 把这个 F 心电子激发到导带，所需能量是 $E = 2.65\,\text{eV}$. 与上题的算法一样，与能量 $E = 2.65\,\text{eV}$ 相应的辐射波长是

$$\lambda = \frac{2\pi\hbar c}{E} = \frac{2\pi \times 197.3\,\text{eV·nm}}{2.65\,\text{eV}} = 468\,\text{nm},$$

这个波长属于可见光谱的蓝色部分.

习题 12.12 Ag 的费米能 $E_F = 5.51\,\text{eV}$, ① 0 K 时 Ag 中自由电子平均能量是多少？②理想气体中分子平均能量等于此值时温度是多少？③具有此能量的电子速率是多少？

解 ①根据费米气体的性质，0 K 时，电子平均能量是费米能的 3/5, 所以 Ag 中自由电子平均能量是

$$\bar{E} = \frac{3}{5}E_F = 0.6 \times 5.51\,\text{eV} = 3.31\,\text{eV}.$$

②理想气体中，分子平均能量等于此值时的温度是

$$T = \frac{\bar{E}}{3k_B/2} = \frac{3.31 \times 1.602 \times 10^{-19}\,\text{J}}{1.5 \times 1.381 \times 10^{-23}\,\text{J/K}} = 2.56 \times 10^4\,\text{K}.$$

③ 3.31 eV 这个能量比电子静质能 0.511 MeV 小得多，可以用非相对论近似，具有此能量的电子速率为

$$v = \sqrt{\frac{2\bar{E}}{m}} = \sqrt{\frac{2\bar{E}}{mc^2}}\,c = \sqrt{\frac{2 \times 3.31\,\text{eV}}{0.511\,\text{MeV}}}\,c$$
$$= 3.60 \times 10^{-3}c = 1.08 \times 10^6\,\text{m/s}.$$

与习题 12.7 一样，这个题目表明，量子的费米 - 狄拉克分布与经典的麦克斯韦 - 玻尔兹曼分布不同，电子气体的性质与经典的理想气体完全不同. 这两个题目，为我们提供了关于金属中电子气体的一些基本特征和有关数量级的概念，能够帮助我们形成由费米子构成的量子气体的感性认识和直觉.

习题 12.13 Zn 的密度为 $7.13\,\text{g/cm}^3$, 原子质量为 65.4 u, 其电子组态为 $1s^2 2s^2 2p^6 3s^2 3p^6 3d^{10} 4s^2$. Zn 中电子有效质量为 $0.85\,m_e$, 试求 Zn 的费米能量.

解 Zn 原子的外层电子是 2 个 4s 电子，所以传导电子的数密

deg是 (见习题 12.6)

$$n = \frac{2N_A\rho}{\mu} = \frac{2 \times 6.022 \times 10^{23}/\text{mol} \times 7.13\,\text{g/cm}^3}{65.4\,\text{g/mol}}$$
$$= 131.3/\text{nm}^3,$$

于是 Zn 的费米能为

$$E_F = \frac{(2\pi\hbar)^2}{2m_{\text{eff}}}\left(\frac{3n}{8\pi}\right)^{2/3}$$
$$= \frac{(2\pi \times 197.3\,\text{eV·nm})^2}{2 \times 0.85 \times 0.511\,\text{MeV}}\left(\frac{3 \times 131.3/\,\text{nm}^3}{8\pi}\right)^{2/3}$$
$$= 11\,\text{eV}.$$

习题 12.14 试求在什么温度下, Ag 的电子摩尔热容是晶格声子摩尔热容的 5%, 和在什么温度下, 它们相等. Ag 的德拜温度 $T_D = 210\,\text{K}$.

解 Ag 的电子摩尔热容 C_e 与晶格声子摩尔热容 C_{ph} 之比为

$$\frac{C_e}{C_{\text{ph}}} = \frac{N_A\pi^2 k_B^2 T}{2E_F}\frac{5T_D^3}{12\pi^4 N_A k_B T^3} = \frac{5}{24\pi^2}\frac{k_B T_D}{E_F}\left(\frac{T_D}{T}\right)^2$$
$$= \frac{5}{24\pi^2}\frac{8.617 \times 10^{-5}\,\text{eV/K} \times 210\,\text{K}}{5.51\,\text{eV}}\left(\frac{T_D}{T}\right)^2$$
$$= 6.932 \times 10^{-5}\left(\frac{T_D}{T}\right)^2,$$

其中代入了 Ag 的费米能 $E_F = 5.51\,\text{eV}$ (见习题 12.12, 或《近代物理学》第 12 章表 12.7). 当上述比值等于 5% 时, 有

$$T = \sqrt{\frac{6.932 \times 10^{-5}}{0.05}}\,T_D = 0.03723\,T_D = 7.82\,\text{K},$$

当上述比值等于 1 时, 有

$$T = \sqrt{\frac{6.932 \times 10^{-5}}{1}}\,T_D = 0.008326\,T_D = 1.75\,\text{K}.$$

可以看出, 传导电子只在极低温度才对固体热容有贡献, 在室温下固体热容可以说完全来自晶格振动 (声子气体). 这也是电子气体的量子性质所确定的. 电子遵从费米 - 狄拉克分布, 在温度不太高时费米能以下的能级基本上全填满了, 只有费米能附近极少数电子能够被热激发 (见习题 12.7), 它们对热容的贡献可以忽略. 由于声子

气体的热容正比于 T^3, 而电子气体的热容正比于 T, 在极低温时, 声子气体对热容的贡献下降很多, 电子气体的贡献才逐渐凸显出来.

本章小结

习题 12.1 计算马德隆常数, 可以帮助我们熟悉晶格结构, 获得一些关于晶体几何的直观概念. 习题 12.2 到 12.4 是关于晶体内聚能的问题, 包括离子性内聚能和原子性内聚能, 特别是由于泡利不相容原理引起的库仑交换能的概念及其唯象的处理, 这是晶格动力学的物理基础. 习题 12.5 是关于晶格振动的问题, 这是整个晶格动力学的核心和基本概念, 是声子概念的物理起源. 习题 12.6 是一个综合题目, 涉及晶体几何、电子气体的费米能、电子的电导率等方面, 是一个重要的实际问题. 习题 12.7 是习题 12.6 的继续, 反过来用实际的电导率来估计传导电子的平均自由程, 告诉我们金属传导电子的平均自由程比晶格间距大得多. 习题 12.8 也是关于 Cu 的问题, 用维德曼 - 弗兰兹定律从电导率来估计热导率. 习题 12.6~12.8 这 3 个题都是关于金属 Cu 的问题, 它们合起来给我们提供了关于金属 Cu 的一个典型和实际的例子. 习题 12.9 与 12.10 是关于固体能带的一个问题, 具体地说是关于半导体 Ge 的导带与禁带之间的能隙的问题, 这也是用 Ge 来探测 γ 射线的物理, 是一个重要的应用问题. 习题 12.11 是晶体 F 心的问题. 习题 12.12 以 Ag 为例讨论电子气体的量子特性. 习题 12.13 讨论 Zn 的费米能. 习题 12.14 以 Ag 为例讨论电子气体和声子气体对固体热容的贡献. 从本章这 14 个习题, 我们可以对固体物理涉及的一些问题有一个初步的概念.

从基本理论的角度来看, 本章为我们提供了电子气体和声子气体这两个重要的实例. 电子是费米子, 遵从泡利不相容原理. 电子气体是一种量子气体, 它在统计平衡时的分布是费米 - 狄拉克分布, 不同于经典的麦克斯韦 - 玻尔兹曼分布. 声子则与光子类似, 是一种玻色子. 声子气体与我们在第 10 章讨论过的光子气体类似, 特别是它们的粒子数不确定, 是一种特殊的量子气体. 它们在统计平衡时的分布是一种玻色 - 爱因斯坦分布, 我们将在下一章再给出这种分布的另一个重要的实例.

固体物理研究的拓展 从玻恩和冯卡门研究晶格动力学至今,

已经经历了一个多世纪. 其间经历了量子力学的创立. 而运用量子力学, 固体物理的研究有了长足的进展. 从上世纪四五十年代集中于晶态的研究, 发展出半导体、超导体物理, 到六十年代转入非晶态、薄膜、表面和凝聚态物理, 进入低维和介观领域, 衍生出纳米和材料科学, 促成了一系列前沿的科技产业. 而从微观量子的物理来看, 最有意思的是固体凝聚态材料为微观粒子 (主要是电子) 提供了一种特殊的物理环境. 在晶格中运动的电子, 已经不同于真空中的自由电子, 有能带和禁带, 描述惯性的质量不再是确定不变的常数, 而依赖于所处的能带位置 (见本章开头基本概念和公式中 "金属电子的有效质量" 一段). 可以说, 固体晶格中的电子已经不是完全自由的 "裸粒子", 而是在晶格环境的影响下 "穿上了衣服" 甚至配对结伴, 例如下一章要讨论的库珀对和准粒子. 特别是, 随着实验上微观操控技术的进展, 不再局限于为微观粒子提供固体晶格这种特定的环境, 而是可以通过安排格点的布置, 为电子设计出特殊和能够调控的环境, 给电子 "穿上" 专门剪裁设计的 "衣服". 于是, 设计和做出了一些具有特殊性质的准粒子, 例如有效质量等于零而具有左右手性的外尔费米子 (Weyl fermion, 粒子物理的概念, 见本书作者的《量子力学原理》第三版 132 页), 以及正反粒子同体的马约亚纳费米子 (Majorana fermion, 粒子物理的概念, 见《近代物理学》第二版 341 页). 可以期待, 伴随着这种微观量子新型态的出现, 接着一定会实现相应的技术应用. 凝聚态作为人类生存所依赖的主要物质形态, 自然也是物理学研究和技术应用的主要领域.

13　超流与超导

　　本章讨论的主题, 属于量子液体的范围. 对于量子液体的实验研究, 可以追溯到上一世纪初年荷兰物理学派实现对"永久气体"氦的液化. 一个世纪以来, 对量子液体的实验和理论研究一直是近代物理研究的一个重要前沿. 在近代物理学的研究中, 相比起来, 气体和固体这两部分已经得到充分的发展并且成熟, 形成了量子统计力学和固体物理学这两大分支, 而量子液体的研究仍然还没有达到成熟和可以独立出来的地步. 虽然有整个荷兰物理学派的工作, 还有像卡皮查这样的大实验物理学家以及伦敦、朗道和费曼等大理论家的倾心投入, 但是液体的问题确实比气体和固体复杂和困难得多. 如何找到一种简单的方式, 来理解量子液体这个困难的事, 仍然是摆在当代物理学家面前的战略性问题. 二十多年来玻色 - 爱因斯坦凝聚 (Bose-Einstein Condensation, 简称 BEC) 成为物理学研究的一个前沿热点, 量子液体的研究正处于快速发展之中, 充满了挑战和机会.

基本概念和公式

　　• HeI 与 HeII: 这是液 He 的两相, 分别称为液氦的正常相和超流相. 从正常相液 HeI 到超流相液 HeII 的相变发生在大约 2.17 K 附近. 超流相液 HeII 的热导率极大, 而没有黏性.

　　• 超流性: 卡皮查于 1937 年发现, 液 HeII 没有黏滞性, 能不受阻碍地流过管径约为 $0.1\,\mu m$ 的极细毛细管, 这就是液 HeII 的超流性.

　　• 环流量子化: 超流体 HeII 的流速 v_S 沿一闭合回路 C 的环流是量子化的,

$$\oint_C \boldsymbol{v}_S \cdot \mathrm{d}\boldsymbol{l} = n \cdot \frac{2\pi\hbar}{m}, \quad n = 0, \pm 1, \pm 2, \cdots,$$

其中 m 是 He 原子质量. 上述关系称为费曼环流定理, 它表明在 HeII 中可以存在量子化的涡旋. 环流量子为 $2\pi\hbar/m$.

● 玻色 - 爱因斯坦分布: 如果粒子之间的相互作用足够弱, 体系的总能量近似等于每个粒子能量之和, 这种体系就称为近独立粒子体系. 由玻色子组成的近独立全同粒子体系, 在统计平衡时, 处于单粒子能态 E 的平均粒子数为

$$f_{\mathrm{BE}}(E) = \frac{1}{\mathrm{e}^{(E-\mu)/k_{\mathrm{B}}T} - 1},$$

其中参数 μ 称为体系的化学势, 依赖于温度 T 和粒子数密度 n. 这个分布称为玻色 - 爱因斯坦分布.

● 玻色 - 爱因斯坦凝聚: 由于玻色子不受泡利不相容原理的限制, 在温度低于临界温度时, 会有宏观数量的粒子凝聚和填充在单粒子基态上, 这一现象称为玻色 - 爱因斯坦凝聚, 发生玻色 - 爱因斯坦凝聚的临界温度称为爱因斯坦凝聚温度. 根据玻色 - 爱因斯坦分布可以证明 (见下面的习题 13.5), 当 $T < T_{\mathrm{c}}$ 时, 在单粒子基态上的填充数 $N_0(T)$ 为

$$N_0(T) \approx N \left[1 - \left(\frac{T}{T_{\mathrm{c}}} \right)^{3/2} \right],$$

其中 N 为总粒子数, T_{c} 为临界温度,

$$T_{\mathrm{c}} = \frac{2\pi\hbar^2}{mk_{\mathrm{B}}} \left(\frac{1}{2.612} \frac{N}{V} \right)^{2/3}.$$

● 超导电性: 有一些物质, 当温度降至某一临界温度 T_{c} 以下时, 它的电阻不再随温度的下降而线性下降, 会突然消失, 这种现象称为超导电性.

● 迈斯纳效应: 在不太强的磁场中, 当温度下降到临界温度 T_{c} 以下, 超导体从正常状态转变到超导状态时, 超导体中的磁感应强度会变为 0, 这个现象称为迈斯纳效应, 它表明超导体是完全抗磁体. 定量的分析见习题 13.13.

● 同位素效应: 实验发现, 对于同一种物质, 超导体临界温度随同位素质量的改变而改变, 近似地有 $M^{\alpha}T_{\mathrm{c}}=$ 常数, M 是同位素质量, 参数 α 对不同的物质不同, 这称为同位素效应.

● 库珀对: 在费米能级附近动量和自旋都相反的两个电子, 通

过与晶格振动的相互作用，可以形成束缚态，这样形成束缚态的两个电子，称为库珀对.

• 能隙：从库珀对解体出来的电子，是一种准粒子，它的能谱是

$$E = \sqrt{(E_p - E_{\mathrm{F}})^2 + \Delta^2},$$

其中 $E_p = p^2/2m$ 是动量为 p 的自由电子动能，E_{F} 是费米能，Δ 是一个依赖于温度和超导体基态整体性质的特征能量. 上式表明，这种准粒子不是普通的自由电子，它有一个单粒子能隙 Δ. 一个库珀对的解体涉及两个电子，所以总的能隙是

$$E_{\mathrm{g}} = 2\Delta.$$

• BCS 理论的物理图像：巴丁、库珀、施里弗的理论，指出库珀对是自旋为 0 的玻色子，在低温下有宏观数量的库珀对处于它们的基态，类似于玻色 - 爱因斯坦凝聚，超导状态许多奇特的宏观量子性质，就是这种凝聚的表现. 他们给出 $T = 0$ 时的单粒子能隙为

$$\Delta_0 \approx 1.764 k_{\mathrm{B}} T_{\mathrm{c}}.$$

习题 13.1 π 介子的自旋为 0, 是玻色子. 假设大量 π 介子的凝聚态在温度足够低时也有超流性，它的环流量子有多大？π 介子质量为 $140\,\mathrm{MeV}/c^2$.

解 π 介子凝聚态在温度足够低时的环流量子为

$$\frac{2\pi\hbar}{m} = \frac{2\pi\hbar c}{mc^2} c = \frac{2\pi \times 197.3\,\mathrm{MeV\cdot fm}}{140\,\mathrm{MeV}} \times 2.998 \times 10^8\,\mathrm{m/s}$$
$$= 2.65 \times 10^{-6}\,\mathrm{m^2/s}.$$

习题 13.2 温度相同时，经典气体、玻色气体和费米气体这三种气体中，哪一个的压强最大，哪一个的最小，为什么？

解 对于由近独立粒子组成的气体，在达到统计平衡时，其压强 P 可以简单地推导如下 (参考习题 10.7 中的推导). 垂直射到面元上的每个粒子，传给面元的动量是粒子动量 p 的 2 倍，$2p$. 单位时间内射到面元 ΔS 上的粒子数，等于粒子单位时间飞过的距离 v 乘以面元 ΔS, $v\Delta S$, 再乘以平均在这个方向飞行的粒子数密度 $n/6$, 即

$(n/6)v\Delta S$. 于是，平均在单位时间内粒子传给面元 ΔS 的动量为

$$P\Delta S = \overline{\frac{1}{6}\, nv\Delta S \cdot 2p} = \frac{2}{3}\,\overline{nE}\Delta S = \frac{2}{3}\, u(T)\Delta S,$$

其中 $E = p^2/2m$ 是粒子的动能，$u(T) = \overline{nE}$ 是气体的能量密度，上面一横表示对大量粒子求统计平均. 消去上式两边的面元，就得到气体的物态方程

$$P = \frac{2}{3}\, u(T).$$

计算能量密度 $u(T)$ 的公式为

$$u(T) = \frac{1}{V}\int_0^\infty Ef(E)g(E)\mathrm{d}E,$$

其中 $g(E)$ 是单粒子能级密度，取决于粒子的动力学性质，与统计分布无关，而 $f(E)$ 是粒子在单粒子能级上的统计分布函数.

我们可以把统计分布函数写成

$$f_k(E) = \frac{1}{\mathrm{e}^{(E-\mu)/k_\mathrm{B}T} + k},\qquad k = 0, \pm 1,$$

上式当 $k = 0$ 时给出经典的麦克斯韦 - 玻尔兹曼分布；当 $k = 1$ 时给出量子的费米 - 狄拉克分布；而当 $k = -1$ 时则给出量子的玻色 - 爱因斯坦分布. 在费米 - 狄拉克分布时，在 $T = 0$ 时 μ 是单粒子填充的最高能级 E_F，在 $T \neq 0$ 时 μ 是填充概率为 $1/2$ 的单粒子能级，所以总有 $\mu > E_0$，其中 E_0 是单粒子最低能级. 而在玻色 - 爱因斯坦分布时，为了保证在单粒子态上的填充总是正的，必须 $\mu < E_0$.

可以看出，$k = 0$ 的麦克斯韦 - 玻尔兹曼分布随着 E 的增加而指数衰减，分布的最大值在 $E = 0$ 处. $k = 1$ 的费米 - 狄拉克分布从 $E = 0$ 开始到大约 $\mu - k_\mathrm{B}T$ 附近是一个常数的平台，而大约在 E 超过 $\mu + k_\mathrm{B}T$ 以后很快地下降为 0. 所以费米 - 狄拉克分布的能量密度 $u(T)$ 要比麦克斯韦 - 玻尔兹曼分布的高. 另一方面，$k = -1$ 的玻色 - 爱因斯坦分布在 $E \to 0$ 时趋于无限大，所以玻色 - 爱因斯坦分布的能量密度 $u(T)$ 要比麦克斯韦 - 玻尔兹曼分布的低. 由于气体压强 P 正比于能量密度 $u(T)$，$P = 2u(T)/3$，所以，温度相同时，费米气体的压强最大，玻色气体的压强最小.

当然，这里给出的只是一种定性的说明. 严格的论证要完成上述关于能量密度 $u(T)$ 的积分，并且用粒子数密度 $n = N/V$ 来定出

在分布函数中的参数 μ (参阅下一题), 这已经超出了本课程的范围,
属于统计物理学的内容了.

习题 13.3 1 kmol He 气在 20°C 和 1 atm (1 atm=101 325 Pa)
时的体积为 22.4 m³, He 原子质量为 4.00 u. 试表明这时 He 气的玻
色 - 爱因斯坦分布当能量在 $k_{\mathrm{B}}T$ 附近时可以简化为麦克斯韦 - 玻尔
兹曼分布, He 气可近似当作经典气体. (提示: 计算 $\mathrm{e}^{\mu/k_{\mathrm{B}}T}$)

解 玻色 - 爱因斯坦分布中的参数 μ 可以由气体的密度 n 来定
出,
$$n = \frac{N}{V} = \frac{1}{V}\int_0^\infty f_{\mathrm{BE}}(E)g(E)\mathrm{d}E = \frac{1}{V}\int_0^\infty \frac{g(E)\mathrm{d}E}{\mathrm{e}^{(E-\mu)/k_{\mathrm{B}}T}-1}.$$
我们在第 12 章关于自由电子气体的讨论中, 已经给出了自由粒子的
单粒子能级密度 $g(E)$. 注意在那里是电子, 自旋贡献了一个因子 2.
在这里是 He 原子, 没有这个因子 2, 所以
$$g(E) = \frac{4\pi V m\sqrt{2mE}}{(2\pi\hbar)^3}.$$
于是有
$$\begin{aligned} n &= \int_0^\infty \frac{4\pi m\sqrt{2mE}}{(2\pi\hbar)^3}\frac{\mathrm{d}E}{\mathrm{e}^{(E-\mu)/k_{\mathrm{B}}T}-1}\\ &= \frac{2\pi(2mk_{\mathrm{B}}T)^{3/2}}{(2\pi\hbar)^3}\int_0^\infty \frac{x^{1/2}\mathrm{d}x}{\lambda^{-1}\mathrm{e}^x-1}, \end{aligned}$$
其中 $\lambda = \mathrm{e}^{\mu/k_{\mathrm{B}}T}$, 而积分为 (参阅《近代物理学》 13.4 节玻色 - 爱因
斯坦凝聚)
$$\int_0^\infty \frac{x^{1/2}\mathrm{d}x}{\lambda^{-1}\mathrm{e}^x-1} = \frac{\sqrt{\pi}}{2}\sum_{k=1}^\infty \frac{\lambda^k}{k^{3/2}}.$$
从而我们得到
$$n = \frac{(2\pi mk_{\mathrm{B}}T)^{3/2}}{(2\pi\hbar)^3}\sum_{k=1}^\infty \frac{\lambda^k}{k^{3/2}}.$$
由题设的数值可以算出
$$n = \frac{N}{V} = \frac{1000\times 6.022\times 10^{23}}{22.4\,\mathrm{m}^3} = 2.688\times 10^{25}/\mathrm{m}^3,$$
$$\frac{(2\pi mk_{\mathrm{B}}T)^{3/2}}{(2\pi\hbar)^3} = \frac{1}{(2\pi\times 197.3\,\mathrm{MeV\cdot fm})^3}(2\pi\times 4.00\times 931.5\,\mathrm{MeV}$$

$$\times 8.617 \times 10^{-5}\,\text{eV/K} \times 293\,\text{K})^{3/2}$$
$$= 7.543 \times 10^{-15}/\text{fm}^3 = 7.543 \times 10^{30}/\text{m}^3,$$

$$\sum_{k=1}^{\infty} \frac{\lambda^k}{k^{3/2}} = \frac{n(2\pi\hbar)^3}{(2\pi m k_{\text{B}}T)^{3/2}} = \frac{2.688 \times 10^{25}/\text{m}^3}{7.543 \times 10^{30}/\text{m}^3} = 3.56 \times 10^{-6}.$$

上式右边是一个很小的数, 所以左边求和可以只保留 $k = 1$ 的这一项, 得到

$$e^{\mu/k_{\text{B}}T} = \lambda = 3.56 \times 10^{-6} \ll 1.$$

于是, 当能量 E 在 $k_{\text{B}}T$ 附近时, $e^{E/k_{\text{B}}T} \gg e^{\mu/k_{\text{B}}T}$, 玻色 - 爱因斯坦分布可以简化为麦克斯韦 - 玻尔兹曼分布,

$$f_{\text{BE}}(E) = \frac{1}{e^{(E-\mu)/k_{\text{B}}T} - 1} = \frac{e^{\mu/k_{\text{B}}T}}{e^{E/k_{\text{B}}T} - e^{\mu/k_{\text{B}}T}} \approx e^{(\mu-E)/k_{\text{B}}T}.$$

习题 13.4　液 He 在 4.2 K 和 1 atm (1 atm=101 325 Pa) 时密度为 $145\,\text{kg/m}^3$, 试表明它的 $e^{\mu/k_{\text{B}}T} \lesssim 1$, 从而不能近似用麦克斯韦 - 玻尔兹曼分布.

解　按题设的数值, 液 He 在 4.2 K 和 1 atm 时的原子数密度为

$$n = \frac{N}{V} = \frac{\rho}{m} = \frac{145\,\text{kg/m}^3}{4.00 \times 1.661 \times 10^{-27}\,\text{kg}} = 2.182 \times 10^{28}/\text{m}^3.$$

而

$$\frac{(2\pi m k_{\text{B}}T)^{3/2}}{(2\pi\hbar)^3} = \frac{1}{(2\pi \times 197.3\,\text{MeV·fm})^3}(2\pi \times 4.00 \times 931.5\,\text{MeV}$$
$$\times 8.617 \times 10^{-5}\,\text{eV/K} \times 4.2\,\text{K})^{3/2}$$
$$= 1.295 \times 10^{-17}/\text{fm}^3 = 1.295 \times 10^{28}/\text{m}^3.$$

用上题的公式, 就有

$$\sum_{k=1}^{\infty} \frac{\lambda^k}{k^{3/2}} = \frac{n(2\pi\hbar)^3}{(2\pi m k_{\text{B}}T)^{3/2}} = \frac{2.182 \times 10^{28}/\text{m}^3}{1.295 \times 10^{28}/\text{m}^3} = 1.685.$$

这表明 $e^{\mu/k_{\text{B}}T} = \lambda \lesssim 1$, 不是一个小量, 玻色 - 爱因斯坦分布不能近似简化成麦克斯韦 - 玻尔兹曼分布. 而且, 在这种情形, 上题给出的由气体粒子数密度 n 来定参数 μ 的上述关系也有问题, 还需要另外推导, 参阅下一题.

习题 13.5　把液 He 当作理想玻色子体系, 试求它发生玻色 -

爱因斯坦凝聚的临界温度 T_c. 液 He 的摩尔体积为 $27.6\,\mathrm{cm}^3/\mathrm{mol}$, 摩尔质量为 $4.0\,\mathrm{g/mol}$.

解 我们先来推导爱因斯坦凝聚温度 T_c 的公式. 理想玻色子体系就是指近独立玻色子体系, 它的总粒子数 N 可以写成 (参考习题 13.3)

$$N = \int_0^\infty f_{\mathrm{BE}}(E)g(E)\mathrm{d}E = \int_0^\infty \frac{g(E)\mathrm{d}E}{\mathrm{e}^{(E-\mu)/k_{\mathrm B}T}-1},$$

其中 $g(E)$ 为单粒子能级密度. 我们在习题 13.3 中使用的单粒子能级密度公式为

$$g(E) = \frac{4\pi V m\sqrt{2mE}}{(2\pi\hbar)^3}.$$

这个能级密度公式, 是在气体体积很大时, 近似把单粒子能级当成连续分布而得到的, 见第 12 章讨论自由电子气体时的推导. 对于自由粒子基态, $E=0$, 这个公式给出 $g(0)=0$. 而我们知道, 基态无简并, 应该是 $g(0)=1$. 所以, 使用这个公式, 即令 $g(0)=0$ 时, 就在总粒子数 N 中丢掉了处于基态 $E=0$ 的粒子数 $N_0(T)$. 当温度不太低时, 粒子主要分布在激发态, 在基态的粒子很少, 丢掉基态的粒子数对结果的影响很小. 但是当温度很低时, 有大量粒子处在基态, 就不能丢掉基态的粒子数.

于是, 当温度很低时, 若要继续使用这个能级密度公式, 就应该把总粒子数 N 写成在基态的粒子数 $N_0(T)$ 与其余在激发态的粒子数 $N_e(T)$ 之和,

$$N = N_0(T) + N_e(T).$$

而用上述能级密度公式计算 (见上面习题 13.3) 出来的, 只是在激发态的粒子数 $N_e(T)$,

$$\begin{aligned}
N_e(T) &= \int_0^\infty \frac{g(E)\mathrm{d}E}{\mathrm{e}^{(E-\mu)/k_{\mathrm B}T}-1}\\
&= \int_0^\infty \frac{4\pi V m\sqrt{2mE}}{(2\pi\hbar)^3}\frac{\mathrm{d}E}{\mathrm{e}^{(E-\mu)/k_{\mathrm B}T}-1}\\
&= V\frac{(2\pi m k_{\mathrm B}T)^{3/2}}{(2\pi\hbar)^3}\sum_{k=1}^\infty \frac{\lambda^k}{k^{3/2}},
\end{aligned}$$

其中
$$\lambda = e^{\mu/k_B T}.$$

由基态粒子数 $N_0(T)$ 的关系
$$N_0(T) = g(0)f_{BE}(0) = \frac{1}{e^{-\mu/k_B T} - 1} = \frac{\lambda}{1-\lambda} \xrightarrow{T\to 0} \infty,$$

可以定出
$$\lambda \xrightarrow{T\to 0} 1,$$

从而可以算出
$$\sum_{k=1}^{\infty}\left[\frac{\lambda^k}{k^{3/2}}\right]_{\lambda=1} = \sum_{k=1}^{\infty}\frac{1}{k^{3/2}} = 2.612.$$

于是我们最后得到
$$N_0(T) = N - N_e(T) = N - 2.612V\frac{(2\pi m k_B T)^{3/2}}{(2\pi\hbar)^3}$$
$$= N\left[1 - \left(\frac{T}{T_c}\right)^{3/2}\right],$$
$$T_c = \frac{2\pi\hbar^2}{m k_B}\left(\frac{1}{2.612}\frac{N}{V}\right)^{2/3},$$

这就是爱因斯坦凝聚温度 T_c 的公式.

现在我们用这个公式来做计算. 根据题设的数值,
$$\frac{N}{V} = \frac{6.022\times 10^{23}}{27.6\,\text{cm}^3} = 2.182\times 10^{28}/\text{m}^3,$$
$$T_c = \frac{2\pi\times(197.3\,\text{MeV·fm})^2}{4.00\times 931.5\,\text{MeV}\times 8.617\times 10^{-5}\,\text{eV/K}}$$
$$\times\left(\frac{2.182\times 10^{28}/\text{m}^3}{2.612}\right)^{2/3}$$
$$= 3.14\,\text{K}.$$

习题 13.6 把 π 介子体系近似当作理想玻色子体系, 试求它发生玻色 - 爱因斯坦凝聚的临界温度 T_c, 用 MeV/k_B 作单位. π 介子质量为 $140\,\text{MeV}/c^2$, 假设 π 介子是半径为 $0.67\,\text{fm}$ 的刚球, 在发生凝聚时互相接触挤在一起.

解 根据题目所给的数值, 并且假设 π 介子体系形成简单立方

结构, 则其粒子数密度为

$$\frac{N}{V} = \frac{1}{(2 \times 0.67\,\mathrm{fm})^3} = 0.4156/\mathrm{fm}^3.$$

代入爱因斯坦凝聚温度 T_c 的公式 (见 13.5 题), 就有

$$
\begin{aligned}
T_c &= \frac{2\pi\hbar^2}{mk_B}\left(\frac{1}{2.612}\frac{N}{V}\right)^{2/3} \\
&= \frac{2\pi \times (197.3\,\mathrm{MeV\cdot fm})^2}{140\,\mathrm{MeV}\cdot k_B}\left(\frac{0.4156/\mathrm{fm}^3}{2.612}\right)^{2/3} \\
&= 513\,\mathrm{MeV}/k_B.
\end{aligned}
$$

这是非常高的温度, 它差不多相当于 π 介子静质能的 3 倍, 在这个温度下将有大量的 π 介子产生和湮灭过程. 换句话说, 根据这个模型, 在一般温度下由大量 π 介子构成的体系在统计平衡时都是处于玻色 - 爱因斯坦凝聚态.

习题 13.7 一个由直径 $d = 1\,\mathrm{mm}$ 的 Pb 丝弯成的直径为 $D = 10\,\mathrm{cm}$ 的圆环, 处于超导态并通有 $100\,\mathrm{A}$ 的电流, 在持续 1 年的时间内没有观测到电流的变化. 如果检测器能检测到 $1\,\mu\mathrm{A}$ 的电流变化, 试估计此超导态 Pb 的电阻率上限.

解 设此圆环有电阻 R, 则电流 I 因发热而损失的能量为

$$-\Delta E = I^2 R t = (jS)^2 \rho \frac{l}{S} t = lSj^2\rho t,$$

其中 $l = \pi D$ 为圆环周长, $S = \pi d^2/4$ 为 Pb 丝截面积, $j = I/S$ 为电流密度, ρ 为铅在此超导态的电阻率, t 为经过的时间,

$$t = 365 \times 24 \times 3600\,\mathrm{s} = 3.154 \times 10^7\,\mathrm{s}.$$

另一方面, 由于电阻极小, 由电子组成的库珀对在圆环中流动时基本上不发生碰撞, 不受阻碍, 我们可以把电流密度 j 的大小写成

$$j = n_s e v,$$

这里 n_s 是超导电子的数密度, e 是基本电荷, v 是超导电子平均速率. 超导电子数密度只与温度有关, 当温度不变时 n_s 保持不变. 电流的改变 Δj, 相应于平均速率的改变 Δv,

$$\Delta j = n_s e \Delta v.$$

于是，上述能量损失 $-\Delta E$ 又可以写成

$$\Delta E = \Delta\left(N_{\rm s} \cdot \frac{1}{2}mv^2\right) = lSn_{\rm s}mv\Delta v = lS\frac{mv}{e}\Delta j,$$

其中 $N_{\rm s} = lSn_{\rm s}$ 是圆环中的超导电子总数. 令上述两个 ΔE 的表达式相等, 就可得到

$$\rho = -\frac{mv}{ej}\frac{\Delta j}{t} = -\frac{mvS}{eIt}\frac{\Delta I}{I}.$$

超导电子平均速率 v 可以用传导电子平均能量 $\bar{E}$ 来估计,

$$\frac{1}{2}mv^2 = \bar{E} \approx \frac{3}{5}E_{\rm F},$$

其中 $E_{\rm F}$ 是 Pb 的费米能, 见第 12 章自由电子气体的讨论. 于是有

$$v = \sqrt{\frac{6}{5}\frac{E_{\rm F}}{m}}.$$

为了计算费米能 $E_{\rm F}$, 需要知道 Pb 的传导电子数密度. Pb 的外层是 2 个 6p 电子, 所以每个 Pb 原子贡献 2 个传导电子. 由 Pb 的原子量 207.2 和密度 $11.36\,{\rm g/cm}^3$, 可以估计出传导电子数密度 n 为

$$n = 2 \times \frac{11.36\,{\rm g/cm}^3}{207.2 \times 1.661 \times 10^{-24}\,{\rm g}} = 6.602 \times 10^{28}/{\rm m}^3.$$

把这个数值代入费米能 $E_{\rm F}$ 的公式 (见第 12 章自由电子气体的讨论), 可以算出

$$\begin{aligned}
E_{\rm F} &= \frac{(2\pi\hbar)^2}{2m}\left(\frac{3n}{8\pi}\right)^{2/3} \\
&= \frac{(2\pi \times 197.3\,{\rm eV \cdot nm})^2}{2 \times 0.511\,{\rm MeV}}\left(\frac{3 \times 6.602 \times 10^{28}/{\rm m}^3}{8\pi}\right)^{2/3} \\
&= 5.955\,{\rm eV}.
\end{aligned}$$

把这个数值代入平均速率 v 的公式, 可以算出

$$\begin{aligned}
v &= \sqrt{\frac{6}{5}\frac{E_{\rm F}}{mc^2}}\,c = \sqrt{\frac{6}{5}\frac{5.955\,{\rm eV}}{0.511\,{\rm MeV}}}\,c \\
&= 3.740 \times 10^{-3}c = 1.121 \times 10^6\,{\rm m/s}.
\end{aligned}$$

把上面给出的各个数值代入电阻率的公式, 最后可以得到

$$\begin{aligned}
\rho &= -\frac{mvS}{eIt}\frac{\Delta I}{I} \\
&= -\frac{9.109 \times 10^{-31}\,{\rm kg} \times 1.121 \times 10^6\,{\rm m/s} \times \pi \times 10^{-6}\,{\rm m}^2/4}{1.602 \times 10^{-19}\,{\rm C} \times 100\,{\rm A} \times 3.154 \times 10^7\,{\rm s}}\frac{-1\,\mu{\rm A}}{100\,{\rm A}}
\end{aligned}$$

$$= 1.6 \times 10^{-29}\,\mathrm{kg \cdot m^3/(C^2 \cdot s)} = 1.6 \times 10^{-29}\,\Omega \cdot \mathrm{m}.$$

习题 13.8 水银的超导临界温度为 $4.2\,\mathrm{K}$, ①试估计 $T = 0$ 时水银的能隙为多少电子伏? ②计算能量刚好使 $T = 0$ 时水银中的库珀对分解的光子波长, 这种光属于电磁波谱中哪一波段? ③在波长比上述数值短的光波照射下, 水银有没有超导电性?

解 ①由 BCS 理论的能隙公式

$$\Delta_0 \approx 1.764 k_\mathrm{B} T_\mathrm{c},$$

可以估计 $T = 0$ 时水银的能隙为

$$\begin{aligned}
E_\mathrm{g} &= 2\Delta_0 \approx 3.528 k_\mathrm{B} T_\mathrm{c} \\
&= 3.528 \times 8.617 \times 10^{-5}\,\mathrm{eV/K} \times 4.2\,\mathrm{K} \\
&= 1.3 \times 10^{-3}\,\mathrm{eV}.
\end{aligned}$$

②能量刚好使 $T = 0$ 时水银中的库珀对分解的光子波长为

$$\lambda = \frac{c}{\nu} = \frac{hc}{E_\mathrm{g}} = \frac{2\pi \times 197.3\,\mathrm{eV \cdot nm}}{1.3 \times 10^{-3}\,\mathrm{eV}} = 0.95\,\mathrm{mm},$$

这属于电磁波谱中的微波波段.

③在波长比上述数值短的光波照射下, 库珀对被离解, 水银没有超导电性.

水银是最早发现的超导体, 那是 1911 年的故事. 荷兰卡末林·昂内斯 (Heike Kamerlingh Onnes) 实现了对 "永久气体" 氦的液化. 在此低温下水银凝结成固体, 他想测一下其电导. 好像是短路了, 伏特计没有反应. 但是一直没有找到是哪里短路了. 一次负责恒温的助手打了个瞌睡, 温度突然上去, 伏特计有了反应. 啊, 原来是在低于 4.19 K 时电阻突然降到零! 从此诞生了超导电性的物理.

习题 13.9 金属电子气体的费米能量可以写成 $E_\mathrm{F} = p_\mathrm{F}^2/2m$, 其中费米动量 p_F 的数量级约为 $p_\mathrm{F} \sim \hbar/a$, 而 $a \sim 0.1\,\mathrm{nm}$ 是晶格间距. ①试由超导体能隙 $E_\mathrm{g} \sim 10^{-4} E_\mathrm{F}$ 估计库珀对的大小. ②超导体中形成库珀对的电子数与总自由电子数之比约为 $E_\mathrm{g}/E_\mathrm{F} \sim 10^{-4}$, 传导电子数密度约为 $10^{22}/\mathrm{cm}^3$, 试估计超导体中库珀对的数密度.

解 ① 由题目所给的数据, 可以估计金属电子气体的费米能为

$$E_{\mathrm{F}} = \frac{p_{\mathrm{F}}^2}{2m} \sim \frac{\hbar^2}{2ma^2} \sim \frac{(197.3\,\mathrm{eV\cdot nm})^2}{2 \times 0.511\,\mathrm{MeV} \times 10^{-2}\,\mathrm{nm}^2} \approx 4\,\mathrm{eV},$$

于是超导体能隙 E_{g} 约为

$$E_{\mathrm{g}} \sim 10^{-4} E_{\mathrm{F}} \sim 10^{-4} \times 4\,\mathrm{eV} = 4 \times 10^{-4}\,\mathrm{eV}.$$

这个能量应与库珀对中两个电子间的静电库仑能相当,

$$E_{\mathrm{g}} \sim \frac{e^2}{4\pi\varepsilon_0 r},$$

由此即可估计出库珀对中两个电子的距离 r,

$$r \sim \frac{e^2}{4\pi\varepsilon_0 E_{\mathrm{g}}} \sim \frac{1.44\,\mathrm{eV\cdot nm}}{4 \times 10^{-4}\,\mathrm{eV}} \approx 4 \times 10^3\,\mathrm{nm} = 4\,\mu\mathrm{m}.$$

② 已知超导体中形成库珀对的电子数 N_{s} 与总自由电子数 N 之比约为

$$\frac{N_{\mathrm{s}}}{N} \sim \frac{E_{\mathrm{g}}}{E_{\mathrm{F}}} \sim 10^{-4},$$

而传导电子数密度约为 $n = 10^{22}/\mathrm{cm}^3$, 于是超导体中形成库珀对的电子数密度 n_{s} 为

$$n_{\mathrm{s}} = n\frac{N_{\mathrm{s}}}{N} \sim n\frac{E_{\mathrm{g}}}{E_{\mathrm{F}}} \sim 10^{22}/\mathrm{cm}^3 \times 10^{-4} = 10^{18}/\mathrm{cm}^3.$$

习题 13.10 在室温下 Al 的电导率大大高于 Pb, 试由此判断 Al 与 Pb 哪一个有较高的超导临界温度?

解 从物理上看, 根据 BCS 理论, 超导临界温度 T_{c} 正比于单粒子能隙 Δ_0, 而单粒子能隙是由电子 - 晶格相互作用确定的. 定性地说, 电子 - 晶格相互作用强, 则其单粒子能隙高, 容易形成库珀对, 从而超导临界温度也就高. 另一方面, 电子 - 晶格相互作用强, 则金属处于正常态时它的电阻也就高, 即其电导率低. 所以, 在室温下电导率低的金属, 其电子 - 晶格相互作用强, 其超导温度也就高. 已知在室温下 Al 的电导率大大高于 Pb, 由此即可判断 Al 与 Pb 中 Pb 有较高的超导临界温度.

习题 13.11 天然的 Pb 中含 ^{204}Pb, ^{206}Pb, ^{207}Pb 和 ^{208}Pb 4 种同位素, 丰度分别为 1.4%, 24.1%, 22.1% 和 52.4%. 假设观测到的 Pb 的超导临界温度 $T_{\mathrm{c}} = 7.193\,\mathrm{K}$ 是这 4 种同位素各自的超导临界

温度按上述丰度加权平均的结果, 试求纯 ^{204}Pb 的超导临界温度是多少? Pb 的同位素效应系数 $\alpha=0.49$.

解 根据同位素效应, 我们可以写出

$$M_4^\alpha T_4 = M_6^\alpha T_6 = M_7^\alpha T_7 = M_8^\alpha T_8,$$

此处我们用下标 4, 6, 7 和 8 分别表示同位素 ^{204}Pb, ^{206}Pb, ^{207}Pb, ^{208}Pb. 由此可以解出

$$T_6 = \frac{M_4^\alpha}{M_6^\alpha}T_4 = \left(\frac{203.97}{205.97}\right)^{0.49}T_4 = 0.995\,23T_4,$$

$$T_7 = \frac{M_4^\alpha}{M_7^\alpha}T_4 = \left(\frac{203.97}{206.98}\right)^{0.49}T_4 = 0.992\,85T_4,$$

$$T_8 = \frac{M_4^\alpha}{M_8^\alpha}T_4 = \left(\frac{203.97}{207.98}\right)^{0.49}T_4 = 0.990\,51T_4.$$

再按题设,

$$7.193\text{K} = 0.014T_4 + 0.241T_6 + 0.221T_7 + 0.524T_8$$

$$= (0.014 + 0.241 \times 0.995\,23 + 0.221 \times 0.992\,85 + 0.524 \times 0.990\,51)T_4$$

$$= 0.992\,30T_4,$$

所以纯 ^{204}Pb 的超导临界温度是

$$T_4 = \frac{7.193\,\text{K}}{0.992\,30} = 7.249\,\text{K}.$$

同位素效应在我们对超导电性的认识中, 是一个关键的现象. 它表明, 超导电性与晶格的物理性质有关, 亦即与电子 - 晶格相互作用有关. 这就使得物理学家可以把探索研究的焦点集中到电子 - 晶格相互作用上来. 这在探索超导电性的物理机制上, 是十分重要的一步. 在这个基础上, 库珀才进一步发现, 通过电子 - 晶格相互作用, 在金属费米面附近动量和自旋相反的两个电子, 可以形成一个微弱和松散的束缚态, 即形成库珀对. 简单和粗略地说, 通过与晶格离子的静电吸引, 这样两个在金属费米面附近动量和自旋相反的电子之间, 存在一种微弱的相互吸引, 使得它们能够形成束缚体系.

习题 13.12 核子在原子核内受到的其他核子对它的作用, 可以近似为一较强的平均场加上一个较弱的剩余相互作用. 这种剩余相互作用虽然较弱, 但却可以使核内的核子互相吸引形成库珀对. 实验测出能隙参数近似地有 $\Delta = 12\text{MeV}/\sqrt{A}$, A 是原子核的核子数.

试估计 ^{208}Pb 核的超导转变温度 T_c 是多少 MeV/k_B.

解 由 BCS 理论的能隙公式

$$\Delta_0 \approx 1.764 k_B T_c,$$

可以得到超导转变温度为

$$T_c \approx \frac{\Delta_0}{1.764 k_B},$$

其中, Δ_0 是 $T = 0$ 时的单粒子能隙. 代入实验测得的近似关系 $\Delta_0 = 12\text{MeV}/\sqrt{A}$, 就可以估计 ^{208}Pb 核的超导转变温度是

$$T_c \approx \frac{12\,\text{MeV}/\sqrt{A}}{1.764 k_B} = \frac{12\,\text{MeV}}{\sqrt{208} \times 1.764 k_B} = 0.47\,\text{MeV}/k_B.$$

习题 13.13 对于处在超导态的原子核 (参阅上一题), 试用计算表明它有没有迈斯纳效应.

解 我们可以把超导电流密度 $\boldsymbol{j}_s$ 写成 (参阅习题 13.7)

$$\boldsymbol{j}_s = n_s q \boldsymbol{v},$$

这里我们用 q 表示超导载流子电荷, 用 n_s 表示超导载流子数密度. 对于库珀对, $q = -2e$. 上式两边对时间微商,

$$\frac{\partial \boldsymbol{j}_s}{\partial t} = n_s q \dot{\boldsymbol{v}}.$$

右边的加速度 $\dot{\boldsymbol{v}}$ 可以用电子在外电场 $\boldsymbol{E}$ 中所受的力来表示, $\dot{\boldsymbol{v}} = q\boldsymbol{E}/m$, 于是可得下述伦敦第一方程

$$\frac{\partial \boldsymbol{j}_s}{\partial t} = \frac{n_s q^2}{m} \boldsymbol{E},$$

这是伦敦在 1935 年唯象地用以取代正常金属欧姆定律 $\boldsymbol{j}_n = \sigma \boldsymbol{E}$ 的基本方程. 对上式两边取旋度, 有

$$\frac{\partial}{\partial t} \nabla \times \boldsymbol{j}_s = \frac{n_s q^2}{m} \nabla \times \boldsymbol{E} = -\frac{n_s q^2}{m} \frac{\partial \boldsymbol{B}}{\partial t},$$

在上面第二个等号用到了法拉第电磁感应定律 $\nabla \times \boldsymbol{E} = -\partial \boldsymbol{B}/\partial t$. 由上式就可以得到下述伦敦第二方程

$$\nabla \times \boldsymbol{j}_s = -\frac{n_s q^2}{m} \boldsymbol{B}.$$

这两个伦敦方程与麦克斯韦方程组一起, 构成了超导体电动力学的基本方程.

首先, 伦敦第一方程表明, 静场时超导体内电场为 0, $E = 0$, 超导体是完全抗电体. 如果 $E \neq 0$, 伦敦第一方程表明超导电流 j_s 将无限制地增加. 其次, 伦敦第二方程表明超导电流 j_s 是有旋的, 可以在一环形回路内形成持续的超导环流, 见习题 13.7. 第三, 可以证明超导电流 j_s 和磁场 B 都只存在于超导体表面厚度约为 λ 的一层内, 亦即有迈斯纳效应. λ 称为伦敦穿透深度,

$$\lambda = \sqrt{\frac{m}{\mu_0 n_s q^2}},$$

μ_0 为真空磁导率. 下面我们就来证明这一点.

考虑一个半无限大的超导体, 取 (x, y) 平面在超导体表面, z 轴指向超导体内部, 沿 y 轴方向外加均匀磁场 B_0. 由对称性可知, 超导体内磁场 B 在 y 轴方向, 电流 j_s 在 x 轴方向, 都只依赖于深度 z. 这时的安培环路定律 $\nabla \times B = \mu_0 j_s$ 和伦敦第二方程成为

$$\frac{\mathrm{d}B}{\mathrm{d}z} = -\mu_0 j_s,$$

$$\frac{\mathrm{d}j_s}{\mathrm{d}z} = -\frac{1}{\mu_0 \lambda^2} B,$$

可以解出

$$B(z) = B_0 \mathrm{e}^{-z/\lambda},$$

$$j_s(z) = j_{s0} \mathrm{e}^{-z/\lambda}.$$

这个结果表明, 随着进入超导体深度 z 的增加, 磁场 $B(z)$ 和电流 $j_s(z)$ 都很快地按指数衰减, 衰减长度为 λ. 这就是用伦敦方程对超导体迈斯纳效应的解释.

现在我们来回答处于超导态的原子核有没有迈斯纳效应这个问题. 为此, 可以把伦敦穿透深度的公式改写一下,

$$\lambda = \sqrt{\frac{m}{\mu_0 n_s q^2}} = \sqrt{\frac{\varepsilon_0 m c^2}{n_s q^2}},$$

这里用到了关系 $c = 1/\sqrt{\varepsilon_0 \mu_0}$. 为了估计数量级, 式中取 $m = m_\mathrm{N}$, $q = e, n_s = n_0$, 这里 n_0 是原子核的核子数密度. 原子核的核子数密度可用原子核半径的下述经验公式 (见第 14 章原子核) 来估计:

$$R = r_0 A^{1/3} \approx 1.2 A^{1/3} \,\mathrm{fm},$$

$$n_0 = \frac{A}{4\pi R^3 / 3} = \frac{1}{4\pi r_0^3 / 3} \approx 0.14 / \mathrm{fm}^3.$$

由此可以估计出磁场对原子核的穿透深度为

$$\lambda = \sqrt{\frac{4\pi\varepsilon_0 mc^2}{4\pi n_{\mathrm{s}}q^2}} = \sqrt{\frac{939\,\mathrm{MeV}}{4\pi \times 0.14/\mathrm{fm}^3 \times 1.44\,\mathrm{MeV\cdot fm}}} = 19\,\mathrm{fm}.$$

这个深度超过了任何已知原子核的半径, 所以处于超导态的原子核没有迈斯纳效应.

在伦敦穿透深度的公式中, 若取 $m = 2m_{\mathrm{N}}$, $q = 2e$, $n_{\mathrm{s}} = n_0/2$, 得到的穿透深度与上述估计一样.

习题 13.14 电子的库珀对是玻色子, 服从玻色 - 爱因斯坦分布, 会发生玻色 - 爱因斯坦凝聚. 忽略库珀对之间的相互作用, 并假设其玻色 - 爱因斯坦凝聚温度就是超导转变温度, 试估计 Pb 在超导态的超导电子数密度 n_{s}. Pb 的超导转变温度 $T_{\mathrm{c}} = 7.193\,\mathrm{K}$.

解 忽略库珀对之间的相互作用, 库珀对体系就是一个近独立粒子体系, 可以用爱因斯坦凝聚温度的公式,

$$T_{\mathrm{c}} = \frac{2\pi\hbar^2}{mk_{\mathrm{B}}}\left(\frac{1}{2.612}\frac{N}{V}\right)^{2/3},$$

其中 m 是库珀对的质量, N/V 是库珀对的数密度. 库珀对的质量是电子质量的 2 倍, $m = 2m_{\mathrm{e}}$, 而处于超导态的超导电子数密度 n_{s} 是库珀对的数密度的 2 倍, $n_{\mathrm{s}} = 2N/V$. 由上式可以解出

$$n_{\mathrm{s}} = \frac{2N}{V} = 2 \times 2.612 \times \left(\frac{mk_{\mathrm{B}}T_{\mathrm{c}}}{2\pi\hbar^2}\right)^{3/2}$$

$$= 5.224 \times \left(\frac{2 \times 0.511\,\mathrm{MeV} \times 8.617 \times 10^{-5}\,\mathrm{eV/K} \times 7.193\,\mathrm{K}}{2\pi \times (197.3\,\mathrm{MeV\cdot fm})^2}\right)^{3/2}$$

$$= 6.9 \times 10^{-22}/\mathrm{fm}^3 = 6.9 \times 10^{23}/\mathrm{m}^3.$$

本章小结

本章内容分为超流与超导这互相有联系的两部分, 合起来都属于量子液体的问题. 从理论上看超流更基本和更有意义, 而从实用上看超导更重要. 习题 13.1~13.6 是关于超流的. 习题 13.1 是关于超导环流量子; 习题 13.2 是一般地比较玻色气体与经典气体和费米气体; 习题 13.3 与 13.4 是讨论 He 气在什么条件下可以近似当作经典气体, 而在什么条件下就不能近似用经典麦克斯韦 - 玻尔兹曼分布; 习题 13.5 和 13.6 是具体计算液 He 和 π 介子体系的玻色 - 爱因

斯坦凝聚温度. 按所讨论的物理对象来看, 习题 13.1 与 13.6 是关于 π 介子体系的, 而习题 13.3~13.5 是关于 He 的. He 与 π 介子体系是两个重要的有超流现象的玻色子体系.

习题 13.7~13.14 是关于超导的. 习题 13.7 讨论铅丝圆环中的持续电流; 习题 13.8 是关于水银的能隙; 习题 13.9 讨论库珀对的物理; 习题 13.10 涉及电子 - 晶格相互作用对电导率与超导电性的影响; 习题 13.11 是关于 Pb 的同位素效应, 究其物理也是电子 - 晶格相互作用, 不同的同位素其质量不同, 对电子 - 晶格相互作用的影响也就不同; 习题 13.12 与 13.13 是关于原子核的库珀对与超导性质; 习题 13.14 则是从超流的玻色 - 爱因斯坦凝聚来看超导电性, 凸显了超导与超流的关系. 在这一部分所涉及的重要的超导体, 有水银 (习题 13.8)、铅 (习题 13.7, 13.10, 13.11, 13.14) 与铝 (习题 13.10).

在上章小结关于固体物理研究的拓展中, 曾经指出自上世纪六十年代以来, 研究兴趣逐渐转入薄膜和表面物理, 进入低维和介观领域, 衍生出纳米和材料科学. 与此相应地, 表面和低维的超流和超导, 也成了研究的前沿. 这些虽然已经有专著论述, 但尚未见诸于基础课教材. 还是第九章小结最后的那段话, 物理教学的发展, 总是要比物理学本身的发展推迟一个相位, 这可以说是物理教学发展的一条历史规律. 而传统久远文化淀积深厚的群体, 也总是惯性沉重的群体, 这恐怕则是人类社会发展的一条历史规律. 上世纪六十年代, 美国掀起了一场旨在缩短上述相位差的物理教学改革, 东部名校麻省理工推出了一套《M.I.T. 物理学导论丛书》, 西部的伯克利有五卷本《伯克利物理学教程》, 加州理工则请费曼出马教了一遍普通物理, 最后成书三卷《费曼物理学讲义》. 这个只有两百多年历史的群体, 还没有形成多大的惯性.

话说朗道 还是在 1979 年, 在北京西郊友谊宾馆的科学会堂, 李政道先生为中国科技大学研究生院同时讲授 "场论与粒子物理学" 和 "统计力学" 这两门课. 当时苏联还存在, 并且是我们主要的参考系. 在回答关于苏联物理学的问题时, 李先生说, 苏联有一个半物理学家. 谁是那半个, 可以有一些猜测, 而他说的一个, 毫无疑问当然就是朗道 (Lev Davidovich Landau, 1908—1968).

中国的学生开始知道朗道, 大多是通过朗道与栗弗席兹 (E.M. Lifshitz) 合著的十卷《理论物理教程》. 我学广义相对论, 用的课本就是其中第二卷《场论》, 英译本是 *The Classical Theory of Fields*. 把广义相对论和电动力学放在一本书里来讲, 想不到吧. 其实朗道还写过《简明理论物理教程》, 甚至写过《普通物理教程》和《大众物理学》, 只是没有译成中文, 知道的人不多. 我后来教过一班越南留学生, 那是 1966 年春天, 越战打得很激烈. 这些越南学生, 属于越南为战后重建而分别送到苏联和中国进修和储备的人才, 有国企高管, 有大学教师, 都是越南社会的精英. 有一位河内大学的教研室主任问我中国大学物理系都用什么课本, 我据实以告. 他不无骄傲地告诉我, 他们是用朗道的教程.

朗道对物理的贡献, 被概括为 "朗道十诫". 他是犹太人, 在五十寿辰时, 一位祝寿者模仿圣经《旧约》的 "摩西十诫", 拿来一对大理石贺仪, 上面刻了朗道在物理上留下的十个印痕: 量子力学密度矩阵, 电子朗道抗磁, 二级相变理论, 铁磁畴理论, 超导中间态, 核统计理论, 液氦二流体模型, 重正化参数关系, 费米液体理论, 联合宇称守恒 (见《物理》2008 年第 9 期郝柏林的《朗道百年》一文). 这 "朗道十诫" 有深有浅, 其中最起眼的, 是他 1941 年提出的液氦二流体模型, 和 1950 年与金兹堡 (V.L. Ginzburg) 提出的超导电性金兹堡 - 朗道方程. 这两个都是唯象理论, 前者使他赢得了 1962 年诺贝尔物理学奖. 后者则是超导领域的一个基本关系, 我一位同学的研究生论文就是求解这个方程.

朗道 1908 年出生于巴库一个油田工程师的家庭, 他母亲是位医生. 13 岁中学毕业时, 父母觉得进大学太早, 让他在巴库经济技校读了一年. 他 1922 年进巴库大学, 同时注册物理数学系和化学系. 虽然后来没有继续学化学, 但对化学的兴趣贯穿他一生. 1924 年他转学到列宁格勒大学物理系, 1927 年毕业后到列宁格勒物理技术研究所做研究生. 1929 年, 他被人民教育委员会选派, 公费到西欧游学一年半. 他在哥本哈根玻尔那里待了一年, 又到英国和瑞士, 在剑桥结识了在那里工作的卡皮查 (P.L. Kapitza). 他 1931 年回到列宁格勒物理技术研究所, 1932 年转到该所在哈尔科夫新成立的分支乌克兰物理技术研究所，二十四岁成为该所理论部主任，同时还主持哈尔科夫力学机械建筑研究所的理论物理系. 1935 年，他成为哈尔科夫大学的普通物理教授 (见朗道教程第一卷《力学》英译本中栗弗席兹的文章).

1937 年春，因为人事关系，朗道在哈尔科夫混不下去了，到了莫斯科. 而两年前，在卡文迪什实验室卢瑟福那里做低温物理已经出名的卡皮查回苏联探亲，被斯大林留下 (朗道的好友伽莫夫申请出国，爱因斯坦、玻尔和朗之万等曾为之担保出访后一定回国，可是伽莫夫出国后却没有回去，而是去了美国. 斯大林盛怒之下，把回国探亲的卡皮查扣下，使卡皮查成了无辜的替罪羔羊. 见玻恩的回忆录). 卢瑟福说服了英国皇家学会，非常慷慨地把卡皮查在剑桥昂贵的低温实验设备全部运到莫斯科，整套送给卡皮查 (见玻恩的回忆录)，苏联则专门为卡皮查成立了 "物理问题研究所". 卡皮查考虑研究所理论部主任的人选，玻恩、狄拉克和韦斯科普夫 (V.F. Weisskopf) 都没有请到，最后把位子给了朗道 (见哈拉特尼科夫等的纪念文集《朗道，物理学家和男子汉》). 实际上，当时流落剑桥的玻恩已经准备接受卡皮查的聘请，拿到签证买好了票，只是又意外地获得了爱丁堡大学的教职，才留在英国 (见玻恩的回忆录). 如果玻恩没有改变初衷，朗道不仅做不了这个理论部的主任，恐怕连命也保不住. 1937 年卡皮查发现 氦 II 的超流性以后，需要理论家帮忙做进一步的研究和分析. 而朗道 1938 年却身陷囹圄，生死未卜. 卡皮查先后写信给斯大林和莫洛托夫为朗道说情，还给内务部长贝利亚写了保证书，一年后终于把他从狱中保了出来，后来又力荐他做苏联科学院的院士 (见《科学文化评论》 2009 年第 2 期华新民的《朗道和他的秘密档案》一文). 朗道也没有让卡皮查失望，于是就有了 氦 II 的二流体模型. 卡皮查的救命之恩，朗道终生铭记在心.

看来压力和磨难对一个人是有好处的，特别是对朗道这样少年得志狂傲不逊的人. 他大学期间与伽莫夫和伊万年科在一起，就喜好挑剔和嘲笑别人特别是一些老教授和院士的毛病，以炫耀自己的聪明. 他才思敏捷，聪明过人，未经论文答辩就被授予博士学位 (见上引华新民的文章). 学生有什么新的想法，他马上就能把它做成一个完整的理论. 有一幅约瑟夫维奇描绘朗道讲课的漫画 "对驴布道图", 朗道头上照着神圣的光环, 背上有圣人的双翅, 在台上指指点点滔滔不绝, 而下面听讲的全是一个一个呆头呆脑的蠢驴. 图下手写的俄文标题是 "道说……", 这里 "道" 是朗道的昵称, 朗道幽默地说这来自其姓氏的法语拼音, Landau = L'ane Dau = the ass Dau, 即 "驴道" 或 "蠢道" (见上引栗弗席兹的文章).

朗道为什么入狱, 连他的亲属也不清楚. 半个世纪之后, 朗道妻子的侄女安娜·丽婉诺娃 (Anna Livanova) 在她写的朗道传记第四版中, 指名道姓的说, 朗道被捕是因为被他辞退的一个学生心怀怨恨, 诬告老师是德国间谍. 朗道对学生出名的严厉, 这个说法似乎可信. 没有想到这位当年的学生还在, 看到这个有损自己名誉的无端指责当然不能答应, 把传记作者告上了法庭. 法官查阅朗道的案卷, 确实没有这位学生的告密, 被告只得认错, 登报赔礼道歉 (见上引华新民的文章).

1991 年, 朗道在安全部门尘封了几十年的案卷因为这件事而公开出来, 谜底才终于揭开, 让亲友和粉丝们难以接受, 让公众大跌眼镜. 朗道的悲剧与他不安分的个性不无关系. 原来在他的案卷中, 有一份他参与起草的传单, 煽动推翻斯大林, 预定在 1938 年的 "五一" 节散发. 安全部门提前破获, 于 4 月 28 日逮捕了朗道以及他的两位追随者. 传单上说, "斯大林对于真正社会主义的刻骨仇恨, 同希特勒和墨索里尼没有两样". 这已经完全不是在说物理. 物理学家, 特别是像朗道这样追求单纯与完美的理论物理学家, 对政治绝对是门外汉. 他过于自负, 又喜欢找别人的茬儿, 涉猎不该他插足的领域, 玩跨界玩过了头, 到头来喝下了自己酿就的苦酒, 哑巴吃黄连. 卡皮查不知就里, 还在 1939 年 4 月 6 日写给莫洛托夫的信中说: 朗道 "他没有多余的能力、动机或时间来进行别的活动. " 其实, 朗道在哈尔科夫已经遇到了政治上的麻烦, 才跑到莫斯科, 躲在卡皮查的保护伞下 (见上引华新民的文章). 有了这次教训, 朗道学乖了, 心中有了一些敬畏. 在哈尔科夫时, 他在物理技术研究所办公室门上挂的门牌, 铭文是: L. 朗道 —— 小心, 他咬人! (见上引栗弗席兹的文章) 而在出狱后, 他更常说: 我现在是基督徒, 我不吃

任何人 (见上引哈拉特尼科夫等的文集和安娜·丽婉诺娃的书). 至于他这段公案的是非真假与曲直, 自然会有史家来详细评说 (见上引郝柏林和华新民的文章).

中国有古训 "为圣人隐", 圣人也有不愿公开的事. 公众喜欢把名人理想化, 这也许是人类追求完美的天性. 而人无完人, 况且公众的理想与看法各种各样因人而异, 做名人不易. 人生的路途漫长而又不能预知, 走错一步就会留下永远的悔恨. 朗道对这件事是否后悔已无从得知, 而事实是他选择了沉默. 后来在苏联核武器的设计和计算中, 遇到流体力学和热传导方程数值积分的稳定性问题, 首先被朗道和其他人解决. 斯大林不计前嫌, 为此两次授予朗道斯大林奖金. 斯大林死后, 1954 年苏联又授予朗道 "社会主义劳动英雄" 称号. 这都是对他工作的认可与奖励 (见上引栗弗席兹和哈拉特尼科夫等的文章. 无独有偶, 在 1960 年代初, 为了我国的核事业, 著名物理学家王竹溪也研究过热传导方程的数值解. 看来, 这流体力学和热传导方程的数值计算, 恐怕确实是核武器设计中绕不过去的一道坎. 这就扯远了). 不过在另一方面, 朗道作为苏联的院士和名人, 他秘密档案曝光的这段故事, 还是值得仔细咀嚼和思考.

物理学家的朗道级 大家知道, 在磁场中的原子有所谓的朗道能级, 却未必知道, 他对物理学家也有一种划分, 可以叫做物理学家的朗道级. 朗道的工作既有上面提到的那种唯象理论, 也有量子场论这样的基本理论, 而他的风格则更接近狄拉克. 他总是努力用简单的方式去理解困难的事, 而不是像许多人那样把本来简单的事情复杂化. 看他的理论物理学教程, 特别是开头的几卷如力学和经典场论, 就能感觉到他的这种风格. 按照一定的原则来把各种现象分门别类整理出一个头绪, 也是这种努力的一个方面. 就像量子力学的能级一样, 朗道按照贡献和成就的大小, 把物理学家分成了 5 个级别. 他选择的标尺是对数坐标, 第 1 级物理学家的成就比第 2 级大 10 倍, 第 2 级比第 3 级大 10 倍, 如此等等. 他把爱因斯坦列为 0.5 级, 玻尔、海森伯、薛定谔、狄拉克等为 1 级. 他一直说自己是 2.5 级, 到了很晚才把自己提升为 2 级. 按照他的这种分类, 中国的知名物理学家可以列在什么位置, 恐怕不同的人会有不同的分法.

14 原 子 核

基本概念和公式

• 原子核的密度和半径: 原子核的核子数密度分布 $n(r)$ 可以粗略和近似地表示成费米分布的形式

$$n(r) = \frac{n_0}{1 + e^{(r-C)/d}},$$

在核内密度 $n(r)$ 基本上是常数 n_0, 在 $r = C$ 附近有一个厚度约为 d 的表面弥散层, 在表面区域密度急速下降. C 称为原子核的 半密度半径, 在这里核子数密度下降为核心处的核子数密度的一半, $n(C) = n_0/2$. 由下式定义的 R 则称为原子核的 等效半径 或 锐边界半径:

$$\frac{4\pi}{3} R^3 n_0 = A,$$

A 是原子核的核子数. 等效半径的经验公式为

$$R = r_0 A^{1/3} \approx 1.2 A^{1/3}\,\text{fm},$$

从而还有

$$n_0 = \frac{1}{4\pi r_0^3/3} \approx 0.14/\text{fm}^3.$$

• 原子核的结合能: 按照原子核组成的质子 - 中子模型, 一个原子核由 Z 个质子和 N 个中子组成, $A = Z + N$. 把一个原子核分解成孤立的 Z 个质子和 N 个中子所需要供给的能量 B, 称为这个核的结合能. 由能量守恒, 我们有

$$B = B(Z, N) = (Zm_{\text{H}} + Nm_{\text{n}} - m_{\text{X}})c^2,$$

其中 $m_{\text{H}} = 1.007\,825\,\text{u}$ 是氢原子质量, $m_{\text{n}} = 1.008\,665\,\text{u}$ 是中子质量, m_{X} 是 $_Z^A\text{X}$ 原子的质量.

• 原子核的 β 稳定线: 原子核的结合能 $B(Z, N)$ 依赖于质子数 Z 和中子数 N, 由结合能取极小所确定的稳定核在质子数 Z 与中子数 N 之间存在确定的关系, 也就是有关系 $Z = Z(A)$. 实验给出的

经验关系可以近似写成

$$Z = \frac{A}{1.98 + 0.015 A^{2/3}}.$$

在 Z-N 平面上, 这是一条斜率缓慢下降的曲线, 在它附近的原子核是稳定的, 而在它两边不稳定区域的原子核都有 β 放射性, 所以把它称为 原子核的 β 稳定线.

• 原子核的液滴模型: 把原子核看成一滴核物质, 就可以把结合能近似写成比例于 A 的体积能、比例于 $-A^{2/3}$ 的表面能、比例于 $-Z^2 A^{-1/3}$ 的库仑能和比例于 $A^{-1/2}$ 的奇偶能之和,

$$B(Z, N) = a_1(1 - \kappa_{\mathrm{V}} I^2) A - a_2(1 + \kappa_{\mathrm{S}} I^2) A^{2/3} - a_{\mathrm{C}} Z^2 A^{-1/3} + a_{\mathrm{P}} \delta A^{-1/2},$$

其中 $I = (N - Z)/A$ 是原子核的 中子过剩度 或 不对称度, 各个系数的值可由实验定出,

$$a_1 = 15.6\,\mathrm{MeV}, \quad a_2 = 17.2\,\mathrm{MeV}, \quad a_{\mathrm{C}} = 0.70\,\mathrm{MeV},$$

$$\kappa_{\mathrm{V}} = 1.5, \quad \kappa_{\mathrm{S}} = 0, \quad a_{\mathrm{P}} = 12\,\mathrm{MeV},$$

而对 Z 与 N 都是偶数的偶偶核 $\delta = 1$, 对 Z 与 N 一奇一偶的奇 A 核 $\delta = 0$, 对 Z 与 N 都是奇数的奇奇核 $\delta = -1$.

• 原子核的费米气体模型: 韦斯科普夫假设原子核内每个核子所受其他核子的作用可用一平均势场来代表, 并把此势场简化为球形锐边界势场, 则与金属自由电子气体模型类似地, 可写出质子和中子气体的费米能

$$E_{\mathrm{Fp}} = \frac{(2\pi\hbar)^2}{2m_{\mathrm{p}}} \left(\frac{3n_{\mathrm{p}}}{8\pi} \right)^{2/3},$$

$$E_{\mathrm{Fn}} = \frac{(2\pi\hbar)^2}{2m_{\mathrm{n}}} \left(\frac{3n_{\mathrm{n}}}{8\pi} \right)^{2/3},$$

其中 n_{p} 和 n_{n} 分别为质子和中子数密度. 由此即可写出原子核内核子的总动能为

$$E_{\mathrm{k}} = Z \cdot \frac{3}{5} E_{\mathrm{Fp}} + N \cdot \frac{3}{5} E_{\mathrm{Fn}}.$$

• 幻数: 实验表明, 存在 中子幻数

$$N = 2,\ 8,\ 20,\ 28,\ 50,\ 82,\ 126,$$

和 质子幻数

$$N = 2,\ 8,\ 20,\ 28,\ 50,\ 82,$$

当核子数为幻数时, 原子核最稳定, 就像满壳的原子一样.

• 原子核的壳模型: 梅耶和詹森 1949 年提出原子核的壳模型, 假设: ①质子和中子分别在其他核子所产生的平均势场中运动; ②它们还受到非常强的反向自旋 - 轨道耦合作用. 这样算出核子的单粒子能级, 由 n, l, j 三个量子数标记, 总角动量量子数 j 只有两个取值, $j = l \pm 1/2$. 壳模型算出的单粒子能级有壳层结构, 满壳核子数正是核子的幻数.

• 放射性衰变规律: 在放射性衰变中, 核 X 的数目 N 随时间衰减的规律是

$$N = N_0 e^{-\lambda t},$$

其中 λ 是 衰变常数. 核数衰减到原来的一半所经过的时间 $T_{1/2}$ 称为半衰期,

$$T_{1/2} = \frac{1}{\lambda} \ln 2 = \frac{0.693}{\lambda}.$$

习题 14.1 在发现中子之前, 曾以为原子核是由质子与电子组成的, 而由于电子的波动性, 被束缚在原子核这样小范围内的电子必定具有很大的能量. 若电子的波长为 $1\,\mathrm{fm}$, 试计算它的动能有多大.

解 若电子的波长 $\lambda = 1\,\mathrm{fm}$, 则它的动能 E_k 为

$$E_k = \sqrt{m^2c^4 + p^2c^2} - mc^2 = \left[\sqrt{1 + (2\pi\hbar c/\lambda mc^2)^2} - 1 \right] mc^2$$

$$= \left[\sqrt{1 + (2\pi \times 197.3/0.511)^2} - 1 \right] \times 0.511\,\mathrm{MeV} = 1.24\,\mathrm{GeV}.$$

这么大的动能, 足以产生一个新的核子. 两个这么大能量的电子相撞, 就可以产生正反核子对以及许多其他强作用粒子 (参阅第 15 章粒子物理).

从理论上看, 原子核不可能由质子和电子组成的原因, 主要有两点. 首先, 根据测不准原理, 束缚在原子核内的电子必定有很大的动能, 靠原子核中质子的正电荷不足以把电子束缚在原子核内, 正负电荷之间的库仑能比测不准原理所要求的电子动能小得多. 而且, 也没有一种相互作用能够把电子束缚在这么小的范围内. 其次, 这个模型给出的原子核自旋和统计性质与实验不符. 例如氘核 ${}_1^2\mathrm{D}$, 如果按质子 - 电子模型, 由两个质子和一个电子构成, 则其自旋只能是 1/2 或 3/2, 是费米子. 而实验测得氘核 ${}_1^2\mathrm{D}$ 的自旋是 1, 是玻色子.

1932 年查德威克发现中子, 海森伯和伊凡年科提出了原子核由质子与中子组成的质子 - 中子模型, 才解决了上述疑难.

习题 14.2 在卢瑟福的 α 粒子散射实验中, α 粒子的能量至少要有多大, 才能碰到 ^{197}Au 核的表面?

解 α 粒子和 ^{197}Au 核的半径分别为

$$R_\alpha = 1.2A^{1/3}\,\mathrm{fm} = 1.2 \times 4^{1/3}\,\mathrm{fm} = 1.90\,\mathrm{fm},$$

$$R_{\mathrm{Au}} = 1.2A^{1/3}\,\mathrm{fm} = 1.2 \times 197^{1/3}\,\mathrm{fm} = 6.98\,\mathrm{fm}.$$

若要使 α 粒子碰到 ^{197}Au 核的表面, 其动能应满足

$$E_{\mathrm{k}} \geqslant \frac{ZZ'e^2}{4\pi\varepsilon_0(R_\alpha + R_{\mathrm{Au}})} = \frac{2 \times 79 \times 1.44\,\mathrm{MeV\cdot fm}}{(1.90 + 6.98)\,\mathrm{fm}} = 25.6\,\mathrm{MeV}.$$

盖革和马斯登当初做的 α 粒子在 Au 等金属箔上的散射实验, 使用的是天然放射源发射的 α 粒子, 能量只有几个 MeV, 同样不会碰到原子核, 不会引起核反应. 关于这个问题, 还可以参阅习题 6.4.

一般地说, 由于核力是短程力, 只有两个核之间的距离接近到能够互相接触时, 在这两个核之间才能发生核反应. 而由于原子核带正电荷, 两个核之间存在库仑排斥, 它们靠得越近排斥就越强. 所以, 为了引起核反应, 入射核必须具有足够高的动能, 足以克服它与靶核之间的库仑排斥, 使得它与靶核接近到能够互相接触才行. 这个为了引起核反应所必须克服的库仑排斥能, 就称为核反应的 **库仑势垒**. 对于本题来说, 核反应 α+Au 的库仑势垒就是 26 MeV 左右.

习题 14.3 理论预言存在 $Z = 114$ 的超重长寿命核, 如果这个超重核处在 β 稳定线的外推延长线上, 试问它的核子数 A 是多少?

解 我们可以把 β 稳定线的经验公式

$$Z = \frac{A}{1.98 + 0.015A^{2/3}}$$

改写成

$$A = 1.98Z + 0.015ZA^{2/3}$$

$$= 1.98 \times 114 + 0.015 \times 114 \times A^{2/3}$$

$$= 225.72 + 1.71A^{2/3},$$

这是 $x = A^{1/3}$ 的 3 次方程, 可以从数学用表中查出 3 次方程求根的

公式, 代公式严格求解. 我们在这里另外给出用迭代法求解的数值解法 (参阅习题 10.4).

可以看出, 当 $A < 500$ 时, 上式右边第一项比第二项大得多, $225.72 \gg 1.71A^{2/3}$. 于是, 我们可以取 0 级近似 $A_0 = 225.72$, 用迭代法求 A. 迭代公式为

$$A_n = 225.72 + 1.71(A_{n-1})^{2/3},$$

结果如下表所示:

近似级次 n	0	1	2	3	4	5	6
近似解 A_n	225.72	289.11	300.49	302.43	302.77	302.82	302.83

这个迭代收敛到 302.83. 取整数, 我们所要的解为 $A = 303$.

实际上, 这个迭代法比用 3 次方程公式的算法要简便得多, 所得结果的精确度完全一样. 所以, 不要迷信解析方法的严格性. 如果我们的目的只是数值的结果, 那么究竟是用解析方法还是数值方法, 取决于我们对哪种方法熟悉, 以及哪种方法简便易算. 解析方法的优点, 是可以作一般和理论的分析, 这是数值方法不容易做到的.

我们知道, 在自然界存在的原子核中, 最重的是在元素周期表上第 92 号铀的同位素 ^{238}U 核. 而在加速器实验室中, 可以通过核反应用人工方法来合成 "超铀元素", 它们都是不稳定核, 具有一定的半衰期和不同程度的放射性. 努力合成新的超铀核, 数十年来一直是各大核物理实验室的实验家们激烈竞争的一个重要方面.

实验家们在设计和安排实验来合成新的超铀核素时, 当然需要有一定的理论来指导. 而理论家们也对超铀核素的问题有着强烈的兴趣. 于是就有了这方面的理论研究, 这都是要用大型的超级计算机进行很复杂的计算的. 理论计算的结果显示, 在 β 稳定线的外推延长线上, 存在一个半衰期较长的相对稳定的区域, 称为 "超重岛". 这个超重岛的中心, 位于 $Z = 114$ 和 $A = 298 \sim 310$ 附近, 不同的理论计算给出的数值略有出入. 本题所涉及的, 正是超重岛这样一个实验和理论家都十分关心和感兴趣的问题.

我们这里算得的 $A = 303$, 正好落在了上述理论计算给出的范

围之中，但是这并不意味着我们就可以没有保留地相信和进行这种外推. 这里的计算所用的 β 稳定线公式，完全是根据已知核素的实验测得得到的，是一种经验公式. 从原则上说，任何经验，无论有多么可靠，即便是在产生这个经验的适用范围内，也都不能排除出现意外的可能，何况是把它外推到这个经验的适用范围之外. 所以，我们用这个公式在它的外推延长线上算出的结果，只能用作参考. 根据已知的经验来推断未知的事，必须有理论来指导. 所以李政道先生的物理学家第一定律和第二定律说：没有实验物理学家，理论物理学家就要漂浮不定；没有理论物理学家，实验物理学家就会犹豫不决. (见《对称，不对称和粒子世界》，第 45 ～ 46 页，北京大学出版社，1992 年) 实验上，2011 年人工合成了 114 号元素，命名为 Flerovium (铁)，符号 Fl, 同位素 ^{289}Fl 的半衰期为 2 s.

习题 14.4 用电子束来探测原子核的结构，电子束的波长不能比原子核的尺度大得多. 试问波长与 ^{197}Au 核半径相等的电子束能量是多少？

解 在习题 14.2 中我们已经算出 ^{197}Au 核的半径 $R = 6.98\,\text{fm}$, 波长与这个半径相等的电子束能量是

$$
\begin{aligned}
E &= \sqrt{m^2c^4 + p^2c^2} - mc^2 = \left[\sqrt{1 + (2\pi\hbar c/\lambda mc^2)^2} - 1\right]mc^2 \\
&= \left\{\sqrt{1 + [2\pi \times 197.3/(6.98 \times 0.511)]^2} - 1\right\} \times 0.511\,\text{MeV} \\
&= 177\,\text{MeV}.
\end{aligned}
$$

习题 14.5 ^{20}Ne 和 ^{56}Fe 的原子质量分别是 $19.992\,439\,\text{u}$ 和 $55.934\,939\,\text{u}$, 求它们的比结合能 (每核子结合能).

解 原子核的结合能可以写成

$$
\begin{aligned}
B &= (Zm_{\text{H}} + Nm_{\text{n}} - m_{\text{X}})c^2 \\
&= [(1.007\,825Z + 1.008\,665N)\text{u} - m_{\text{X}}]c^2.
\end{aligned}
$$

^{20}Ne 和 ^{56}Fe 的 (Z, N) 分别是 $(10, 10)$ 和 $(26, 30)$, 于是可以算出

$$
\begin{aligned}
B_{\text{Ne}} &= (1.007\,825 \times 10 + 1.008\,665 \times 10 - 19.992\,439)\text{u} \cdot c^2 \\
&= 0.172\,461 \times 931.494\,\text{MeV} = 160.646\,\text{MeV},
\end{aligned}
$$

$$B_{\text{Fe}} = (1.007\,825 \times 26 + 1.008\,665 \times 30 - 55.934\,939)\text{u} \cdot c^2$$

$$= 0.528\,461 \times 931.494\,\text{MeV} = 492.258\,\text{MeV},$$

从而可以算出它们的比结合能分别是

$$\varepsilon_{\text{Ne}} = \frac{B_{\text{Ne}}}{A} = \frac{160.646\,\text{MeV}}{20} = 8.03\,\text{MeV},$$

$$\varepsilon_{\text{Fe}} = \frac{B_{\text{Fe}}}{A} = \frac{492.258\,\text{MeV}}{56} = 8.79\,\text{MeV}.$$

习题 14.6 从 ^{4}He 核中先移去 1 个中子, 再移去 1 个质子, 最后把剩下的中子与质子也分开, 试问各需要多少能量, 并与 ^{4}He 核的总结合能相比. ^{4}He, ^{3}He 和 D 的原子质量分别是 4.002\,603\,u, 3.016\,029\,u 和 2.014\,102\,u.

解 从 ^{4}He 核中移去 1 个中子就成为 ^{3}He, 我们可以写出

$$m(^4\text{He})c^2 + E_1 = m(^3\text{He})c^2 + m_{\text{n}}c^2,$$

其中 E_1 就是所需要的能量,

$$E_1 = \left[m(^3\text{He}) + m_{\text{n}} - m(^4\text{He})\right]c^2$$

$$= (3.016\,029 + 1.008\,665 - 4.002\,603)\text{u} \cdot c^2$$

$$= 0.022\,091 \times 931.5\,\text{MeV} = 20.58\,\text{MeV} \approx 20.6\,\text{MeV}.$$

再从 ^{3}He 核中移去 1 个质子, 就成为 D, 我们可以写出

$$m(^3\text{He})c^2 + E_2 = m_{\text{D}}c^2 + m_{\text{p}}c^2,$$

其中 E_2 就是所需要的能量,

$$E_2 = \left[m_{\text{D}} + m_{\text{p}} - m(^3\text{He})\right]c^2$$

$$= (2.014\,102 + 1.007\,825 - 3.016\,029)\text{u} \cdot c^2$$

$$= 0.005\,898 \times 931.5\,\text{MeV} = 5.49\,\text{MeV} \approx 5.5\,\text{MeV}.$$

最后, 把 D 分解成质子与中子, 所需要的能量 E_3 为

$$E_3 = (m_{\text{p}} + m_{\text{n}} - m_{\text{D}})c^2$$

$$= (1.007\,825 + 1.008\,665 - 2.014\,102)\text{u} \cdot c^2$$

$$= 0.002\,388 \times 931.5\,\text{MeV} = 2.22\,\text{MeV} \approx 2.2\,\text{MeV}.$$

所需要的总的能量 E 为

$$E = E_1 + E_2 + E_3 = (20.58 + 5.49 + 2.22)\,\text{MeV}$$

$$= 28.29\,\text{MeV} \approx 28.3\,\text{MeV},$$

而 ^4He 核的总结合能为

$$B(^4\text{He}) = (1.007\,825 \times 2 + 1.008\,665 \times 2 - 4.002\,603)\text{u} \cdot c^2$$

$$= 0.030\,377 \times 931.5\,\text{MeV} = 28.30\,\text{MeV} \approx 28.3\,\text{MeV}.$$

很容易证明 $E = B(^4\text{He})$:

$$E = E_1 + E_2 + E_3 = \left[m(^3\text{He}) + m_\text{n} - m(^4\text{He})\right]c^2$$

$$+ \left[m_\text{D} + m_\text{p} - m(^3\text{He})\right]c^2 + (m_\text{p} + m_\text{n} - m_\text{D})c^2$$

$$= \left[2m_\text{p} + 2m_\text{n} - m(^4\text{He})\right]c^2 = B(^4\text{He}).$$

习题 14.7 ①试求 ^{40}Ca 的比结合能. ②试求从 ^{40}Ca 中移走 1 个中子所需要的能量. ③试求从 ^{40}Ca 中移走 1 个质子所需要的能量. ④为什么上述三个值不同? ^{40}Ca, ^{39}Ca 和 ^{39}K 原子的质量分别是 $39.962\,591\,\text{u}$, $38.970\,711\,\text{u}$ 和 $38.963\,708\,\text{u}$.

解 ① ^{40}Ca 的比结合能为

$$\varepsilon(20, 20) = \frac{B(20, 20)}{40}$$

$$= \frac{1}{40}(20 \times 1.007\,825 + 20 \times 1.008\,665 - 39.962\,591) \times 931.494\,\text{MeV}$$

$$= \frac{1}{40} \times 342.053\,\text{MeV} = 8.55\,\text{MeV}.$$

②从 ^{40}Ca 中移走 1 个中子所需要的能量为

$$E_\text{n} = [m(20, 19) + m_\text{n} - m(20, 20)]c^2$$

$$= (38.970\,711 + 1.008\,665 - 39.962\,591) \times 931.494\,\text{MeV}$$

$$= 15.64\,\text{MeV}.$$

③从 ^{40}Ca 中移走 1 个质子所需要的能量为

$$E_\text{p} = [m(19, 20) + m_\text{p} - m(20, 20)]c^2$$

$$= (38.963\,708 + 1.007\,825 - 39.962\,591) \times 931.494\,\text{MeV}$$

$$= 8.33\,\text{MeV}.$$

④ ^{40}Ca 核的上述三个值不同. 比结合能 $8.55\,\text{MeV}$ 是对所有 40 个核子的平均值, ^{40}Ca 核是双幻核, 总结合能 $B(20, 20)$ 很大, 所以这个平均的比结合能也很大. 第一个中子的分离能 $15.64\,\text{MeV}$ 比

平均的比结合能几乎高出一倍, 这是由于 ^{40}Ca 核的中子和质子都是满壳层, 移走一个中子所需的能量要比平均比结合能高得多. 第一个质子的分离能 8.33 MeV 比平均的比结合能略低一些, 而比第一个中子的分离能小得多, 这是由于质子带正电, 与原子核中其他质子有库仑排斥作用, 在分离过程中对外做功, 因而所需的能量相应地减少了许多.

习题 14.8 ^{3}H 和 ^{3}He 的结合能之差主要是由什么原因造成的? 你能通过简单计算来说明在这里核力与电荷几乎是没有关系的吗? ^{3}H 和 ^{3}He 原子的质量分别是 3.016 050 u 和 3.016 029 u.

解 ^{3}H 和 ^{3}He 的结合能差为

$$\Delta B = B(1,2) - B(2,1) = \left[m_{\mathrm{n}} - m_{\mathrm{p}} - m(^3\mathrm{H}) + m(^3\mathrm{He})\right]c^2$$
$$= (1.008\,665 - 1.007\,825 - 3.016\,050 + 3.016\,029) \times 931.5\,\mathrm{MeV}$$
$$= 0.763\,\mathrm{MeV}.$$

从物理上看, ^{3}H 与 ^{3}He 的结合能差, 来自它们的库仑能差. ^{3}He 的两个质子之间有库仑排斥能, 而 ^{3}H 没有这一项. 为了定量估计 ^{3}He 中两个质子之间的库仑能, 我们需要有一个 ^{3}He 核的结构模型. 最简单的模型, 可以假设核子是直径为 d 的刚性球体, 原子核是由 A 个这种刚性球紧密接触而成的体系. 在原子核内每个这种刚性球占据 d^3 的体积, 整个原子核的体积就是 Ad^3. 我们可以用原子核半径 R 的经验公式

$$R = r_0 A^{1/3}, \quad r_0 \approx 1.2\,\mathrm{fm}$$

来估计核子的直径 d:

$$Ad^3 = \frac{4\pi}{3}R^3 = \frac{4\pi}{3}r_0^3 A,$$
$$d = \left(\frac{4\pi}{3}\right)^{1/3} r_0 \approx \left(\frac{4\pi}{3}\right)^{1/3} \times 1.2\,\mathrm{fm} = 1.93\,\mathrm{fm},$$

这样估计出来的核子半径约为 0.96 fm. 于是, ^{3}He 核中两个质子的库仑能为

$$E_{\mathrm{C}} = \frac{e^2}{4\pi\varepsilon_0 d} \approx \frac{1.44\,\mathrm{MeV \cdot fm}}{1.93\,\mathrm{fm}} = 0.746\,\mathrm{MeV},$$

这个数值与前面算出的 ^{3}H 与 ^{3}He 的结合能差 0.763 MeV 差不多.

这就说明，^{3}H 与 ^{3}He 的结合能差，主要来自它们的库仑能差，在这里核力与电荷几乎没有关系. 这就是核力的电荷无关性.

接受了核力的电荷无关性，我们就可以反过来用 ^{3}H 与 ^{3}He 的结合能差 $\Delta B = 0.763\,\text{MeV}$ 来估计核子的大小. 设核子半径为 r_N，并假设 ^{3}H 与 ^{3}He 的结合能差完全来自它们的库仑能差，

$$\Delta B = \frac{e^2}{4\pi\varepsilon_0 2 r_\text{N}},$$

就有

$$r_\text{N} = \frac{e^2}{4\pi\varepsilon_0 2\Delta B} = \frac{1.44\,\text{MeV·fm}}{2 \times 0.763\,\text{MeV}} = 0.94\,\text{fm}.$$

这个估计稍高了一点，用高能电子在核子上的散射实验 (参阅习题 6.2) 给出的核子半径大约是 $r_\text{N} \approx 0.8\text{fm}$.

^{3}H 是 $(Z = 1, N = 2)$ 的核，而 ^{3}He 是 $(Z = 2, N = 1)$ 的核. 这种质子数与中子数互换的核，称为互为镜像核，即称 ^{3}He 为 ^{3}H 的镜像核，同样称 ^{3}H 为 ^{3}He 的镜像核. 由于核力的电荷无关性，镜像核的库仑能差可以用来确定原子核的几何性质，特别是原子核的半径. 原子核 (Z, A) 是一个半径为 R 的球，Z 个质子的电荷均匀地分布在球内. 根据这个模型，可以算出原子核的库仑能为

$$E_\text{C} = \frac{3}{5}\frac{Z^2 e^2}{4\pi\varepsilon_0 R}.$$

于是，一对镜像核的库仑能差可以写成

$$\frac{3}{5}\frac{N^2 e^2}{4\pi\varepsilon_0 R} - \frac{3}{5}\frac{Z^2 e^2}{4\pi\varepsilon_0 R} = \frac{3}{5}\frac{(N^2 - Z^2)e^2}{4\pi\varepsilon_0 R}.$$

令其等于这对镜像核的结合能差 $\Delta B = B(Z, N) - B(N, Z)$，就可以得到

$$R = \frac{3}{5}\frac{(N^2 - Z^2)e^2}{4\pi\varepsilon_0 \Delta B}.$$

这样得到了许多核的半径 $R = R(A)$ 以后，就可以用最小二乘法确定原子核半径经验公式 $R = r_0 A^{1/3}$ 中的常数 r_0.

习题 14.9 空间飞船对木星磁场的测量表明，电磁相互作用的力程至少为 $5 \times 10^8\,\text{m}$. ①这意味着光子质量的上限是多少？②如果光子质量具有这个上限值，3 光年以外的星体发出的蓝光比红光到达地球的时间早多少？

解　光波 A 满足的波动方程是

$$\frac{1}{c^2}\frac{\partial^2 A}{\partial t^2} = \nabla^2 A.$$

对于平面波

$$A = A_0 e^{-i(\omega t - \boldsymbol{k}\cdot\boldsymbol{r})},$$

波动方程给出 ω 与 k 的关系

$$\omega = kc,$$

这也就是光子能量 $E = \hbar\omega$ 与动量 $p = \hbar k$ 的关系

$$E = pc,$$

这表示光子质量为 0. 如果光子有质量 m, 则能量动量关系为

$$E^2 = p^2 c^2 + m^2 c^4.$$

与此相应, 波动方程就应该修改为下面的克莱因 - 戈尔登方程,

$$\frac{1}{c^2}\frac{\partial^2 A}{\partial t^2} = \nabla^2 A - \frac{1}{\lambda^2}A,$$

方程右边第二项就是质量项, λ 为光子的约化康普顿波长,

$$\lambda = \frac{\hbar}{mc}.$$

对于静态球对称情形, $A = A(r)$, 上述克莱因 - 戈尔登方程成为

$$\frac{1}{r^2}\frac{\mathrm{d}}{\mathrm{d}r}\left(r^2\frac{\mathrm{d}A}{\mathrm{d}r}\right) - \frac{1}{\lambda^2}A = 0.$$

这个方程的解为

$$A(r) = A_0\frac{e^{-r/\lambda}}{r}, \quad r > 0.$$

当质量为 0 时, $m = 0$, λ 成为无限大, 上式成为 $A(r) = A_0/r$, 描述库仑相互作用的长程力. 而当质量不为 0 时, 上式描述力程为 λ 的短程力.

　　① 空间飞船对木星磁场的测量表明, 电磁相互作用的力程至少为 $\lambda = 5 \times 10^8\,\mathrm{m}$,

$$\frac{\hbar}{mc} = \lambda = 5 \times 10^8\,\mathrm{m}.$$

这就意味着光子质量有上限 m,

$$m = \frac{\hbar}{\lambda c} = \frac{\hbar c}{\lambda c^2} = \frac{197.3\,\mathrm{eV\cdot nm}}{5 \times 10^8\,\mathrm{m}\,c^2} = 4 \times 10^{-16}\,\mathrm{eV}/c^2.$$

②如果光子质量具有这个上限值 m, 则从相对论关系

$$p = \frac{mv}{\sqrt{1 - v^2/c^2}}$$

可以解出光子速度为

$$v = \frac{c}{\sqrt{1 + m^2c^2/p^2}} \approx c\Big(1 - \frac{1}{2}\frac{m^2c^2}{p^2}\Big).$$

代入光子的相对论能量动量关系

$$pc = \sqrt{E^2 - m^2c^4} \approx E = h\nu,$$

就有

$$v \approx c\Big(1 - \frac{1}{2}\frac{m^2c^4}{h^2\nu^2}\Big).$$

以此速度飞过距离 L 所需要的时间 t 为

$$t = \frac{L}{v} \approx \frac{L}{c(1 - m^2c^4/2h^2\nu^2)} \approx \frac{L}{c}\Big(1 + \frac{1}{2}\frac{m^2c^4}{h^2\nu^2}\Big).$$

于是, 距离 L 以外的星体发出的红光与蓝光飞到地球所需要的时间之差为

$$\Delta t \approx \frac{L}{c}\frac{1}{2}\frac{m^2c^4}{h^2c^2}(\lambda_R^2 - \lambda_B^2).$$

代入数值 $L/c = 3 \times 365 \times 24 \times 3600\,\mathrm{s} = 0.946 \times 10^8\,\mathrm{s}$, $\lambda_R = 770\,\mathrm{nm}$, $\lambda_B = 400\,\mathrm{nm}$, 以及上面算出的 $mc^2 = 4 \times 10^{-16}\,\mathrm{eV}$, 就可以得到

$$\Delta t = \frac{1}{2}\Big(\frac{4 \times 10^{-16}}{2\pi \times 197.3}\Big)^2 (770^2 - 400^2) \times 0.946 \times 10^8\,\mathrm{s}$$
$$= 2 \times 10^{-24}\,\mathrm{s}.$$

量子电动力学的一个基本观念, 就是荷电粒子之间的电磁相互作用是通过在它们之间交换虚光子来传递的. 光子没有质量, 它的约化康普顿波长是无限大, 交换虚光子所传递的库仑相互作用是长程力. 1935 年, 汤川秀树把这个观念推广到核子之间的强相互作用, 提出了核力的介子理论, 认为核力是在核子之间通过交换虚介子来传递的强相互作用. 由于核力是短程力, 介子是有质量的粒子, 介子的波 φ 满足克莱因 - 戈尔登方程,

$$\frac{1}{c^2}\frac{\partial^2\varphi}{\partial t^2} = \nabla^2\varphi - \frac{1}{\lambda^2}\varphi,$$

其中 λ 为介子的约化康普顿波长,

$$\lambda = \frac{\hbar}{mc},$$

也就是核力的力程. 核力的力程大约是核子直径的大小,

$$\frac{\hbar}{mc} = \lambda \sim 2r_{\mathrm{N}},$$

于是可以用核子直径的数值来估计介子的质量 m,

$$m \sim \frac{\hbar}{2r_{\mathrm{N}}c} = \frac{197.3\,\mathrm{MeV\cdot fm}}{2 \times 0.8\,\mathrm{fm}\,c^2} = 120\,\mathrm{MeV}/c^2.$$

汤川秀树的这个理论, 是二十世纪三十年代量子理论的一大进展. 他提出的核力是通过交换虚介子来传递的这一观念, 则可以说是继狄拉克的反粒子概念和海森伯的同位旋概念之后粒子物理的又一个重要观念 (参阅下一章粒子物理). 汤川预言的介子于 1947 年被鲍威尔在宇宙射线引起的高能核子 - 核子碰撞中发现, 称为 π 介子, 质量大约为 $140\,\mathrm{MeV}/c^2$. 现在, 有许多重要的大的核物理实验室建起了 "介子工厂", 可以用人工的方法在高能加速器中大量生产 π 介子.

习题 14.10 试用液滴模型的半经验公式计算 $^{40}\mathrm{Ca}$ 的结合能. 结果与实际结合能相差百分之几 (参考 14.7 题的结果)?

解 $^{40}\mathrm{Ca}$ 的 $Z = 20$, $N = 20$, 是偶偶核, 其不对称度为 0, $I = (N - Z)/A = 0$, 奇偶项 $\delta = 1$, 液滴模型给出的结合能为

$$B(20, 20) = a_1 A - a_2 A^{2/3} - a_{\mathrm{C}} Z^2 A^{-1/3} + a_{\mathrm{P}} A^{-1/2}$$
$$= (15.6 \times 40 - 17.2 \times 40^{2/3} - 0.70 \times 20^2 \times 40^{-1/3} + 12 \times 40^{-1/2})\,\mathrm{MeV}$$
$$= 342.85\,\mathrm{MeV}.$$

这个结果与 14.7 题算出的实际结合能 342.05MeV 相差的百分比是

$$\frac{342.85 - 342.05}{342.05} = 0.23\%.$$

习题 14.11 在原子核半径的公式 $R = r_0 A^{1/3}$ 中, 实验定出 $r_0 \approx 1.2\,\mathrm{fm}$, 如果这个值有 10% 的误差, 试问在原子核的费米气体模型中, 对 $Z = N$ 和 $R_{\mathrm{p}} = R_{\mathrm{n}}$ 的对称核, 算得的费米能会有多大的误差?

解 对 $Z = N$ 和 $R_{\mathrm{p}} = R_{\mathrm{n}} = R$ 的对称核, 质子与中子的数密

度相等,

$$n_{\mathrm{p}} = n_{\mathrm{n}} = \frac{A/2}{4\pi R^3/3} = \frac{3}{8\pi r_0^3},$$

于是质子的费米能是

$$E_{\mathrm{Fp}} = \frac{(2\pi\hbar)^2}{2m_{\mathrm{p}}}\left(\frac{3n_{\mathrm{p}}}{8\pi}\right)^{2/3} = \frac{(2\pi\hbar)^2}{2m_{\mathrm{p}}r_0^2}\left(\frac{3}{8\pi}\right)^{4/3}$$

$$= \frac{(2\pi\times 197.3\,\mathrm{MeV\cdot fm})^2}{2\times 938.3\,\mathrm{MeV}\times 1.2^2\,\mathrm{fm}^2}\left(\frac{3}{8\pi}\right)^{4/3} = 33.42\,\mathrm{MeV}.$$

如果 $r_0 \to r_0 \pm \Delta r_0$, 相应的费米能差就是

$$\Delta E_{\mathrm{Fp}} = \frac{(2\pi\hbar)^2}{2m_{\mathrm{p}}r_0^2}\left(\frac{3}{8\pi}\right)^{4/3}\left[\frac{1}{(1\pm\Delta r_0/r_0)^2} - 1\right]$$

$$= E_{\mathrm{Fp}}\left[\frac{1}{(1\pm\Delta r_0/r_0)^2} - 1\right]$$

$$\approx \mp\frac{2\Delta r_0}{r_0}E_{\mathrm{Fp}} = \mp 20\%\times 33.42\,\mathrm{MeV} = \mp 7\,\mathrm{MeV}.$$

习题 14.12 根据原子核的壳层模型, 试确定: ① ^{15}O, ^{16}O 和 ^{17}O 核的自旋 J 和宇称 P, 即 J^P, ② ^{39}K, ^{41}Ca 和 ^{41}Sc 核基态和第一激发态的自旋和宇称 J^P.

解 做这个题要用到原子核壳层模型的单粒子能级图, 请参阅《近代物理学》第 14 章图 14.13.

① ^{16}O 核的 $Z = 8, N = 8$, 质子与中子数都是满壳层幻数, 所以基态自旋 $J = 0$, 宇称 $P = +1$, $J^P = 0^+$.

^{15}O 核的 $Z = 8, N = 7$, 质子数是满壳层幻数, 中子数比满壳少 1, 是 $2\mathrm{p}_{1/2}$ 态, 基态自旋和宇称完全由这个中子来确定, 所以基态自旋 $J = 1/2$, 宇称 $P = (-1)^{l=1} = -1$, $J^P = (1/2)^-$.

^{17}O 核的 $Z = 8, N = 9$, 质子数是满壳层幻数, 中子数比满壳多 1, 是 $3\mathrm{d}_{5/2}$ 态, 基态自旋和宇称完全由这个中子来确定, 所以基态自旋 $J = 5/2$, 宇称 $P = (-1)^{l=2} = +1$, $J^P = (5/2)^+$.

② 先看基态的自旋和宇称 J^P:

^{39}K 核的 $Z = 19, N = 20$, 中子数是满壳层幻数, 质子数比满壳少 1, 是 $3\mathrm{d}_{3/2}$ 态, 基态自旋和宇称完全由这个质子来确定, 所以基态自旋 $J = 3/2$, 宇称 $P = (-1)^{l=2} = +1$, $J^P = (3/2)^+$.

^{41}Ca 核的 $Z = 20$, $N = 21$, 质子数是满壳层幻数，中子数比满壳多 1，是 $4f_{7/2}$ 态，基态自旋和宇称完全由这个中子来确定，所以基态自旋 $J = 7/2$，宇称 $P = (-1)^{l=3} = -1$，$J^P = (7/2)^-$.

^{41}Sc 核的 $Z = 21$, $N = 20$, 中子数是满壳层幻数，质子数比满壳多 1，是 $4f_{7/2}$ 态，基态自旋和宇称完全由这个质子来确定，所以基态自旋 $J = 7/2$，宇称 $P = (-1)^{l=3} = -1$，$J^P = (7/2)^-$.

再来看第一激发态的自旋和宇称 J^P:

^{39}K 核基的中子数是满壳层幻数，质子数在 $3d_{3/2}$ 态没有填满，少 1 个质子. 离这个态最近的是在它下面的 $2s_{1/2}$ 态，所以第一激发态是从 $2s_{1/2}$ 态上激发 1 个质子到 $3d_{3/2}$ 态. 这时，$3d_{3/2}$ 态填满，而 $2s_{1/2}$ 态上少 1 个质子，第一激发态的自旋宇称完全由这个质子来确定，自旋 $J = 1/2$，宇称 $P = (-1)^{l=0} = +1$，$J^P = (1/2)^+$.

^{41}Ca 核基态的质子数是满壳层幻数，中子数比满壳多 1，填在 $4f_{7/2}$ 态，第一激发态就是这个中子的激发. 离这个态最近的是在它上面的 $3p_{3/2}$ 态，所以第一激发态是 $4f_{7/2}$ 态上的中子被激发到 $3p_{3/2}$ 态，它完全确定了第一激发态的自旋宇称，自旋 $J = 3/2$，宇称 $P = (-1)^{l=1} = -1$，$J^P = (3/2)^-$.

^{41}Sc 核是 ^{41}Ca 核的镜像核，情形与 ^{41}Ca 核类似，基态的中子数是满壳层幻数，质子数比满壳多 1，填在 $4f_{7/2}$ 态，第一激发态就是这个质子的激发. 离这个态最近的是在它上面的 $3p_{3/2}$ 态，所以第一激发态是在 $4f_{7/2}$ 态上的质子被激发到 $3p_{3/2}$ 态，它完全确定了第一激发态的自旋宇称，自旋 $J = 3/2$，宇称 $P = (-1)^{l=1} = -1$，$J^P = (3/2)^-$.

习题 14.13 为了探测质子是否会发生衰变，设想建造了一个 $10\,000\,t$ 的储水池，探测器效率为 80%. 如果束缚在原子核内的质子与自由质子一样，寿命为 10^{32} 年，预言一年中可探测到多少个质子衰变？

解 每个水分子中有 10 个质子，而水的摩尔质量是 $18\,g/mol$，所以 $10\,000\,t$ 水中的质子数 N_0 是

$$N_0 = \frac{10\,000\,t}{18\,g/mol} \times 10 N_A$$

$$= \frac{10\,000 \times 10^6\,\mathrm{g}}{18\,\mathrm{g/mol}} \times 10 \times 6.022 \times 10^{23}/\mathrm{mol}$$

$$= 3.346 \times 10^{33}.$$

如果质子寿命为 $10^{32}\,\mathrm{a}$, 则质子衰变常数为

$$\lambda = \frac{1}{10^{32}\,\mathrm{a}} = 1 \times 10^{-32}/\mathrm{a},$$

于是一年中衰变的质子数为

$$\Delta N = N_0 - N(1\,\mathrm{a}) = N_0 - N_0 \mathrm{e}^{-\lambda \times 1\,\mathrm{a}}$$

$$\approx N_0 \lambda \times 1\,\mathrm{a} = 3.346 \times 10^{33} \times 1 \times 10^{-32}\,\mathrm{a}^{-1} \times 1\,\mathrm{a}$$

$$= 33.46.$$

探测器效率为 80%, 所以一年中可探测到质子衰变的数目为

$$\Delta N_{\mathrm{eff}} = 0.8\Delta N = 0.8 \times 33.46 = 26.8.$$

习题 14.14 在考古工作中, 可以从古物样品中 $^{14}\mathrm{C}$ 的含量来推算它的年代. 设 ρ 是古物中 $^{14}\mathrm{C}$ 和 $^{12}\mathrm{C}$ 存量之比, ρ_0 是空气中 $^{14}\mathrm{C}$ 和 $^{12}\mathrm{C}$ 含量之比, 试求古物至今的时间 t. $^{14}\mathrm{C}$ 的半衰期为 $T_{1/2}$.

解 $^{12}\mathrm{C}$ 核是稳定的, 而 $^{14}\mathrm{C}$ 核的半衰期为 $T_{1/2}$. 于是, 如果在 $t = 0$ 时 $^{14}\mathrm{C}$ 和 $^{12}\mathrm{C}$ 的含量之比为 ρ_0, 则经过时间 t 以后它们的比值 ρ 为

$$\rho = \rho_0 \mathrm{e}^{-\lambda t}.$$

由此即可解出时间为

$$t = -\frac{1}{\lambda} \ln \frac{\rho}{\rho_0} = \frac{\ln(\rho_0/\rho)}{\ln 2} T_{1/2},$$

其中代入了半衰期 $T_{1/2}$ 与衰变常数 λ 的关系

$$T_{1/2} = \frac{\ln 2}{\lambda}.$$

选择碳的同位素 $^{14}\mathrm{C}$ 来测量古物的年龄有两个原因. 首先, 古物多是有机的碳水化合物, 含有大量的碳, 在测量时容易取样. 其次, 同位素 $^{14}\mathrm{C}$ 的半衰期为 $T_{1/2} = 5730\,\mathrm{a}$, 这五六千年正好大约是有文字记载的人类文明史的时期. 比值 ρ_0/ρ 的测量, 一般都是取样用加速器质谱仪来做.

这个测量的一个基本假设, 是假定天然碳元素中各种同位素的

比值, 在古代与在当代是一样的. 根据这个假设, 现在空气中 ^{14}C 和 ^{12}C 含量之比, 也就是古物在埋入地下与外界隔绝之前其中 ^{14}C 和 ^{12}C 含量之比. 根据宇宙大爆炸的理论和哈勃常数的测定 (参阅第 17 章), 我们的宇宙诞生于大约一百多亿年前, 而地球的年龄只有几十亿年 (见下一题), 在这段时间里各种同位素的丰度已经没有明显的变化. 所以, 对于考古来说, 这个假设是可以接受的.

习题 14.15　最重的核素很可能是在超新星爆发中合成的, 它们合成以后散布在星际空间, 成为随后形成的恒星及其行星的成分. 假设地球上的 ^{235}U 和 ^{238}U 是在以前的一次超新星爆发中形成的, 形成当时它们的丰度相同, 试计算它们形成的年代. ^{235}U 和 ^{238}U 的半衰期分别是 7.0×10^8 a 和 4.5×10^9 a, 它们现在的丰度分别是 0.7% 和 99.3%.

解　我们可以分别写出 ^{235}U 和 ^{238}U 的衰变公式,

$$N_5 = N_{50} \mathrm{e}^{-\lambda_5 t}, \qquad N_8 = N_{80} \mathrm{e}^{-\lambda_8 t},$$

于是有

$$\frac{N_8}{N_5} = \frac{N_{80}}{N_{50}} \mathrm{e}^{(\lambda_5 - \lambda_8)t},$$

$$
\begin{aligned}
t &= \frac{1}{\lambda_5 - \lambda_8} \ln \frac{N_8/N_5}{N_{80}/N_{50}} = \frac{T_8 T_5}{(T_8 - T_5)\ln 2} \ln \frac{N_8/N_5}{N_{80}/N_{50}} \\
&= \frac{(4.5 \times 10^9 \times 7.0 \times 10^8)\,\text{a}}{(4.5 \times 10^9 - 7.0 \times 10^8)\ln 2} \ln \frac{99.3/0.7}{0.5/0.5} = 5.9 \times 10^9\,\text{a}.
\end{aligned}
$$

所以, 如果题目的假设成立, 地球上的 ^{235}U 和 ^{238}U 是在以前的一次超新星爆发中形成的, 形成当时它们的丰度相同, 则根据今天地球上 ^{235}U 与 ^{238}U 的丰度, 我们就可以估计出地球的年龄当在 59 亿年以上.

习题 14.16　利用壳层模型的单粒子能级图确定 ^{89}Y 核中第 39 个质子的基态和最低激发态. 应用这一结果和辐射跃迁中的角动量守恒, 解释 ^{89}Y 的同质异能态.

解　这个题目的第一问与习题 14.12 一样. ^{89}Y 核的 $Z = 39$, $N = 50$, 中子数是满壳层的幻数, 质子数是奇数. 从壳模型的单粒子能级图 (见《近代物理学》第 14 章图 14.13) 可以看出, 第 39 个质子的基态和最低激发态分别为 $3p_{1/2}$ 和 $5g_{9/2}$. 这两个态的角动量量子数相差为 $\Delta j = 4$. 由于在辐射跃迁中角动量守恒, 而 1 个光子只能带走 1 个角动量量子, 所以在这两个态之间的跃迁是高级跃迁, 发生的概率极小. 于是, 如果 ^{89}Y 核的第 39 个质子从它的基态 $3p_{1/2}$ 被激发到 $5g_{9/2}$ 态, 就会长时间地停留在这个态. 这就是 ^{89}Y 的同质异能态.

习题 14.17 处于激发态的 ^{60}Ni 核可以通过发射能量为 1.33 MeV 的 γ 光子而回到基态, 试求 ^{60}Ni 核的反冲能量和反冲速度各为多少?

解 根据这个跃迁过程的动量守恒, ^{60}Ni 核反冲动量与 γ 光子的动量相等, ^{60}Ni 核的反冲能量为

$$E_k = \frac{p^2}{2m} = \frac{(pc)^2}{2mc^2} = \frac{(1.33\,\text{MeV})^2}{2 \times 59.93 \times 931.5\,\text{MeV}} = 15.8\,\text{eV},$$

^{60}Ni 核的反冲速度为

$$v = \frac{p}{m} = \frac{pc}{mc^2}c = \frac{1.33}{59.93 \times 931.5}c$$
$$= 2.38 \times 10^{-5}c = 7.14 \times 10^3\,\text{m/s}.$$

习题 14.18 正常核物质处于绝对零度时的核子数密度 $n_0 = 0.15\,\text{fm}^{-3}$, 试用核子的费米气体模型粗略地估计一下, 在温度极低时, 当核子数密度 n 达到 n_0 的多少倍时, 核物质中开始产生 π 介子, π 介子的质量约为 $140\,\text{MeV}/c^2$.

解 当核子气体的平均能量 $\overline{E}$ 达到 $70\,\text{MeV}/c^2$ 时, 两个核子相碰就有可能产生 π 介子. 由费米气体平均能量的公式

$$\overline{E} = \frac{3}{5}E_F = \frac{3}{5}\frac{(2\pi\hbar)^2}{2m}\left(\frac{3n}{8\pi}\right)^{2/3},$$

可以解出核子数密度为

$$n = \frac{8\pi}{3}\frac{(10m\overline{E}/3)^{3/2}}{(2\pi\hbar)^3}$$
$$= \frac{8\pi}{3}\frac{(10 \times 939\,\text{MeV} \times 70\,\text{MeV}/3)^{3/2}}{(2\pi \times 197.3\,\text{MeV·fm})^3} = 0.45/\text{fm}^3.$$

所以当 $n = 3.0n_0$ 时, 核物质中开始产生大量的 π 介子.

本章小结

习题 14.1 是关于原子核的质子 - 中子模型；习题 14.2 是关于原子核的半径，同时也是关于核反应的库仑势垒问题；习题 14.3 是关于原子核的 β 稳定线，同时也是关于超重岛这个热门问题；习题 14.4 是关于用加速器电子束来探测原子核结构的一般性概念问题.

习题 14.5~14.8 这 4 题都是关于原子核的结合能. 习题 14.5 是关于原子核的核子平均结合能，即每核子结合能或比结合能，它告诉我们平均来说原子核的每核子结合能大约在 8MeV 左右. 这个题目计算的 ^{56}Fe 核，是比结合能最大的核，也就是最稳定的核. 习题 14.6 与 14.7 都是关于中子分离能和质子分离能，其中习题 14.7 还涉及了库仑能对原子核结合能的影响问题. 习题 14.8 则专门讨论了镜像核的库仑能差问题及其应用. 每核子有大约 8MeV 的结合能，这是核物理中一个很基本的概念. 与之相比，第 11 章分子结构中所讨论的化学能在本质上是电磁能 (参阅例如涉及分子结合能的 11.1 题，静电势能的 11.4 题，离解能的 11.5 、 11.6 和 11.9 题)，要比核能小 6 个数量级. 所以，在第七章 7.5 题后的讨论中已经说过，想用化学方法和手段来实现核反应，除非物理学的基本原理出了问题，否则是绝对不可能的.

习题 14.9 初看起来会以为是把一道光学的习题错放到本章中来. 做完这个题并且把它的基本观念运用到核力问题上来，就能体会这可以说是整个核物理的最基本的问题. 其实物理学本来是一个完整和统一的整体，在一个物理领域里的概念与方法往往在别的物理领域里可以得到应用和发挥. 在超导电性的研究里发现库珀对和建立了 BCS 理论，马上在核物理里也联系 "对能" 的概念建立了原子核的超导模型. 在液氦里有玻色 - 爱因斯坦凝聚问题，在核物质里相应地也有 π 介子凝聚. 这一类例子可以举出许多. 要是把物理学分割成一门一门精细的科目和技巧来看待，就容易忽略了物理学作为一门学问的整体性. 要想成为一个物理学家，而不是精于物理实验技能或理论推演与计算的 "物理工匠"，就应该把物理学的这种完整与统一性放到首要的地位. 也正是因为这个原因，许多人主张把大学物理作为一门统一的基础课，而不是分割成力学、热学、电磁学、光学和原子物理学这样五门课.

习题 14.10~14.12 这三题是关于原子核结构的模型. 习题 14.10 是关于原子核的液滴模型, 习题 14.11 是关于原子核的费米气体模型, 而习题 14.12 是关于原子核的壳层模型. 在原子核物理中有太多的模型. 作为一门基础课, 我们在这里只涉及这三个最基本和简单的关于核结构的模型. 更深入和细致的还有转动模型、振动模型、呼吸模型、综合模型、IBM (相互作用玻色子) 模型以及微观模型, 等等. 关于核反应与核衰变, 又有光学模型、复合核模型、蒸发模型、火球模型以及几何模型等. 我们知道, 所有的模型理论都像氢原子的玻尔模型一样, 是唯象理论. 不同的是, 玻尔的氢原子模型理论最后导致了量子力学的建立, 成为从唯象理论走向基本理论的前导. 这可以说是玻尔的幸运, 他选择和进入了一个他既感兴趣而又可以充分发挥他的智慧与专长的领域. 而原子核的这种种模型却始终未能冲出唯象理论的圈子而进一步发展成为更基本的理论, 最后只能逐渐走向精细与纤巧, 演变成为一门新的学科 —— 核技术. 究其原因, 这是由于核现象不是基本的物理, 就像分子现象不是基本的物理一样.

习题 14.13~14.15 这 3 题是关于衰变的问题. 习题 14.14 和 14.15 这两题分别是核衰变在考古和在天体物理中的应用; 习题 14.13 则是关于质子衰变的问题, 这是粒子理论中的一个基本而且重要的问题, 之所以把它放到这里来做, 只是联系于放射性衰变的规律.

最后 3 题 14.16~14.18 分别涉及原子核的同质异能态、辐射反冲和核物质的 π 凝聚问题. 自从 1932 年查德威克发现中子以来, 核物理已经有八十多年. 特别是, 由于核物理牵涉到核武器与核能源, 吸引了众多的研究者, 产生了大量的研究成果. 我们这门基础课的目标, 是在近代物理学的基本精神和观念以及研究方法上, 为读者提供一个广泛而坚实的基础. 在这个意义上, 我们涉及了近代物理中一些专门的分支领域, 但是我们的目的绝对不是为这些专门的分支领域做入门的向导和铺垫, 这是相关的后续专门课程的目标和任务.

15 粒子物理

基本概念和公式

• 正反粒子对称性：粒子是在时空中的波场的量子，要求场量符合相对论，在洛伦兹变换下有协变性，场量子就有能量动量关系

$$E^2 = p^2c^2 + m^2c^4.$$

它有两个解：

$$E = \pm E_p, \qquad E_p = \sqrt{p^2c^2 + m^2c^4},$$

其中正能态 $E = E_p$ 描述粒子的产生，负能态 $E = -E_p$ 描述反粒子的湮灭. 正反粒子质量相等，电荷相反，能量都是正的. 有些粒子的反粒子就是它自己，如光子和 π^0 介子，这种粒子称为纯中性粒子或马约拉纳粒子. 正反粒子之间的变换要交换电荷的正负，所以正反粒子变换又称电荷共轭变换.

• 粒子的内禀宇称：实验发现，在空间反射变换下，每个粒子的场量都有确定的宇称，这称为粒子的固有宇称或内禀宇称. 例如 π 介子的场量在空间反射下变号，

$$\varphi(-\boldsymbol{r}, t) = -\varphi(\boldsymbol{r}, t),$$

所以 π 介子的内禀宇称 $P = -1$.

• 同位旋：海森伯指出，对于一些自旋和内禀宇称相同、质量相近、强作用性质相似而电荷不同的粒子，可以看作同一种粒子的不同"电荷态"，类似于同一自旋的不同投影态，称为同位旋，用同位旋量子数 I 和同位旋第三分量量子数 I_3 来标志. 例如质子与中子是同位旋 $I = 1/2$ 的两个投影态，质子的 $I_3 = 1/2$, 中子的 $I_3 = -1/2$. 又如三个 π 介子是同位旋 $I = 1$ 的三个投影态，π^+ 介子的 $I_3 = 1$, π^0 介子的 $I_3 = 0$, π^- 介子的 $I_3 = -1$. 重要的是，实验表明，在强相互作用过程中同位旋 I 和同位旋第三分量 I_3 守恒，在电磁相互

作用过程中同位旋第三分量 I_3 守恒. 自旋是粒子波场转动对称性的标志, 同位旋则是粒子状态在某种抽象空间中具有转动对称性的标志, 这种抽象空间称为同位旋空间.

• 推广的盖尔曼 - 西岛关系: 粒子的电荷数 Q 可以写成
$$Q = I_3 + \frac{1}{2}(B + S + C + b + t),$$
其中 B 是重子数, S 是奇异数, C 是粲数, b 是底数, t 是顶数.

• 夸克模型: 1963 年盖尔曼和茨威格各自独立地提出, 所有强作用粒子 (简称强子) 都是由夸克构成的, 夸克是自旋 $1/2$ 的无结构点状费米子, 其名称与性质如下表:

夸克名称	u 上夸克	d 下夸克	c 粲夸克	s 奇异夸克	t 顶夸克	b 底夸克
电荷数 Q	2/3	−1/3	2/3	−1/3	2/3	−1/3
奇异数 S	0	0	0	−1	0	0
粲数 C	0	0	1	0	0	0
同位旋 I, I_3	1/2,1/2	1/2,−1/2	0	0	0	0

每个夸克有重子数 $B = 1/3$, 正反夸克的电荷数 Q、重子数 B、奇异数 S 和粲数 C 符号相反. 某些强子的夸克模型组分如下表:

强子 夸克组分	π^+ u$\bar{\text{d}}$	K$^+$ u$\bar{\text{s}}$	p uud	n udd	Ω^- sss
重子数 B	0	0	1	1	1
电荷数 Q	1	1	1	0	−1
自旋 $J/\hbar$	0	0	1/2	1/2	3/2
奇异数 S	0	1	0	0	−3

习题 15.1 光子之间的相互作用可以这样来理解: 每个光子在自由空间的传播过程中都会暂时变成 "虚" 的正负电子对, 两个光子的这种 "虚" 正负电子对之间可以产生电磁相互作用. ①假如 $h\nu \ll 2mc^2$, 测不准原理允许虚正负电子对存在多长时间? m 为电子质量. ②假如 $h\nu > 2mc^2$, 在产生真实正负电子对时, 原子核除了保证能量动量守恒外, 还起了什么作用?

解 ①根据时间能量测不准关系
$$\Delta t \Delta E \sim \hbar,$$

当 $h\nu \ll 2mc^2$ 时, 有 $\Delta E \geqslant 2mc^2 - h\nu \approx 2mc^2$, 于是测不准原理允许虚正负电子对存在的时间 Δt 为

$$\Delta t \sim \frac{\hbar}{\Delta E} \lesssim \frac{\hbar}{2mc^2} = \frac{\hbar c}{2mc^2 \cdot c}$$
$$= \frac{197.3\,\text{MeV·fm}}{2 \times 0.511\,\text{MeV} \times 2.998 \times 10^8\,\text{m/s}} = 6.4 \times 10^{-22}\,\text{s}.$$

②假如 $h\nu > 2mc^2$, 在产生真实正负电子对时, 原子核除了保证能量动量守恒外, 原子核的强电场使正负电子对分开足够远, 从而不能再合成为光子.

习题 15.2　π^0 介子既无电荷又无磁矩, 为了解释它能衰变为一对传递电磁相互作用的光子, $\pi^0 \to 2\gamma$, 可以假设 π^0 先衰变成一对 "虚" 核子 - 反核子, 它们再发生电磁相互作用, 产生两个光子. 测不准原理允许虚核子 - 反核子对存在多长时间? 要观测这个过程这么长的时间够吗?

解　与上题类似地, 时间能量测不准关系为

$$\Delta t \Delta E \sim \hbar,$$

这时有

$$\Delta E \geqslant 2m_\text{N}c^2 - m_\pi c^2 = (2 \times 939 - 135)\,\text{MeV} = 1743\,\text{MeV},$$

于是测不准原理允许虚正反核子对存在的时间 Δt 为

$$\Delta t \sim \frac{\hbar}{\Delta E} \lesssim \frac{197.3\,\text{MeV·fm}}{1743\,\text{MeV} \times 2.998 \times 10^8\,\text{m/s}} = 3.8 \times 10^{-25}\,\text{s}.$$

要观测这个过程, 探测器必须能够分辨出单个核子来, 这就要求能量分辨率满足 $\Delta E_\text{D} < m_\text{N}c^2$, 从而观测时间 T 必须满足

$$T > \frac{\hbar}{\Delta E_\text{D}} > \frac{\hbar}{m_\text{N}c^2} = \frac{197.3\,\text{MeV·fm}}{939\,\text{MeV} \times 2.998 \times 10^8\,\text{m/s}}$$
$$= 7.0 \times 10^{-25}\,\text{s}.$$

这就是说, 虚正反核子对存在的时间 Δt 比观测它所必须的时间 T 要小, $\Delta t < T$, 根据测不准原理, 我们在原则上不可能观测到这种虚过程.

习题 15.3　试根据守恒定律判断, 下列过程哪些能够发生, 哪些不能发生, 为什么?

① $p + p \longrightarrow n + p + \pi^+$,

② $p + p \longrightarrow p + \Lambda^0 + \Sigma^+$,

③ $e^+ + e^- \longrightarrow \mu^+ + \pi^-$,

④ $\Lambda^0 \longrightarrow \pi^+ + \pi^-$,

⑤ $\pi^- + p \longrightarrow n + \pi^0$.

解 在粒子物理过程中，重子数 B、轻子数 l、电荷数 Q 与角动量都是守恒量. 根据这些守恒定律来判断，过程①和⑤能够发生，而其余 3 个过程不能发生，因为过程②的重子数和角动量不守恒，③的轻子数和角动量不守恒，④的重子数和角动量不守恒.

每一个过程的重子数 B、轻子数 l 与电荷数 Q 的数值如下表所示. 可以看出，仅仅根据这三个守恒量，就可以把②、③、④这三个过程排除. 严格地说，轻子数还应细分为电子型轻子数 l_e 与 μ 子型轻子数 l_μ, 不过无论是分还是不分，③都可以排除.

	①	②	③	④	⑤
B	1+1=1+1+0	1+1≠1+1+1	0+0=0+0	1≠0+0	0+1=1+0
l	0+0=0+0+0	0+0=0+0+0	−1+1 ≠ −1+0	0=0+0	0+0=0+0
Q	1+1=0+1+1	1+1=1+0+1	1−1=1−1	0=1−1	−1+1=0+0

自旋角动量是矢量，要用矢量相加的三角形法则. 此外，有时还需要考虑体系的轨道角动量. ①、②、③的初态都是两个自旋 1/2 相加，总角动量 $J=0$ 或 1. ①的末态是两个自旋 1/2 和一个自旋 0 相加，可以得到与初态相同的总角动量 0 或 1. ②的末态是三个自旋 1/2 相加，结果只能是半奇数，不可能与初态相同，所以角动量不守恒. ③的末态是自旋 1/2 与自旋 0 相加，结果是 1/2，不可能与初态相同，角动量也不守恒. ④的初态是自旋 1/2, 末态是两个自旋 0 相加，结果为 0, 即便考虑轨道角动量，也不可能得到与初态 1/2 相同的结果. ⑤的初态与末态都是自旋 1/2 与自旋 0 相加，结果为 1/2，角动量是守恒的.

除了上述守恒量以外，在粒子物理过程中还有另外一些有条件的守恒量，例如宇称在强相互作用和电磁相互作用中守恒，奇异数在强相互作用和电磁相互作用中守恒，同位旋在强相互作用中守恒，等等. 在上述过程中，过程①、②、⑤都是强相互作用，①和⑤的同位旋与奇异数守恒, 而②的同位旋与奇异数都不守恒.

习题 15.4　下列组合中, 哪些能出现在总同位旋 $I = 1$ 的态, 为什么?

①$\pi^0\pi^0$,　②$\pi^+\pi^-$,　③$\pi^+\pi^+$,　④$\Sigma^0\pi^0$,　⑤$\Lambda\pi^0$.

解　这是一个同位旋耦合的问题. 同位旋的理论, 是维格纳根据海森伯的物理思想仿照自旋角动量的理论而建立起来的. 这个题目涉及 π 介子, Λ 超子和 Σ 超子, 它们的同位旋量子数如下表, 注意我们这里是用 M 来表示同位旋第三分量.

粒子	π^+	π^0	π^-	Λ^0	Σ^+	Σ^0	Σ^-
同位旋 I	1	1	1	0	1	1	1
同位旋第三分量 M	1	0	−1	0	1	0	−1

两个同位旋 $\boldsymbol{I}_1$ 与 $\boldsymbol{I}_2$ 耦合, $\boldsymbol{I} = \boldsymbol{I}_1 + \boldsymbol{I}_2$, 得到的总同位旋 I 的量子数 I 和同位旋第三分量的量子数 M 分别为

$$I = I_1 + I_2,\ \ I_1 + I_2 - 1,\ \cdots,\ |I_1 - I_2| + 1,\ |I_1 - I_2|,$$
$$M = I,\ \ I - 1,\ \cdots,\ -I + 1,\ -I.$$

总同位旋本征态 $|I, M\rangle$ 可以写成两个同位旋的本征态 $|I_1, M_1\rangle|I_2, M_2\rangle$ 的线性叠加,

$$|I, M\rangle = \sum_{M_1 = -I_1}^{I_1} \sum_{M_2 = -I_2}^{I_2} C(IM|I_1 M_1 I_2 M_2)|I_1 M_1\rangle|I_2 M_2\rangle,$$
$$M = M_1 + M_2,$$

叠加系数 $C(IM|I_1 M_1 I_2 M_2)$ 就是角动量耦合的 CG 系数, 根据量子力学的角动量理论可以算出来, 有现成的表可查, 见《近代物理学》第 15 章表 15.1 和 15.2.

①这是两个 π 介子的耦合, $\pi^0\pi^0 = |1, 0\rangle|1, 0\rangle$, 查表可知相应的 CG 系数 $C(I0|1010)$ 仅当 $I = 0, 2$ 时不为 0, 而当 $I = 1$ 时为 0,

$$C(10|1010) = 0,$$

所以组合 $\pi^0\pi^0$ 只能出现在总同位旋 $I = 0, 2$ 的态, 不能出现在 $I = 1$ 的态.

② $\pi^+\pi^- = |1, 1\rangle|1, -1\rangle$, 查表可知 CG 系数 $C(10|1, 1, 1, -1) \neq 0$, 能够出现在总同位旋 $I = 1$ 的态.

③ $\pi^+\pi^+ = |1,1\rangle|1,1\rangle$, 这个态的 $M = 2$, 不可能属于 $I = 1$ 的态.

④这是 Σ 超子与 π 介子的耦合, $\Sigma^0\pi^0 = |1,0\rangle|1,0\rangle$, 与①的情形一样, 查表可知相应的 CG 系数 $C(I0|1010)$ 仅当 $I = 0,2$ 时不为 0, 而当 $I = 1$ 时为 0, 所以组合 $\Sigma^0\pi^0$ 只能出现在总同位旋 $I = 0,2$ 的态, 不能出现在 $I = 1$ 的态.

⑤这是 Λ 超子与 π 介子的耦合, Λ 超子的同位旋为 0, 只有 π 介子的同位旋有贡献, $\Lambda\pi^0$ 属于 $I = 1$ 的态.

习题 15.5 对于给定的动心系能量, $\mathrm{p + D} \longrightarrow ^3\mathrm{He} + \pi^0$ 和 $\mathrm{p + D} \longrightarrow ^3\mathrm{H} + \pi^+$ 的截面比是多少? D 是氘核.

解 这也是同位旋耦合的问题. 这两个过程都是强相互作用, 有同位旋守恒. 由于氘核 D 的同位旋为 0, 反应初态的总同位旋由质子的同位旋确定, $I = 1/2, I_3 = 1/2, |\mathrm{pD}\rangle = |1/2, 1/2\rangle$. 而在另一方面, 两个末态的 $^3\mathrm{He}$ 核与 $^3\mathrm{H}$ 核是同位旋双重态的两个分量, 它们的同位旋分别是 $(1/2, 1/2)$ 与 $(1/2, -1/2)$ (见下一题). 于是, 两个末态分别是 $|^3\mathrm{He}\pi^0\rangle = |1/2, 1/2\rangle|1,0\rangle$ 与 $|^3\mathrm{H}\pi^+\rangle = |1/2, -1/2\rangle|1,1\rangle$. 根据同位旋耦合的叠加公式 (见上一题), 我们就可以把反应的初态写成两个末态的叠加,

$$|\mathrm{pD}\rangle = C(1/2, 1/2|1/2, 1/2, 1, 0)|^3\mathrm{He}\pi^0\rangle$$
$$+ C(1/2, 1/2|1/2, -1/2, 1, 1)|^3\mathrm{H}\pi^+\rangle$$
$$= -\sqrt{\frac{1}{3}} \cdot |^3\mathrm{He}\pi^0\rangle + \sqrt{\frac{2}{3}} \cdot |^3\mathrm{H}\pi^+\rangle,$$

其中的叠加系数就是 CG 系数, 我们已经查表代入了它们的值.

强相互作用与电荷无关. 对于给定的动心系能量, 这两个反应除了电荷态不同, 也就是同位旋组合不同以外, 别的方面都一样. 所以, 根据波函数的统计诠释, 它们的反应截面之比就等于上述两个 CG 系数的模方之比, 其他因子都相同而消去了. 最后我们得到

$$\frac{\sigma(\mathrm{p + D} \to ^3\mathrm{He} + \pi^0)}{\sigma(\mathrm{p + D} \to ^3\mathrm{H} + \pi^+)} = \frac{|C(1/2, 1/2|1/2, 1/2, 1, 0)|^2}{|C(1/2, 1/2|1/2, -1/2, 1, 1)|^2}$$
$$= \frac{1/3}{2/3} = \frac{1}{2}.$$

实验测量值略小于 $1/2$, 这可以由库仑力引起的 ^{3}He 与 ^{3}H 的波函数的差异以及末态质量的不同而得到解释, 当然这都要做很专门和精细的计算.

习题 15.6 原子核中一个中子换成束缚的 Λ 超子, 就成为一个超核. $^4_\Lambda$He 和 $^4_\Lambda$H 就是一对镜像超核 (质子和中子数互换的核, 称为镜像核). 试求 $K^- + {}^4\mathrm{He} \longrightarrow {}^4_\Lambda\mathrm{He} + \pi^-$ 与 $K^- + {}^4\mathrm{He} \longrightarrow {}^4_\Lambda\mathrm{H} + \pi^0$ 的反应率之比.

解 本题与上题一样, 也是同位旋耦合的问题. 这两个反应都是强相互作用过程, 同位旋守恒. K^- 介子的同位旋为 $(1/2, -1/2)$, 而 α 粒子 ^{4}He 的同位旋为 0, 所以初态的总同位旋完全由 K^- 介子的同位旋确定, $|\mathrm{K}^-\,{}^4\mathrm{He}\rangle = |1/2, -1/2\rangle$.

两个末态的 $^4_\Lambda$He 核和 $^4_\Lambda$H 核, 分别是在 α 粒子 ^{4}He 核中把一个中子或质子置换成 Λ^0 超子. ^{4}He 核的同位旋为 0, Λ^0 超子的同位旋也为 0, 而中子和质子的同位旋分别为 $(1/2, -1/2)$ 和 $(1/2, 1/2)$. 所以, 超核 $^4_\Lambda$He 和 $^4_\Lambda$H 构成一个同位旋双重态的两个分量, 它们的同位旋分别为 $(1/2, 1/2)$ 和 $(1/2, -1/2)$. 我们这样分析定出的同位旋, 可以由上述两个反应中同位旋及其 3 分量的守恒条件来验证.

$^4_\Lambda$He 核和 $^4_\Lambda$H 核, 是 ^{3}He 核和 ^{3}H 核各加了一个 Λ^0 超子. 而 Λ^0 超子的同位旋为 0, 所以上题的 ^{3}He 和 ^{3}H 也构成同位旋两重态 $|1/2, 1/2\rangle$ 和 $|1/2, -1/2\rangle$, 与现在的 $^4_\Lambda$He 核和 $^4_\Lambda$H 核一样. 于是 $|{}^4_\Lambda\mathrm{He}\pi^-\rangle = |1/2, 1/2\rangle|1, -1\rangle$ 和 $|{}^4_\Lambda\mathrm{H}\pi^0\rangle = |1/2, -1/2\rangle|1, 0\rangle$, 可以把反应初态 $|\mathrm{K}^-\,{}^4\mathrm{He}\rangle$ 写成这两个末态的叠加,

$$|\mathrm{K}^-\,{}^4\mathrm{He}\rangle = C(1/2, -1/2|1/2, 1/2, 1, -1)|{}^4_\Lambda\mathrm{He}\pi^-\rangle$$
$$+ C(1/2, -1/2|1/2, -1/2, 1, 0)|{}^4_\Lambda\mathrm{H}\pi^0\rangle$$
$$= -\sqrt{\frac{2}{3}} \cdot |{}^4_\Lambda\mathrm{He}\pi^-\rangle + \sqrt{\frac{1}{3}} \cdot |{}^4_\Lambda\mathrm{H}\pi^0\rangle,$$

最后得到

$$\frac{\sigma(\mathrm{K}^- + {}^4\mathrm{He} \to {}^4_\Lambda\mathrm{He} + \pi^-)}{\sigma(\mathrm{K}^- + {}^4\mathrm{He} \to {}^4_\Lambda\mathrm{H} + \pi^0)} = \frac{|C(1/2, -1/2|1/2, 1/2, 1, -1)|^2}{|C(1/2, -1/2|1/2, -1/2, 1, 0)|^2}$$
$$= \frac{2/3}{1/3} = \frac{2}{1}.$$

习题 15.7 衰变模式 $K_S^0 \longrightarrow 2\pi^0$ 对 K_S^0 的自旋和宇称能加上什么限制?

解 这个过程的总角动量守恒. π 介子自旋为 0, 末态总角动量完全来自两个 π 介子相对运动的轨道角动量. π 介子是玻色子, 它们的空间波函数对于交换两个粒子的坐标是对称的, 于是它们的相对角动量只能是 0 或偶数. 从而, 根据总角动量守恒, 初态 K_S^0 的自旋只能是 0 或偶数, $J = 0, 2, 4, \cdots$. 另外, 在衰变过程 $K_S^0 \longrightarrow 2\pi^0$ 中宇称不守恒, 所以我们不能从末态的宇称来对初态 K_S^0 的宇称做出任何判断.

习题 15.8 反应堆中引出的反中微子 $\bar{\nu}_e$ 能被原子核中的质子吸收, 转化成中子和正电子: $\bar{\nu}_e + p \longrightarrow n + e^+$. 试从弱相互作用耦合常数估计这一反应的截面的数量级, 设 $\bar{\nu}_e$ 的能量为 $1\,\mathrm{MeV}$.

解 反应 $\bar{\nu}_e + p \longrightarrow n + e^+$ 可以看成是从初态 $\bar{\nu}_e p$ 到末态 ne^+ 的跃迁过程. 而一般地, 我们有跃迁概率的下列费米黄金规则:
$$P = \frac{2\pi}{\hbar}|M|^2 \frac{dN}{dE},$$
其中 M 为从初态到末态的跃迁矩阵元, dN/dE 为末态的态密度. 设反中微子 $\bar{\nu}_e$ 以速度 v_i 入射, 反应截面为 σ, 则在单位时间内发生反应的概率为
$$\frac{\sigma v_i}{V},$$
其中 V 为系统所在空间体积. 于是, 作为数量级的估计, 可以写成
$$\frac{\sigma v_i}{V} \sim \frac{2\pi}{\hbar}|M|^2 \frac{dN}{dE},$$
这里 M 为从反应初态 $\bar{\nu}_e p$ 跃迁到末态 ne^+ 的矩阵元. 上式没有用等号, 是因为严格地说, 上式右边应该对所有可能的初态求平均, 对末态求和, 才能与左边相等. 中微子质量取为零, $v_i = c$, 从而可以把反应截面写成
$$\sigma \sim \frac{2\pi V}{\hbar c}|M|^2 \frac{dN}{dE}.$$
我们先来算末态的态密度 dN/dE. 设末态正电子动量为 p, 则我们可以写出 (参阅第 12 章自由电子气体)
$$\frac{dN}{dE} = \frac{8\pi p^2 V}{(2\pi\hbar)^3}\frac{dp}{dE},$$

其中已经考虑了正电子自旋贡献的因子 2. 已知中微子能量 $E_\nu = 1\,\mathrm{MeV}$, 这个能量比质子静质能小得多, 我们可以近似地把质子当成静止的. 同样, 也可以近似地把末态中子当成静止的. 于是, 末态正电子能量也就是 $1\,\mathrm{MeV}$. 根据这个近似, 就有

$$\frac{\mathrm{d}E}{\mathrm{d}p} = \frac{\mathrm{d}}{\mathrm{d}p}\sqrt{p^2c^2 + m^2c^4} = \frac{pc^2}{E},$$

这里 m 是电子质量, E 是正电子能量,

$$E = \sqrt{p^2c^2 + m^2c^4} = 1\,\mathrm{MeV}.$$

由此可以解出正电子的动量为

$$p = \frac{1}{c}\sqrt{E^2 - m^2c^4} = \frac{1}{c}\sqrt{1^2 - 0.511^2}\,\mathrm{MeV}$$
$$= 0.8596\,\mathrm{MeV}/c,$$

于是得到末态的态密度为

$$\frac{\mathrm{d}N}{\mathrm{d}E} = \frac{8\pi p^2 V}{(2\pi\hbar)^3}\frac{E}{pc^2} = \frac{pcEV}{\pi^2(\hbar c)^3}.$$

如果取非相对论近似 $E \approx mc^2$ 和 $p \approx \sqrt{2mE}$, 上式就成为第 12 章自由电子气体的电子态密度 $g(E)$. 注意金属自由电子气体的电子能量不高, 对能量动量关系可以用非相对论近似, 而在这里正电子的能量为 $1\,\mathrm{MeV}$, 不能用非相对论近似.

现在我们来估计从反应初态 $\bar{\nu}_e p$ 跃迁到末态 $n e^+$ 的矩阵元 M. 假设初态的两个粒子 $\bar{\nu}_e p$ 在空间一点 r 相遇并且发生相互作用, 转变成末态的两个粒子 $n e^+$. 这是粒子理论中常用的点粒子模型和定域相互作用假设. 根据这个模型假设, 引起跃迁的矩阵元 M, 是在全空间所有点上发生这种作用的贡献之和, 而在每一点上的贡献正比于在这一点参与相互作用的各个粒子波场的振幅. 于是我们可以写出

$$M \sim G\psi_e^*\psi_n^*\psi_\nu\psi_p V,$$

其中有 $*$ 号的是产生的粒子, 没有 $*$ 号的是湮灭的粒子, G 是描写相互作用强度的唯象参数, 体积 V 是由于对全空间求和而贡献的一个因子. 耦合常数 G 可以从实验定出. 我们这里讨论的过程属于弱

相互作用, G 称为费米耦合常数, 通常记为 G_F, 其值为

$$G_F = 1.166\,3787(6) \times 10^{-5}\,\text{GeV}^{-2}(\hbar c)^3$$
$$= 8.961\,877(5) \times 10^{-5}\,\text{MeV·fm}^3$$
$$\approx 1 \times 10^{-4}\,\text{MeV·fm}^3.$$

波场是在全空间归一的, 对于这里讨论的费米子, 可以近似取

$$\psi \sim \frac{1}{\sqrt{V}},$$

于是有

$$M \sim \frac{G_F}{V^2}V = \frac{G_F}{V}.$$

把上式以及末态态密度的结果代入截面的公式, 最后得到

$$\sigma \sim \frac{2\pi V}{\hbar c}\frac{G_F^2}{V^2}\frac{pcEV}{\pi^2(\hbar c)^3} = \frac{2G_F^2 pcE}{\pi(\hbar c)^4}$$

$$\approx \frac{2 \times (1 \times 10^{-4}\,\text{MeV·fm}^3)^2 \times 0.86\,\text{MeV} \times 1\,\text{MeV}}{\pi(197.3\,\text{MeV·fm})^4}$$

$$\approx 4 \times 10^{-44}\,\text{cm}^2.$$

习题 15.9 设 $K_S^0 \longrightarrow \pi^+\pi^-$ 衰变的相互作用为 $g\phi_\pi^*\phi_\pi^*\phi_K$ 型, 已知 $m_K = 497.671\,\text{MeV}/c^2$, $m_\pi = 139.6\,\text{MeV}/c^2$, $\tau_{K_S^0} = 0.8922 \times 10^{-10}\,\text{s}$, 试估计相互作用常数 g 的数量级.

解 衰变是一个跃迁过程, 初态寿命 τ 的倒数就是发生跃迁的概率, 利用计算跃迁概率的费米黄金规则 (见上题), 可以写出

$$\frac{1}{\tau} \sim \frac{2\pi}{\hbar}|M|^2\frac{\text{d}N}{\text{d}E}.$$

在动心系, 设 p 是出射 π 介子动量, 我们有

$$m_K c^2 = 2E = 2\sqrt{p^2c^2 + m_\pi^2 c^4},$$

由此可以解出

$$pc = \sqrt{\frac{1}{4}m_K^2 c^4 - m_\pi^2 c^4} = \sqrt{\frac{497.671^2}{4} - 139.6^2}\,\text{MeV}$$

$$= 205.988\,\text{MeV}$$

以及

$$\frac{\text{d}E}{\text{d}p} = \frac{pc^2}{\sqrt{p^2c^2 + m_\pi^2 c^4}} = \frac{pc^2}{E},$$

从而末态的态密度为

$$\frac{\mathrm{d}N}{\mathrm{d}E} = \frac{8\pi p^2 V}{(2\pi\hbar)^3}\frac{\mathrm{d}p}{\mathrm{d}E} = \frac{8\pi p^2 V}{(2\pi\hbar)^3}\frac{E}{pc^2} = \frac{pcEV}{\pi^2(\hbar c)^3}.$$

注意现在的末态 π 介子 π$^+$ 与 π$^-$ 是玻色子, 自旋为 0. 此外, 对于玻色子的波场, 在估计中应近似地取

$$\phi \sim \frac{\hbar c}{\sqrt{2EV}},$$

于是有

$$M \sim g\phi_\pi^*\phi_\pi^*\phi_\mathrm{K} V \sim g\frac{(\hbar c)^3 V}{\sqrt{8E_\pi^2 E_\mathrm{K} V^3}} = g\frac{(\hbar c)^3}{4\sqrt{E^3 V}}.$$

把上式以及末态态密度的结果代入寿命的公式, 就有

$$\frac{1}{\tau} \sim \frac{2\pi}{\hbar}g^2\frac{(\hbar c)^6}{16E^3 V}\frac{pcEV}{\pi^2(\hbar c)^3} = \frac{g^2}{4\pi}\frac{(\hbar c)^2 pc^2}{2E^2},$$

$$\frac{g^2}{4\pi} \sim \frac{1}{c\tau}\frac{2E^2}{(\hbar c)^2 pc}$$
$$= \frac{1}{2.998 \times 0.8922 \times 10^{13}\,\mathrm{fm}}\frac{2\times(497.671\,\mathrm{MeV})^2}{(197.3\,\mathrm{MeV\cdot fm})^2 \times 205.988\,\mathrm{MeV}}$$
$$= 2.3 \times 10^{-15}/(\mathrm{MeV\cdot fm}^3).$$

本题和上题的计算, 都要计算末态的态密度和跃迁矩阵元. 对于态密度的计算, 一般来说需要知道量子态和能级的结构, 这依赖于薛定谔方程的解, 属于动力学问题. 不过, 粒子物理学中的末态一般都是自由粒子态, 只依赖于粒子的能量、动量和自旋等运动学参量, 可以简化为运动学问题. 在我们这门课的程度上, 如果不考虑具体的自旋态, 就可以进行严格的计算.

而关于跃迁矩阵元, 则可以说是整个问题的核心, 依赖于具体的物理机制和动力学模型, 完全属于动力学问题. 跃迁矩阵元的计算不仅相当繁杂, 而且在绝大多数情况下不可能严格和彻底地算出, 必须采取近似. 近似又有不同的选取和做法, 每一种近似方法都是一门精湛而纤巧的技艺, 可以写成整本的专著. 我们这里所用的近似, 可以说是最原始最初浅的近似, 它是 1950 年费米在耶鲁大学为一般听众和物理的学生所开设的西里曼讲座中首次给出的. 当然, 现在可供使用的估算方法很多, 费米的这个方法不是唯一的选择.

做理论物理的研究, 一个公式的推导要写上几十页上百页, 这是司空见惯的事. 我看过一篇原子核理论的博士论文, 仅仅一个公式本身, 就在 A4 的纸上密密麻麻印了十多页. 对于准备做冗长和繁杂计算的理论家来说, 先有一个简单的数量级估算当然还是有好处的. 而对于并不想去做这种耗费时间和精力的理论计算的实验家来说, 这种简单和直观的数量级估算就是必不可少的了.

习题 15.10 为了用反应 $\nu + {}^{37}\mathrm{Cl} \longrightarrow {}^{37}\mathrm{Ar} + e^-$ 来探测太阳中微子, 在美国南达科他州金矿中做的实验, 用了大约 $4 \times 10^5\,\mathrm{L}$ (升) C_2Cl_4 作探测器. 试估计每天可产生多少 ${}^{37}\mathrm{Ar}$ 原子, 白天与晚上有没有差别? 假设: ① 太阳常数为 $2\,\mathrm{cal/(min \cdot cm^2)}$ ($1\,\mathrm{cal}=4.18\,\mathrm{J}$), ② 太阳热能的 10% 为中微子, 中微子平均能量 $1\,\mathrm{MeV}$, ③ 全部中微子中有 1% 的能量足以引起上述反应, ④ 上述反应的截面为 $10^{-45}\,\mathrm{cm^2}$, ⑤ ${}^{37}\mathrm{Cl}$ 同位素的丰度为 25%, ⑥ C_2Cl_4 的密度为 $1.5\,\mathrm{g/cm^3}$.

解 我们先来计算探测器中 ${}^{37}\mathrm{Cl}$ 核的总数 N. 探测器中 C_2Cl_4 的总的质量是

$$m = 4 \times 10^5 \times 10^3\,\mathrm{cm^3} \times 1.5\,\mathrm{g/cm^3} = 6.0 \times 10^8\,\mathrm{g},$$

而 C_2Cl_4 的摩尔质量为

$$\mu = (2 \times 12.011 + 4 \times 35.453)\,\mathrm{g/mol} = 165.834\,\mathrm{g/mol},$$

于是总的 C_2Cl_4 分子数是

$$N = \frac{m}{\mu}N_A = \frac{6.0 \times 10^8\,\mathrm{g}}{165.834\,\mathrm{g/mol}} \frac{6.022 \times 10^{23}}{\mathrm{mol}} = 2.179 \times 10^{30}.$$

每一个 C_2Cl_4 分子中有 4 个 Cl 核, 而每 4 个 Cl 核中有 1 个 ${}^{37}\mathrm{Cl}$ 核 (${}^{37}\mathrm{Cl}$ 同位素的丰度为 25%=1/4), 所以上述 N 也就是探测器中 ${}^{37}\mathrm{Cl}$ 核的总数.

我们再来计算一天 24 小时照射到地球上的中微子通量强度. 根据题目所给的数据, 可以算出照射到地球上的太阳中微子通量强度 I 为

$$I = \frac{10\% \times 2 \times 4.18\,\mathrm{J/(60\,s \cdot cm^2)}}{1\,\mathrm{MeV}}$$

$$= \frac{10\% \times 2 \times 4.18\,\mathrm{J}}{60\,\mathrm{s \cdot cm^2} \times 1.602 \times 10^{-13}\,\mathrm{J}} = 8.697 \times 10^{10}/(\mathrm{s \cdot cm^2}),$$

从而, 一天 24 小时照射到地球上的中微子通量强度就是

$$I = 8.697 \times 10^{10}/(\text{s} \cdot \text{cm}^2) \times 24 \times 3600\,\text{s/d}$$
$$= 7.514 \times 10^{15}/(\text{d} \cdot \text{cm}^2).$$

把一天 24 小时照射到地球上的中微子通量强度 I 乘以能够引起上述反应的效率 $f = 1\%$, 再乘以上述反应的截面 σ, 就是每一个 ^{37}Cl 核可能发生反应的概率. 最后再乘以探测器中 ^{37}Cl 核的总数 N, 就得到每天可产生的 ^{37}Ar 原子数,

$$N_{\text{Ar}} = fI\sigma N$$
$$= 0.01 \times 7.514 \times 10^{15}/(\text{d} \cdot \text{cm}^2) \times 10^{-45}\,\text{cm}^2 \times 2.179 \times 10^{30}$$
$$= 0.16/\text{d}.$$

中微子与物质的反应截面极小, 贯穿本领极强, 所以白天与晚上没有差别.

习题 15.11　传递弱相互作用的粒子是 $\text{W}^{\pm}$ 和 Z^0 粒子, 它们的质量分别为 $80\,\text{GeV}/c^2$ 和 $91\,\text{GeV}/c^2$, ①它们各是多少个质子的质量? ②试由此估计弱相互作用的力程.

解　①质子的质量 $m_{\text{p}} = 0.9383\,\text{GeV}/c^2$, 我们有

$$m_{\text{W}} = 80\,\text{GeV}/c^2 \times \frac{m_{\text{p}}}{0.9383\,\text{GeV}/c^2} = 85.26\,m_{\text{p}},$$
$$m_{\text{Z}} = 91\,\text{GeV}/c^2 \times \frac{m_{\text{p}}}{0.9383\,\text{GeV}/c^2} = 96.98\,m_{\text{p}}.$$

所以 $\text{W}^{\pm}$ 和 Z^0 粒子的质量分别是 85 个质子和 97 个质子的质量.

② $\text{W}^{\pm}$ 和 Z^0 粒子都是玻色子, 根据汤川秀树的介子理论, 它们的波场满足克莱因 - 戈尔登方程, 它们所传递的弱相互作用的力程, 可以用它们的约化康普顿波长来估计 (见习题 14.9). 我们分别有

$$\lambda_{\text{W}} = \frac{\hbar}{m_{\text{W}}c} = \frac{0.1973\,\text{GeV}\cdot\text{fm}}{80\,\text{GeV}} = 2.5 \times 10^{-3}\,\text{fm},$$
$$\lambda_{\text{Z}} = \frac{\hbar}{m_{\text{Z}}c} = \frac{0.1973\,\text{GeV}\cdot\text{fm}}{91\,\text{GeV}} = 2.2 \times 10^{-3}\,\text{fm}.$$

由此估计, 弱相互作用的力程约为 $(2.2 \sim 2.5) \times 10^{-3}\,\text{fm}$. 这只是一个核子大小的千分之二左右, 可见弱相互作用是非常短程的相互作

用.

习题 15.12 与夸克成分 uus, ds̄ 和 uds 相应的粒子分别是什么？

解 根据夸克成分的电荷数 Q, 奇异数 S, 粲数 C 以及同位旋 (I, I_3), 我们可以确定其所组成的粒子的这些量子数, 从而确定是什么粒子, 结果如下表 (最后一行属于下一题):

	重子数 B	电荷数 Q	奇异数 S	粲数 C	同位旋 I, I_3	粒子名称
uus	1	1	-1	0	$(1,1)$	Σ^+
ds̄	0	0	1	0	$(1/2, -1/2)$	K^0
uds	1	0	-1	0	$(1,0)$ 或 $(0,0)$	Σ^0 或 Λ^0
cū	0	0	0	1	$(1/2, -1/2)$	D^0 或 D^{*0}

习题 15.13 某一 D 介子由 1 个 c 夸克和 1 个 ū 夸克组成, 试求它的自旋、电荷数、重子数、奇异数和粲数.

解 这个 D 介子的重子数、电荷数、奇异数和粲数见上题的表中最后一行. 夸克是自旋为 1/2 的费米子, 两个 1/2 的自旋耦合, 可以得到的自旋有 0 和 1 两种. 此外, 由于两个夸克之间的相对运动, 这个体系还会有轨道角动量, $l = 0, 1, 2, \cdots$. 于是, 由两个夸克组成的体系, 它作为一个粒子整体对外表现出来的自旋, 可以有 $0, 1, 2, \cdots$, 等等. 具体是多少, 还需要根据进一步的实验信息才能确定. 比如, 根据这个粒子所参与的粒子物理过程, 从参与过程的其他粒子的自旋角动量, 利用角动量守恒就可以做出分析和判断. D 粒子是这些年来颇受关注的带粲数的介子, 从现有的实验知识来看, 处于基态的粒子 D^0 自旋为 0, 而处于激发共振态的粒子 D^{*0} 自旋有 1 和 2 两种.

做粒子物理方面的题, 往往需要查阅有关粒子的性质. 在与粒子物理有关的书籍中, 一般都可以找到详略不同的粒子性质的图表. 最详细的信息, 可以在美国《物理学评论》发布的《粒子性质评论》中找到, 也可以访问下列网址和相关的网址: http://physics.nist.gov/constants.

习题 15.14 试把下列衰变分析成组分夸克的过程:

① $\Omega^- \longrightarrow \Lambda^0 + K^-$,　　　　② $n \longrightarrow p + e^- + \bar{\nu}_e$,

③ $\pi^0 \longrightarrow \gamma + \gamma$,　　　　　　④ $K^0 \longrightarrow \pi^+ + \pi^-$,

⑤ $\Delta^{*++} \longrightarrow p + \pi^+$,　　　　　⑥ $\Sigma^- \longrightarrow n + \pi^-$.

解　①衰变 $\Omega^- \longrightarrow \Lambda^0 + K^-$ 的夸克组分形式是

$$sss \longrightarrow uds + \bar{u}s,$$

在两边减去两个 s 夸克, 就得到

$$s \longrightarrow u + d + \bar{u}.$$

②衰变 $n \longrightarrow p + e^- + \bar{\nu}_e$ 的夸克组分形式是

$$udd \longrightarrow uud + e^- + \bar{\nu}_e,$$

在两边减去 ud 夸克, 就得到

$$d \longrightarrow u + e^- + \bar{\nu}_e.$$

我们知道原子核的 β 衰变是由于核内的中子衰变, 而现在从夸克模型我们进一步得知, 中子的衰变实质上是由于 d 夸克的衰变.

③ π^0 介子的夸克组分是 $u\bar{u}$ 与 $d\bar{d}$ 的叠加, $\pi^0 = (u\bar{u} + d\bar{d})/\sqrt{2}$, 所以衰变 $\pi^0 \longrightarrow \gamma + \gamma$ 可以分解为

$$u + \bar{u} \longrightarrow \gamma + \gamma,$$
$$d + \bar{d} \longrightarrow \gamma + \gamma.$$

这就像正负电子偶的湮灭一样, 末态必须有两个光子, 才能保证动量守恒.

④衰变 $K^0 \longrightarrow \pi^+ + \pi^-$ 的夸克组分形式是

$$d\bar{s} \longrightarrow u\bar{d} + \bar{u}d,$$

两边减去 1 个 d 夸克, 就有

$$\bar{s} \longrightarrow u + \bar{d} + \bar{u},$$

这正是①的反粒子过程.

⑤ Δ^{*++} 是 Δ^{++} 的激发态, 它们的夸克成分都是 uuu. 所以, 衰变 $\Delta^{*++} \longrightarrow p + \pi^+$ 的夸克组分形式为

$$uuu + 激发能 \longrightarrow uud + u\bar{d},$$

两边减去 3 个 u, 就得到

$$能量 \longrightarrow d + \bar{d},$$

这是③的一个逆过程.

⑥衰变 $\Sigma^- \longrightarrow n + \pi^-$ 的夸克组分形式为

$$\mathrm{dds} \longrightarrow \mathrm{udd} + \bar{\mathrm{u}}\mathrm{d},$$

两边减去 2 个 d, 就得到

$$\mathrm{s} \longrightarrow \mathrm{u} + \bar{\mathrm{u}} + \mathrm{d},$$

这与①一样.

习题 15.15 试说明为什么观测到 $\Sigma^0 \longrightarrow \Lambda^0 + \gamma$, 而观测不到 $\Sigma^0 \longrightarrow p + \pi^-$ 或 $\Sigma^0 \longrightarrow n + \pi^0$.

解 上述 3 个衰变过程所涉及的粒子中, Σ^0 和 Λ^0 是奇异粒子, 奇异数都是 -1, $S_\Sigma = S_\Lambda = -1$, 其他粒子的奇异数都是 0, $S_{\mathrm{N}} = S_\pi = 0$, 不是奇异粒子. 奇异数 S 在强相互作用和电磁相互作用过程中守恒, 而在弱相互作用过程中不守恒. 上述第一个衰变有 γ 光子放出, 是电磁相互作用过程, 奇异数守恒, $\Delta S = 0$. 后两个衰变过程奇异数不守恒, $\Delta S = 1$, 是弱相互作用过程. 弱相互作用过程比电磁相互作用过程的强度弱得多, 发生的概率小得多.

习题 15.16 1987 年 2 月南天超新星爆发时地面记录到的中微子能量范围 10~40 MeV, 时间区间约 2 s, 假设这些中微子是在这颗超新星爆发时同时辐射出来, 运行大约 17 万光年后到达地球的, 试以此估算中微子质量上限.

解 这一题与 14.9 题类似, 这里换一种推导. 如果中微子质量上限为 m, 则从相对论关系

$$E = \frac{mc^2}{\sqrt{1 - v^2/c^2}}$$

可以解出中微子速度为

$$v = c\sqrt{1 - (mc^2/E)^2} \approx c\left(1 - \frac{1}{2}\frac{m^2c^4}{E^2}\right).$$

以此速度飞过距离 L 所需要的时间为

$$t = \frac{L}{v} \approx \frac{L}{c(1 - m^2c^4/2E^2)} \approx \frac{L}{c}\left(1 + \frac{1}{2}\frac{m^2c^4}{E^2}\right).$$

于是, 距离 L 以外的星体发出的能量分别为 E_1 和 E_2 的两种中微

子, 飞到地球所需要的时间之差为

$$\Delta t \approx \frac{L}{c} \frac{m^2 c^4}{2} \Big(\frac{1}{E_1^2} - \frac{1}{E_2^2} \Big),$$

由此可以解出

$$mc^2 \approx \sqrt{\frac{2\Delta t}{L/c} \frac{E_1^2 E_2^2}{E_2^2 - E_1^2}}.$$

代入数值 $\Delta t = 2\,\mathrm{s}$, $E_1 = 10\,\mathrm{MeV}$, $E_2 = 40\,\mathrm{MeV}$, 以及

$$\frac{L}{c} = 170\,000\,\mathrm{a} = 1.7 \times 10^5 \times 365 \times 24 \times 3600\,\mathrm{s}$$

$$= 5.36 \times 10^{12}\,\mathrm{s},$$

就可以得到

$$mc^2 \approx \sqrt{\frac{2 \times 2}{5.36 \times 10^{12}} \frac{10^2 \times 40^2}{40^2 - 10^2}}\,\mathrm{MeV} = 9\,\mathrm{eV}.$$

这个估算给出的中微子质量上限是 $9\,\mathrm{eV}/c^2$.

本章小结

粒子物理是当前物理学研究的主要前沿, 它的进展无疑会成为基本物理的新的增长点, 既充满了机遇与挑战, 也充满了竞争与拼搏. 正像我们始终所强调的, 各种具体的物理现象, 是物理概念和理论的源泉; 新的物理现象, 一定孕育着新的物理. 粒子物理所展现给我们的, 就是种种新的物理现象和它们所蕴含着的新的物理.

习题 15.1 和 15.2 所讨论的, 是在粒子物理中非常重要的 "虚粒子" 与 "虚过程" 的概念. 注意这不是子虚乌有的虚, 只是由于受到测不准原理的限制而观测不到. 这种虚的粒子物理过程更不是胡思乱想的结果, 它们可以产生实实在在的能够被观测的结果, 从而可以通过实验来检验. 完全电中性的粒子居然能够发生电磁相互作用, 这对我们传统的经典电磁学观念, 无疑是一种强烈的冲击和震撼. 这种看似匪夷所思的虚粒子与虚过程的概念, 当然不是无中生有的思辨的产物. 一个电子发射的光子在传播过程中会暂时转变成虚的正负电子对, 这虚的正负电子对再湮灭成虚光子而被电子吸收, 这种真空极化作用表现为电子的反常磁矩, 已经被精细的实验测量所证实. π^0 介子能够暂时转变为虚的正反核子对, 则是物理学家根据衰变过程 $\pi^0 \to 2\gamma$ 而获得的认识. 这两个习题所提供给我们的, 就

是新的物理现象蕴含着新的物理这一论断的具体例子.

习题 15.3 是关于粒子物理过程中的一些重要的守恒量子数. 像粒子的重子数、轻子数、自旋等量子数, 以及奇异数、絫数、同位旋、宇称, 还有其他一些描述粒子特征的量子数, 都是属于有关粒子性质的现象学, 是粒子物理的唯象学中很重要的一部分. 粒子物理学家根据这些量子数来给粒子分类, 给出了各种各样的 "粒子谱". 这就像原子物理中的线状光谱学, 属于原子物理的现象学. 在线状光谱的基础上, 建立和发展了量子力学. 同样, 在丰富庞杂的各种各样粒子谱的基础上, 建立和发展了关于基本粒子的 "标准模型" 和量子色动力学.

习题 15.4~15.6 都是关于同位旋的概念. 这三题都要用到 CG 系数, 作为基础课的内容来说, 显然是难了一些. 不过为了说明同位旋概念的功效与作用, 恐怕还没有更简单的讲法. 在粒子物理的发展中, 同位旋概念的引入是非常重要的一步. 狄拉克引入正反粒子的概念是一种分析思维, 而海森伯引入同位旋概念则是一种综合思维. 这正好体现了这两位大物理学家各自理性思维的模式、风格与特点. 正反粒子的概念为我们打开了探寻一大群新粒子的大门, 而同位旋的概念则为我们在面对如此众多的粒子时应该如何进行分类提供了思考的线索. 能够产生超出常规的思想, 把质子与中子看成同一种粒子的两个不同的状态, 这非得具有不同于常人的智慧与勇气不可. 受到海森伯这个思想的启发, 物理学家们的思想一下子获得了解放, 打开了想象力的大门. 他们现在把电子和中微子这样的轻子, 与具有重子数 1/3 的夸克放在一起来考虑, 从而想在已经把电磁相互作用与弱相互作用统一成电弱相互作用的基础上, 进一步囊括和统一强相互作用. 上一章习题 14.13 所涉及的质子衰变问题, 就是这种理论的一个预言.

习题 15.7 K^0 介子衰变是一个很简单的问题. 不过我们要记住普朗克的那句话: 物理定律越带普遍性, 就越是简单. 1957 年李政道与杨振宁发现宇称不守恒, 所分析的衰变过程, 就是由这同一种 K 介子的不同电荷态 K^+ 引起的. 当初以为宇称守恒, 根据衰变产物的宇称来判断, 把下述两个衰变过程看成是两个不同粒子 θ^+ 与

τ^+ 的衰变:

$$\theta^+ \longrightarrow \pi^+ + \pi^0,$$

$$\tau^+ \longrightarrow \pi^+ + \pi^+ + \pi^-.$$

这两个过程初态的质量和寿命都相同, 但末态的宇称相反, 这在当时被称为 $\theta - \tau$ 之谜. 李政道与杨振宁指出在粒子衰变的弱相互作用中宇称并不守恒, 这两个衰变的初态是同一种粒子 (现在称为 K^+), 这个复杂的谜团才得以解开和简化. 这也就是狄拉克所说的用简单的方式去理解困难的事.

习题 15.8 和 15.9 以及 15.11 这三题, 是关于粒子之间相互作用的问题, 这是整个粒子物理的动力学问题的核心. 习题 15.8 涉及的是所谓的普适费米相互作用, 而习题 15.9 所涉及的则是一种唯象强相互作用. 其实, 虽然自从 1934 年费米提出以来, 普适费米相互作用已经有了很多理论包装, 并且具有普适的特征, 不过就其实质, 它仍然是一种物理学家称之为手工操作 (added by hands) 的唯象理论. 这就像非相对论量子力学中的电子自旋是被泡利用手工加上去的一样. 只有到了狄拉克的相对论性量子力学方程中, 电子的自旋才成为相对论与量子力学相结合的自然的推论.

在粒子物理的动力学问题中, 把各种相互作用纳入一个统一的理论框架之中, 使之成为理论自然的结果, 其基础是杨振宁与米尔斯的规范场理论. 习题 15.11 所涉及的, 是在 1967 年提出的温伯格 - 萨拉姆电弱统一理论中传递弱相互作用的 "中间玻色子" $W^\pm$ 与 Z^0 粒子. 而这电弱统一相互作用理论, 正是一种杨 - 米尔斯规范场理论, 它把关于弱相互作用过程的费米普适相互作用, 与传统电动力学所描述的电磁相互作用, 统一地纳入了一个规范理论的框架之中. 而习题 15.9 所涉及的强相互作用过程, 则可以纳入在这之后建立起来的关于强相互作用的量子色动力学. 量子色动力学也是一种规范场理论. 更有甚者, 人们又发现, 爱因斯坦的引力场也是一种规范场. 于是, 电、弱、强、引力这四种基本相互作用, 都是杨 - 米尔斯规范场的表现. 具体讨论杨 - 米尔斯规范场的问题, 要涉及一些抽象的数学, 我们在后面只是以电磁相互作用为例, 来对规范场的基本观念作一点初浅的介绍.

习题 15.10 与 15.16 是中微子的问题. 习题 15.10 是太阳中微子的探测, 这是美国布鲁克海文国家实验室的一组物理学家进行了十多年的著名实验. 习题 15.16 涉及对超新星爆发所发出的中微子进行的观测, 特别是对中微子质量上限的估计. 中微子的质量问题, 无论是对粒子物理还是天体物理来说, 都是具有重要意义的基本问题. 2015 年的诺贝尔物理学奖授予日本物理学家梶田隆章和加拿大物理学家阿瑟·麦克唐纳, 他们发现中微子振荡, 从而证明中微子有非零的质量.

习题 15.12 至 15.14 都是关于夸克模型的问题. 习题 15.15 则是关于奇异量子数的一个具体问题.

通常都把 1897 年作为粒子物理学诞生之年, 因为在这一年, 汤姆孙发现了电子. 接着是 1928 年, 狄拉克提出他的著名方程, 由此引入正反粒子概念, 并且预言了正电子的存在, 这是粒子物理第一个重大的观念性进展. 而 1932 年, 则是粒子物理学具有突破性进展的年份, 在这一年, 安德孙发现了狄拉克在理论上预言的正电子, 查德威克发现了海森伯据以提出同位旋概念的中子. 1935 年和 1954 年, 则可以认为是在粒子物理学发展中的另外两个具有重大历史意义的年份. 在 1935 年, 汤川秀树提出了在粒子之间通过交换介子来传递相互作用的观念. 在 1954 年, 杨振宁和米尔斯推广运用定域规范不变性原理, 提出在粒子之间传递相互作用的粒子是一种规范场粒子, 这不仅是粒子物理而且也是二十世纪物理学发展的一个重大观念性进展. 下面我们来简要地介绍一下这个定域规范不变性原理.

定域规范不变性原理 确定波函数的方程, 都包含对波函数的微分运算, 有作用于波函数的微分算符 $-i\hbar\nabla$ 与 $i\hbar\partial/\partial t$. 考虑把波函数作如下的定域规范变换:

$$\psi \longrightarrow \psi' = e^{i\gamma}\psi,$$

其中 $\gamma = \gamma(\boldsymbol{r}, t)$ 是任意的实函数. 在波函数的这个变换下, 在决定波函数的方程中, 微分运算就有下列变换:

$$-i\hbar\nabla \longrightarrow -i\hbar\nabla + \hbar\nabla\gamma,$$

$$i\hbar\frac{\partial}{\partial t} \longrightarrow i\hbar\frac{\partial}{\partial t} - \hbar\frac{\partial\gamma}{\partial t}.$$

如果我们要求方程的形式不变, 则微分算符必须以如下的形式出现:

$$-i\hbar\nabla \longrightarrow -i\hbar\nabla - q\boldsymbol{A},$$

$$i\hbar\frac{\partial}{\partial t} \longrightarrow i\hbar\frac{\partial}{\partial t} - q\varPhi,$$

其中的场 $(\boldsymbol{A}, \varPhi)$ 在波函数作上述定域规范变换时相应地作下列变换:

$$\boldsymbol{A} \longrightarrow \boldsymbol{A}' = \boldsymbol{A} + \frac{\hbar}{q}\nabla\gamma,$$

$$\varPhi \longrightarrow \varPhi' = \varPhi - \frac{\hbar}{q}\frac{\partial\gamma}{\partial t}.$$

　　于是, 如果我们要求决定波函数的方程在定域规范变换下不变, 亦即波函数在定域规范变换下所描述的状态不变, 把这个要求作为一个基本原理, 则在理论中就必然存在一种场 $(\boldsymbol{A}, \varPhi)$, 并且这种场在波函数的定域规范变换下具有上述相应的变换. 这个原理称为 定域规范不变性原理, 简称 规范不变性原理, 而由这个定域规范不变性原理所引入的场 $(\boldsymbol{A}, \varPhi)$, 则称为 规范场 (gauge field).

　　为了看出这个规范场 $(\boldsymbol{A}, \varPhi)$ 的物理含意, 我们来看一个质量为 m 的粒子的薛定谔方程. 根据定域规范不变性, 一个处于非电磁场 V 中的粒子, 它的薛定谔方程

$$i\hbar\frac{\partial}{\partial t}\psi = \frac{1}{2m}(-i\hbar\nabla)^2\psi + V\psi$$

就必须改写成

$$\left(i\hbar\frac{\partial}{\partial t} - q\varPhi\right)\psi = \frac{1}{2m}\left(-i\hbar\nabla - q\boldsymbol{A}\right)^2\psi + V\psi.$$

这个薛定谔方程的哈密顿算符为

$$\hat{H} = \frac{1}{2m}\left(-i\hbar\nabla - q\boldsymbol{A}\right)^2 + q\varPhi + V,$$

略去与我们的讨论无关的 V, 对应的经典哈密顿量就是

$$H = \frac{1}{2m}(\boldsymbol{p} - q\boldsymbol{A})^2 + q\varPhi.$$

把它代入哈密顿正则方程, 可以算出粒子的坐标 $\boldsymbol{r}$ 和动量 $\boldsymbol{p}$ 随时间的变化,

$$\boldsymbol{v} = \frac{\mathrm{d}\boldsymbol{r}}{\mathrm{d}t} = \frac{\partial H}{\partial \boldsymbol{p}} = \frac{1}{m}(\boldsymbol{p} - q\boldsymbol{A}),$$

$$\frac{\mathrm{d}\boldsymbol{p}}{\mathrm{d}t} = -\nabla H = q(\nabla \boldsymbol{A}) \cdot \boldsymbol{v} - q\nabla \Phi,$$

从而可以算出粒子所受的力为

$$\boldsymbol{F} = m\frac{\mathrm{d}\boldsymbol{v}}{\mathrm{d}t} = \frac{\mathrm{d}\boldsymbol{p}}{\mathrm{d}t} - q\frac{\mathrm{d}\boldsymbol{A}}{\mathrm{d}t} = q(\boldsymbol{E} + \boldsymbol{v} \times \boldsymbol{B}),$$

这正是电荷为 q 的粒子在电磁场中受到的洛伦兹力, 其中电场强度 $\boldsymbol{E}$ 和磁感应强度 $\boldsymbol{B}$ 为

$$\boldsymbol{E} = -\nabla \Phi - \frac{\partial \boldsymbol{A}}{\partial t}, \qquad \boldsymbol{B} = \nabla \times \boldsymbol{A}.$$

为了表明这样引入的规范场 $(\boldsymbol{A}, \Phi)$ 确实是电磁场, 还需要证明上述定义的场量 $\boldsymbol{E}$ 和 $\boldsymbol{B}$ 满足麦克斯韦方程组. 这需要用到狭义相对论对物理方程在形式上的普遍要求, 以及利用 $(\boldsymbol{A}, \Phi)$ 所必须满足的上述规范变换. 为此, 我们改用闵可夫斯基空间的四维形式, $(x_\mu) = (x, y, z, \mathrm{i}ct)$, $\mu = 1, 2, 3, 4$, 即

$$x_1 = x, \qquad x_2 = y, \qquad x_3 = z, \qquad x_4 = \mathrm{i}ct,$$

和简写 $\partial_\mu = \partial/\partial x_\mu$, 即

$$\partial_1 = \frac{\partial}{\partial x}, \qquad \partial_2 = \frac{\partial}{\partial y}, \qquad \partial_3 = \frac{\partial}{\partial z}, \qquad \partial_4 = \frac{1}{\mathrm{i}c}\frac{\partial}{\partial t}.$$

定义四维矢量势 $(A_\mu) = (\boldsymbol{A}, \mathrm{i}\Phi/c)$, 即

$$A_1 = A_x, \qquad A_2 = A_y, \qquad A_3 = A_z, \qquad A_4 = \frac{\mathrm{i}}{c}\Phi,$$

则前述 $(\boldsymbol{A}, \Phi)$ 在定域规范变换下的变换就可以写成

$$A_\mu \longrightarrow A'_\mu = A_\mu + \frac{\hbar}{q}\partial_\mu\gamma,$$

其中 γ 是任意实函数. 规范不变性原理要求物理量在上述变换下不变. 容易看出, 下列定义的量具有这种规范不变性:

$$F_{\mu\nu} = \partial_\mu A_\nu - \partial_\nu A_\mu,$$

这是一个 4×4 的行列式, 把它明写出来就是

$$(F_{\mu\nu}) = \begin{pmatrix} 0 & B_z & -B_y & -\mathrm{i}E_x/c \\ -B_z & 0 & B_x & -\mathrm{i}E_y/c \\ B_y & -B_x & 0 & -\mathrm{i}E_z/c \\ \mathrm{i}E_x/c & \mathrm{i}E_y/c & \mathrm{i}E_z/c & 0 \end{pmatrix}.$$

它是由电磁场 $(\boldsymbol{E}, \boldsymbol{B})$ 的各个分量组成的, 所以称为电磁场张量. 这个电磁场张量 $F_{\mu\nu}$ 所满足的方程, 要求它们符合相对论, 在洛伦兹变换下具有协变性, 就是

$$\partial_\nu F_{\mu\nu} = \mu_0 j_\mu, \tag{1}$$

$$\partial_\lambda F_{\mu\nu} + \partial_\mu F_{\nu\lambda} + \partial_\nu F_{\lambda\mu} = 0, \tag{2}$$

这里我们使用爱因斯坦约定: 在同一项中出现的两个相同的下标, 意味着要对它从 1 到 4 求和, 例如

$$\partial_\nu F_{\mu\nu} \equiv \sum_{\nu=1}^{4} \partial_\nu F_{\mu\nu}.$$

上述关于 $F_{\mu\nu}$ 的两个方程 (1) 与 (2), 我们可以分别称为电磁场张量 $F_{\mu\nu}$ 的第一方程和第二方程. 具体写出来, 第一方程 (1) 在 $\mu = 1$ 时是

$$\frac{\partial B_z}{\partial y} - \frac{\partial B_y}{\partial z} - \frac{1}{c^2}\frac{\partial E_x}{\partial t} = \mu_0 j_x.$$

类似地写出 $\mu = 2$ 和 3 的方程, 把它们合起来写成矢量形式, 就是下列麦克斯韦引入位移电流以后的安培定律

$$\nabla \times \boldsymbol{B} = \mu_0 \boldsymbol{j} + \frac{1}{c^2}\frac{\partial \boldsymbol{E}}{\partial t}.$$

$\mu = 4$ 的情形是

$$\frac{\mathrm{i}}{c}\Big(\frac{\partial E_x}{\partial x} + \frac{\partial E_y}{\partial y} + \frac{\partial E_z}{\partial z}\Big) = \mu_0 j_4.$$

注意 $\varepsilon_0\mu_0 = 1/c^2$, 若令 $j_4 = \mathrm{i}c\rho$, 就可以看出这正是高斯定律:

$$\nabla \cdot \boldsymbol{E} = \frac{\rho}{\varepsilon_0}.$$

我们再来看电磁场张量 $F_{\mu\nu}$ 的第二方程 (2). 在 $(\lambda, \mu, \nu) = (1, 2, 3)$ 时, 可以写出

$$\frac{\partial B_x}{\partial x} + \frac{\partial B_y}{\partial y} + \frac{\partial B_z}{\partial z} = 0,$$

这就是下列磁场无源定律

$$\nabla \cdot \boldsymbol{B} = 0.$$

$(\lambda, \mu, \nu) = (2, 3, 4)$ 时, 我们可以写出

$$-\frac{\mathrm{i}}{c}\frac{\partial E_z}{\partial y} + \frac{\mathrm{i}}{c}\frac{\partial E_y}{\partial z} + \frac{1}{\mathrm{i}c}\frac{\partial B_x}{\partial t} = 0,$$

$$\frac{\partial E_z}{\partial y} - \frac{\partial E_y}{\partial z} = -\frac{\partial B_x}{\partial t}.$$

类似地写出 $(\lambda, \mu, \nu) = (3, 4, 1)$ 和 $(4,1,2)$ 的方程, 合起来写成矢量方程, 就是下列法拉第电磁感应定律

$$\nabla \times \boldsymbol{E} = -\frac{\partial \boldsymbol{B}}{\partial t}.$$

上述讨论表明, 如果把定域规范不变性作为一条基本的物理原理, 再加上狭义相对性原理, 我们就可以自动地得到满足麦克斯韦方程组的电磁场, 并且给出它对荷电粒子的洛伦兹力. 这也就是说, 电磁场不再是被麦克斯韦用手工加到物理学中来的东西, 而是规范不变性和狭义相对性原理的必然推论. 这对于追求简单与完美的理论物理学家来说, 无疑是激动人心和震撼心灵的事情.

薛定谔曾经说过, 大物理学家所要做的事, 不是去发现一些别人还没有发现的东西, 而是要在别人发现的东西里看出别人没有看出的东西. 杨振宁就是这样一位物理学家, 他不仅和李政道从 $\theta - \tau$ 之谜中看出了宇称不守恒, 更重要的是, 他还和米尔斯从上述引入电磁相互作用的例子里, 看到了自洽和统一地引入各种相互作用的普遍原理. 他们看到, 上面讨论的 ψ, 只是普通空间中的波函数. 如果对于同位旋空间中的波函数作类似的定域规范变换, 也要求它具有定域规范不变性, 这就可以自动地引入一种作用于同位旋上的规范场. 杨振宁与米尔斯的这一思想, 可以推广到描述粒子性质的更一般的内部空间, 这就是现在大家所说的杨 - 米尔斯场论.

波函数规范变换中的 γ, 是波函数的相位改变. 如果 γ 是不依赖于空间位置的常数, 它就表示波函数整体的相位改变. 而如果 γ 依赖于空间的位置, $\gamma = \gamma(\boldsymbol{r})$, 它则表示波函数在空间每一点的相位改变, 即波函数的定域相位改变. 所以, 波函数的定域规范变换, 实际上是波函数的定域相位变换. 之所以称为规范变换, 是沿用了最早研究这个问题的数学家外尔 (H. Weyl) 所用的名称. 爱因斯坦把引力场归结为时空的弯曲, 而外尔则进一步尝试把电磁场归结为时空尺度的变换. 尺度的英文是 gauge, 又译 规范. 现在我们知道, 电磁场是源自波函数的相位变换. 科学家都是很注重传统和很保守的一群. 杨振宁先生说相位因子是二十世纪物理学的主旋律之一, 所

指的主要就是这个规范不变性原理. 有兴趣的读者, 可以参阅《物理》 2014 年 12 期杨先生的文章.

现在大家都知道, 传递电磁相互作用的粒子是光子 γ, 传递弱相互作用的粒子是中间玻色子 $W^{\pm}$ 和 Z^0, 传递强相互作用的粒子是胶子 $\{g^a\}$. 而这描述光子的电磁场是一种最简单的规范场, 描述中间玻色子的场和描述胶子的场也是规范场, 就连描述万有引力的爱因斯坦引力场也都是一种规范场. 杨 - 米尔斯规范场把所有这四种基本相互作用都统一地纳入了一种简单的框架之中, 朝着爱因斯坦、外尔、海森伯等许多大物理学家多年来梦寐以求的目标迈进了一大步. 为此孜孜以求的物理学家们, 都懂得这一步的贡献有多么巨大. 所以, 杨振宁与米尔斯的这个工作赢得了广大物理学家的心仪与敬重, 杨 - 米尔斯这一名称, 将会久远地写入物理学中.

现在经典电动力学的讲法, 绝大多数还是先讲库仑定律、安培定律、法拉第电磁感应定律和磁场无源定律, 再讲麦克斯韦引入位移电流和总结成麦克斯韦方程组, 以及洛伦兹力的公式. 这种讲法, 是把上述实验规律作为电动力学理论的基础, 然后再从麦克斯韦方程组和洛伦兹力公式的参考系变换引出相对论. 这当然是不错的讲法. 不过, 和所有以实验定律为基础和出发点的理论讲法一样, 按照这种讲法, 理论的定律和方程都是用手工加进来的, added by hands, 就像量子力学中泡利的电子自旋理论一样, 在本质上还是一种唯象理论.

根据杨振宁和米尔斯的划时代的工作, 和后来温伯格、萨拉姆以及其他许多人的工作, 定域规范不变性已经成为最基本的物理原理, 成为二十世纪物理学的主旋律之一. 现在讲电动力学, 就可以完全抛弃这种手工操作. 在新写的量子场论的书中, 都是从相对性原理和定域规范不变性原理写出麦克斯韦方程组和洛伦兹力公式.

物理教学的发展, 总是要比物理学本身的发展推迟一个相位, 看来这确实是物理教学发展的一条历史规律 (参阅第 9 章和第 13 章的小结). 如果我们用一个扩散方程来描述新的知识和思想观念在人群中的传播, 那么这个方程中的扩散系数大约总是与这个群体的传统观念和文化淀积成反比的.

狄拉克获诺贝尔奖的经过 二十世纪物理学的第一位巨人当然是爱因斯坦. 但谁是第二位, 谁又是第三位呢? 这个问题的答案就因人而异. 杨振宁先生在一次演讲中曾经说过, 他最佩服的三位当代物理学家, 是爱因斯坦、费米和狄拉克. 杨先生说, 狄拉克解决问题的方法像是神来之笔, 读狄拉克的论述有秋水文章不染尘的感觉.

二十世纪二十年代中期参与量子力学建立的, 主要是哥廷根学派的玻恩, 海森伯和约当, 剑桥的狄拉克, 法国的路意·德布罗意和奥地利人薛定谔 (参见第 6 章末 "量子力学创立之五部曲"). 量子力学的这六位奠基人, 除了约当外, 其他五位后来都相继获得了诺贝尔物理奖.

狄拉克在物理学史上具有里程碑性的工作, 是量子力学创立两年之后的 1928 年发表的. 这就是他关于电子的相对论性波动方程, 这个方程现在称为狄拉克方程. 根据狭义相对论对物理方程在形式上的普遍要求, 和几个简单明显的假设, 他得到的方程出乎预料地自动包含了电子的自旋, 给出电子的朗德 g 因子 2, 算出了氢原子能级的精细结构, 均与实验符合, 立即为物理学界所接受, 并激起了对它进行进一步和深入的研究.

这种深入的研究揭示出一个相对论所固有的问题. 在经典力学中, 自由粒子的能量正比于动量的平方, 所以总是正的. 但是在相对论中不然. 在相对论中, 自由粒子能量的平方与动量的平方成线性关系. 所以, 对于给定的动量, 粒子的能量有正负两个解. 具有负能量的粒子, 速度与动量的方向相反; 设法增加动量, 其能量却相应地减少. 这就像犟驴一样, 打着不走拉着倒退, 在哥本哈根的玻尔研究所里被伽莫夫诙谐地称为 "犟驴电子". 而我们在实验上还从来没有看到过这种具有负能量的犟驴电子.

一般人在自己的理论与实验观测不一致时, 总是相信实验事实而怀疑理论有问题. 狄拉克不同, 在他的天平上理论的优美远远高于实验的测量. 如果理论在数学和形式上十分完美, 他就要想到是不是实验有问题. 评论家把狄拉克的这种态度称为他的贵族风格. 为了解释为什么在实验上看不到这种具有负能量的电子, 狄拉克假设真空并非空无所有，而是所有的负能态都被电子填满了，由于泡利原理，具有正能量的电子不能跃迁到负能态去，不能产生可观测的效应．这就是著名的狄拉克海．如果这种负能态空出一个来，亦即在狄拉克海中出现一个空穴，那就像是多出了一个具有正能量和正电荷的粒子．狄拉克就这样预言了正电子的存在．

狄拉克的这个关于负能海的假设是经不起推敲的．填满无穷多个负能态的电子就是一个无限大的负电荷分布，会产生无限大的电场．所以，狄拉克又想办法来说明为什么观测不到这个无限大的电场．这种解释也很牵强．狄拉克关于负能态电子的这个理论实在不能看作是一个严格意义上的理论，至多只能说是一个过于简化的模型．包括玻尔和泡利在内的许多很有影响的物理学家都持怀疑的态度．

可是，狄拉克据此预言了具有正电荷的电子，这是可以用实验来检验的．美国加州理工的安德孙和英国卡文迪什的布拉开特以及意大利物理学家奥夏里尼于 1932 年在宇宙射线中发现了这种正电子，安德孙并且把它命名为"正子"．虽然安德孙和他原来的老师和研究计划主持人密立根都认为这并不是狄拉克理论中的正电子，但是这个粒子的电荷和质量确实与狄拉克预言的一致．实际上，狄拉克方程的负能困难后来在量子场论中才得到合理和满意的解决．在量子场论里，正能态描述粒子的产生，负能态描述反粒子的湮灭．这就是狄拉克获奖前的背景．安德孙后来在1961 年回忆说：尽管在事实上狄拉克的相对论性电子理论是关于正子的一个恰当的理论，以及尽管在事实上几乎所有的物理学家都知道有这个理论，但是它在正子的发现中并没有起什么作用．由于宇宙线中的光子会引起原子核反应，当时安德孙和密立根都相信，正子是从这种核反应中发射出来的，而不是来自正负电子对的产生．

在 1928 年，爱因斯坦就提出应该给量子力学的奠基人授予诺贝尔物理学奖，他提出的候选人有德布罗意，薛定谔，海森伯，玻恩和约当．1929 年，维也纳的物理学家梯林格 (Hans Thirring) 又提名德布罗意，海森伯，薛定谔和狄拉克．诺贝尔委员会说海森伯和薛定谔的理论"还未能给出任何新的更基本性质的发现"，所以 1929 年的诺贝尔物理奖只授予了德布罗意, 他预言的物质波已经被实验证实. 1931 年爱因斯坦又提名薛定谔和海森伯, 1932 年爱因斯坦接着提名薛定谔.

1932 年没有授奖. 1933 年被提名的有海森伯, 薛定谔, 狄拉克, 索末菲, 朗之万, 布里奇曼, 戴维孙, 帕邢和伍德, 等等. 提名薛定谔的有七位, 其中包括爱因斯坦, 玻尔, 奥塞恩, 弗朗克, 莫里斯·德布罗意和路意·德布罗意. 提名狄拉克的有威廉·布拉格和波兰物理学家比阿洛布采斯基 (Czeslaw Bialobrzeski). 比阿洛布采斯基提名的第一候选人是朗之万和伍德, 狄拉克是他提的第二候选人. 布拉格提的候选人是薛定谔, 海森伯和狄拉克, 他说: "在薛定谔, 海森伯和狄拉克这三人之间很难作出区分, 是否有可能开一个新的先例, 把奖金分给他们三位, 特别是去年没有授奖, 我觉得这样授奖是公正的, 会让大家都高兴."

看来诺贝尔委员会采纳了布拉格的建议. 实际上, 海森伯获得了 1932 年的奖, 而薛定谔与狄拉克分得 1933 年的奖. 有意思的是, 狄拉克只获得了两个提名, 并且都不是第一候选人, 而上面提到的其他候选人获得的提名数都比狄拉克多. 如果诺贝尔委员会只单纯考虑提名数的话, 狄拉克就会失去这次机会.

更有意思的是诺贝尔物理委员会对狄拉克的评价. 当时诺贝尔物理委员会的五位委员中, 只有奥塞恩 (Carl Wilhelm Oseen) 与胡尔藤 (Erik Hulthen) 两位对量子理论有很好的了解. 奥塞恩是乌普萨拉大学的教授, 玻尔的好友. 他小心谨慎地为狄拉克写了长达 28 页的评语. 奥塞恩认为, 狄拉克虽然是一位有独创性的多产的科学家, 但是对于物理学的基础来说, 还不是一个真正的开拓者. 他在这个评语中写道:

"无论我们必须多么高度地评价狄拉克的工作, 这个工作仍然不像海森伯的工作那样具有基本的意义. 在以实现海森伯大胆思想为己任的一群研究者当中, 狄拉克处于前列. 与玻恩和约当相比, 他是独立的. 刚才提到的材料表明了这一点, 而且对论文的研究也支持这一点. 但是, 相对于海森伯来说, 狄拉克是一个后继者."

奥塞恩如此强调海森伯的大胆思想 (即以可直接观测的量为基

础来建立理论), 把玻恩、约当和狄拉克统统都贬为海森伯思想的实现者, 而却不提狄拉克关于负电子海和正电子这同样是石破天惊的大胆而且物理的思想, 显然是受了玻尔的影响. 无可怀疑的是, 狄拉克 1928 年的相对论性电子理论在为他获得诺贝尔奖的天平上加上了最大的砝码. 奥塞恩也承认, "迄今为止, 这个工作对他的名气贡献最大." 在写给诺贝尔委员会的评语中, 奥塞恩的结论是:

"如果要问, 狄拉克是不是普朗克、爱因斯坦或玻尔那样水平的科学开拓者, 我想, 现在来说, 对这个问题的回答肯定是不. 但是, 必须承认, 一个科学家能否成为一位伟大的开拓者, 这不仅取决于他自己, 还取决于他所生活的时代. 当狄拉克睁眼面对科学的世界时, 他无疑看到了发展海森伯的思想是最重要和当务之急的事. 狄拉克把他的全部生活和精力都投入了这一事业, 以至于至今他还没有时间做出他真正伟大的具有革命性的工作. 但是, 这种工作仍然可能会出现, 这不是完全不可能的. 值得指出的是, 狄拉克的多数真正具有开创性的论文都是最近几年才提出来的."

关于狄拉克对物理学的贡献, 奥塞恩的这种批评性的评价是值得商榷的. 看来, 奥塞恩确实是低估了狄拉克工作的划时代的意义. 这种意义在今天比在 1933 年看得更清楚. 但是, 即便是在当时, 量子理论的大多数专家也都认为狄拉克是一位可与普朗克和玻尔相比的百年一遇的天才.

如果根据诺贝尔物理委员会的意见来作决定, 狄拉克肯定就失去了这次机会. 有利于狄拉克的转机出现在瑞典皇家科学院的全体大会上. 按照诺贝尔奖的工作程序, 诺贝尔委员会根据提名数来确定候选人, 但并不是根据提名数来确定受奖人. 授奖的最后决定权不在诺贝尔委员会, 而在瑞典皇家科学院的全体大会. 那么, 瑞典皇家科学院的全体大会根据什么来作出判断和选择呢? 须知大部分院士对于物理都不是行家, 更不要说量子力学了. 文件上没有细说, 只含糊其辞地说因为狄拉克 "发现了新的关于原子理论的富于活力的形式及其应用" 而授予他诺贝尔物理学奖. 也就是说, 并不是为了狄拉克的某一件具体工作, 而是为了他 1925 年以来的所有工作. 毋庸置疑, 院士们心中想的当然是狄拉克 1928 年的相对论性理论以及他对于正电子的预言. 后来历史的发展证明这个决定是完全正确的, 狄拉克方程现在是任何一本完整的量子力学教科书必不可少的一章, 是任何一本量子场论的书籍讨论的基础和出发点.

狄拉克被邀请参加 1927 年索尔维会议, 与爱因斯坦坐在一起讨论量子力学的诠释问题, 这意味着他已经被接纳进入科学殿堂的最顶层. 这时他才 25 岁. 1930 年狄拉克当选为英国皇家学会会员, 这在那个年代的英国科学家来说, 完全可以与获诺贝尔奖媲美了. 到 1932 年, 狄拉克又接替拉莫尔爵士, 成为剑桥大学卢卡斯数学教授. 主持过这个历史性教席的, 第一位是牛顿的老师巴罗, 第二位是牛顿本人. 斯蒂芬·霍金 (Stephen W. Hawking) 也曾经担任过这个教席. 评论家说, 狄拉克是担任过卢卡斯教席的人中真正可以与牛顿相比的人. 可以说, 在 1932 年他 30 岁时, 狄拉克已经达到了名誉的顶峰.

当得知被授予诺贝尔物理学奖时, 狄拉克最初的反应是想拒绝这份瑞典人给他的殊荣. 因为他性格内向, 不愿意成为轰动社会的新闻人物. 但是卢瑟福说服了他. 卢瑟福对他说: 你如果拒绝接受诺贝尔奖, 就会成为更加轰动的新闻人物. 与海森伯一样, 狄拉克是由他妈妈陪着去斯德哥尔摩领奖的. 伦敦的一家报纸形容他"腼腆害羞得像个小羚羊, 典雅文静得像维多利亚时代的处女", 文章的标题是"害怕所有女人的天才".

狄拉克曾经说过: "我和薛定谔都极为欣赏数学美, 这种对数学美的欣赏支配了我们的全部工作. 相信描述自然界基本规律的方程都必定具有显著的数学美, 这是我们的一个信条. 这对我们像是一种宗教. 信奉这种宗教颇多裨益, 可以把它看成是我们许多成功的基础." 正是这种信条, 引导爱因斯坦、狄拉克、薛定谔和杨振宁这几位二十世纪的物理学巨人步入科学圣殿的最顶层.

16 广义相对论的基本概念

基本概念

• 引力质量与惯性质量相等：在牛顿力学中描述物体惯性的质量，称为 惯性质量，这也就是在狭义相对论中由动量能量四维不变量定义的质量. 而 引力质量，则是在万有引力定律中引进的描述引力强度的量. 这两个量的物理含意不同，在逻辑和物理上都没有关系. 它们的相等，是一个实验事实. 而引力质量与惯性质量相等这一点，是爱因斯坦广义相对论据以建立的物理基础.

• 等效原理和广义相对性原理：在一个相当小的时空范围内，不可能通过实验来区分引力与惯性力，它们是等效的. 这是爱因斯坦根据引力质量与惯性质量相等而提出的基本假设，称为 等效原理. 根据这个等效原理，非惯性系中的惯性力等效于引力，这就把非惯性系与惯性系放在平等的地位，于是爱因斯坦就提出了 广义相对性原理：在所有的参考系中，自然定律的表述都应该相同.

• 瞬时惯性系和局部惯性系：在一个足够短的瞬间，当参考系的速度变化可以忽略时，就可以把这个非惯性系看成一个以瞬时速度运动的惯性系，称为 瞬时惯性系. 在空间的一个局部区域，当引力场可以近似看成均匀时，就可以选择一个适当的加速参考系，在其中惯性力与引力完全抵消，这个参考系就是一个 局部惯性系.

• 重力场中的钟与尺：为了比较重力场 S 中地面和高 H 处的钟和尺，可以让实验室 S' 从高 H 处自由下落. S' 是局部惯性系，其中钟与尺的标度不变，时空是平直的. S' 在高 H 处时，相对于 S 是静止的，所以 S 中高 H 处的钟与尺和 S' 中的一样. S' 落到地面时，地面相对于它有一速度，所以 S' 中的观测者看到地面的钟变慢，尺缩短. 也就是说，地面的钟比高处的慢，地面的尺比高处的短. 从远离地面的高处看，离地越近，重力势越低的地方，钟越慢，尺越短.

● 时空弯曲的几个可观测效应: ①太阳引力场使它周围的空间发生弯曲, 使行星运动的轨道进一步弯向太阳, 不再是一个封闭的椭圆, 近日点角位置朝前缓慢进动. ②由于空间发生弯曲, 经过太阳附近的星光会朝太阳方向偏转, 经过太阳附近的电波会因路程加长而延缓. ③因为引力场中的钟变慢, 从星体发来的光, 频率会变慢, 光谱会朝红端移动. 这就是水星近日点进动、星光的引力偏转和星光的引力红移三大效应.

从本章开始要经常用到万有引力常数, 国际上通用符号 G_N, 我们省去下标 N (牛顿, 对比弱相互作用的费米耦合常数 G_F, 见《近代物理学》 15.6 节相互作用), 把它简写成 G.

习题 16.1 能量为 E 的光子具有有效质量 E/c^2, 根据等效原理, 它通过星球附近时会受到星球质量 M 的吸引. 这个引力很小, 可以把它与星球擦边而过的路径近似为折线. 试用牛顿力学证明光子路径的偏转角 $\Delta\theta = 2GM/Rc^2$, 其中 G 是万有引力常数, R 是星球半径.

解 能量为 E 的光子, 具有有效质量 $m = E/c^2$, 这是普朗克于 1907 年提出的一个假设. 这个假设认为, 所有的能量都要受到引力的作用, 并且也会产生引力. 这样假设的有效质量, 是一种引力质量. 把它运用到现在的这个问题, 并且考虑到引力质量与惯性质量相等, 我们就可以求出质量为 $m = E/c^2$ 的质点在星球引力场中的轨道, 从而求出其路径的偏转.

质点 m 受到星球质量 M 的引力为

$$\boldsymbol{F} = -\frac{GMm\boldsymbol{r}}{r^3}.$$

这是平方反比的有心力, 隆格 - 楞次矢量守恒 (见第 6 章的基本概念和公式). 隆格 - 楞次矢量为

$$\boldsymbol{e} = \frac{\boldsymbol{r}}{r} - \frac{\boldsymbol{L} \times \boldsymbol{p}}{\kappa m},$$

其中的 κ 现在是

$$\kappa = -GMm.$$

取 x 轴沿 $\boldsymbol{e}$ 方向, z 轴沿 $\boldsymbol{L}$ 方向, 则由于角动量守恒, 质点轨道在

xy 平面. 在 e 的定义式两边点乘 r, 就有

$$er\cos\phi = r - \frac{r \cdot (L \times p)}{\kappa m} = r + \frac{L^2}{\kappa m},$$

由此可以解得质点的轨道方程为

$$r = \frac{L^2}{GMm^2} \frac{1}{1 - e\cos\phi}.$$

当 $\phi = \pi$ 时, 质点距星球最近, 有

$$r_{\min} = \frac{L^2}{GMm^2} \frac{1}{1+e}.$$

当质点与星球擦边而过时, $r_{\min} = R$, R 为星球半径. 这种情形, 相应于质点轨道对 x 轴对称, 正负无限远的渐近线与 y 轴基本平行. 质点从 y 轴负无限远处入射时的瞄准距离 $b = R$, $L = bp_0 = RE/c$, 这里我们用到了光子的能量动量关系 $E = p_0 c$. 于是上式给出

$$e = \frac{L^2}{GMm^2}\frac{1}{R} - 1 = \frac{R^2 E^2/c^2}{GMm^2 R} - 1$$

$$= \frac{c^2 R}{GM} - 1 \approx \frac{c^2 R}{GM} \gg 1.$$

从质点的轨道方程可以看出, $r \to \infty$ 的条件是 $1 - e\cos\phi \to 0$,

$$\cos\phi \to \frac{1}{e} \approx \frac{GM}{c^2 R} \ll 1.$$

与此相应的入射角和出射角分别是

$$\phi_{\text{in}} = \frac{3\pi}{2} + \frac{\Delta\theta}{2}, \qquad \phi_{\text{out}} = \frac{\pi}{2} - \frac{\Delta\theta}{2},$$

于是可以解出偏转角 $\Delta\theta$ 为

$$\Delta\theta \approx \frac{2GM}{c^2 R}.$$

必须指出, 我们这里只用到光子具有有效质量 $m = E/c^2$ 这一假设和牛顿力学. 亦即, 我们只考虑了引力效应, 而没有考虑空间的弯曲, 即还没有考虑广义相对论. 也考虑空间的弯曲, 从爱因斯坦引力场方程给出的结果, 是上述结果的 2 倍,

$$\Delta\theta \approx \frac{4GM}{c^2 R}.$$

代入太阳的数值 $M = 1.99 \times 10^{30}$ kg, $R = 6.96 \times 10^8$ m, 和万有引力常数 $G = 6.674 \times 10^{-11}$ m³/(kg·s²), 可以算出

$$\Delta\theta \approx \frac{4GM}{c^2 R} = \frac{4 \times 6.674 \times 10^{-11}\,\text{m}^3/(\text{kg}\cdot\text{s}^2) \times 1.99 \times 10^{30}\,\text{kg}}{6.96 \times 10^8\,\text{m} \times (2.998 \times 10^8\,\text{m/s})^2}$$

$$= 0.8491 \times 10^{-5} \times \frac{360 \times 60 \times 60''}{2\pi} = 1.75'',$$

这就是爱因斯坦广义相对论预言的著名的星光偏转效应.

习题 16.2 不用 $\Delta\nu/\nu \ll 1$ 的假定, 但忽略空间弯曲效应, 试从等效原理推出引力红移的表达式 $\nu = \nu_0 \mathrm{e}^{-GM/c^2 r}$.

解 光子具有能量 $h\nu$, 等效地就具有质量

$$m = \frac{h\nu}{c^2}.$$

在星球的引力场中沿径向移过 $\mathrm{d}r$, 光子能量的改变为

$$h\mathrm{d}\nu = -\frac{GMm\mathrm{d}r}{r^2} = -\frac{GMh\nu\mathrm{d}r}{c^2 r^2},$$

$$\frac{\mathrm{d}\nu}{\nu} = -\frac{GM\mathrm{d}r}{c^2 r^2}.$$

设在星球表面 r 处光子的频率为 ν_0, 射到地面 $r \to \infty$ 处光子频率变成 ν, 则有

$$\ln\frac{\nu}{\nu_0} = -\int_r^\infty \frac{GM\mathrm{d}r}{c^2 r^2} = -\frac{GM}{c^2 r},$$

$$\nu = \nu_0 \mathrm{e}^{-GM/c^2 r}.$$

当 $GM/c^2 r \ll 1$ 时, 近似地有

$$\frac{\Delta\nu}{\nu_0} = \frac{\nu - \nu_0}{\nu_0} \approx -\frac{GM}{c^2 r}.$$

对于太阳光谱, 代入万有引力常数 G 和太阳的质量 M 与半径 r (数值见上题), 利用上题的计算结果, 可以得到

$$\frac{\Delta\nu}{\nu_0} \approx -\frac{GM}{c^2 r} = -\frac{0.8491 \times 10^{-5}}{4} = -2.12 \times 10^{-6},$$

这就是爱因斯坦广义相对论预言的著名的星光红移效应.

习题 16.3 银河系质量约为 8×10^{41} kg, 假设这些质量在 $10\,000$ pc (秒差距) 的球内均匀分布, 试估计在银河系外远处观测的从银河系中心发出的光的引力红移.

解 本题与上题的做法一样, 只是现在 $M = M(r)$,

$$M(r) = \begin{cases} M_0 r^3/R^3, & r < R, \\ M_0, & r \geqslant R, \end{cases}$$

$$\ln\frac{\nu}{\nu_0} = -\int_0^\infty \frac{GM(r)\mathrm{d}r}{c^2 r^2} = -\int_0^R \frac{GM_0 r\mathrm{d}r}{c^2 R^3} - \int_R^\infty \frac{GM_0\mathrm{d}r}{c^2 r^2}$$

$$= -\frac{GM_0}{2c^2R} - \frac{GM_0}{c^2R} = -\frac{3}{2}\frac{GM_0}{c^2R},$$

$$\nu = \nu_0 e^{-3GM_0/2c^2R}, \qquad \frac{\Delta\nu}{\nu_0} = \frac{\nu-\nu_0}{\nu_0} \approx -\frac{3}{2}\frac{GM_0}{c^2R}.$$

秒差距 (pc) 是 1 天文单位 (AU) 所张的角度为 1 角秒的距离. 天文单位等于地球轨道半长轴,

$$1\text{AU} = 1.495\,978\,707\,00 \times 10^{11}\,\text{m},$$

$$1\text{pc} = 3.085\,677\,581\,49 \times 10^{16}\,\text{m} \approx 206\,265\,\text{AU}.$$

代入万有引力常数 $G = 6.674 \times 10^{-11}\,\text{m}^3/(\text{kg}\cdot\text{s}^2)$, 和银河系的数值 $M_0 = 8 \times 10^{41}\,\text{kg}$, $R = 10^4\,\text{pc} = 3.1 \times 10^{20}\,\text{m}$, 可以算出

$$\frac{\Delta\nu}{\nu_0} \approx -\frac{3}{2}\frac{GM_0}{c^2R}$$

$$= -\frac{1.5 \times 6.674 \times 10^{-11}\,\text{m}^3/(\text{kg}\cdot\text{s}^2) \times 8 \times 10^{41}\,\text{kg}}{(2.998 \times 10^8\,\text{m/s})^2 \times 3.1 \times 10^{20}\,\text{m}}$$

$$= -3 \times 10^{-6}.$$

习题 16.4 一通信卫星位于海拔 $150\,\text{km}$ 的高空, 若用 $10^9\,\text{Hz}$ 的无线电信号与它通信, 由于重力的作用, 在地面站与卫星之间无线电频率差多少? 忽略重力加速度随高度的变化.

解 若忽略重力加速度随高度的变化, 则根据能量守恒, 我们可以写出辐射量子从地面射出时的能量 $h\nu_0$ 与到达卫星时的能量 $h\nu$ 的下列关系

$$h\nu_0 = h\nu + \frac{h\nu}{c^2}gH = \left(1 + \frac{gH}{c^2}\right)h\nu,$$

其中第二项 $h\nu gH/c^2$ 是辐射量子在高度 H 处的重力势能, g 为重力加速度. 于是, 在地面站与卫星之间无线电频率之差为

$$\nu_0 - \nu = \frac{gH}{c^2}\nu = \frac{gH}{c^2}\frac{\nu_0}{1+gH/c^2}$$

$$\approx \frac{gH}{c^2}\nu_0 = \frac{9.81\text{m/s}^2 \times 150\,\text{km}}{(2.998 \times 10^8\,\text{m/s})^2} \times 10^9\,\text{Hz}$$

$$= 1.6 \times 10^{-2}\,\text{Hz}.$$

我们在写出重力势能项 $h\nu gH/c^2$ 时, 已经忽略了频率变化对它的影响. 由于频率的变化很小, 这个近似是合理的. 如果高度 H 很

大, 在这个范围内不仅重力加速度随高度的变化不能忽略, 频率变化的贡献也不能忽略, 那就要进行积分, 像 16.2 和 16.3 两题的做法一样, 我们就不在此具体写出.

习题 16.5 根据测不准原理, 在庞德 - 瑞布卡实验中为测出频率大小的改变, 时间间隔至少是多少?

解 庞德与瑞布卡的著名实验, 是 1959 年在哈佛塔做的. 他们把发射 $14.4\,\mathrm{keV}$ 的 γ 光子的 $^{57}\mathrm{Co}$ 放射源放在塔顶, 在塔底测量它射来的 γ 光子频率 ν, 比较它与原频率 ν_0 的差别. 与上题类似地, 我们可以写出光子在地面重力场中的能量守恒关系,

$$h\nu_0 + \frac{h\nu_0}{c^2} gH = h\nu,$$

其中 $H = 22.6\,\mathrm{m}$ 为塔高, g 为重力加速度, $h\nu_0/c^2$ 为光子等效质量. 于是光子能量的改变为

$$\begin{aligned}
\Delta E = h\nu - h\nu_0 &= \frac{gH}{c^2} h\nu_0 \\
&= \frac{9.81\,\mathrm{m/s^2} \times 22.6\,\mathrm{m}}{(2.998 \times 10^8\,\mathrm{m/s})^2} \times 14.4\,\mathrm{keV} \\
&= 2.467 \times 10^{-15} \times 14.4\,\mathrm{keV} = 3.55 \times 10^{-11}\,\mathrm{eV}.
\end{aligned}$$

这是一个非常小的能量改变. 根据测不准原理,

$$\Delta t \Delta E \geqslant \frac{\hbar}{2},$$

为了测出与频率改变相应的这个能量改变, 时间间隔至少是

$$\begin{aligned}
\Delta t = \frac{\hbar}{2\Delta E} &= \frac{\hbar c^2}{2h\nu_0 gH} \\
&= \frac{197.3\,\mathrm{eV\cdot nm} \times 2.998 \times 10^8\,\mathrm{m/s}}{2 \times 14.4\,\mathrm{keV} \times 9.81\,\mathrm{m/s^2} \times 22.6\,\mathrm{m}} \\
&= 0.93 \times 10^{-5}\,\mathrm{s}.
\end{aligned}$$

若用 $\Delta t \Delta E \sim \hbar$ 来估计, 则有 $\Delta t \sim 1.86 \times 10^{-5}\,\mathrm{s}$.

我们可以算出与频率差 $\nu_0 - \nu$ 相应的周期差 ΔT 为

$$\begin{aligned}
\Delta T = \frac{1}{\nu_0} - \frac{1}{\nu} &\approx \frac{\nu - \nu_0}{\nu_0^2} = \frac{gH}{\nu_0 c^2} = \frac{hc}{h\nu_0 c} \frac{gH}{c^2} \\
&= \frac{2\pi \times 197.3\,\mathrm{eV\cdot nm}}{14.4\,\mathrm{keV} \times 2.998 \times 10^8\,\mathrm{m/s}} \frac{9.81\,\mathrm{m/s^2} \times 22.6\,\mathrm{m}}{(2.998 \times 10^8\,\mathrm{m/s})^2}
\end{aligned}$$

$$= 2.872 \times 10^{-19}\,\text{s} \times 2.467 \times 10^{-15} = 7.09 \times 10^{-34}\,\text{s}.$$

这就是说, 在庞德 - 瑞布卡实验中测出的频率改变, 相当于这么小的一个时间间隔 ΔT. 他们不是直接来测量这个非常小的时间间隔, 而是测量 γ 射线的一个非常小的能量改变 ΔE. 一年前的 1958 年刚刚发现的穆斯堡尔效应 (γ 射线被原子核的无反冲共振吸收, 请参阅《近代物理学》 4.7 节穆斯堡尔效应) 才使得这么小的能量改变也能够测量出来. 广义相对论的预言都是非常精细的效应, 只有运用极高精度的实验技术, 才能进行测量和验证. 所以, 一旦发明了极高精度的实验测量技术, 物理学家马上就会想到能否用它来做广义相对论方面的实验.

习题 16.6　离地球 80.0 光年处有一星体, 在从它到地球的连线上距星体 20.0 光年处有一白矮星. 由于星光被白矮星引力偏转, 使我们看到星体有两个像, 这称为爱因斯坦引力透镜效应. 设白矮星质量等于太阳质量, 半径为 $7.0 \times 10^3\,\text{km}$, 求这两个像对我们所张的视角.

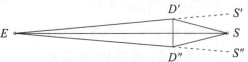

图 16.1　爱因斯坦引力透镜效应

解　本题的光线如图 16.1 所示. 从星体 S 射向地球 E 的光线, 经过白矮星时被白矮星的引力偏折成 $SD'E$ 和 $SD''E$. 从地球上看, 像就在 S' 和 S'' 处, 形成一个围绕 S 的光环. 为了看清角度的关系, 线段 $D'D''$ 已经大大地夸大了.

根据题设, $D'S = 20.0\,\text{l.y.}$, $ED' = (80.0 - 20.0)\,\text{l.y.} = 60.0\,\text{l.y.}$, $ED' = 3D'S$, 所以 $\angle D'SE = 3\angle D'ES$, 从三角形 $D'ES$ 可以写出

$$\angle S'D'S = \angle D'ES + \angle D'SE = 4\angle D'ES,$$
$$\angle D'ES = \frac{1}{4}\angle S'D'S,$$
$$\angle S'ES'' = \angle D'ED'' = \frac{1}{2}\angle S'D'S,$$

其中 $\angle S'D'S$ 就是星光被引力偏转的角度, 我们可以用习题 16.1 中

给出的公式来算. 于是, 星体的两个像对我们所张的视角为

$$\angle S'ES'' \approx \frac{1}{2}\frac{4GM}{Rc^2} = \frac{2GM}{Rc^2}$$
$$= \frac{2 \times 6.674 \times 10^{-11}\,\mathrm{m^3/(kg \cdot s^2)} \times 1.99 \times 10^{30}\,\mathrm{kg}}{7.0 \times 10^3\,\mathrm{km} \times (2.998 \times 10^8\,\mathrm{m/s})^2}$$
$$= 4.22 \times 10^{-4}.$$

习题 16.7　地面上空 $10\,\mathrm{km}$ 高处气球内的钟与地面的钟相比, 一年差多少时间?

解　为了把地面上空高 $H = 10\,\mathrm{km}$ 处的钟与地面的钟相比, 我们让实验室从高 H 处开始自由下落. 这个实验室就是一个局部惯性系, 它的时钟与高 H 处的钟快慢一致. 实验室落地时, 地面相对于它有一速度

$$v = \sqrt{2gH},$$

这里我们略去了重力加速度 g 随高度的变化. 于是, 地面的钟比实验室的钟慢, 亦即地面的钟比高处的钟慢, 时钟变慢的因子为

$$\sqrt{1 - v^2/c^2} \approx 1 - \frac{1}{2}\frac{v^2}{c^2} = 1 - \frac{gH}{c^2},$$

一年相差的时间就是

$$\Delta t \approx \frac{gH}{c^2} \times 1\,\mathrm{a} = \frac{9.81\,\mathrm{m/s^2} \times 10\,\mathrm{km}}{(2.998 \times 10^8\,\mathrm{m/s})^2} \times 365 \times 24 \times 3600\,\mathrm{s}$$
$$= 3.44 \times 10^{-5}\,\mathrm{s}.$$

习题 16.8　以角速度 $8.9 \times 10^6/\mathrm{s}$ 高速旋转的圆盘上的试验者测得转盘半径是 $10.0\,\mathrm{m}$, 试问他测得的转盘周长是多少?

解　在转盘上的每一点, 都是一个瞬时惯性系. 沿着转盘半径的尺, 相对于地面的速度与它自身垂直, 所以它与地面的尺长度一样. 在地面上的观测者测得的转盘半径长度, 与在转盘上的观测者测得的一样, $R = 10.0\,\mathrm{m}$. 地面是惯性系, 所以地面上的观测者测得的转盘周长 $C_0 = 2\pi R$. 另一方面, 在转盘上沿着转盘边沿的尺, 相对地面有沿着尺长方向的速度 $v = \omega R$. 于是, 从地面上的观测者来看, 转盘上的观测者测量周长所用的尺缩短了, 有洛伦兹收缩

因子
$$\sqrt{1-\frac{v^2}{c^2}}=\sqrt{1-\frac{\omega^2R^2}{c^2}},$$
换句话说, 在地面上的观测者来看, 有
$$C_0=C\sqrt{1-\frac{\omega^2R^2}{c^2}}.$$
代入 $R=10.0\,\mathrm{m}$ 和 $\omega=8.9\times10^6/\mathrm{s}$, 就有
$$\begin{aligned}
C&=\frac{C_0}{\sqrt{1-\omega^2R^2/c^2}}\\
&=\frac{2\pi\times10.0\,\mathrm{m}}{\sqrt{1-8.9^2\times10^{12}\,\mathrm{s}^{-2}\times10.0^2\,\mathrm{m}^2/(2.998\times10^8\,\mathrm{m/s})^2}}\\
&=65.8\,\mathrm{m}.
\end{aligned}$$
注意: 转盘上的观测者测到的圆周率是
$$\begin{aligned}
\pi_R&=\frac{C}{2R}=\frac{C_0/2R}{\sqrt{1-\omega^2R^2/c^2}}=\frac{\pi}{\sqrt{1-\omega^2R^2/c^2}}\\
&=\frac{\pi}{\sqrt{1-8.9^2\times10^{12}\,\mathrm{s}^{-2}\times10.0^2\,\mathrm{m}^2/(2.998\times10^8\,\mathrm{m/s})^2}}\\
&=3.2899>\pi,
\end{aligned}$$
所以在转盘上的几何是非欧几何.

习题 16.9 地球赤道周长为 4000 万米, 若用 4000 万根米尺首尾相接地排列, 则刚好在地面赤道上形成一个大圆. 现将这些尺从地面向上升高 1m, 仍然首尾相接, 则第一根与最后一根接不上, 有一间隙. ①不考虑相对论效应, 这个间隙有多大? ②考虑广义相对论效应, 升高的米尺处于较弱的引力场中, 略有伸长, 间隙略有减少, 试问少多少?

解 ①不考虑相对论效应, 这个间隙为
$$\Delta C=2\pi\Delta R=2\pi\times1\mathrm{m}=6.2832\,\mathrm{m}.$$
②考虑广义相对论效应, 假设地球的质量分布是球对称的. 在赤道平面上, 距离地心 r 处的地球引力势 $\phi(r)=-GM/r$, 可以在一个围绕地心以角速度 ω 转动的参考系中被消除, 只要
$$-\frac{GMm}{r}+\frac{1}{2}m\omega^2r^2=0,$$

$$\omega = \sqrt{\frac{2GM}{r^3}},$$

这里 $M = 5.98 \times 10^{24}\,\mathrm{kg}$ 是地球质量. 在这个转动参考系中位置 r 处的观测者, 在一个瞬间就是处于一个局部瞬时惯性系. 从这个观测者来看, 地球参考系相对于他有一个沿着赤道切线方向的速度 $v = \omega r$, 于是在地球系中该处沿赤道方向的尺有洛伦兹收缩, 收缩因子是

$$\sqrt{1 - \frac{v^2}{c^2}} = \sqrt{1 - \frac{\omega^2 r^2}{c^2}} = \sqrt{1 - \frac{2GM}{c^2 r}} \approx 1 - \frac{GM}{c^2 r}.$$

升高的米尺位于 r 较大处, 处于较弱的引力场中, 这个收缩因子略有减小, 尺略有伸长. 把这个公式运用于我们的问题, 则所求的间隙略有减少, 减小的量为

$$\begin{aligned}
\Delta \frac{-GM}{c^2 r} C &= \frac{GM \Delta r}{c^2 r^2} C = \frac{g \Delta r}{c^2} C \\
&= \frac{9.81\,\mathrm{m/s^2} \times 1\,\mathrm{m}}{(2.998 \times 10^8\,\mathrm{m/s})^2} \times 4000 \times 10^4\,\mathrm{m} \\
&= 1.09 \times 10^{-16} \times 4 \times 10^7\,\mathrm{m} = 4.36 \times 10^{-9}\,\mathrm{m},
\end{aligned}$$

其中 $g = GM/r^2$ 是地面重力加速度.

需要指出, 由于 $\phi = -GM/r$, 上述洛伦兹收缩因子可以一般地写成

$$\sqrt{1 - \frac{v^2}{c^2}} = \sqrt{1 + \frac{2\phi}{c^2}} \approx 1 + \frac{\phi}{c^2},$$

其中最后一步的近似对弱引力场成立.

习题 16.10 质量为 m 的钟放在以角速度 ω 转动的平台上, 到轴的距离为 r. ①求转动参考系中钟的势能 E_p 和单位质量的势能 $\varphi(r)$. ②当 $\omega r \ll c$ 时, 根据等效原理求出 r 处的钟相对于轴上的钟的快慢的相对变化.

解 ①在转动参考系中, 质量为 m 的物体受一沿径向向外的惯性离心力 $m\omega^2 r$. 物体沿径向移动距离 $\mathrm{d}r$, 势能 E_p 的增量为

$$\mathrm{d}E_\mathrm{p} = -m\omega^2 r \mathrm{d}r.$$

若取 $r = 0$ 处势能为 0, $E_\mathrm{p}(0) = 0$, 则有

$$E_\mathrm{p} = E_\mathrm{p}(r) = -\int_0^r m\omega^2 r \mathrm{d}r = -\frac{1}{2}m\omega^2 r^2,$$

从而单位质量的势能 $\varphi(r)$ 为

$$\varphi(r) = \frac{E_{\mathrm{p}}}{m} = -\frac{1}{2}\omega^2 r^2.$$

②根据等效原理, r 处的钟相当于处在引力势为 $\varphi(r) = -\frac{1}{2}\omega^2 r^2$ 的引力场中, 比轴上的钟慢, 有爱因斯坦膨胀,

$$T = T(r) = \sqrt{1 + \frac{2\varphi(r)}{c^2}}\, T_0 = \sqrt{1 - \frac{\omega^2 r^2}{c^2}}\, T_0,$$

其中 $T_0 = T(0)$. 当 $\omega r \ll c$ 时, 上式成为

$$T(r) \approx \left(1 - \frac{\omega^2 r^2}{2c^2}\right)T_0,$$

于是相对变化为

$$\frac{\Delta T}{T_0} = \frac{T - T_0}{T_0} \approx -\frac{\omega^2 r^2}{2c^2}.$$

习题 16.11 将钟升高 H 并作水平运动, 为使它与其正下方的钟的快慢一样, 它必须以多大速率运动? 证明这个速率与钟自由下落 H 所获速率相同.

解 利用上题给出的一般的公式, 有引力场时钟的读数 $T(r)$ 与无引力场时钟的读数 T_0 有关系

$$T(r) = \sqrt{1 + \frac{2\phi}{c^2}}\, T_0 \approx \left(1 + \frac{\phi}{c^2}\right)T_0,$$

其中的近似是弱引力场近似. 假设地球质量 M 是球对称分布的, 则距离地心 r 处的地球引力势就是 $\phi(r) = -GM/r$. 在地面上高 H 处的钟的读数 T_{H}, 与地面上的钟的读数 T_{E}, 有下列关系

$$T_{\mathrm{H}} = \frac{\sqrt{1 + 2\phi(R+H)/c^2}}{\sqrt{1 + 2\phi(R)/c^2}}\, T_{\mathrm{E}} \approx \left(1 + \frac{\phi(R+H) - \phi(R)}{c^2}\right)T_{\mathrm{E}}.$$

另一方面, 在高 H 处作水平运动从而保持引力势 $\phi(R+H)$ 不变的钟, 比在这个高度静止的钟变慢, 运动钟的读数为

$$T_{\mathrm{H}}' = \sqrt{1 - \frac{v^2}{c^2}}\, T_{\mathrm{H}} = \sqrt{1 - \frac{v^2}{c^2}}\frac{\sqrt{1 + 2\phi(R+H)/c^2}}{\sqrt{1 + 2\phi(R)/c^2}}\, T_{\mathrm{E}}$$

$$\approx \left(1 - \frac{v^2}{2c^2}\right)\left(1 + \frac{\phi(R+H) - \phi(R)}{c^2}\right)T_{\mathrm{E}}$$

$$\approx \left(1 + \frac{\phi(R+H) - \phi(R) - v^2/2}{c^2}\right)T_{\mathrm{E}}.$$

从上式可以看出，要求在高处作水平运动的钟与在其正下方地面上的钟快慢一样的条件，亦即使得这两个钟的读数相等 $T'_H = T_E$ 的条件，就是

$$\frac{1}{2}v^2 = \phi(R+H) - \phi(R),$$
$$\frac{1}{2}mv^2 + m\phi(R) = m\phi(R+H),$$

其中 m 是这个钟的质量. 上式正是这个钟在引力场中的能量守恒关系. 这就证明了，这个钟在高 H 处作水平运动的速度 v, 正好等于它从高 H 处自由落到地面所获得的速度. 当高度 H 不太大，在这个范围内地球引力势没有明显变化，从而重力加速度没有明显变化时，有

$$v = \sqrt{2[\phi(R+H) - \phi(R)]}$$
$$\approx \sqrt{2\left(\frac{\partial \phi}{\partial r}\right)_{r=R} H} = \sqrt{\frac{2GMH}{R^2}} = \sqrt{2gH}.$$

习题 16.12 ①能量为 E 的光子在地面所受重力有多大？②比较作用于能量为 $2.0\,\text{eV}$ 的可见光子和电子上的重力.

解 ①能量为 E 的光子，相当于具有引力质量 $m_L = E/c^2$, 在地面所受的重力为

$$m_L g = \frac{Eg}{c^2}.$$

②能量为 $E = 2.0\,\text{eV}$ 的可见光子，在地面所受的重力为

$$m_L g = \frac{Eg}{c^2} = \frac{2.0\,\text{eV} \times 9.81\,\text{m/s}^2}{(2.998 \times 10^8\,\text{m/s})^2} = 2.183 \times 10^{-25}\,\text{eV/nm}$$
$$= 2.183 \times 10^{-25} \times 1.602 \times 10^{-19+9}\,\text{N}$$
$$= 3.497 \times 10^{-35}\,\text{N} \approx 3.5 \times 10^{-35}\,\text{N},$$

电子在地面所受的重力为

$$m_e g = \frac{m_e}{m_L} m_L g = \frac{0.511 \times 10^6}{2.0} \times 3.497 \times 10^{-35}\,\text{N}$$
$$= 8.9 \times 10^{-30}\,\text{N}.$$

习题 16.13 在自由空间中一宇宙飞船以加速度 a 向前飞行，从舱底发出频率为 ν 的光子，在舱顶接收到的频率为 ν', 设舱长为

H, 试求频率的相对改变 $\Delta\nu/\nu$.

解 根据等效原理, 质点在加速参考系中的惯性力, 等效于它在引力场中所受的引力. 本题的情形, 就相当于地面附近重力加速度为 a 的均匀引力场, 飞船的舱底相当于地面, 舱顶相当于距离地面为 H 的高处. 于是, 与习题 16.4 类似地, 我们可以写出

$$h\nu = h\nu' + \frac{h\nu'}{c^2}aH.$$

与习题 16.4 一样, 在写出上面右边第二项时, 假设 aH/c^2 很小, ν 在 H 范围内的变化对这一项的贡献可以忽略. 由此即可解出频率的相对改变 $\Delta\nu/\nu$ 为

$$\frac{\Delta\nu}{\nu} = \frac{\nu' - \nu}{\nu} = -\frac{aH}{c^2}\frac{\nu'}{\nu} = -\frac{aH/c^2}{1 + aH/c^2} \approx -\frac{aH}{c^2}.$$

习题 16.14 在 $200\,\mathrm{km}$ 高度以 $7.0\,\mathrm{km/s}$ 的速率绕地球航行的飞船, 用 $300\,\mathrm{MHz}$ 的频率在几乎与其速度相反的方向向地面发回信号, 地面接收机应将频率调到比 $300\,\mathrm{MHz}$ 略低还是略高? 差多少?

解 本题的物理与习题 16.11 一样, 我们可以直接用那里的公式,

$$T_{\mathrm{H}}' = \sqrt{1 - \frac{v^2}{c^2}}\, T_{\mathrm{H}} = \sqrt{1 - \frac{v^2}{c^2}}\frac{\sqrt{1 + 2\phi(R + H)/c^2}}{\sqrt{1 + 2\phi(R)/c^2}}\, T_{\mathrm{E}}.$$

在上式中, 若 T_{H}' 为飞船发出的信号周期, 则 T_{E} 即地面接收到的信号周期. 由于飞船以速率 v 飞离地面接收机, 在地面上测到信号在这段时间走过的距离, 也就是在地面上测到的波长 λ_{E}, 就是 (参阅习题 3.16)

$$\lambda_{\mathrm{E}} = (c + v)T_{\mathrm{E}}.$$

由于在地面上测到的光速也是 c, 所以在地面上测到的频率 ν_{E} 为

$$\nu_{\mathrm{E}} = \frac{c}{\lambda_{\mathrm{E}}} = \frac{1}{1 + v/c}\frac{1}{T_{\mathrm{E}}}$$

$$= \frac{1}{1 + v/c}\sqrt{1 - \frac{v^2}{c^2}}\frac{\sqrt{1 + 2\phi(R + H)/c^2}}{\sqrt{1 + 2\phi(R)/c^2}}\, \nu_{\mathrm{H}}'$$

$$= \sqrt{\frac{1 - v/c}{1 + v/c}}\frac{\sqrt{1 + 2\phi(R + H)/c^2}}{\sqrt{1 + 2\phi(R)/c^2}}\, \nu_{\mathrm{H}}'.$$

其中第一个因子是相对论多普勒效应, 第二个因子是广义相对论的引力场效应, 而

$$\nu'_{\mathrm{H}} = \frac{1}{T'_{\mathrm{H}}}$$

是飞船发出的信号频率.

注意本题的情形, 飞船航行速率比光速小得多, 属于低速领域, 飞船和地面接收机所在处, 都属于地球弱引力场区域, 有

$$\frac{v^2}{c^2} \ll 1, \qquad \frac{2\phi(r)}{c^2} \ll 1.$$

于是我们有

$$\nu_{\mathrm{E}} \approx \left(1 - \frac{v}{c}\right)\left(1 + \frac{\phi(R+H) - \phi(R)}{c^2}\right)\nu'_{\mathrm{H}}$$
$$\approx \left(1 - \frac{v}{c} + \frac{\phi(R+H) - \phi(R)}{c^2}\right)\nu'_{\mathrm{H}},$$
$$\Delta\nu = \nu_{\mathrm{E}} - \nu'_{\mathrm{H}} \approx \left(-\frac{v}{c} + \frac{\phi(R+H) - \phi(R)}{c^2}\right)\nu'_{\mathrm{H}}.$$

代入 $\phi(r) = -GM/r$ 和 $GM/R^2 = g$, 就有

$$\Delta\nu \approx \left(-\frac{v}{c} - \frac{GM}{c^2(R+H)} + \frac{GM}{c^2 R}\right)\nu'_{\mathrm{H}}$$
$$= \left(-\frac{v}{c} + \frac{H}{R+H}\frac{gR}{c^2}\right)\nu'_{\mathrm{H}}.$$

代入数值 $M = 5.98 \times 10^{24}\,\mathrm{kg}$, $R = 6.366 \times 10^6\,\mathrm{m}$, $H = 200\,\mathrm{km}$, $v = 7.0\,\mathrm{km/s}$, $g = 9.81\,\mathrm{m/s^2}$, 以及 $\nu'_{\mathrm{H}} = 300\,\mathrm{MHz}$, 可以算出

$$\Delta\nu \approx \left(-\frac{7.0 \times 10^3}{2.998 \times 10^8} + \frac{200}{6366 + 200}\frac{9.81 \times 6.366 \times 10^6}{(2.998 \times 10^8)^2}\right) \times 300\,\mathrm{MHz}$$

$$= (-2.33 \times 10^{-5} + 2.12 \times 10^{-11}) \times 300\,\mathrm{MHz} = -7.0\,\mathrm{kHz}.$$

圆括号中第一项是多普勒效应, 第二项是引力场效应. 可以看出, 广义相对论的引力场效应比狭义相对论的多普勒效应小了 6 个量级, 是非常精细的效应, 在这里完全被多普勒效应掩盖了.

本章小结

本章的 14 道题, 可以按照物理内容分为以下几类. 关于星光的引力偏折, 有习题 16.1 和 16.6. 关于星光的引力红移, 以及同一类型的习题, 有 16.2~16.5, 16.13 和 16.14. 关于引力场对时钟的影响, 有习题 16.7, 16.10 和 16.11. 关于引力场对尺长的影响, 有习题 16.8

和 16.9. 而习题 16.12 则是关于光子在引力场中受力这一基本观念. 其中, 涉及光子引力质量的, 有习题 16.1~16.6, 以及习题 16.12. 涉及等效原理的, 有习题 16.10 和 16.13. 直接涉及时空弯曲的有习题 16.1, 16.6, 16.8, 16.9, 和 16.10. 这些也就是本章的习题所涉及的广义相对论的一些基本概念.

广义相对论与星光的引力偏折 光线在通过大质量物体附近时, 会受到引力的作用, 发生弯曲和偏折, 这是广义相对论预言的一个重要效应. 其实, 星光的引力偏折效应并不是广义相对论首先预言的. 早在 1801 年, 索德纳 (Johann von Soldner, 1766—1833) 就采用光的微粒说, 把光微粒当作有质量的粒子, 根据牛顿力学预言了光线经过太阳附近时会发生偏折. 1907 年, 普朗克提出了一个假设, 认为所有的能量都应受到引力的作用, 并且也能产生引力. 根据这个假设, 光线经过太阳附近时, 就会受到引力的吸引而弯曲. 但是, 直到爱因斯坦根据等效原理指出应该有这个现象之后, 这个问题才得到了学界的重视.

1911 年, 爱因斯坦根据相对论算出, 日食时经过太阳附近的星光会偏折 0.83″ (按照当时的常数计算). 那时他在布拉格大学任教, 论文发表于德国《物理学杂志》. 1912 年回到苏黎士以后, 爱因斯坦才提出空间是弯曲的. 考虑了空间的弯曲以后, 到 1915 年, 爱因斯坦重新算出经过太阳附近的星光偏折为 1.7″ (也是按当时的常数计算), 这时他已在柏林普鲁士科学院任职, 论文发表于《普鲁士科学院会议报告》. 在 1911 年的论文中, 爱因斯坦不仅作出了星光在经过太阳附近时会发生偏折的预言, 并且第一次提出了具体观测和验证这种效应的方法. 他在这篇论文中说: "由于在日全食时可以看到太阳附近天空的恒星, 理论的这一结果就可以同经验进行比较." 他还向天文学家发出了呼吁: "我迫切希望天文学家接受这里提出的问题, 即使上述考查看起来似乎根据不足或者完全是冒险的事." 我相信, 使天文学家动心的不仅仅是爱因斯坦恳切的话语, 更重要的还是作出这个预言的理论, 即广义相对论. 我们还记得, 李政道的物理学家第二定律说: "没有理论物理学家, 实验物理学家就会犹豫不决." (参阅习题 14.3 中的讨论) 既然这个预言是由广义相对论这么漂亮的理论作出的, 那就不用再犹豫了.

在平常的日子, 经过太阳附近的星光, 会被极强的太阳光所淹没, 无法进行观测. 所以, 要选择发生日全食的时刻进行观测. 具体的做法, 是在日全食时, 拍下这个天区的照片. 等到太阳移开这个天区 (一般是经过半年) 以后, 再拍下这同一天区的照片. 对比这两张照片, 测算出同一星体在这两张照片上位置的差别, 换算成视角的差, 就能给出从这个星体来的光线在经过太阳附近时发生偏折的大小. 实际上, 即使在日全食时, 能够拍到的也只是离开太阳一段距离的星光, 从太阳边沿擦边而来的星光还是拍不出来. 要利用这些在不同程度上离开太阳的星光, 根据计算进行外推, 才能得到从太阳边沿擦边而来的光线的偏折大小. 而由于地球表面的温度变化会影响望远镜的聚焦和照相底片的变形, 只有经过计算, 对这些干扰进行了修正, 所得的结果才是太阳引力引起的效应. 所以, 星光的引力偏折是一个非常精细的效应, 在观测中存在许多困难和干扰, 使得结果存在不确定性.

为了在 1919 年 5 月 29 日发生日全食时观测星光的引力偏折, 英国组织了两个远征队. 一队到巴西北部的索布拉尔 (Sobral), 另一队到非洲几内亚湾的普林西比岛 (Principe). 当时的英国皇家天文学会会长爱丁顿爵士在后一队. 在出发前爱丁顿说过一段有名的话. 他说, 从他自己来说根本没有必要进行这次远征, 因为他是绝对相信爱因斯坦的相对论的; 他之所以组织这次远征, 完全是为了说服那些不信的人. 等到半年以后, 两队的观测结果被计算出来: 索布拉尔观测的结果是 $1.98'' \pm 0.12''$, 普林西比的结果是 $1.61'' \pm 0.30''$, 精度都不高.

后来有人对这两个观测结果的计算处理提出质疑, 又把照相底片拿出来重新计算. 此后在每次发生日全食时, 各国天文学家都要进行观测, 而所得的结果, 有的与爱因斯坦的预言符合较好, 有的则很差. 只是到了二十世纪六十年代以后, 有了较高精度的观测结果, 天文学家才开始相信太阳对星光确有偏折, 并且认为爱因斯坦的理论比牛顿力学更接近于观测的结果, 但是可能还要对广义相对论作一些修正. 于是迪克 (R.H. Dicke) 提出了一种新的引力理论,也预言星光会被太阳偏折，偏折的大小比广义相对论预言的小 8%. 为了判别爱因斯坦和迪克谁的理论更符合观测结果，就要求有更高的观测精度.

1973 年 6 月 30 日的日全食，是二十世纪全食时间第二长的日全食，而且发生日全食时太阳所在的天区是恒星最密集的银河星空，有很多星体的光线偏折可以用来进行外推. 观测的数据点数增加，就能够把观测的精度提高. 为了进行这次观测，在毛里塔尼亚的欣盖提沙漠绿洲，美国人建造了专用的绝热建筑. 除了把暗室和洗片液保持恒温外，他们还对仪器的温度变化进行监控. 在拍过日食照片后，他们固定了望远镜，封存了整个建筑和设备，等到 11 月初再去拍对比用的照片. 对所有的观测量进行分析计算，在作了校正之后，他们得到太阳边缘处星光的偏折是 $1.66'' \pm 0.18''$. 这一结果在观测误差范围内与广义相对论的预言相符，但还是难以在爱因斯坦和迪克的理论之间作出选择.

在 1974 到 1975 年之间，天文学家用一种干涉仪，对来自三个射电源的微波在太阳附近的偏折进行了观测，得到微波在太阳边缘处的偏折为 $1.761'' \pm 0.016''$，误差小于 1%. 这个结果与爱因斯坦广义相对论的预言完全相符，只不过观测的是微波而不是可见光.

相对论是原理性的理论　在英国人宣布爱因斯坦的预言得到证实之后，《泰晤士报》请爱因斯坦写了篇文章. 爱因斯坦在文中说："虽然研究太阳引力场对光线的影响纯粹是一件客观的事，但我还是忍不住要对我英国同事们的工作表示我个人的感谢；因为，要是没有这一工作，也许我就难以在我还活着的时候，看到我的理论的最重要的含意会得到验证."

不过，在实际上，无论有没有得到验证，爱因斯坦对他的理论都确信无疑. 早在 1914 年，还没有算出正确的光线偏折值，他就在给贝索 (M. Besso) 的信中说过："无论日食观测成功与否，我都毫不怀疑整个理论体系的正确性." 还有一个广为流传的故事说，当预言被证实的消息传来时，爱因斯坦正在上课. 一位学生问他，假如他的预言被证明是错的，他会怎么办？爱因斯坦回答说："那么我会为亲爱的上帝感到难过，毕竟我的理论是对的."

支持爱因斯坦这种自信的基础是什么呢？ 1930 年爱因斯坦写道：“我认为广义相对论的主要意义不在于预言了一些微弱的观测效应，而在于它的理论基础的简单性.” 这就是说，爱因斯坦的自信，是基于广义相对论理论基础的简单性. 1938 年他又进一步说，他已经 “成为一个到数学的简单性中去寻求真理的唯一可靠源泉的人.” 爱因斯坦相信： “逻辑上简单的东西，当然不一定就是物理上真实的东西. 但是，物理上真实的东西，一定是逻辑上简单的东西.” 只有具体和深入地了解了广义相对论的逻辑与数学结构，我们才有可能真正体会爱因斯坦这些话的深刻含义. 我们在这里还只是粗浅地接触到广义相对论的几个基本概念，并没有进入弯曲时空这一广义相对论最基本最精华的部分，所以也就只能对爱因斯坦的这些话停留在字面上来理解.

看来，取得伟大成就的理论物理学家，往往都怀有这一类的信念. 例如，普朗克相信，物理定律越带普遍性，就越是简单. 狄拉克认为科学的目的在于用简单的方式去理解困难的事情，他的天平上理论的优美远远高于实验的测量；泡利基于狭义相对论在数学结构上的对称美，而不相信宇称有可能是不守恒的，等等.

爱因斯坦在那篇为《泰晤士报》写的文章里，对这种信念给出了一个解释. 他说，我们可以把物理学中的理论分成构造性理论和原理性理论这样两大类. 构造性理论的目标，是从比较简单的形式体系出发，并且以此为材料，对比较复杂的现象构造出一幅图像. 例如用分子运动的假说来构造出热过程和扩散过程的图像. 当我们说，我们对一些自然过程已经成功地获得了了解，我们的意思是说，我们已经为这些过程建立了一个构造性的理论.

而原理性的理论，使用的是分析方法，不是综合方法. 原理性理论的基础和出发点，不是用假设来构成，而是从经验中发现的. 它们是自然过程的普遍特征，即基本的原理，它们以数学的形式，给出各种过程或其理论表述所必须满足的条件. 热力学就是一个原理性的理论，它从几个普遍的经验事实出发，推出了各种事件都必须满足的关系.

构造性理论的优点是具体明确、完备和有适应性，而原理性理论的优点则是基础稳固和逻辑完整. 爱因斯坦指出, 相对论属于后者. 因为基础稳固, 所以, 只要逻辑上不出错, 结果就是可以完全信赖的. 按照我的理解, 牛顿的万有引力理论则是构造性理论, 平方反比力完全是用手工加进来的, 没有理论作基础, 也就不能排除出现偏离甚至反常的可能. 爱因斯坦的工作, 把万有引力的理论从牛顿的唯象理论提升到基于时空弯曲的基本理论的地位.

爱因斯坦的这个观念, 在后来的许多论述中又得到进一步的阐述和发展. 他进一步把科学体系划分成许多不同的层次, 在较低层次中作为基础和出发点的基本概念和关系, 可以从高一层的体系中用逻辑的方式推导出来. 于是, 科学的目的, 一方面是尽可能完备地理解全部感觉经验之间的关系, 而另一方面, 则是尽可能通过最少个数的基本概念和关系来达到这个目的. 这些不能在逻辑上进一步简化的基本概念和关系, 组成了理论的根本部分, 它们不是理性所能触动的. 数学之所以比其他一切科学都要受到特殊的尊重, 其中的一个理由就是, 它的命题是绝对可靠和无可争辩的.

对统一场论的追求 爱因斯坦的下一个目标, 是要把经典电磁场的理论, 也从麦克斯韦的构造性理论提升成为基本的原理性理论. 这就是他耗尽了后半生来追求的 "统一场论". 他的这个目标后来在杨-米尔斯的规范场论中才得以实现 (参阅第 15 章小结中的定域规范不变性原理). 可惜爱因斯坦没有活到能够看见这个结果的一天, 在杨振宁与米尔斯的论文发表不久他就仙逝了.

狭义相对论发表以后, 没有经过多久就获得了学界的理解和接受, 并且拥有大量的追随者. 狭义相对论很快就成为支撑二十世纪物理学的两大基石之一. 广义相对论发表以后, 虽然也获得了普朗克和爱丁顿这样一些物理学界领袖人物的理解和支持, 但是绝大多数物理学家已经感到跟随不上. 就连玻恩这样的大物理学家, 也都觉得爱因斯坦相对论的思想太伟大, 只能是爱因斯坦去做, 他自己则不敢插足这个领域. 而到了统一场论, 能够跟随爱因斯坦的人就寥如晨星, 只有像数学家外尔这样的人能够追随他做过一段 (参阅第 15 章小结中的定域规范不变性原理).

有的评论家说, 爱因斯坦后半生离开了物理学发展的主流, 误入歧途, 所以没有做出新的重要贡献. 这完全是外行话. 曲高和寡, 这是人类思想史中人所共知的常识和历史的规律. 领头人的思想观念总是要远远地超出他的同代人. 爱因斯坦逝世半个多世纪之后, 我们今天对他的追求已经有了更为亲切的理解和认同. 现在做大统一理论, 做超对称理论已经成为物理学界的一种潮流与时尚, 而最前卫的超弦理论要尝试在统一广义相对论和量子理论的基础上建立囊括一切的万有理论 —— 所谓的 M 理论, 究竟爱因斯坦是离开了物理学发展的主流, 还是引领了物理学发展的潮流呢？！有人说爱因斯坦的晚年相当孤独, 伟大的思想家恐怕都是如此.

胡宁对广义相对论的研究　我学广义相对论是听胡宁先生的课, 他指定的参考书是朗道理论物理教程第二卷《场论》的最后两章. 胡宁的《广义相对论和引力理论》在他 1997 年逝世之后才出版. 《场论》的英译本叫 The Classical Theory of Fields, 强调不含量子场论. 英译者说没有改进文字叙述, 但改正了印刷错、符号错和文献错. 苏联的作者不太注重文献和索引, 而我正是从书籍的文献和索引得知胡宁对广义相对论做过很重要的工作. 胡先生 1943 年在加州理工完成博士论文后, 导师爱普斯坦 (P. S. Epstein) 介绍他到普林斯顿跟泡利做博士后. 做了三篇核力介子场论的工作后, 泡利让他做 EIH 文章的问题. 广义相对论除了前述三大效应外, 还有几个著名的效应. 而有没有引力波, 亦即有没有引力辐射, 却有过争论. 1938年, 爱因斯坦、英费尔德和霍夫曼合作发表了一篇论文《引力观察和运动问题》, 被称为 EIH 文章. 在这篇文章里, 他们分析引力辐射对 "两个有质量的引力体的相对运动" 的影响, 但计算太繁, 没有得到有确定意义的结果. 泡利让胡宁研究这个问题. 胡宁到档案库找出 EIH 的一大摞算草, 用了改进的模型和算法, 推出了双星系统的能量衰减因子, 可以和观测比较, 写成论文《广义相对论中的辐射阻尼》, 1947 年发表于爱尔兰皇家科学院院刊. 而在多年后, 泰勒和赫尔斯通过对双星的长期观测, 终于得到了引力辐射的第一个证据. 泡利眼光犀利话语刻薄从不轻易许人, 他在 1956 年为其成名作《相对论》的单行本重印时所加的补注 15, 就引了胡宁的上述论文, 指出胡宁 "研究了由于发射引力波而引起的微小的阻尼力".

17 天体和宇宙

基本概念和公式

• 星体的平衡: 在恒星内, 除了发出光子和中微子的能量辐射外, 还有对流和传热过程. 一个星体处于平衡状态的含意, 主要是指达到力学平衡、热平衡和流动平衡. 针对达到这些平衡的条件, 我们可以写出星体的流体动力学方程, 连续方程, 以及辐射平衡条件和对流平衡条件. 而在零温静态情形, 这些方程可以简化为一组星体结构方程.

• 星体结构方程: 星体的力学平衡, 主要是星体物质自身的万有引力与压强之间的平衡. 由于万有引力作用, 星球内部压强 $P(r)$ 沿半径有一分布, 相应地, 密度 $\rho(r)$ 也有一分布. 若 $M(r)$ 是星球在半径 r 以内的总质量, 则在平衡时可以写出

$$\frac{\mathrm{d}P}{\mathrm{d}r} = -\frac{GM\rho}{r^2},$$

$$\frac{\mathrm{d}M}{\mathrm{d}r} = 4\pi r^2 \rho.$$

这组关于星球内部压强分布 $P(r)$、质量分布 $M(r)$ 和密度分布 $\rho(r)$ 的非线性微分方程, 即星体的结构方程. 为了求解星体结构方程, 还需要知道星体物质的状态方程

$$P = P(\rho).$$

• 星体压强的来源: 根据星球内部的密度分布, 可以得知星体压强的主要来源. 在密度较低时, 构成星体的主要成分是原子, 压强主要来自原子凝聚态物质的压强. 密度大到一定程度, 原子间电子云重叠很大, 单个原子的结构完全破坏, 星体物质就熔化为原子核与电子气体的等离子体. 这时的星体压强, 是核子气体与电子气体的贡献之和. 星体质量达到一定极限时, 在热能耗尽后, 由于引力的作用, 星体密度增加, 会达到一个极限, 使得电子的能量可以

引起下述反应,

$$p + e^- \longrightarrow n + \bar{\nu}_e,$$

于是, 大量电子被质子吸收, 转变为中子和放出中微子, 星体物质变成以中子物质为主. 这种以中子物质为主要成分的星体, 称为中子星. 在中子星中, 星体的压强主要是中子气体的压强.

● 钱德拉斯卡极限: 能够在热能耗尽后的收缩中, 引起使质子转变为中子的过程的星体质量上限, 称为钱德拉斯卡极限, 可以写成

$$M < M_{\text{Ch}} = \frac{1.46}{2x} M_\odot,$$

其中 $M_\odot$ 为太阳质量, x 为星体中电子数与核子数之比. 质量小于钱德拉斯卡极限的星体, 在热能耗尽后, 将在引力作用下收缩成白矮星. 质量大于钱德拉斯卡极限的星体, 在热能耗尽后, 将在引力作用下塌缩成中子星. 质量很大的星体塌缩成中子星的过程, 是一个十分激烈、复杂和快速的物理和动力学过程. 在这个过程中, 不仅会在极短时间内发射出大量中微子, 而且由于塌缩过程的冲击波引起星体物质反弹, 会形成巨大的爆炸, 把大量星体物质碎块高速抛向太空, 这就是所谓的超新星爆发.

● 恒星中的核反应: 大量星际气体在万有引力作用下聚集形成恒星后, 继续发生引力收缩, 使中心温度上升, 就会引起与温度、密度和气体成分相应的各种核反应. 恒星成分大部分是 H, 所以在恒星演化的过程中, 最重要的是在 H 和它的最初核反应生成物 He 以及其他核之间的核反应. 核反应释放的能量, 大部分消耗于给恒星加热和发光, 成为恒星的主要能源.

常数和单位 本章涉及万有引力在天体和宇宙物理中的效应和作用, 万有引力常数 G 是一个基本的常数. 在天体现象中两个常用的长度单位是秒差距 pc 和光年 l.y..

● 万有引力常数 G: 下面是万有引力常数 G 的几个方便和常用的形式:

$$\begin{aligned}
G &= 6.674 \times 10^{-11}\,\text{m}^3/(\text{kg} \cdot \text{s}^2) \\
&= 6.709 \times 10^{-39}\,\hbar c/(\text{GeV}/c^2)^2 \\
&= 5.906 \times 10^{-39}\,\hbar c/m_{\text{p}}^2.
\end{aligned}$$

● 秒差距 pc: 我们在习题 16.3 中已经给出了秒差距 pc 的定义, 它与米 (m) 的换算关系是

$$1\,\mathrm{pc} = 3.085\,677\,581\,49 \times 10^{16}\,\mathrm{m}.$$

● 光年 l.y.: 光年是指光在 1 年的时间中走过的距离. 在天文学上有太阳年 (回归年) 与恒星年的区分, 在第 5 位有效数字上有差别. 如果我们只取 4 位有效数字, 则可以忽略它们的差别, 1 年的时间大约是

$$1\,\mathrm{a} \approx 3.156 \times 10^{7}\,\mathrm{s}.$$

相应地, 1 光年大约是

$$1\,\mathrm{l.y.} \approx 0.9461 \times 10^{16}\,\mathrm{m}$$

$$\approx 0.3066\,\mathrm{pc}.$$

习题 17.1　将地球内部结构简化为从地心到半径 R_C 处的地核和从半径 R_C 处到地表半径 R 的地幔两部分, 分别具有均匀密度 ρ_C 和 ρ_M. 已知地球半径 $R = 6370\,\mathrm{km}$, 质量 $M = 6.0 \times 10^{24}\,\mathrm{kg}$, 转动惯量 $I = \frac{1}{3}MR^2$, 地幔厚度为 $2900\,\mathrm{km}$. ①试求 ρ_C 和 ρ_M. ②试求地球内部何处重力加速度最大, 其数值是多少?

解　①选择球坐标 (r, θ, φ), 取地心为坐标原点, 地球转轴为 z 轴. 对半径为 R 密度为常数 ρ 的球, 其转动惯量为

$$I_0 = \int \rho \mathrm{d}V \cdot (r\sin\theta)^2,$$

其中 $\rho \mathrm{d}V$ 为质量元, $r\sin\theta$ 为此质量元到转轴的垂直距离. 在球坐标中, 体积元为 $\mathrm{d}V = r\mathrm{d}\theta \cdot r\sin\theta\,\mathrm{d}\varphi \cdot \mathrm{d}r = r^2\sin\theta\,\mathrm{d}r\mathrm{d}\theta\mathrm{d}\varphi$, 于是有

$$I_0 = \int_0^R \mathrm{d}r \int_0^\pi \mathrm{d}\theta \int_0^{2\pi} \mathrm{d}\varphi \rho r^4 \sin^3\theta = \frac{8\pi}{15}\rho R^5.$$

利用这个公式, 地核的转动惯量为

$$I_C = \frac{8\pi}{15}\rho_C R_C^5,$$

而地幔的转动惯量为

$$I_M = \frac{8\pi}{15}\rho_M R^5 - \frac{8\pi}{15}\rho_M R_C^5 = \frac{8\pi}{15}\rho_M(R^5 - R_C^5).$$

利用转动惯量的可加性, 把地核与地幔的转动惯量 I_C 与 I_M 相加,

就得到地球的转动惯量

$$I = I_C + I_M = \frac{8\pi}{15}\rho_C R_C^5 + \frac{8\pi}{15}\rho_M(R^5 - R_C^5).$$

代入 $I = MR^2/3$, 并且引入地球的平均密度 $\bar{\rho}$,

$$\bar{\rho} = \frac{M}{4\pi R^3/3} = \frac{3 \times 6.0 \times 10^{24}\,\text{kg}}{4\pi \times (6370\,\text{km})^3} = 5.542\,\text{g/cm}^3,$$

就可以把上面得到的地球转动惯量的式子改写成下列约化形式,

$$\left(\frac{R_C}{R}\right)^5 \frac{\rho_C}{\bar{\rho}} + \left[1 - \left(\frac{R_C}{R}\right)^5\right]\frac{\rho_M}{\bar{\rho}} = \frac{5}{6}, \tag{1}$$

这是关于未知量 $\rho_C/\bar{\rho}$ 与 $\rho_M/\bar{\rho}$ 的一个方程.

另一方面, 地球的质量可以写成地核质量与地幔质量之和,

$$M = \frac{4\pi}{3}\rho_C R_C^3 + \frac{4\pi}{3}\rho_M(R^3 - R_C^3).$$

代入 $M = 4\pi\bar{\rho}R^3/3$, 我们可以把它改写成下列约化形式,

$$\left(\frac{R_C}{R}\right)^3 \frac{\rho_C}{\bar{\rho}} + \left[1 - \left(\frac{R_C}{R}\right)^3\right]\frac{\rho_M}{\bar{\rho}} = 1, \tag{2}$$

这是关于 $\rho_C/\bar{\rho}$ 与 $\rho_M/\bar{\rho}$ 的另一个方程. 联立方程 (1) 与 (2), 就可以解出 $\rho_C/\bar{\rho}$ 与 $\rho_M/\bar{\rho}$ 为

$$\frac{\rho_C}{\bar{\rho}} = \frac{1}{6}\frac{1 + 5x^3 - 6x^5}{x^3 - x^5}$$

$$\frac{\rho_M}{\bar{\rho}} = \frac{1}{6}\frac{5 - 6x^2}{1 - x^2},$$

其中

$$x = \frac{R_C}{R} = \frac{6370 - 2900}{6370} = 0.5447.$$

于是可以算出

$$\rho_C = \frac{1}{6}\frac{1 + 5x^3 - 6x^5}{x^3 - x^5}\bar{\rho} = 12.4\,\text{g/cm}^3,$$

$$\rho_M = \frac{1}{6}\frac{5 - 6x^2}{1 - x^2}\bar{\rho} = 4.2\,\text{g/cm}^3.$$

②地球内部重力加速度 $g(r)$ 为

$$g(r) = \frac{GM(r)}{r^2} = \begin{cases} 4\pi G\rho_C r/3, & r \leqslant R_C, \\ 4\pi G[(\rho_C - \rho_M)R_C^3/r^2 + \rho_M r]/3, & r > R_C. \end{cases}$$

对 r 求微商, 有

$$\frac{\mathrm{d}g}{\mathrm{d}r} = \begin{cases} 4\pi G\rho_{\mathrm{C}}/3, & r \leqslant R_{\mathrm{C}}, \\ 4\pi G[-2(\rho_{\mathrm{C}} - \rho_{\mathrm{M}})R_{\mathrm{C}}^3/r^3 + \rho_{\mathrm{M}}]/3, & r > R_{\mathrm{C}}. \end{cases}$$

可以看出, 当 $r \leqslant R_{\mathrm{C}}$ 时, g 随 r 的增加而增加. 当 $R_{\mathrm{C}} < r \leqslant R$ 时, 代入 $\rho_{\mathrm{C}}, \rho_{\mathrm{M}}, R_{\mathrm{C}}$ 的数值就可以看出, g 随 r 的增加而减少. 所以, 当 $r = R_{\mathrm{C}}$ 时地球内部重力加速度 $g(r)$ 达到最大, 其数值是

$$\begin{aligned} g_{\max} = g(R_{\mathrm{C}}) &= \frac{4\pi G\rho_{\mathrm{C}}R_{\mathrm{C}}}{3} \\ &= \frac{4\pi}{3} \times 6.674 \times 10^{-11}\,\mathrm{m^3/(kg \cdot s^2)} \\ &\quad \times 12.4\,\mathrm{g/cm^3} \times (6370 - 2900)\,\mathrm{km} \\ &= 12.0\,\mathrm{m/s^2}. \end{aligned}$$

根据这个地球模型的估计, 进入地表以后, 在到达地核表面之前, 物体的重量随着进入的深度而增加, 最大可以增加 25% 以上.

习题 17.2 对于密度均匀的理想 H 原子气体, 可用均匀密度星体的结构方程 $P(r) = (2\pi/3)G\rho_{\mathrm{C}}^2(R^2 - r^2)$ 和理想气体状态方程 $R_0 T(0) = \mu P(0)/\rho_{\mathrm{C}}$ 来估计星体中心的温度 $T(0)$. ①试估计太阳的中心温度. 这个温度能点燃核反应吗? 太阳半径为 $7 \times 10^5\,\mathrm{km}$, 平均密度 $1.4\,\mathrm{g/cm^3}$. ②对木星情况如何? 木星半径 $7 \times 10^4\,\mathrm{km}$, 平均密度 $1.33\,\mathrm{g/cm^3}$.

解 在密度均匀时, ρ_{C} 是常数, 星体结构方程

$$\frac{\mathrm{d}P}{\mathrm{d}r} = -\frac{GM\rho_{\mathrm{C}}}{r^2},$$
$$\frac{\mathrm{d}M}{\mathrm{d}r} = 4\pi r^2 \rho_{\mathrm{C}},$$

可以解出为

$$M = \frac{4\pi}{3}r^3\rho_{\mathrm{C}},$$
$$P(r) = \int_r^R \frac{G\rho_{\mathrm{C}}}{r^2}\frac{4\pi r^3 \rho_{\mathrm{C}}}{3}\mathrm{d}r = \frac{2\pi}{3}G\rho_{\mathrm{C}}^2(R^2 - r^2),$$

这里 R 是星球半径, 在星球表面压强为 0, $P(R) = 0$. 我们假设星球物质满足理想气体的状态方程

$$PV = \frac{M}{\mu}R_0 T,$$

其中 μ 是星球物质的摩尔质量，$R_0 = N_A k_B$ 是理想气体常数，

$$R_0 = N_A k_B$$
$$= 6.022\,140\,76 \times 10^{23}/\text{mol} \times 1.380\,649 \times 10^{-23}\,\text{J/K}$$
$$= 8.314\,462\,618 \cdots \text{J}/(\text{K} \cdot \text{mol}) \approx 8.314\,\text{J}/(\text{K} \cdot \text{mol}).$$

于是，由状态方程解出温度 T，再代入上面得到的压强 P，就有

$$T = \frac{\mu P}{R_0 \rho_C} = \frac{\mu}{R_0 \rho_C} \frac{2\pi}{3} G \rho_C^2 (R^2 - r^2) = \frac{2\pi\mu}{3R_0} G \rho_C (R^2 - r^2).$$

①估计太阳的中心温度. 这时 $r = 0$，在上述温度公式中代入 H 的摩尔质量 $\mu = 1.008\,\text{g/mol}$，太阳半径 $R = 7 \times 10^5\,\text{km}$，平均密度 $\rho_C = 1.4\,\text{g/cm}^3$，即可算出

$$T(0) = \frac{2\pi\mu}{3R_0} G \rho_C R^2$$
$$= \frac{2\pi \times 1.008\,\text{g/mol}}{3 \times 8.314\,\text{J}/(\text{K} \cdot \text{mol})} \times 6.674 \times 10^{-11}\,\text{m}^3/(\text{kg} \cdot \text{s}^2)$$
$$\times 1.4\,\text{g/cm}^3 \times (7 \times 10^5\,\text{km})^2 = 1 \times 10^7\,\text{K},$$

这个温度能够点燃核反应. 事实上，引力收缩使恒星中心温度上升到 10^6K 左右时，就开始发生下列 D 反应，

$$^2\text{D} + {}^1\text{H} \longrightarrow {}^3\text{He} + \gamma, \qquad {}^2\text{D} + {}^2\text{D} \longrightarrow {}^3\text{He} + \text{n},$$

$$^2\text{D} + {}^2\text{D} \longrightarrow {}^3\text{H} + \text{p}.$$

②对木星的情况. 木星的平均密度 $\rho_C = 1.33\,\text{g/cm}^3$ 与太阳的平均密度差不多，而半径 $R = 7 \times 10^4\,\text{km}$ 是太阳半径的 $1/10$，所以木星中心的温度是太阳中心温度的 $1/100$，即 $10^5\,\text{K}$. 这个温度还不能点燃核反应，不过已经接近能够点燃核反应的临界温度 (参阅下题). 换句话说，木星已经处于恒星与行星的分界线上. 在这种情况下，我们这里以及下题所作的估计就都显得太过于粗略，而需要采用更精细的模型和进行更仔细的分析，这就是天体物理学家的工作了.

习题 17.3 试估计质量最小的恒星其温度最高约为多少？质量为太阳质量 $1.99 \times 10^{30}\,\text{kg}$ 的恒星其温度最高又是多少？

解 恒星的主要特征，是体内有自持高温核反应，并以光子和中微子等形式持续向外辐射能量. 电子能量等于零点能与热运动能

之和, 它与引力平衡的条件为

$$k_{\mathrm{B}}T + \frac{\hbar^2}{2m_e a^2} \sim \frac{GMm_{\mathrm{N}}}{R},$$

其中 m_{N} 是质子质量, 距离 a 是由恒星半径 R 与核子数 N 按下述定义确定的参数,

$$R = aN^{1/3},$$

而 $M = Nm_{\mathrm{N}}$ 是星球质量. 上述平衡条件可以改写为

$$k_{\mathrm{B}}T \sim \frac{Gm_{\mathrm{N}}^2 N^{2/3}}{a} - \frac{\hbar^2}{2m_e a^2},$$

这里用海森伯测不准关系估计的电子零点能, 相应于电子因泡利不相容原理而具有的斥力, 上式就是这种斥力与万有引力之间的平衡. 由此可以求出参数 a 的极大值 $a_{\max}$ 为

$$a_{\max} = \frac{\hbar^2}{Gm_{\mathrm{N}}^2 m_e N^{2/3}},$$

与此相应的温度极大值 $T_{\max}$ 为

$$k_{\mathrm{B}}T_{\max} = \frac{Gm_{\mathrm{N}}^2 N^{2/3}}{2a_{\max}} = \frac{G^2 m_{\mathrm{N}}^4 m_e N^{4/3}}{2\hbar^2}.$$

产生核反应的条件, 是核子动能大于质子间的库仑能, 可以粗略地写成

$$k_{\mathrm{B}}T_{\max} > \frac{1}{2}\frac{e^2}{4\pi\varepsilon_0 a_{\max}},$$

这也就是

$$\frac{Gm_{\mathrm{N}}^2 N^{2/3}}{a_{\max}} > \frac{e^2}{4\pi\varepsilon_0 a_{\max}}.$$

由此可以得到恒星最小质量数 $N_{\min}$ 为

$$N > N_{\min} = \left(\frac{e^2}{4\pi\varepsilon_0 Gm_{\mathrm{N}}^2}\right)^{3/2},$$

从而给出质量最小的恒星的最高温度为

$$\begin{aligned}
T_{\max} &= \frac{G^2 m_{\mathrm{N}}^4 m_e N_{\min}^{4/3}}{2\hbar^2 k_{\mathrm{B}}} \\
&= \frac{G^2 m_{\mathrm{N}}^4 m_e}{2\hbar^2 k_{\mathrm{B}}}\left(\frac{e^2}{4\pi\varepsilon_0 Gm_{\mathrm{N}}^2}\right)^2 = \frac{m_e}{2\hbar^2 k_{\mathrm{B}}}\left(\frac{e^2}{4\pi\varepsilon_0}\right)^2 \\
&= \frac{0.511\,\mathrm{MeV} \times (1.44\,\mathrm{eV\cdot nm})^2}{2 \times (197.3\,\mathrm{eV\cdot nm})^2 \times 8.617 \times 10^{-5}\,\mathrm{eV/K}} = 1.6 \times 10^5\,\mathrm{K}.
\end{aligned}$$

我们还可以算出恒星质量的下限

$$M_{\min} = N_{\min} m_{\mathrm{N}} = \left(\frac{e^2}{4\pi\varepsilon_0 G m_{\mathrm{N}}^2}\right)^{3/2} m_{\mathrm{N}}$$

$$= \left(\frac{1.44\,\mathrm{MeV\cdot fm}}{5.906\times10^{-39}\times197.3\,\mathrm{MeV\cdot fm}}\right)^{3/2}\times1.67\times10^{-27}\,\mathrm{kg}$$

$$= 1.37\times10^{54}\times1.67\times10^{-27}\,\mathrm{kg} = 2.3\times10^{27}\,\mathrm{kg}.$$

木星的质量是 $1.9\times10^{27}\,\mathrm{kg}$, 已经接近这个极限. 上题估计的木星中心温度是 $1\times10^5\,\mathrm{K}$, 也已经接近这里估计的 $1.6\times10^5\,\mathrm{K}$. 在这种区分恒星与行星的临界区域, 当然必须用更精细的模型和作更认真的考虑, 只根据我们这里粗略的模型和定性的分析, 还不可能作出任何肯定的结论. 实际上, 我们在本章所作的所有估计, 都是非常粗略和定性的数量级的估计, 在数量级上就存在误差.

质量为太阳质量的恒星, $M = 1.99\times10^{30}\,\mathrm{kg}$, 其核子数为

$$N = \frac{M}{m_{\mathrm{N}}} = \frac{1.99\times10^{30}\,\mathrm{kg}}{1.67\times10^{-27}\,\mathrm{kg}} = 1.189\times10^{57} \approx 1.2\times10^{57}.$$

于是, 这个恒星的温度最高为

$$T_{\max} = \frac{G^2 m_{\mathrm{N}}^4 m_{\mathrm{e}} N^{4/3}}{2\hbar^2 k_{\mathrm{B}}}$$

$$= \frac{(5.90\times10^{-39}\,\hbar c)^2 \times 0.511\,\mathrm{MeV} \times (1.189\times10^{57})^{4/3}}{2\hbar^2 c^2 \times 8.617\times10^{-5}\,\mathrm{eV/K}}$$

$$= 1.3\times10^9\,\mathrm{K}.$$

从平衡条件

$$k_{\mathrm{B}}T \sim \frac{G m_{\mathrm{N}}^2 N^{2/3}}{a} - \frac{\hbar^2}{2 m_{\mathrm{e}} a^2}$$

我们还可以求出参数 a 的极小值 $a_{\min}$. 上式左边是电子热运动的动能, 右边第一项是引力势能, 第二项是用测不准关系估计的电子零点能. 当星体热能耗尽后, 上式左边为零, 由此可以求出

$$a_{\min} = \frac{\hbar^2}{2 G m_{\mathrm{N}}^2 m_{\mathrm{e}} N^{2/3}}.$$

利用这个公式, 可以给出钱德拉斯卡极限的一种粗略的估计.

使恒星物质中的原子核和电子气体等离子体保持稳定的条件, 是电子零点能小于反应 $\mathrm{p} + \mathrm{e}^- \to \mathrm{n} + \bar{\nu}_{\mathrm{e}}$ 的 Q 值, 从而不至于被质

子吸收. 作为粗略的数量级估计, 取 $Q \sim 2m_{\mathrm{e}}c^2$, 稳定条件可以近似写成

$$\frac{\hbar^2}{2m_{\mathrm{e}}a_{\min}^2} < 2m_{\mathrm{e}}c^2.$$

代入 $a_{\min}$ 的上述公式, 可得

$$\left(\frac{\hbar c}{2m_{\mathrm{e}}c^2}\right)^2 < \left(\frac{\hbar^2}{2Gm_{\mathrm{N}}^2 m_{\mathrm{e}}N^{2/3}}\right)^2,$$

$$N < N_{\max} = \left(\frac{\hbar c}{Gm_{\mathrm{N}}^2}\right)^{3/2}.$$

这就给出了星体质量的一个上限, 即钱德拉斯卡极限 $M_{\max}$,

$$M < M_{\max} = N_{\max}m_{\mathrm{N}} = \left(\frac{\hbar c}{G}\right)^{3/2}\frac{1}{m_{\mathrm{N}}^2}$$

$$= \left(\frac{m_{\mathrm{N}}^2}{5.906\times10^{-39}}\right)^{3/2}\frac{1}{m_{\mathrm{N}}^2} = 2.204\times10^{57}m_{\mathrm{N}} = 1.8\,M_{\odot}.$$

习题 17.4 ①计算太阳自身的引力势能. ②以太阳当前的总辐射功率来计算, 这能量可维持多长时间, 约占太阳至今寿命 5×10^9 年的多少? ③太阳质量中约 70% 是 H, 其中 10% 左右可供燃烧, 试估计燃烧这些 H 能维持多长时间? 每燃烧 4 个 H 核可获得 $25\,\mathrm{MeV}$ 的热能.

解 ①假设太阳质量 M 在半径为 R 的球内均匀分布, 密度为 ρ, 则太阳自身引力势能为

$$V = \int_0^R \frac{G\cdot(\rho\,4\pi r^3/3)\cdot\rho\,4\pi r^2\mathrm{d}r}{r} = \frac{16\pi^2}{15}G\rho^2R^5 = \frac{3}{5}\frac{GM^2}{R}$$

$$= \frac{3}{5}\frac{6.674\times10^{-11}\,\mathrm{m^3/(kg\cdot s^2)}\times(1.99\times10^{30}\,\mathrm{kg})^2}{6.96\times10^8\,\mathrm{m}}$$

$$= 2.28\times10^{41}\,\mathrm{J} \approx 2.3\times10^{41}\,\mathrm{J},$$

其中太阳质量 $M = 1.99\times10^{30}\,\mathrm{kg}$, 半径 $R = 6.96\times10^8\,\mathrm{m}$.

②由太阳照射到地面的辐射常数 $I_0 = 1.35\,\mathrm{kW/m^2}$(见习题 10.1), 平均日地距离 $r_{\mathrm{se}} = 1.50\times10^{11}\,\mathrm{m}$, 可算出太阳当前的总辐射功率为

$$L = 4\pi r_{\mathrm{se}}^2 I_0 = 4\pi\times(1.50\times10^{11}\,\mathrm{m})^2\times1.35\,\mathrm{kW/m^2}$$

$$= 3.82\times10^{26}\,\mathrm{W}.$$

以此来估计太阳自身引力势能能够维持太阳辐射的时间为

$$t_1 = \frac{V}{L} = \frac{2.28 \times 10^{41}\,\mathrm{J}}{3.82 \times 10^{26}\,\mathrm{W}} = 5.97 \times 10^{14}\,\mathrm{s}$$
$$= 1.9 \times 10^7\,\mathrm{a},$$

约为太阳至今寿命 5×10^9 年的千分之四.

③太阳质量 $M = 1.99 \times 10^{30}\,\mathrm{kg}$ 中, 可供燃烧的 H 核数为

$$N_{\mathrm{eff}} = \frac{0.70 \times 0.10 \times 1.99 \times 10^{30}\,\mathrm{kg}}{1.67 \times 10^{-27}\,\mathrm{kg}} = 8.34 \times 10^{55}.$$

燃烧这些 H 可获得的热能为

$$E = \frac{N_{\mathrm{eff}} \times 25\,\mathrm{MeV}}{4} = 5.21 \times 10^{56}\,\mathrm{MeV}.$$

这些能量能够维持太阳辐射的时间为

$$t_2 = \frac{E}{L} = \frac{5.21 \times 10^{56}\,\mathrm{MeV}}{3.82 \times 10^{26}\,\mathrm{W}} = \frac{8.35 \times 10^{43}\,\mathrm{J}}{3.82 \times 10^{26}\,\mathrm{W}}$$
$$= 2.19 \times 10^{17}\,\mathrm{s} = 6.9 \times 10^9\,\mathrm{a}.$$

习题 17.5 ①对于质量与太阳相同的白矮星, 计算在费米能级的电子的德布罗意波长. ②假设此白矮星是由均匀分布的 Fe 原子构成, 计算原子间距并与上述电子波长比较. ③电子能 "看" 到 Fe 原子格点吗? 它容易被原子散射吗?

解 利用习题 17.3 中得到的参数 $a_{\max}$, 我们可以把星球的半径写成

$$R = a_{\max} N^{1/3} = \frac{\hbar^2}{G m_{\mathrm{N}}^2 m_{\mathrm{e}} N^{2/3}} N^{1/3} = \frac{\hbar^2}{G m_{\mathrm{N}}^2 m_{\mathrm{e}} N^{1/3}}$$
$$= \frac{\hbar^2}{G m_{\mathrm{N}}^{5/3} m_{\mathrm{e}} M^{1/3}},$$

这是星球质量与半径的一个简单关系. 在前面我们给出这个 $a_{\max}$ 的模型, 只是用海森伯测不准关系粗略地估计电子的零点能, 也没有对电子数与核子数分别进行考虑. 对于白矮星来说, 热能已经耗尽, 形成了 Fe 这样的原子核, 更好的模型应该考虑电子气体的能量, 并且分别考虑电子数 N_{e} 与核子数 N. 我们在这里对这个质量与半径的关系另外给出一个稍好一些的估计.

假设质量为 M 的星球其物质均匀分布在半径为 R 的球内, 则

体系的总能量可以写成

$$E = N_{\rm e}\frac{3}{5}\frac{\hbar^2}{2m_{\rm e}}\Big(\frac{3\pi^2 N_{\rm e}}{V}\Big)^{2/3} - \frac{3}{5}\frac{GM^2}{R} + \frac{3}{2}N_{\rm a}k_{\rm B}T + E_{\rm rad},$$

其中第一项是总的电子能量 (参阅第 12 章自由电子气体和第 14 章原子核的费米气体模型) $N_{\rm e}\bar{E}_{\rm F}$, $N_{\rm e}$ 是体系的电子数；第二项是引力势能 (见上一题)；第三项是原子热运动能量，$N_{\rm a}$ 是体系的原子数；第四项是辐射能量. 这个方程表达了星体中电子运动、万有引力、热运动和能量辐射四者之间的平衡. 实际上，后两项比前两项小得多，所以主要是电子之间因泡利不相容原理而表现出来的斥力与万有引力之间的平衡. 由 $\mathrm{d}E/\mathrm{d}R = 0$ 可以确定星体的平衡半径. 略去后两项，并注意 $V = 4\pi R^3/3$, 就有

$$0 = -N_{\rm e}\frac{6}{5}\frac{\hbar^2}{2m_{\rm e}R^3}\Big(\frac{9\pi N_{\rm e}}{4}\Big)^{2/3} + \frac{3}{5}\frac{GM^2}{R^2},$$

$$R = \Big(\frac{9\pi}{4}\Big)^{2/3}\frac{\hbar^2 N_{\rm e}^{5/3}}{GM^2 m_{\rm e}}.$$

代入 $M = Nm_{\rm N}$, 和假设 $N_{\rm e} = N/2$, 就可以得到

$$R = \frac{(9\pi)^{2/3}}{8}\frac{\hbar^2}{Gm_{\rm N}^2 m_{\rm e}N^{1/3}} = \frac{(9\pi)^{2/3}}{8}\frac{\hbar^2}{Gm_{\rm N}^{5/3}m_{\rm e}M^{1/3}}.$$

这个估计比前面的估计多了一个因子 $(9\pi)^{2/3}/8 = 1.16 \approx 1$, 相应的参数为

$$a_{\rm max} = \frac{(9\pi)^{2/3}}{8}\frac{\hbar^2}{Gm_{\rm N}^2 m_{\rm e}N^{2/3}}.$$

对于质量与太阳相同的白矮星，$M = M_\odot = 1.189 \times 10^{57}m_{\rm N}$ (见习题 17.3), 代入上述公式可以算出

$$\begin{aligned}
a_{\rm max} &= \frac{(9\pi)^{2/3}}{8}\frac{\hbar^2}{Gm_{\rm N}^2 m_{\rm e}N^{2/3}}\\
&= \frac{(9\pi)^{2/3}}{8}\frac{\hbar^2}{5.906 \times 10^{-39}\,\hbar c m_{\rm e} \times (1.189 \times 10^{57})^{2/3}}\\
&= \frac{1.750\,\hbar c}{m_{\rm e}c^2} = \frac{1.750 \times 197.3\,{\rm MeV\cdot fm}}{0.511\,{\rm MeV}}\\
&= 6.757 \times 10^{-4}\,{\rm nm},
\end{aligned}$$

$$R = a_{\rm max}N^{1/3} = 6.757 \times 10^{-4}\,{\rm nm} \times (1.189 \times 10^{57})^{1/3}$$

$$= 7.16 \times 10^3 \text{ km},$$

即这个白矮星的半径只有七千多公里, 是地球半径的量级. 这也就是白矮星大小的量级.

① 为了计算在费米能级的电子的德布罗意波长 λ_F, 我们先来算费米动量 p_F. 在相对论的情形, 利用习题 15.8 中得到的自由电子能级密度 $\mathrm{d}N/\mathrm{d}E$, 可以写出

$$\begin{aligned}
N_e &= \int_{E_0}^{E_F} \frac{\mathrm{d}N}{\mathrm{d}E} \, \mathrm{d}E = \int_{E_0}^{E_F} \frac{pcEV}{\pi^2 (\hbar c)^3} \, \mathrm{d}E \\
&= \frac{V}{\pi^2 (\hbar c)^3} \int_{E_0}^{E_F} \sqrt{E^2 - m_e^2 c^4} \, E \mathrm{d}E \\
&= \frac{V}{3\pi^2 (\hbar c)^3} (E_F^2 - m_e^2 c^4)^{3/2} = \frac{V}{3\pi^2 (\hbar c)^3} (p_F c)^3,
\end{aligned}$$

其中 E 是自由电子的相对论能量, $E_0 = m_e c^2$. 于是我们得到费米动量为

$$p_F = \hbar \left(\frac{3\pi^2 N_e}{V} \right)^{1/3},$$

这个结果与非相对论的费米动量相同 (参阅第 12 章自由电子气体和第 14 章原子核的费米气体模型). 代入 $V = 4\pi R^3/3 = 4\pi a_{\max}^3 N/3$, 就有

$$p_F = \frac{\hbar}{a_{\max}} \left(\frac{9\pi N_e}{4N} \right)^{1/3}.$$

同样假设 $N_e = N/2$, 我们就可以算出

$$\lambda_F = \frac{h}{p_F} = 2\pi \left(\frac{8}{9\pi} \right)^{1/3} a_{\max}$$

$$= 4.125 \times 6.757 \times 10^{-4} \text{ nm} = 2.8 \times 10^{-3} \text{ nm}.$$

② 若此白矮星由 Fe 原子构成, 则 Fe 原子数为 $N_{Fe} = N/56$. 设 Fe 原子均匀分布, 每个 Fe 原子占有体积 a^3, 我们又可以写出

$$N_{Fe} = \frac{V}{a^3} = \frac{4\pi R^3/3}{a^3} = \frac{4\pi a_{\max}^3 N/3}{a^3} = \frac{4\pi N}{3} \left(\frac{a_{\max}}{a} \right)^3.$$

由此就可以解出

$$a = \left(\frac{4\pi N}{3 N_{Fe}} \right)^{1/3} a_{\max} = \left(\frac{4\pi \times 56}{3} \right)^{1/3} \times 6.757 \times 10^{-4} \text{ nm}$$

$$= 4.2 \times 10^{-3} \text{ nm},$$

这也就是 Fe 原子的格点间距.

③因为电子德布罗意波长比 Fe 原子的格点间距稍小, 电子能够模模糊糊地 "看" 到 Fe 原子格点, 并且容易被原子散射.

习题 17.6 ①太阳的自转周期为 27 天, 若它在角动量守恒的情况下收缩到核物质的密度, 其自转周期将变为多少? ②太阳极区磁场为 0.1 mT 的数量级, 若它在磁通守恒的情况下收缩到核物质密度, 其极区磁场将为多少? ③一中子星质量与太阳相同, 半径为 20 km, 表面磁场高达 10^8 T. 试定量地估计一下, 这个磁场能否用中子的极化来解释.

解 ①设太阳质量 M 在半径为 R 的球内均匀分布, 则转动惯量为 (参阅习题 17.1)

$$I = \frac{8\pi}{15}\rho R^5 = \frac{2}{5}MR^2,$$

其中 ρ 为太阳的密度. 若收缩后的半径和密度分别为 $R_{\rm n}$ 和 $\rho_{\rm n}$, 则可由收缩前后的质量相等写出

$$\frac{4\pi}{3}R_{\rm n}^3\rho_{\rm n} = \frac{4\pi}{3}R^3\rho,$$

从而给出

$$R_{\rm n} = \left(\frac{\rho}{\rho_{\rm n}}\right)^{1/3}R.$$

设收缩前太阳的角速度为 ω, 则角动量守恒给出

$$I\omega = I_{\rm n}\omega_{\rm n},$$

其中 $I_{\rm n}$ 和 $\omega_{\rm n}$ 分别是收缩后的转动惯量和角速度. 由于角速度与转动周期成反比, 于是收缩后的转动周期 $T_{\rm n}$ 为

$$T_{\rm n} = \frac{I_{\rm n}}{I}T = \frac{2MR_{\rm n}^2/5}{2MR^2/5}T = \left(\frac{\rho}{\rho_{\rm n}}\right)^{2/3}T,$$

其中 $T = 27$ 天为太阳自转周期.

我们可以把太阳半径 R 写成

$$R = a_\odot N^{1/3},$$

$$a_\odot = \frac{R}{N^{1/3}} = \frac{6.96\times 10^8\,{\rm m}}{(1.189\times 10^{57})^{1/3}} = 6.57\times 10^{-2}\,{\rm nm}.$$

于是太阳密度为

$$\rho = \frac{M}{V} = \frac{Nm_{\rm N}}{4\pi R^3/3} = \frac{Nm_{\rm N}}{4\pi a_\odot^3 N/3} = \frac{m_{\rm N}}{4\pi a_\odot^3/3},$$

而核物质密度 $\rho_{\rm n}$ 为 (参阅第 14 章原子核)

$$\rho_{\rm n} = \frac{m_{\rm N}}{4\pi r_0^3/3},$$

其中 $r_0 = 1.2\,{\rm fm}$. 所以有

$$\frac{\rho}{\rho_{\rm n}} = \left(\frac{r_0}{a_\odot}\right)^3.$$

最后我们算得, 若在角动量守恒的情况下收缩到核物质的密度, 收缩后太阳的自转周期将变为

$$\begin{aligned} T_{\rm n} &= \left(\frac{\rho}{\rho_{\rm n}}\right)^{2/3} T = \left(\frac{r_0}{a_\odot}\right)^2 T \\ &= \left(\frac{1.2\,{\rm fm}}{6.57 \times 10^{-2}\,{\rm nm}}\right)^2 \times 27 \times 24 \times 3600\,{\rm s} \\ &= 0.8\,{\rm ms}. \end{aligned}$$

②磁通守恒条件为

$$\Delta\Omega R^2 B = \Delta\Omega R_{\rm n}^2 B_{\rm n},$$

其中 B 和 $B_{\rm n}$ 分别是收缩前后太阳极区的磁感应强度, $\Delta\Omega$ 是太阳极区对太阳中心的立体角. 由上述条件即可解出收缩后太阳极区的磁感应强度为

$$\begin{aligned} B_{\rm n} &= \left(\frac{R}{R_{\rm n}}\right)^2 B = \left(\frac{\rho_{\rm n}}{\rho}\right)^{2/3} B = \left(\frac{a_\odot}{r_0}\right)^2 B \\ &= \left(\frac{6.57 \times 10^{-2}\,{\rm nm}}{1.2\,{\rm fm}}\right)^2 \times 0.1\,{\rm mT} = 3 \times 10^5\,{\rm T}. \end{aligned}$$

即, 若在磁通守恒的情况下收缩到核物质密度, 则收缩后太阳极区磁感应强度将是 $10^5\,{\rm T}$ 的量级.

③质量与太阳相同的中子星, 所含中子数与太阳的核子数一样, $N = 1.189 \times 10^{57}$. 中子磁矩为 $\mu_{\rm n} = -1.913\,\mu_{\rm N}$, 核磁子为

$$\mu_{\rm N} = \frac{e\hbar}{2m_{\rm p}} = 5.051 \times 10^{-27}\,{\rm J/T}.$$

如果中子全部被极化, 则这个中子星就是一个大磁偶极子, 其磁矩

為

$$\mu = N\mu_{\mathrm{n}} = -1.913\,N\mu_{\mathrm{N}}$$
$$= -1.913 \times 1.189 \times 10^{57} \times 5.051 \times 10^{-27}\,\mathrm{J/T}$$
$$= -1.149 \times 10^{31}\,\mathrm{J/T}.$$

这个磁偶极子在中子星极点的磁感应强度为

$$B = \frac{\mu_0}{4\pi}\frac{2\mu}{R^3} = \frac{4\pi \times 10^{-7}\mathrm{N/A^2}}{4\pi}\frac{2 \times 1.149 \times 10^{31}\,\mathrm{J/T}}{(20\,\mathrm{km})^3}$$
$$= 2.9 \times 10^{11}\,\mathrm{kg/(A \cdot s^2)} = 2.9 \times 10^{11}\,\mathrm{T},$$

其中 $\mu_0 = 4\pi \times 10^{-7}\,\mathrm{N/A^2}$ 为真空磁导率. 这就表明, 只要有 1/2900 的中子完全极化, 就可以在极点产生高达 10^8 T 的磁场. 所以, 这个中子星的磁场可以用中子的极化来解释.

习题 17.7 ①一个球形星体以角速度 ω 自转, 如果万有引力是唯一阻止这个星体离心分解的力, 星体密度至少是多少? 蟹状星云脉冲星周期是 $0.033\,\mathrm{s}$, 试估计它的密度下限. ②如果该脉冲星的质量为 1 个太阳质量, 它的半径最大是多少? ③事实上它的密度接近于核物质密度, 它的半径是多少?

解 ①一个球形星体以角速度 ω 自转, 如果万有引力是唯一阻止这个星体离心分解的力, 则必须满足的条件是星体内任何一点的离心加速度都不大于重力加速度, 即

$$\omega^2 r \leqslant \frac{GM(r)}{r^2} = \frac{G\rho 4\pi r^3/3}{r^2} = \frac{4\pi G\rho r}{3},$$

这就给出星球密度的下限 $\rho_{\min}$ 为

$$\rho \geqslant \rho_{\min} = \frac{3\omega^2}{4\pi G} = \frac{3(2\pi/T)^2}{4\pi G} = \frac{3\pi}{GT^2}.$$

代入数值就可算出

$$\rho_{\min} = \frac{3\pi}{GT^2} = \frac{3\pi}{6.674 \times 10^{-11}\,\mathrm{m^3/(kg \cdot s^2)} \times (0.033\,\mathrm{s})^2}$$
$$= 1.3 \times 10^{14}\,\mathrm{kg/m^3} = 1.3 \times 10^{11}\,\mathrm{g/cm^3}.$$

②如果该脉冲星的质量为 1 个太阳质量, $M = M_\odot = 1.99 \times 10^{30}\,\mathrm{kg}$, 则

$$\rho_{\min} = \frac{M_\odot}{4\pi R_{\max}^3/3},$$

它的半径上限 $R_{\max}$ 为

$$
\begin{aligned}
R_{\max} &= \left(\frac{3M_\odot}{4\pi\rho_{\min}}\right)^{1/3} \\
&= \left(\frac{3 \times 1.99 \times 10^{30}\,\mathrm{kg}}{4\pi \times 1.3 \times 10^{14}\,\mathrm{kg/m^3}}\right)^{1/3} = 1.5 \times 10^2\,\mathrm{km}.
\end{aligned}
$$

③核物质密度可以写成 (参阅第 14 章原子核)

$$
\begin{aligned}
\rho_0 &= \frac{m_{\mathrm{N}}}{4\pi r_0^3/3} = \frac{m_{\mathrm{N}}}{4\pi \times (1.2\,\mathrm{fm})^3/3} \\
&= 0.1382\,m_{\mathrm{N}}/\mathrm{fm}^3 = 2.313 \times 10^{17}\,\mathrm{kg/m^3}.
\end{aligned}
$$

如果这颗脉冲星的密度接近于核物质密度, 它的半径就是

$$
R = \left(\frac{3M_\odot}{4\pi\rho_0}\right)^{1/3} = \left(\frac{3 \times 1.189 \times 10^{57}\,m_{\mathrm{N}}}{4\pi \times 0.1382\,m_{\mathrm{N}}/\mathrm{fm}^3}\right)^{1/3} = 13\,\mathrm{km}.
$$

习题 17.8 一中子星, 质量为太阳的 2.00 倍, 自转周期为 $1.00\,\mathrm{s}$, 密度均匀, 若其自转速度每天慢 10^{-9}, 损失的转动能都变成辐射, 均匀辐射到太空中, 试求地球上 $1.0\,\mathrm{m}^2$ 的天线接收到的功率是多少? 设它距离地球 10^4 光年.

解 重复习题 17.5 中的推导, 只是把 m_{e} 和 N_{e} 换成 m_{N} 和 N, 并注意现在 $N = 2.00 \times 1.189 \times 10^{57}$, 就可以得到中子星半径 R 为

$$
\begin{aligned}
R &= \left(\frac{9\pi}{4}\right)^{2/3} \frac{\hbar^2 N^{5/3}}{GM^2 m_{\mathrm{N}}} \\
&= \left(\frac{9\pi}{4}\right)^{2/3} \frac{\hbar^2}{Gm_{\mathrm{N}}^3 N^{1/3}} = \left(\frac{9\pi}{4}\right)^{2/3} \frac{\hbar c}{(Gm_{\mathrm{N}}^2/\hbar c)m_{\mathrm{N}}c^2 N^{1/3}} \\
&= \left(\frac{9\pi}{4}\right)^{2/3} \frac{197.3\,\mathrm{MeV\cdot fm}}{5.906 \times 10^{-39} \times 939\,\mathrm{MeV} \times (2 \times 1.189 \times 10^{57})^{1/3}} \\
&= 9.819\,\mathrm{km}.
\end{aligned}
$$

它若以角速度 $\omega = 2\pi/T$ 转动, 则其转动能为 (参阅习题 17.1)

$$
E = \frac{1}{2}I\omega^2 = \frac{1}{2}\frac{2}{5}MR^2\omega^2 = \frac{1}{5}MR^2\omega^2.
$$

于是, 来自转动能 E 的辐射功率 P 可以写成

$$
\begin{aligned}
P &= -\frac{\mathrm{d}E}{\mathrm{d}t} = -\frac{\mathrm{d}}{\mathrm{d}t}\left(\frac{1}{5}MR^2\omega^2\right) = -\frac{2}{5}MR^2\omega^2\frac{\mathrm{d}\omega}{\omega\mathrm{d}t} = -\frac{2}{5} \times 2 \\
&\quad \times 1.99 \times 10^{30}\,\mathrm{kg} \times (9.819\,\mathrm{km})^2 \times \left(\frac{2\pi}{1.00\,\mathrm{s}}\right)^2 \times \frac{-10^{-9}}{24 \times 3600\,\mathrm{s}}
\end{aligned}
$$

$$= 0.7013 \times 10^{26}\,\text{W}.$$

若此中子星到地球的距离为 r, 则地球上面积为 $\Delta S = 1.0\,\text{m}^2$ 的天线接收到的功率为

$$
\begin{aligned}
P_{\text{E}} &= \frac{\Delta S}{4\pi r^2} P \\
&= \frac{1.0\,\text{m}^2}{4\pi \times (10^4 \times 0.9461 \times 10^{16}\,\text{m})^2} \times 0.7013 \times 10^{26}\,\text{W} \\
&= 6.23 \times 10^{-16}\,\text{W}.
\end{aligned}
$$

习题 17.9 一中子星质量为太阳的 2 倍, 半径为 $10\,\text{km}$, 中微子 - 中子碰撞截面为 $10^{-43}\,\text{cm}^2$, 试求中微子在其中的平均自由程.

解 此中子星的平均密度为

$$
\begin{aligned}
\rho &= \frac{M}{4\pi R^3/3} = \frac{3 \times 2 \times 1.189 \times 10^{57}\,m_{\text{N}}}{4\pi \times (10\text{km})^3} \\
&= 0.5677 \times 10^{45}\,m_{\text{N}}/\text{m}^3 = 0.9502 \times 10^{18}\,\text{kg/m}^3.
\end{aligned}
$$

设中微子 - 中子碰撞截面为 σ, 中微子平均自由程为 λ, 则平均来说, 在体积 $\sigma\lambda$ 中将有 1 个中子, 亦即中子数密度为 $1/\sigma\lambda$. 假设此中子星中的核子全是中子, 我们就可以写出

$$\frac{\rho}{m_{\text{N}}} = \frac{1}{\sigma\lambda},$$

从而

$$\lambda = \frac{1}{\sigma\rho/m_{\text{N}}} = \frac{1}{10^{-43}\,\text{cm}^2 \times 0.5677 \times 10^{45}/\text{m}^3} = 180\,\text{m}.$$

习题 17.10 在质子 - 质子循环中, 燃烧每一质子约释放出 $6\,\text{MeV}$ 动能. 设太阳辐射功率为 $4 \times 10^{23}\,\text{kW}$, 试求每秒钟燃烧掉多少质子?

解 质子 - 质子循环是在恒星演化初期发生的核反应链, 它是燃烧质子生成氦核的几种主要反应链之一. 详情请参阅有关书籍, 如《近代物理学》 17.4 节恒星中的核反应. 由太阳辐射功率 $P = 4 \times 10^{23}\,\text{kW}$, 每燃烧 1 个质子约释放能量 $\varepsilon = 6\,\text{MeV}$, 可以算出每秒钟燃烧掉的质子数为

$$\frac{\text{d}N}{\text{d}t} = \frac{P}{\varepsilon} = \frac{4 \times 10^{23}\,\text{kW}}{6 \times 1.602 \times 10^{-13}\,\text{J}} = 4 \times 10^{38}/\text{s}.$$

习题 17.11 在质子 - 质子循环中, 每产生 $25\,\text{MeV}$ 热能的同时

放出 2 个中微子. 试估计地面上的太阳中微子通量.

解　与上题类似地, 由太阳辐射功率 $P = 4 \times 10^{23}\,\mathrm{kW}$, 和每产生 $\varepsilon = 25\,\mathrm{MeV}$ 热能的同时放出 2 个中微子, 可以算出每秒钟放出的中微子数 $\mathrm{d}N/\mathrm{d}t$ 为

$$\frac{\mathrm{d}N}{\mathrm{d}t} = \frac{P}{\varepsilon} \times 2 = \frac{4 \times 10^{23}\,\mathrm{kW}}{25 \times 1.602 \times 10^{-13}\,\mathrm{J}} \times 2 = 1.998 \times 10^{38}/\mathrm{s}.$$

再由平均日地距离 $r = 1.50 \times 10^{11}\,\mathrm{m}$, 就可以算出地面上的中微子通量 I 为

$$I = \frac{1}{4\pi r^2}\frac{\mathrm{d}N}{\mathrm{d}t} = \frac{1.998 \times 10^{38}/\mathrm{s}}{4\pi \times (1.50 \times 10^{11}\,\mathrm{m})^2} = 7 \times 10^{14}/(\mathrm{m}^2 \cdot \mathrm{s}).$$

也可以用太阳常数 $I_\odot = 1.35\,\mathrm{kW/m}^2$ 来计算,

$$I = \frac{I_\odot}{\varepsilon} \times 2 = \frac{2 \times 1.35\,\mathrm{kW/m}^2}{25 \times 1.602 \times 10^{-13}\,\mathrm{J}} = 7 \times 10^{14}/(\mathrm{m}^2 \cdot \mathrm{s}).$$

太阳常数是天体物理中常用的重要常数, 最好能够记住, 它大约是每平方米 $1\,\mathrm{kW}$.

习题 17.12　①将全部可观测宇宙看作一半径为 10^{10} 光年的巨大黑洞, 则宇宙的平均密度至少是多少？②设宇宙的平均密度为 $10^{-28}\,\mathrm{g/cm}^3$, 试用宇宙半径 R 来表示逃逸速度, 并求逃逸速度等于光速 c 时的半径值 R.

解　①若将全部可观测宇宙看作一半径为 10^{10} 光年的巨大黑洞, 则由黑洞半径

$$r_\mathrm{S} = \frac{2GM}{c^2}$$

解出 $M = r_\mathrm{S} c^2/2G$, 即可推出宇宙的平均密度至少为

$$\rho = \frac{3M}{4\pi r_\mathrm{S}^3} = \frac{3}{4\pi r_\mathrm{S}^3}\frac{r_\mathrm{S} c^2}{2G} = \frac{3c^2}{8\pi G r_\mathrm{S}^2}$$

$$= \frac{3 \times (2.998 \times 10^8\,\mathrm{m/s})^2}{8\pi \times 6.674 \times 10^{-11}\,\mathrm{m}^3/(\mathrm{kg} \cdot \mathrm{s}^2) \times (10^{10} \times 0.9461 \times 10^{16}\,\mathrm{m})^2}$$

$$= 1.8 \times 10^{-26}\,\mathrm{kg/m}^3.$$

②若宇宙的平均密度为 $\rho = 10^{-28}\mathrm{g/cm}^3$, 则逃逸速度 v 可以由下述条件

$$\frac{1}{2}mv^2 \geqslant \frac{GMm}{R}$$

解出为

$$v \geqslant \sqrt{\frac{2GM}{R}} = \sqrt{\frac{8\pi G R^2 \rho}{3}} = \sqrt{\frac{8\pi G \rho}{3}}\, R$$

$$= \sqrt{\frac{8\pi}{3} \times 6.674 \times 10^{-11}\,\mathrm{m^3/(kg \cdot s^2)} \times 10^{-28}\,\mathrm{g/cm^3}}\, R$$

$$= 7.48 \times 10^{-18}\, R/\mathrm{s}.$$

当逃逸速度等于光速时，$v = c$，由上式可以算出宇宙半径为

$$R = \frac{c}{7.48 \times 10^{-18}/\mathrm{s}} = \frac{2.998 \times 10^8\,\mathrm{m/s}}{7.48 \times 10^{-18}/\mathrm{s}}$$

$$= 4.01 \times 10^{25}\,\mathrm{m} = 4.24 \times 10^9\,\mathrm{l.y.}.$$

习题 17.13 试用哈勃定律估计从远处的星系发射来的 Na 黄光 $590\,\mathrm{nm}$ 谱线的波长，若星系到我们的距离分别为 1.0×10^6 光年，1.0×10^8 光年和 1.0×10^{10} 光年.

解 若 λ 为星光谱线波长，λ_0 是地面光源的该谱线波长，则遥远星系的谱线红移为

$$z = \frac{\lambda - \lambda_0}{\lambda_0}.$$

哈勃定律说，遥远星系的谱线红移 z 与距离 d 成正比，可以写成

$$z = \frac{1}{c}H_0 d.$$

当今的哈勃膨胀率 (又称哈勃常数)

$$H_0 = 100\,h\,\mathrm{km/(s \cdot Mpc)},$$

其中 h 为哈勃膨胀率的标度因子，

$$h = 0.678(9).$$

从哈勃定律可以解出星光谱线波长 λ 为

$$\lambda = \left(1 + \frac{1}{c}H_0 d\right)\lambda_0 = \left[1 + \frac{67.8\,\mathrm{km/(s \cdot Mpc)}}{2.998 \times 10^8\,\mathrm{m/s}}\,d\right]\lambda_0$$

$$= (1 + 2.262 \times 10^{-4}\,d/\mathrm{Mpc})\lambda_0.$$

注意 $1\,\mathrm{l.y.} \approx 0.3064\,\mathrm{pc}$，于是，当 $d = 1.0 \times 10^6\,\mathrm{l.y.} = 0.3064\,\mathrm{Mpc}$ 时，有

$$\lambda = (1 + 2.262 \times 10^{-4}\,d/\mathrm{Mpc})\lambda_0$$

$$= (1 + 2.262 \times 0.3064 \times 10^{-4}) \times 590\,\mathrm{nm} = 590\,\mathrm{nm},$$

当 $d = 1.0 \times 10^8$ l.y.$= 30.64$ Mpc 时, 有

$$\lambda = (1 + 2.262 \times 30.64 \times 10^{-4}) \times 590\,\mathrm{nm} = 594\,\mathrm{nm},$$

而当 $d = 1.0 \times 10^{10}$ l.y.$= 3064$ Mpc 时, 有

$$\lambda = (1 + 2.262 \times 3064 \times 10^{-4}) \times 590\,\mathrm{nm} = 999\,\mathrm{nm}.$$

习题 17.14 可见光光子能量约在 2~3 eV 之间. ①计算在此区间的 2.7 K 宇宙背景辐射光子数密度. 人眼能看到这种光子数密度吗? ②假设人眼能看到的光子数密度约为 $100/\mathrm{cm}^3$, 在什么温度下宇宙背景辐射才可以看到? 这是发生在多久以前?

解 根据普朗克黑体辐射定律 (见第 10 章), 频率在 $\nu \sim \nu + \mathrm{d}\nu$ 之间的辐射能量密度为

$$u(\nu, T)\mathrm{d}\nu = \frac{8\pi\nu^2}{c^3}\frac{h\nu\,\mathrm{d}\nu}{\mathrm{e}^{h\nu/k_\mathrm{B}T} - 1}.$$

除以光子能量 $h\nu$, 就是频率在 $\nu \sim \nu + \mathrm{d}\nu$ 之间的光子数密度,

$$n(\nu, T)\mathrm{d}\nu = \frac{8\pi\nu^2}{c^3}\frac{\mathrm{d}\nu}{\mathrm{e}^{h\nu/k_\mathrm{B}T} - 1}.$$

于是, 在单位体积内频率在 $\nu_1 \sim \nu_2$ 之间的光子数就是

$$n_{\Delta\nu} = \int_{\nu_1}^{\nu_2} n(\nu, T)\mathrm{d}\nu = \int_{\nu_1}^{\nu_2} \frac{8\pi\nu^2}{c^3}\frac{\mathrm{d}\nu}{\mathrm{e}^{h\nu/k_\mathrm{B}T} - 1}.$$

①题设 $h\nu_1 = 2$ eV, $h\nu_2 = 3$ eV. 当 $T = 2.7$ K 时, $k_\mathrm{B}T \ll h\nu$, 可以略去上式分母中的 1, 从而容易算出

$$\begin{aligned}
n_{\Delta\nu} &= \int_{\nu_1}^{\nu_2} \frac{8\pi\nu^2\mathrm{d}\nu}{c^3}\,\mathrm{e}^{-h\nu/k_\mathrm{B}T} = \frac{8\pi k_\mathrm{B}^3 T^3}{h^3 c^3}\int_{x_1}^{x_2} x^2\mathrm{d}x\,\mathrm{e}^{-x} \\
&= \frac{8\pi k_\mathrm{B}^3 T^3}{h^3 c^3}\Big[-(x^2 + 2x + 2)\mathrm{e}^{-x}\Big]_{x_1}^{x_2},
\end{aligned}$$

其中

$$x_1 = \frac{h\nu_1}{k_\mathrm{B}T} = \frac{2\,\mathrm{eV}}{8.617 \times 10^{-5}\,\mathrm{eV/K} \times 2.7\,\mathrm{K}} = 8596,$$

$$x_2 = \frac{h\nu_2}{k_\mathrm{B}T} = \frac{3\,\mathrm{eV}}{8.617 \times 10^{-5}\,\mathrm{eV/K} \times 2.7\,\mathrm{K}} = 12\,894,$$

$$\begin{aligned}
\frac{8\pi k_\mathrm{B}^3 T^3}{h^3 c^3} &= \frac{k_\mathrm{B}^3 T^3}{\pi^2 \hbar^3 c^3} = \frac{1}{\pi^2}\left(\frac{8.617 \times 10^{-5}\,\mathrm{eV/K} \times 2.7\,\mathrm{K}}{197.3\,\mathrm{eV\cdot nm}}\right)^3 \\
&= 1.661 \times 10^8/\mathrm{m}^3,
\end{aligned}$$

所以

$$n_{\Delta\nu} \approx \frac{8\pi k_B^3 T^3}{h^3 c^3} x_1^2 e^{-x_1} = 8596^2 e^{-8596} \times 1.661 \times 10^8 /\mathrm{m}^3$$

$$= e^{-8559}/\mathrm{m}^3 = 10^{-3717}/\mathrm{m}^3,$$

人眼看不到这种光子数密度.

②假设人眼能看到的光子数密度约为 $100/\mathrm{cm}^3 = 10^8/\mathrm{m}^3$, 则有

$$10^8/\mathrm{m}^3 \approx \frac{8\pi k_B^3 T^3}{h^3 c^3} x_1^2 e^{-x_1} = \frac{h^3 \nu_1^3}{\pi^2 \hbar^3 c^3} \frac{1}{x_1} e^{-x_1}$$

$$= \frac{1}{\pi^2} \left(\frac{2\,\mathrm{eV}}{197.3\,\mathrm{eV\cdot nm}} \right)^3 \frac{1}{x_1} e^{-x_1}$$

$$= 1.055 \times 10^{20} \frac{1}{x_1} e^{-x_1}/\mathrm{m}^3,$$

$$x_1 \approx 1.055 \times 10^{12} e^{-x_1} = e^{27.68 - x_1}.$$

上述方程可以改写成如下的迭代形式:

$$(x_1)_{n+1} = 27.68 - \ln(x_1)_n.$$

一个数的对数与它自身相比, 总是一个小数. 取 $(x_1)_0 = 27.68$, 代入方程右边, 算得 $(x_1)_1$, 再代入方程右边, 算得 $(x_1)_2$, 如此反复迭代, 就可以得到 $(x_1)_n$ 的如下数列:

$$(x_1)_n = 27.68, \quad 24.36, \quad 24.49, \quad 24.48, \quad 24.48, \cdots.$$

于是我们得到收敛的解 $x_1 = 24.48$. 把它代入 x_1 的表达式

$$x_1 = \frac{h\nu_1}{k_B T},$$

就可以算出温度为

$$T = \frac{h\nu_1}{x_1 k_B} = \frac{2\,\mathrm{eV}}{24.48 \times 8.617 \times 10^{-5}\,\mathrm{eV/K}}$$

$$= 948\,\mathrm{K} \approx 1000\,\mathrm{K},$$

即在温度大约为 $1000\,\mathrm{K}$ 时的宇宙背景辐射才能被人眼看到.

为了估计 $T=1000\,\mathrm{K}$ 时的宇宙年龄, 需要知道有关宇宙演化的动力学. 对于早期宇宙, 爱因斯坦广义相对论给出了宇宙演化时间 t 与其密度 ρ 的一个关系 (参阅《近代物理学》 17.7 节宇宙的演化)

$$t = \sqrt{\frac{3}{32\pi G\rho}}.$$

对于辐射为主的时代, 我们可以取 $\rho = u/c^2$, u 为辐射场的能量密度 (见习题 10.1)

$$u = u(T) = \frac{\pi^2 (k_{\mathrm{B}}T)^4}{15(\hbar c)^3} = \frac{2g}{c}\sigma T^4,$$

其中 $\sigma = 5.670 \times 10^{-8}\,\mathrm{kg/(s^3 \cdot K^4)}$ 为斯特藩 - 玻尔兹曼常数, $g = 2$ 是在这个公式的推导中用到的光子简并度, 我们在这里把它明写出来. 把 $\rho = u/c^2 = 2g\sigma T^4/c^3$ 代入上述宇宙演化时间 t 的表达式, 就有

$$t = \sqrt{\frac{3c^3}{64\pi g\sigma GT^4}} = \sqrt{\frac{3c^3 k_{\mathrm{B}}^4/(\mathrm{MeV}^4 \cdot \mathrm{s}^2)}{64\pi g\sigma G}}\left(\frac{\mathrm{MeV}}{k_{\mathrm{B}}T}\right)^2 \mathrm{s} = \frac{1}{\sqrt{g}}$$

$$\times \sqrt{\frac{3 \times (2.998 \times 10^8\,\mathrm{m/s})^3 (8.617 \times 10^{-11}\,\mathrm{MeV/K})^4/(\mathrm{MeV}^4 \cdot \mathrm{s}^2)}{64\pi \times 5.670 \times 10^{-8}\,\mathrm{kg/(s^3 \cdot K^4)} \times 6.674 \times 10^{-11}\,\mathrm{m^3/(kg \cdot s^2)}}}$$

$$\times \left(\frac{\mathrm{MeV}}{k_{\mathrm{B}}T}\right)^2 \mathrm{s} = \frac{2.42}{\sqrt{g}}\left(\frac{\mathrm{MeV}}{k_{\mathrm{B}}T}\right)^2 \mathrm{s}.$$

代入 $g = 2$ 和 $T = 1000\,\mathrm{K}$, 我们可以算出

$$t = \frac{2.42}{\sqrt{2}}\left(\frac{\mathrm{MeV}}{8.617 \times 10^{-5}\,\mathrm{eV/K} \times 1000\,\mathrm{K}}\right)^2 \mathrm{s}$$

$$= 2.30 \times 10^{14}\,\mathrm{s} = 7 \times 10^6\,\mathrm{a}.$$

习题 17.15 ①在什么温度下宇宙足够热得可以由光子产生出 K 介子? K 介子的质量是 $500\,\mathrm{MeV}/c^2$. ②宇宙在什么年代时有这么高温度?

解 ①当 $k_{\mathrm{B}}T = m_{\mathrm{K}}c^2 = 500\,\mathrm{MeV}$ 时, 宇宙足够热得可以由光子产生出 K 介子. 可以算出,

$$T = \frac{500\,\mathrm{MeV}}{8.617 \times 10^{-5}\,\mathrm{eV/K}} = 5.80 \times 10^{12}\,\mathrm{K}.$$

②宇宙有这么高温度的时代是 (用上题推出的公式)

$$t = \frac{2.42}{\sqrt{g}}\left(\frac{\mathrm{MeV}}{k_{\mathrm{B}}T}\right)^2 \mathrm{s} = \frac{2.42}{\sqrt{2}}\left(\frac{\mathrm{MeV}}{500\,\mathrm{MeV}}\right)^2 \mathrm{s} = 6.8 \times 10^{-6}\,\mathrm{s}.$$

习题 17.16 假设来自宇宙大爆炸的中微子数密度与今天的光子数密度一样, 试求能提供使宇宙封闭所需临界密度的中微子质量.

解 根据爱因斯坦的广义相对论, 空间的几何性质与物质分布

的密度 ρ 有关, 存在一个临界密度 ρ_C, 如下表所示:

ρ/ρ_C	空间的几何性质
$= 1$	平坦开放的欧几里得空间
> 1	球形封闭的黎曼空间
< 1	双曲型开放的玻莱伊空间

这个临界密度为

$$\rho_C = \frac{3H^2}{8\pi G}.$$

其中 H 为哈勃膨胀率. 对于我们现在的宇宙, 代入今天的哈勃膨胀率 (见习题 17.13)$H_0 = 67.8 \, \text{km}/(\text{s} \cdot \text{Mpc})$, 有

$$\rho_C = \frac{3 \times [67.8 \, \text{km}/(\text{s} \cdot \text{Mpc})]^2}{8\pi \times 6.674 \times 10^{-11} \, \text{m}^3/(\text{kg} \cdot \text{s}^2)}$$

$$= 8.223 \times 10^{12} \times \left(\frac{\text{km}}{\text{Mpc}}\right)^2 \text{kg}/\text{m}^3$$

$$= 8.223 \times 10^{12} \times \left(\frac{10^3}{3.086 \times 10^{22}}\right)^2 \text{kg}/\text{m}^3$$

$$= 0.8634 \times 10^{-26} \, \text{kg}/\text{m}^3$$

$$\approx 10^{-26} \, \text{kg}/\text{m}^3.$$

另一方面, 从今天的宇宙微波背景辐射温度 $T = 2.7255(6) \, \text{K}$, 可以算出今天的光子数密度 (见习题 10.8)

$$n = 19.232\pi \left(\frac{k_B T}{hc}\right)^3$$

$$= \frac{19.232}{8\pi^2}\left(\frac{8.617 \times 10^{-5} \, \text{eV}/\text{K} \times 2.7255 \, \text{K}}{197.3 \, \text{eV·nm}}\right)^3$$

$$= 4.108 \times 10^8 / \text{m}^3.$$

假设来自宇宙大爆炸的中微子数密度与今天的光子数密度一样, 并且中微子具有质量 m, 则能够使宇宙封闭的条件就是

$$nm \geqslant \rho_C,$$

由此即可解出

$$mc^2 \geqslant \frac{\rho_C c^2}{n} = \frac{0.8634 \times 10^{-26} \, \text{kg} \cdot c^2/\text{m}^3}{4.108 \times 10^8 / \text{m}^3}$$

$$= 2.102 \times 10^{-35} \, \text{kg} \cdot c^2 \times \frac{931.5 \, \text{MeV}/c^2}{1.6605 \times 10^{-27} \, \text{kg}} = 12 \, \text{eV},$$

即，能提供使宇宙封闭所需临界密度的中微子质量为 $12\,\mathrm{eV}/c^2$.

习题 17.17 哈勃膨胀率可能低到 $50\,\mathrm{km/(s\cdot Mpc)}$, 也可能高到 $100\,\mathrm{km/(s\cdot Mpc)}$. 试对这两个值分别计算使宇宙封闭所必需的临界密度.

解 利用上题的结果，当 $H_0 = 50\,\mathrm{km/(s\cdot Mpc)}$ 时，有

$$\rho_{\mathrm{C}} = \frac{3H_0^2}{8\pi G} = \left(\frac{50}{67.8}\right)^2 \times 0.8634 \times 10^{-26}\,\mathrm{kg/m^3}$$
$$= 4.7 \times 10^{-27}\,\mathrm{kg/m^3},$$

而当 $H_0 = 100\,\mathrm{km/(s\cdot Mpc)}$ 时，有

$$\rho_{\mathrm{C}} = \frac{3H_0^2}{8\pi G} = \left(\frac{100}{67.8}\right)^2 \times 0.8634 \times 10^{-26}\,\mathrm{kg/m^3}$$
$$= 1.9 \times 10^{-26}\,\mathrm{kg/m^3}.$$

本章小结

本章的内容分为天体物理和宇宙物理这两部分. 习题 17.1~17.11 是关于天体物理，习题 17.12~17.17 是关于宇宙物理.

天体和宇宙，这是两个密切相关但又完全不同的领域. 就像河水的现象学称为水文学一样，天体的现象学称为天文学. 天文学的历史也许可以追溯到人类观察天空星宿的史前时期，而人类对于宇宙的思考也同样地久远. 不过，天体物理和宇宙物理成为物理学大家族中年轻的宠儿，还是二十世纪六十年代以后的事，至今才半个多世纪.

与人类在其他领域的研究和思维活动一样，物理学也是人类集体智慧共同努力的一种结晶，有很强的延续和传承性. 所以，有过研究经验的人都知道，一个领域的历史越是久远，这里的工作也就做得越是精细. 在这种历史久远的领域里工作，有很多前人的成果需要学习和消化，而属于基本问题的机会和挑战微乎其微. 人们能做的事，或者是多考虑一个别人忽略了的小小的因素，或者是把测量或计算的精度提高一个小数点. 这已经很难说是物理，而在更大程度上是属于技巧或技术.

今天的天体物理不同. 迄今为止，整个天体物理还是唯象理论或构造性理论. 虽然已经有了半个多世纪的研究积累，这里仍然充满

了富有物理性的机会和挑战. 从所用的近似就可以获得这种感觉.
在物理学研究中总要使用近似. 我们大体上可以把近似分成这样几
个层次：在计算上的近似，忽略某些小量；在逻辑和推理上的近似，
忽略某些次要因素；在模型上的近似，抓住主要的物理，把错综复杂
的现象简化为一个简单的物理模型；最后，是在出发点和原则上的
近似，从斑斓纷繁的表象和盘根错节的关系中把握住核心和关键，
理出一个简单明晰的头绪. 从本章这些天体物理的习题可以看出，
虽然我们得到的结果往往在数量级上就有误差，但是这些题目都是
属于在物理模型这个层次上的近似. 尽管这只是一些极大地简化了
的习题，不过从中可以看出，今天实际的天体物理学研究，仍然还
是适合于具有物理型风格的人. 他们所面对的机会和挑战，大多数
都来自问题的物理方面.

　　从这些题目，我们还能清楚地看出和体会到物理与数学之间的
差别. 爱因斯坦自己曾经解释过他为什么选择了物理而不是数学.
他说："我在数学里没有较强的直觉，从而不能把真正带根本性的
最重要的东西，同其余那些多少是可有可无的泛泛的知识可靠地区
分开来."而在物理里，"我不久就学会了识别出那种能够导致深刻
理解的东西，而撇开其他许多东西，撇开许多会充塞头脑并使之偏
离主要目标的东西."换句话说，爱因斯坦自知他具有物理型的头脑
与风格，而不是数学型的头脑与风格.

　　在数学里，只要出发点或者逻辑错了，那么结果就肯定错了.
在物理里不同. 在物理里，即使出发点或者推理出了问题，结果也
还有可能是对的. 卡诺从错误的热质说推出了正确的卡诺定理，狄
拉克从莫须有的负能电子海预言了正电子的存在. 物理与数学都需
要直觉，但物理与数学的直觉不同. 物理学是我们对物理世界的一
种理性的了解和认识. 无论是实验家的观察或实验，还是理论家的
分析与推理，都是为了达到这个目的. 物理学家决不会因为逻辑或
推理上的原因而去否定已经与物理实际相符的了解和认识. 在物理
学中，我们的了解和认识是否符合物理实际，这才是最重要的.

　　天体物理和宇宙物理作为物理学来说，也完全是在这个近代科
学精神的指引下发展的. 与传统物理学不同的是，我们不可能进行

天体甚至整个宇宙的实验，不可能在我们的实验室里来控制和重复一个天体物理过程，更不可能来重复再现一段宇宙的演化过程. 我们只能依靠对天体物理过程进行的观测，以及在某些方面和某种程度上在实验室中进行的验证. 通过这种观测和验证，我们获得了对天体和宇宙物理世界的经验，从而在这种经验的基础上形成我们理性的了解和认识，并且在新的经验的基础上对这种了解和认识进行进一步的修正和完善.

这种通过观测来形成理论和验证理论的方法，被称为经验的方法或实证的方法. 所以，与 实验科学 相区别地，这种以观测经验为基础的科学，被称为 经验科学 或 实证科学. 与天文学一样，天体物理学和宇宙物理学在本质上属于这种经验科学. 要是没有二十世纪六十年代以来一系列天文观测上的重大发现，只靠理论的分析和实验的研究，绝不可能形成这两个学科. 而在物理学的大家族中，除了天体物理和宇宙物理以外，现在又有了 金融物理 和 经济物理，它们也都依赖于观测，而不能进行可以控制和重复的实验，属于经验科学. 在这个意义上，从天体和宇宙物理学开始，物理学精神已经超出了实验科学的范畴，逐渐扩大和进入了像历史和社会这样纯经验的领域.

还有一点必须指出的是，无论是实验还是观测，我们的对象都是具体和有限的. 而宇宙则不同. 宇宙是有限还是无限，这本身就是一个还没有解决的问题. 我们当然不可能对无限的对象进行实验，也不可能对无限的对象进行观测. 我们对无限的对象只能进行思考. 在人类思想史上，无限是数学与哲学研究的范畴. 物理学家进入宇宙学研究的领域，用物理学的研究方法和手段来研究宇宙的物理，这本身就是一个大胆的探索与突破. 从事宇宙物理研究的物理学家，他们的思维方式、研究风格和兴趣爱好，往往更接近数学家. 他们的一些分析和论断，往往不同于传统的物理学家. 研究时空和宇宙物理学的霍金，就常参加数学家的会议，他既属于物理学家的圈子，也属于数学家的圈子. 霍金曾被赞誉为当代的爱因斯坦，其实爱因斯坦认为自己的思维方式属于物理而不是数学.

18 结 语

习题 18.1 普朗克时间约为 10^{-43} s. 由于我们还没有引力的量子理论, 我们不能分析宇宙在这个时间之前的性质. 假设宇宙在那个时代的性质由量子论、相对论和引力来决定, 普朗克时间 t 就应该由这三个理论的基本常数 $\hbar$, c 和 G 来表征, 于是我们可以写出 $t \propto \hbar^i c^j G^k$. 试用量纲分析定出指数 i, j 和 k, 并假设上式比例常数为 1, 算出 t.

解 量纲一词的英文是 dimension, 即维度, 这里指物理量的幂次或指数. 物理量 Q 的量纲式可以写成

$$\dim Q \equiv [Q] \equiv \mathrm{Q},$$

其中 $[Q]$ 是国际惯用的符号, 我们进一步简化为用英文正体 Q 来表示. 于是 $t = \alpha \hbar^i c^j G^k$ 的量纲式 $[t] = [\hbar]^i [c]^j [G]^k$ 简化为

$$\mathrm{t} = \mathrm{h}^i c^j G^k,$$

用基本量 (时间 T, 距离 L, 质量 M) 的量纲写出为

$$\mathrm{T} = (\mathrm{L}^2 \mathrm{M} \mathrm{T}^{-1})^i (\mathrm{L} \mathrm{T}^{-1})^j (\mathrm{L}^3 \mathrm{M}^{-1} \mathrm{T}^{-2})^k$$

$$= \mathrm{L}^{2i+j+3k} \mathrm{M}^{i-k} \mathrm{T}^{-i-j-2k}.$$

要求上式两边量纲相同, 就有

$$\begin{cases} 2i + j + 3k = 0, \\ i - k = 0, \\ -i - j - 2k = 1, \end{cases}$$

由此可以解出 $i = k = 1/2$, $j = -5/2$. 假设比例常数 $\alpha = 1$, 就可以得到

$$t = \hbar^{1/2} c^{-5/2} G^{1/2} = \sqrt{\frac{\hbar G}{c^5}} = \frac{\sqrt{\hbar c G}}{c^3}$$

$$= \frac{\sqrt{(\hbar c)^2 \times 6.709 \times 10^{-39} (\mathrm{GeV}/c^2)^{-2}}}{c^3}$$

$$= \frac{\sqrt{(0.1973\,\text{GeV·fm})^2 \times 6.709 \times 10^{-39}/\text{GeV}^2}}{2.998 \times 10^8\,\text{m/s}}$$

$$= 5.39 \times 10^{-44}\,\text{s}.$$

这是一道量纲分析的题. 当我们从物理上定性地知道或者猜到某些物理量之间存在关系, 但并不知道具体关系是什么形式时, 常常用量纲分析来给出这种关系的具体形式. 这样得到的关系对与不对, 都还要由进一步的推论和实验来判断. 物理学家在探索一个未知和全新的领域时, 或者要粗估一个物理量的数量级时, 量纲分析是一种可供选择的手段.

我们在本书前面讨论到的, 当然还不是近代物理的全部, 但是可以说, 近代物理的基本和主要部分都已经涉及到了. 李政道先生在总结迄今我们对物理世界的了解和展望未来时, 说过这样一句话: "似乎更可能的是, 我们目前的了解也是暂时的, 我们的基本概念和理论将进一步经受重大的改变." 物理学作为我们对物理世界的一种理性的了解和认识, 是全人类智慧和理性思维共同努力创造的一种精神财富, 她会随着人类自身与文明的发展而不断得到发展与推进.

一些重要的基本物理问题　记得有一本粒子物理方面的书, 作者在书末开出一份清单, 列举了他认为值得研究并有可能获诺贝尔奖的问题. 后来又看到一份类似的目录, 提出了十大物理学问题. 在不同的时候, 不同的作者会提出不同的问题. 究竟什么问题是重要和基本的, 这并没有一个统一的标准, 甚至哪些可以作为问题而提出来, 也都会因人而异. 不过从这类问题的清单中, 我们还是可以大致了解到, 物理学家现在认为重要和基本的是一些什么样的问题. 下面就是其中的一部分.

1. 相对论的基本常数 c, 量子力学的基本常数 $\hbar$, 电磁相互作用常数 e, 还有万有引力常数 G, 它们为什么是现在知道的数值, 而不是别的数值? 在它们之间有没有什么关系?

2. 质量的起源到底是什么? 为什么电子会有质量, 为什么电子的质量会比 τ 粒子的质量小那么多?

3. 电子有没有结构，光子又有没有结构？为什么电子的自旋是 $\hbar/2$，而光子的自旋是 $1\hbar$？在粒子的结构与自旋这两者之间有没有关系？

4. 中微子的质量到底是多少？它与电子有什么差别？为什么会有这种差别？

5. 质子会衰变吗？如果质子会衰变，那么怎么才能观测到？如果质子不会衰变，那么是什么原因能够维持这样一个有结构的体系保持稳定？

6. 到底有没有引力子？如果有引力子的话，如何才能探测到？如果没有引力子，那么是什么原因？换句话说，为什么引力与其他3 种力会有这种差别？

7．为什么空间有 3 维而时间却只有 1 维？时空作为物质的性质，能否为 3 和 1 这两个数字找到来自物质方面的原因？

8. 在太空之中，甚至在我们的周围，到底有没有还未被我们发现和了解的物质？如果还有未被我们发现和了解的物质，它与我们已经发现和了解的物质在形态和性质上有什么不同？

9. 有超光速的快子存在吗？如果有的话，为什么我们一直没有发现？我们如何才能发现这种超光速的粒子？

如此等等，还可以继续开列出更多的问题. 而所有这些问题，则汇聚形成当今物理学前进的方向，成为物理学家探索的目标.

探索的动机　研究科学的原始动力，源自我们对于探索和寻求自然奥秘的兴趣与好奇，拿斯蒂芬·霍金的话来说，就是想了解上帝的心智. 这是人类的一种真诚而纯洁的追求，不含半点功利的成分. 不过，科学可以被用于功利的目的，所以在科学家的圈子或者说群体中也就有了以功利为目的的追求者，形成了多元的科学市场. 科学的殿堂里也充满各种嘈杂的叫卖和砍价声，并不是一方纯洁的净土.

1918 年 4 月，在柏林物理学会为普朗克六十岁生日举办的庆祝会上，爱因斯坦有一篇演讲，讲到了探索的动机. 在这篇演讲里，爱因斯坦对这个题目作了一个精彩的说明. 他说，在科学的殿堂里有许多楼阁，住在里面的人各式各样，而引导他们到那里去的动机也各不相同. 有许多人爱好科学, 是因为科学给他们带来在智力上超过常人的快感, 科学是他们的一种特殊的娱乐. 他们在这种娱乐中寻求生动活泼的经验, 和对自己雄心壮志的满足. 也就是说, 他们把科学殿堂当成竞技场, 当成显示他们功力的场所. 他们研究科学, 是希望藉此获得自己的愉悦和别人的赞赏. 他们有点像是自赏的演员, 看重和希望获得的既是自我的陶醉, 也是观众的追捧.

爱因斯坦接着说, 在这座殿堂里, 另外还有许多人, 他们把自己智力的产品奉献到祭坛上, 则是为了纯功利的目的. 对这些人来说, 科学殿堂是他们的名利场. 他们研究科学, 是为了成名或者赚钱. 他们有点像是精明的商人, 看重和希望获得的, 是社会给予他们的丰厚回报.

如果科学殿堂里只有这两类人, 爱因斯坦说, 那么这座殿堂决不会存在, 正如只有蔓草就不成其为森林一样. 因为对这些人来说, 只要碰到机会, 选择人类活动的任何领域他们都会认为是合适的: 他们究竟是做工程师、官吏或者商人, 还是做科学家, 这完全取决于他们生活的环境与机遇.

爱因斯坦指出, 还有一类人, 把他们吸引到科学殿堂中来的力量, 首先, 就像叔本华所说, 是要逃避日常生活的庸俗和沉闷, 是要摆脱各种欲望的桎梏. 一个修养有素的人, 总是渴望逃避世俗生活, 而进入理性知觉和思维的世界. 这就好比城里人逃避熙来攘往的喧哗, 而到深山去享受幽寂与宁静.

除了这种消极的动机外, 爱因斯坦说, 还有一种积极的动机. 人们总想以最适合于他自己的方式, 画出一幅简单而可以理解的世界图像, 然后他就用这个体系来代替和主宰经验的世界, 以此作为他感情生活的中枢, 找到他在个人的经验中所不能找到的宁静与安定. 这就是画家、诗人、思辨哲学家和自然科学家各自按照自己的方式去做的事. 爱因斯坦最后说, 决定他们的世界体系的, 是在现象和理论原理之间的先天的和谐. 渴望看到这种先天的和谐, 是无穷的毅力和耐心的源泉. 促使人们去做这种工作的精神状态, 与宗教信徒或恋爱中人相似, 他们每日的努力并非来自预先设定的目标或计划, 而是直接来自激情. 爱因斯坦说, 普朗克就是这样的一位物理学家.

　　这一类人既有点像是出家的修士,也有点像是堕入爱河的恋人. 对他们来说,科学是他们的兴趣所在,是他们精神或感情生活不可或缺的一部分. 研究科学,是他们修炼完善自我或倾注自己情感的一种方式和过程.

　　就像朗道按照贡献的大小把物理学家分成五个等级一样,爱因斯坦这里则是按照探索的动机来把科学家分成了三类. 所有这三类五级的物理学家合在一起,才组成了当今世界在不同层次上形形色色多元化的物理学家的圈子或群体.

　　物理学家的圈子或群体　在中国改革开放之初,李政道建议中国物理学家要走出国门,参与国际物理学家的会议和交流. 他说只有这样才能知道外国的物理学家在想些什么,才能选择大家有兴趣的问题来研究,从而才能做出有意义的成果和贡献. 确实,人类文明发展到今天,已经从地域性文明过渡到全球性文明,并且又开始从地球文明向星际文明过渡的时候,物理学已经不是伽利略时代的个人小作坊式的出品. 今天的物理学,已经是散布在全世界的一个庞大行业的产品. 在今天,任何一个个人在物理学上的努力,最终都必然要以某种方式汇入这个行业的洪流之中,才会获得认同,成为添加到近代物理学大厦上的一块新的砖石.

　　今天这个物理学的庞大行业,又进一步细分为不同的分支行业. 在这个行业中的从业人员,以及行外的业余研究者,也分为大大小小不同的圈子或群体. 这在无形之中形成了一个激烈竞争的职场与名场. 在这个庞大行业中存在各种各样大大小小或强或弱的山头,这已经是不争的事实. 当然,这并不是真正对物理世界追求理性了解和认识的物理学家的心愿,但却也是他们无法左右的社会现实. 各位若想跻身物理学家这个群体,进入物理学的殿堂,那么,无论你是属于爱因斯坦所说的三类人中的哪一类,也无论你是选择物理作为一种职业还是业余的兴趣爱好,对这些非物理的因素都是不能回避的.

　　结题献诗　物理学家的探索和研究,有如在万山丛中攀登一座一座的高峰. 爱因斯坦所说的三类人,同样都是这些高峰的攀登者,有望到达巅峰. 我愿在这里从诗人王惕山 (1881—1949) 的长诗《望点苍山》中摘录下述诗句，奉献给各位读者：

> 点苍山分十九峰，排立朵朵青芙蓉.
> 峰峰出头不相下，有如段蒙争长雄.
> 高逾千丈亘百里，突兀势欲凌苍穹.
> 状若波涛叠起伏，终岁积雪云常封.
> 白日无光惨欲死，天半飒飒吹罡风.
> 阴晴雪月妙离合，皎然玉宇悬飞龙.
> 昔为灵鹫属佛地，天龙八部来朝宗.
> 我今生长万山国，此不涉足真疏慵.
> 天生灵境待吾辈，要凭高处抒吟胸.
> 会须与君上绝顶，置身一片光明中.
> 为访洪荒太古迹，上方仙子应能逢.
> 俯视尘寰小若芥，一声长啸天地空.

短 文 索 引

这里按页序给出各章题后和章末一些短文的主题索引